数学物理方法

赵诗华　翟羽　主编

山东大学出版社
SHANDONG UNIVERSITY PRESS
·济南·

内容简介

本书共分为十二章,分别介绍了复数与复变函数、解析函数、复变函数的积分、复级数、留数理论及其应用、线性常微分方程的级数解法、施图姆-刘维尔理论、三类方程的导出与分离变量法、贝塞尔函数、勒让德函数、格林函数和变分法,层次分明,深入浅出,便于教学.本书既可作为物理学、信息与计算科学、地球物理、力学、土木工程、电气工程和大气科学等理工科专业本科生或研究生的教学用书,也可作为从事本门课程教学的教师和有关科研工作者的参考读物.

图书在版编目(CIP)数据

数学物理方法/赵诗华,翟羽主编.—济南:山东大学出版社,2023.3
ISBN 978-7-5607-7824-2

Ⅰ.①数… Ⅱ.①赵…②翟… Ⅲ.①数学物理方法
Ⅳ.①O411.1

中国国家版本馆 CIP 数据核字(2023)第 075344 号

责任编辑　宋亚卿
封面设计　王秋忆

数学物理方法

SHUXUE WULI FANGFA

出版发行	山东大学出版社
社　　址	山东省济南市山大南路 20 号
邮政编码	250100
发行热线	(0531)88363008
经　　销	新华书店
印　　刷	山东和平商务有限公司
规　　格	720 毫米×1000 毫米　1/16
	20 印张　366 千字
版　　次	2023 年 3 月第 1 版
印　　次	2023 年 3 月第 1 次印刷
定　　价	63.00 元

前　言

　　数学物理方法在自然科学与工程技术领域有着广泛的应用. 数学物理方法课程主要面向物理学、力学、地球物理、大气科学、电子信息、自动化等学科的理工科非数学类专业本科生. 本书在选材上侧重于应用而非数学上的严格性,尽量为读者提供与数学物理方法有关的基本概念、基本原理和解题的各种方法及技巧.

　　作为微积分、线性代数、概率统计等大学数学课程的后继课程,数学物理方法课程的开设目的不仅在于为学生学习其他专业课程提供必要的数学基础和工具,巩固和深化他们所学到的数学知识,还包括对学生应用数学工具解决实际问题的能力进行初步训练. 因此,数学物理方法是体现数学素质教育特色的一门课程,应该把培养学生的科学思维、分析能力和创新意识作为教和学的任务之一,提高学生的数学素养.

　　多年来,我们一直为中国矿业大学(北京)地球物理和电气工程等工科专业本科生讲授数学物理方法课程,深感编写一本既符合专业需要又具有较广泛适应性的教材十分必要. 本书是笔者基于上述认识和长期教学实践的经验,结合国内外经典教材的优秀特点,在自编讲义的基础上修改补充而成的.

　　本书主要用到了数学分析、线性代数和常微分方程的知识,为了降低难度,本书将有关内容穿插在相应的章节中. 尽管数学物理方法是一门数学课,但本书并不一味地追求数学理论上的严密性和完备性,而是把重点放在数学方法和思想、问题的物理含义以及基本技巧上,使学生开阔眼界,进一步提高他们处理实际问题的能力,并以此来决定内容取舍、详略选择、体系安排等.

　　本书内容分为十二章. 第一至五章为复变函数部分,内容包括复数与复变函数、解析函数、复变函数的积分、复级数、留数理论及其应用;第六至十二章为数学物理方程部分,内容包括线性常微分方程的级数解法、施图姆-刘维尔理论、三类方程的导出与分离变量法、贝塞尔函数、勒让德函数、格林函数、变分法简介.由于积分变换方法往往在别的课程中有所涉及,因此本书不再介绍.将本书作为教材使用时,使用者可根据专业需求、课时计划加以取舍.

　　由于编者学识有限,书中难免出现疏漏,恳请各位读者批评指正,以期改进.

编　者

2022 年 11 月

目　录

第一章 复数与复变函数

复变函数是自变量和因变量均为复数的函数. 本章将在中学阶段所学复数的基础上,介绍复数的基本概念与四则运算,引入复数的几何表示、复平面上的区域以及复变函数的极限与连续性等概念,为后面研究解析函数建立必要的理论基础.

§1.1 复 数

1.1.1 复数的基本概念

在高中代数课程的学习中我们知道,一元二次方程 $x^2+1=0$ 在实数范围内无解. 为了求解此类方程,引入了单位虚数 i,并规定 $i^2=-1$,由此知方程 $x^2+1=0$ 的根为 $\pm i$.

定义 1.1 设 x,y 为任意实数,称形如

$$z=x+iy=x+yi$$

的数为**复数**,其中,x 和 y 分别称为复数 z 的**实部**(real part)和**虚部**(imaginary part),记为 $x=\operatorname{Re}z,y=\operatorname{Im}z$.

$z=x+iy$ 称为复数的**代数形式**.

当 $x=0$ 且 $y\neq0$ 时,$z=iy$ 称为**纯虚数**;当 $y=0$ 时,$z=x+0i=x$ 为实数. 因此,实数集是复数集的子集,复数是实数的推广.

设 $z_1=x_1+iy_1,z_2=x_2+iy_2$,则 $z_1=z_2$ 当且仅当 $x_1=x_2$ 且 $y_1=y_2$,即两个复数相等当且仅当它们的实部与虚部分别相等.

注意:一般情况下,两个复数无法比较大小;如果两个复数能够比较大小,

那么这两个复数必均为实数.

1.1.2 复数的表示法

因为复数 $z = x + iy$ 可以由有序实数对 (x, y) 唯一确定,而有序实数对与 xOy 坐标平面上的点一一对应,也与从原点指向点 (x, y) 的平面向量一一对应,因此,在平面上可用点和向量来表示复数 z,所以,可以将"复数"等同于"点 z"或"向量 z".此时,称表示复数 $z = x + iy$ 的平面为**复平面**或 z **平面**,其中 x 轴上的点对应全体实数,故称 x 轴为**实轴**;y 轴上除原点以外的点对应全体纯虚数,故称 y 轴为**虚轴**.

在复平面上,向量 $z = x + iy$ 的长度称为复数 z 的**模**,记作 $|z| = r = \sqrt{x^2 + y^2}$.显然有

$$|x| \leqslant |z|, \quad |y| \leqslant |z|, \quad |z| \leqslant |x| + |y|.$$

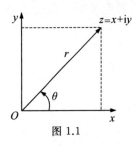

图 1.1

当 $z \neq 0$ 时,如果实轴正向沿逆时针方向旋转角度 θ 到向量 z,则称角度 θ 为复数 z 的**辐角**(argument),记作 $\theta = \mathrm{Arg}\, z$(见图 1.1).复数的实部、虚部、模与辐角之间具有以下关系:

$$\begin{cases} x = |z| \cos \theta, \quad y = |z| \sin \theta, \\ \tan \theta = \dfrac{y}{x}. \end{cases}$$

注意:(1) $z = 0$ 的辐角无意义.

(2) 非零复数 z 有无穷多个辐角,它们彼此相差 2π 的整数倍,我们称满足条件 $-\pi < \mathrm{Arg}\, z \leqslant \pi$ 的辐角值为 z 的**辐角主值**,记作 $\arg z$.于是有

$$\mathrm{Arg}\, z = \arg z + 2k\pi\ (k = 0, \pm 1, \pm 2, \cdots), \quad -\pi < \arg z \leqslant \pi.$$

当 $z = x + iy \neq 0$ 时,辐角主值与反正切之间有如下关系:

$$\arg z = \begin{cases} \arctan \dfrac{y}{x}, & \text{当 } x > 0 \text{ 时,} \\[2mm] \arctan \dfrac{y}{x} + \pi, & \text{当 } x < 0, y \geqslant 0 \text{ 时,} \\[2mm] \arctan \dfrac{y}{x} - \pi, & \text{当 } x < 0, y < 0 \text{ 时,} \\[2mm] \dfrac{\pi}{2}, & \text{当 } x = 0, y > 0 \text{ 时,} \\[2mm] -\dfrac{\pi}{2}, & \text{当 } x = 0, y < 0 \text{ 时.} \end{cases}$$

【例 1.1】　求 $\mathrm{Arg}(1-\mathrm{i})$ 及 $\mathrm{Arg}(-2+3\mathrm{i})$.

解　$\mathrm{Arg}(1-\mathrm{i})=\arg(1-\mathrm{i})+2k\pi=\arctan\dfrac{-1}{1}+2k\pi$

$$=-\frac{\pi}{4}+2k\pi,\quad k=0,\pm1,\pm2,\cdots;$$

$\mathrm{Arg}(-2+3\mathrm{i})=\arg(-2+3\mathrm{i})+2k\pi=\arctan\dfrac{3}{-2}+\pi+2k\pi$

$$=-\arctan\frac{3}{2}+(2k+1)\pi,\quad k=0,\pm1,\pm2,\cdots.$$

【例 1.2】　已知平面上的流体在某点处的速度为 $v=3-4\mathrm{i}$，求其大小和方向.

解　$|v|=\sqrt{3^2+(-4)^2}=5,\quad \arg v=\arctan\dfrac{-4}{3}=-\arctan\dfrac{4}{3}.$

根据直角坐标系和极坐标系的关系，我们可以用复数的模 r 与辐角 θ 来表示复数 z，即

$$z=r(\cos\theta+\mathrm{i}\sin\theta),$$

这个形式称为复数的**三角形式**. 引入熟悉的欧拉(Euler)公式：

$$\mathrm{e}^{\mathrm{i}\theta}=\cos\theta+\mathrm{i}\sin\theta,$$

复数的三角形式就转化为

$$z=r\mathrm{e}^{\mathrm{i}\theta},$$

这个形式称为复数的**指数形式**. 复数的三种形式可以相互转换，以适应讨论不同问题时的需要.

【例 1.3】　将 $z=-\sqrt{3}-\mathrm{i}$ 化为三角形式和指数形式.

解　显然 $r=|z|=2$，$\arg z=\arctan\dfrac{-1}{-\sqrt{3}}-\pi=-\dfrac{5}{6}\pi$. 所以 $z=-\sqrt{3}-\mathrm{i}$ 的三角形式和指数形式分别为

$$z=2\left[\cos\left(-\frac{5}{6}\pi\right)+\mathrm{i}\sin\left(-\frac{5}{6}\pi\right)\right],\quad z=2\mathrm{e}^{-\frac{5}{6}\pi\mathrm{i}}.$$

【例 1.4】　将复数 $1-\cos\varphi+\mathrm{i}\sin\varphi(0<\varphi\leqslant\pi)$ 化为指数形式.

解　$1-\cos\varphi+\mathrm{i}\sin\varphi=2\sin^2\dfrac{\varphi}{2}+\mathrm{i}2\sin\dfrac{\varphi}{2}\cos\dfrac{\varphi}{2}$

$$=2\sin\frac{\varphi}{2}\left(\sin\frac{\varphi}{2}+\mathrm{i}\cos\frac{\varphi}{2}\right)$$

$$=2\sin\frac{\varphi}{2}\left[\cos\left(\frac{\pi}{2}-\frac{\varphi}{2}\right)+\mathrm{i}\sin\left(\frac{\pi}{2}-\frac{\varphi}{2}\right)\right]$$

$$=2\sin\frac{\varphi}{2}\mathrm{e}^{\left(\frac{\pi}{2}-\frac{\varphi}{2}\right)\mathrm{i}}.$$

【例 1.5】 将复数 $(1+\mathrm{i})^n + (1-\mathrm{i})^n$ 表示为 $x + \mathrm{i}y$ 的形式.

解
$$
\begin{aligned}
(1+\mathrm{i})^n + (1-\mathrm{i})^n &= \left(\sqrt{2}\,\mathrm{e}^{\frac{\pi\mathrm{i}}{4}}\right)^n + \left(\sqrt{2}\,\mathrm{e}^{-\frac{\pi\mathrm{i}}{4}}\right)^n \\
&= (\sqrt{2})^n\,\mathrm{e}^{\frac{n\pi\mathrm{i}}{4}} + (\sqrt{2})^n\,\mathrm{e}^{-\frac{n\pi\mathrm{i}}{4}} \\
&= (\sqrt{2})^n \left(\mathrm{e}^{\frac{n\pi\mathrm{i}}{4}} + \mathrm{e}^{-\frac{n\pi\mathrm{i}}{4}}\right) \\
&= (\sqrt{2})^n \left[
\begin{aligned}
&\cos\frac{n\pi}{4} + \mathrm{i}\sin\frac{n\pi}{4} + \cos\left(-\frac{n\pi}{4}\right) \\
&+ \mathrm{i}\sin\left(-\frac{n\pi}{4}\right)
\end{aligned}
\right] \\
&= 2(\sqrt{2})^n \cos\frac{n\pi}{4} = 2^{\frac{n}{2}+1}\cos\frac{n\pi}{4}.
\end{aligned}
$$

§1.2　复数的运算

1.2.1　复数的四则运算

设 $z_1 = x_1 + \mathrm{i}y_1, z_2 = x_2 + \mathrm{i}y_2$ 是两个复数,它们的四则运算规定如下:

(1) **和差运算**: $z_1 \pm z_2 = (x_1 + \mathrm{i}y_1) \pm (x_2 + \mathrm{i}y_2) = (x_1 \pm x_2) + \mathrm{i}(y_1 \pm y_2)$;

(2) **乘积运算**: $z_1 z_2 = (x_1 + \mathrm{i}y_1)(x_2 + \mathrm{i}y_2) = (x_1 x_2 - y_1 y_2) + \mathrm{i}(x_1 y_2 + x_2 y_1)$;

(3) **商运算**: $\dfrac{z_1}{z_2} = \dfrac{x_1 + \mathrm{i}y_1}{x_2 + \mathrm{i}y_2} = \dfrac{x_1 x_2 + y_1 y_2}{x_2^2 + y_2^2} + \mathrm{i}\dfrac{x_2 y_1 - x_1 y_2}{x_2^2 + y_2^2}, x_2^2 + y_2^2 > 0.$

与实数的四则运算一样,复数的四则运算也满足以下运算律:

(1) **交换律**: $z_1 + z_2 = z_2 + z_1, z_1 z_2 = z_2 z_1$;

(2) **结合律**: $(z_1 + z_2) + z_3 = z_1 + (z_2 + z_3), (z_1 z_2) z_3 = z_1 (z_2 z_3)$;

(3) **分配律**: $z_1 (z_2 + z_3) = z_1 z_2 + z_1 z_3.$

全体复数在引入上述运算之后就成为一个数域,称为**复数域**,用 **C** 表示. 在复数域内,我们熟悉的所有代数恒等式都是成立的,例如:

$$
a^2 - b^2 = (a+b)(a-b),
$$
$$
a^3 - b^3 = (a-b)(a^2 + ab + b^2),
$$
$$
(a+b)^n = \sum_{k=0}^{n} \mathrm{C}_n^k a^k b^{n-k}.
$$

由于全体复数与平面上的全体向量对应,因此,复数的加法运算与平面上的向量加法运算一致,从而有以下三角不等式成立:

$$|z_1 + z_2| \leqslant |z_1| + |z_2|, \quad |z_1 - z_2| \geqslant ||z_1| - |z_2||.$$

对于非零复数 $z_k = r_k(\cos\theta_k + \mathrm{i}\sin\theta_k)(k=1,2)$,利用三角函数公式,可以验证下列等式成立:

$$z_1 z_2 = r_1 r_2 [\cos(\theta_1 + \theta_2) + \mathrm{i}\sin(\theta_1 + \theta_2)],$$

$$\frac{z_1}{z_2} = \frac{r_1}{r_2}[\cos(\theta_1 - \theta_2) + \mathrm{i}\sin(\theta_1 - \theta_2)].$$

因此可以得到

$$|z_1 z_2| = |z_1||z_2|, \quad \left|\frac{z_1}{z_2}\right| = \frac{|z_1|}{|z_2|}; \tag{1.2.1}$$

$$\operatorname{Arg} z_1 z_2 = \operatorname{Arg} z_1 + \operatorname{Arg} z_2, \quad \operatorname{Arg} \frac{z_1}{z_2} = \operatorname{Arg} z_1 - \operatorname{Arg} z_2. \tag{1.2.2}$$

式(1.2.1)和式(1.2.2)表明:两个复数乘积的模等于它们模的乘积,两个复数乘积的辐角等于它们辐角的和.

由式(1.2.1)和式(1.2.2),我们可以得出复数乘法的几何意义:$z_1 z_2$ 对应的向量是把 z_1 对应的向量伸缩 $r_2 = |z_2|$ 倍,然后再旋转角度 $\theta_2 = \operatorname{Arg} z_2$. 同样地,可得出两复数除法的几何意义:将 z_1 的辐角按顺时针方向旋转 z_2 的辐角,再将 z_1 的模伸缩 $\dfrac{1}{|z_2|}$ 倍(见图 1.2).

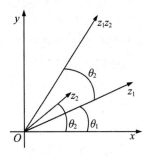

图 1.2

注意:等式(1.2.2)两边是多值的,等式成立的含义是等式两边辐角值的集合相等. 将辐角一般值换成辐角主值,等式(1.2.2)一般不成立. 例如:$z_1 = -1, z_2 = \mathrm{i}$ 时,

$$\arg z_1 z_2 = \arg -\mathrm{i} = -\frac{\pi}{2} \neq \arg z_1 + \arg z_2 = \pi + \frac{\pi}{2} = \frac{3}{2}\pi.$$

设 $z_k = r_k \mathrm{e}^{\mathrm{i}\theta_k}, k = 1, 2, \cdots, n$,利用数学归纳法可以推出 n 个复数相乘的公式:

$$z_1 z_2 \cdots z_n = r_1 r_2 \cdots r_n \mathrm{e}^{\mathrm{i}(\theta_1 + \theta_2 + \cdots + \theta_n)},$$

即有限多个复数乘积的模等于它们模的乘积,有限多个复数乘积的辐角等于它们辐角的和.

1.2.2 共轭复数

称复数 $x - \mathrm{i}y$ 为复数 $x + \mathrm{i}y$ 的**共轭复数**,z 的共轭复数记为 $\bar{z}$. 显然,

$$|\,\overline{z}\,| = |\,z\,|, \quad \mathrm{Arg}\,\overline{z} = -\mathrm{Arg}\,z,$$

即在复平面上, z 和 $\overline{z}$ 关于实轴对称, 如图 1.3 所示.

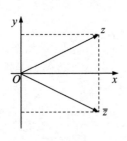

图 1.3

容易验证, 共轭复数具有如下性质:

(1) $\overline{(\overline{z})} = z$;

(2) $\overline{z_1 \pm z_2} = \overline{z_1} \pm \overline{z_2}$, $\overline{z_1 z_2} = \overline{z_1}\,\overline{z_2}$, $\overline{\left(\dfrac{z_1}{z_2}\right)} = \dfrac{\overline{z_1}}{\overline{z_2}}$;

(3) $|\,z\,|^2 = z\overline{z}$, $\mathrm{Re}\,z = \dfrac{z + \overline{z}}{2}$, $\mathrm{Im}\,z = \dfrac{z - \overline{z}}{2i}$;

(4) 设 $R(a,b,c,\cdots)$ 表示关于复数 $a,b,c,\cdots$ 的任一有理运算, 则

$$\overline{R(a,b,c,\cdots)} = R(\overline{a},\overline{b},\overline{c},\cdots).$$

【例 1.6】 设 z_1, z_2 为两个复数, 证明:

$$|\,z_1 + z_2\,|^2 = |\,z_1\,|^2 + |\,z_2\,|^2 + 2\mathrm{Re}\,z_1\overline{z_2},$$

并由此证明三角不等式, 即对任意复数 z_1, z_2,

$$|\,z_1 + z_2\,| \leqslant |\,z_1\,| + |\,z_2\,|$$

中的等号成立当且仅当向量 z_1 与 z_2 同向.

证明 我们有

$$|\,z_1 + z_2\,|^2 = (z_1 + z_2)(\overline{z_1} + \overline{z_2}) = |\,z_1\,|^2 + |\,z_2\,|^2 + z_1\overline{z_2} + \overline{z_1}z_2$$
$$= |\,z_1\,|^2 + |\,z_2\,|^2 + 2\mathrm{Re}\,z_1\overline{z_2}.$$

由于 $\mathrm{Re}\,z_1\overline{z_2} \leqslant |\,z_1\overline{z_2}\,| = |\,z_1\,| \cdot |\,z_2\,|$, 故

$$|\,z_1 + z_2\,|^2 \leqslant |\,z_1\,|^2 + |\,z_2\,|^2 + 2\,|\,z_1\,| \cdot |\,z_2\,| = (|\,z_1\,| + |\,z_2\,|)^2,$$

所以三角不等式 $|\,z_1 + z_2\,| \leqslant |\,z_1\,| + |\,z_2\,|$ 成立.

进一步地, 不等式中的等号成立 $\Leftrightarrow \mathrm{Re}\,z_1\overline{z_2} = |\,z_1\overline{z_2}\,| \Leftrightarrow \mathrm{Im}\,z_1\overline{z_2} = 0(z_1\overline{z_2}$ 为实数$) \Leftrightarrow z_1\overline{z_2} = |\,z_1\overline{z_2}\,| \geqslant 0 \Leftrightarrow \mathrm{Arg}\,z_1\overline{z_2} = \mathrm{Arg}\,z_1 - \mathrm{Arg}\,z_2 = 2n\pi, n$ 为整数.

这说明向量 z_1 和向量 z_2 同向.

这个问题有个进一步的结论. 显然, 由结论可知下式也成立:

$$|\,z_1 - z_2\,|^2 = |\,z_1\,|^2 + |\,z_2\,|^2 - 2\mathrm{Re}\,z_1\overline{z_2}.$$

此式与 $|\,z_1 + z_2\,|^2 = |\,z_1\,|^2 + |\,z_2\,|^2 + 2\mathrm{Re}\,z_1\overline{z_2}$ 相加可得等式

$$|\,z_1 + z_2\,|^2 + |\,z_1 - z_2\,|^2 = 2(|\,z_1\,|^2 + |\,z_2\,|^2).$$

这个等式的几何意义为: 平行四边形对角线长度的平方和等于各边长的平方和.

1.2.3 复数的乘幂与方根

作为乘积的特例, 我们考虑非零复数 z 的正整数次幂 z^n. 设 $z = re^{i\theta} = r(\cos\theta$

$+\mathrm{isin}\,\theta)$,则
$$z^n = r^n \mathrm{e}^{\mathrm{i}n\theta} = r^n(\cos n\theta + \mathrm{isin}\, n\theta),$$
从而有
$$|z^n| = |z|^n, \quad \mathrm{Arg}\, z^n = n\,\mathrm{Arg}\, z.$$
特别地,当 $r = 1$ 时,可得到棣莫佛(de Moivre)公式,即
$$(\cos\theta + \mathrm{isin}\,\theta)^n = \cos n\theta + \mathrm{isin}\, n\theta.$$

【例 1.7】　计算 $(-1 + \sqrt{3}\,\mathrm{i})^9$.

解　因为 $-1 + \sqrt{3}\,\mathrm{i} = 2\left(\cos\dfrac{2}{3}\pi + \mathrm{isin}\,\dfrac{2}{3}\pi\right)$,所以

$$(-1 + \sqrt{3}\,\mathrm{i})^9 = \left[2\left(\cos\dfrac{2}{3}\pi + \mathrm{isin}\,\dfrac{2}{3}\pi\right)\right]^9 = 2^9(\cos 6\pi + \mathrm{isin}\, 6\pi) = 2^9.$$

【例 1.8】　将 $\cos 3\theta$, $\sin 3\theta$ 用含 $\cos\theta$ 和 $\sin\theta$ 的式子表示.

解　由棣莫佛公式知
$$\begin{aligned}
\cos 3\theta + \mathrm{isin}\, 3\theta &= (\cos\theta + \mathrm{isin}\,\theta)^3 = \cos^3\theta - 3\cos\theta\sin^2\theta \\
&\quad + \mathrm{i}(3\cos^2\theta\sin\theta - \sin^3\theta),
\end{aligned}$$
由此推出,
$$\cos 3\theta = \cos^3\theta - 3\cos\theta\sin^2\theta = 4\cos^3\theta - 3\cos\theta,$$
$$\sin 3\theta = 3\cos^2\theta\sin\theta - \sin^3\theta = 3\sin\theta - 4\sin^3\theta.$$

【例 1.9】　求 $1 + \cos\theta + \cos 2\theta + \cdots + \cos n\theta + \mathrm{i}(\sin\theta + \sin 2\theta + \cdots + \sin n\theta)$,其中 $\theta \neq 2k\pi(k = 0, \pm 1, \pm 2, \cdots)$.

解　令 $z = \mathrm{e}^{\mathrm{i}\theta} = \cos\theta + \mathrm{isin}\,\theta$,则 $z^n = \mathrm{e}^{\mathrm{i}n\theta} = \cos n\theta + \mathrm{isin}\, n\theta$,从而推出
$$原式 = 1 + z + z^2 + \cdots + z^n = \frac{1 - z^n}{1 - z} = \frac{1 - \cos n\theta - \mathrm{isin}\, n\theta}{1 - \cos\theta - \mathrm{isin}\,\theta}.$$

设 z 为已知非零复数,$n \geqslant 2$ 为正整数,若存在复数 w 使得 $w^n = z$,则称 w 为复数 z 的 n 次方根,记作 $w = \sqrt[n]{z} = z^{\frac{1}{n}}$.

求非零复数 z 的所有 n 次方根,即解二项方程 $w^n = z(n \geqslant 2)$. 设 $z = r\mathrm{e}^{\mathrm{i}\theta}$, $w = \rho\mathrm{e}^{\mathrm{i}\varphi}$,由 $w^n = z$ 可知
$$\rho^n\mathrm{e}^{\mathrm{i}n\varphi} = r\mathrm{e}^{\mathrm{i}\theta},$$
于是有
$$\rho^n = r, \quad n\varphi = \theta + 2k\pi, \quad k = 0, \pm 1, \pm 2, \cdots,$$
即
$$\rho = \sqrt[n]{r}, \quad \varphi = \frac{\theta + 2k\pi}{n}, \quad k = 0, \pm 1, \pm 2, \cdots,$$

这里 $\sqrt[n]{r}$ 是算术平方根. 换一种写法为

$$|\sqrt[n]{z}| = \sqrt[n]{|z|}, \quad \mathrm{Arg}\,\sqrt[n]{z} = \frac{\mathrm{Arg}\,z}{n}.$$

综上所述,非零复数 z 的 n 次方根为

$$w_k = (\sqrt[n]{z})_k = \sqrt[n]{r}\,\mathrm{e}^{\frac{\theta+2k\pi}{n}} = \sqrt[n]{r}\left(\cos\frac{\theta+2k\pi}{n} + \mathrm{isin}\frac{\theta+2k\pi}{n}\right), \quad k=0,1,2,\cdots,n-1.$$

当 $k=0,1,2,\cdots,n-1$ 时,可得到 n 个不同的根,而当 k 取其他整数值时,由三角函数的周期性可知,以上 n 个根会重复出现.

从几何上容易看出,$\sqrt[n]{z}$ 的 n 个值就是以原点为圆心,$\sqrt[n]{r}$ 为半径的圆的内接正 n 边形的 n 个顶点,任意两个相邻根的辐角都相差 $\dfrac{2\pi}{n}$.

【例 1.10】 计算 $\sqrt[4]{-1+\sqrt{3}\,\mathrm{i}}$.

解 因为 $-1+\sqrt{3}\,\mathrm{i} = 2\left(\cos\dfrac{2}{3}\pi + \mathrm{isin}\dfrac{2}{3}\pi\right)$,所以

$$\sqrt[4]{-1+\sqrt{3}\,\mathrm{i}} = \sqrt[4]{2}\left(\cos\frac{\dfrac{2}{3}\pi+2k\pi}{4} + \mathrm{isin}\frac{\dfrac{2}{3}\pi+2k\pi}{4}\right), \quad k=0,1,2,3.$$

即

$$k=0 \text{ 时,} \quad w_0 = \sqrt[4]{2}\left(\cos\frac{\pi}{6} + \mathrm{isin}\frac{\pi}{6}\right);$$

$$k=1 \text{ 时,} \quad w_1 = \sqrt[4]{2}\left(\cos\frac{2}{3}\pi + \mathrm{isin}\frac{2}{3}\pi\right);$$

$$k=2 \text{ 时,} \quad w_2 = \sqrt[4]{2}\left(\cos\frac{7}{6}\pi + \mathrm{isin}\frac{7}{6}\pi\right);$$

$$k=3 \text{ 时,} \quad w_3 = \sqrt[4]{2}\left(\cos\frac{5}{3}\pi + \mathrm{isin}\frac{5}{3}\pi\right).$$

§1.3　复平面上的点集

1.3.1　复平面上点集的基本概念

由于复变函数的定义域是平面点集,因此我们首先引入复平面点集的几个基本概念.

定义 1.2 设 z_0 为定点,$\delta > 0$ 为某个常数,称集合 $\{z \mid |z - z_0| < \delta\}$ 为点 z_0 的 **δ 邻域**,记作 $N_\delta(z_0)$;称集合 $\{z \mid 0 < |z - z_0| < \delta\}$ 为点 z_0 的**去心 δ 邻域**.

邻域 $N_\delta(z_0)$ 是以 z_0 为圆心,δ 为半径的开圆盘(不包括圆周),它是微积分里实轴上邻域概念的推广.

定义 1.3 设 E 为复平面上的点集,z_0 为平面上一点.若存在点 z_0 的某个邻域 $N_\delta(z_0) \subset E$,则称 z_0 为集合 E 的**内点**.若存在点 z_0 的某个邻域 $N_\delta(z_0)$,使得 $N_\delta(z_0) \bigcap E = \varnothing$,则称 z_0 为集合 E 的**外点**.

若点 z_0 的任意一个邻域内都既包含 E 中的点,又包含不属于 E 的点,则称 z_0 为点集 E 的**边界点**.点集 E 的所有边界点组成的集合称为 E 的**边界**,记为 ∂E.

定义 1.4 若点集 E 中的每一个点都是它的内点,则称 E 为**开集**.

定义 1.5 如果点集 E 可以被某个以原点为圆心的圆覆盖,则称 E 为**有界点集**,否则称它是**无界**的.

1.3.2 区域

定义 1.6 如果点集 E 中的任意两点都可以用一条完全包含于 D 的折线段连接,则称点集 E 是**连通**的.

定义 1.7 若复平面上的点集 D 是连通的开集,则称点集 D 为**区域**.

区域 D 与其边界的并集称为**闭区域**,简称**闭域**,记作 $\overline{D}$.区域的边界可能由几条曲线和一些孤立的点组成.

1.3.3 简单曲线与光滑曲线

定义 1.8 设 $x(t)$ 和 $y(t)$ 是实变数 t 的两个实函数,在闭区间 $[\alpha, \beta]$ 上连续,则由方程组

$$\begin{cases} x = x(t), \\ y = y(t), \end{cases} \quad t \in [\alpha, \beta],$$

或由复数方程

$$z = z(t) = x(t) + \mathrm{i}y(t), \quad t \in [\alpha, \beta]$$

确定的点集 Γ 称为 z 平面上的一条**连续曲线**,$z = z(t)$ 称为曲线 Γ 的**参数方程**. $z(\alpha)$ 和 $z(\beta)$ 分别称为 Γ 的**起点**和**终点**.对 $t_1, t_2 \in [\alpha, \beta]$,$t_1 \neq t_2$,当 $z(t_1) = z(t_2)$ 时,点 $z(t_1)$ 称为曲线的**重点**.无重点的连续曲线称为**简单曲线**或**若尔当(Jordan)曲线**.满足 $z(\alpha) = z(\beta)$ 的简单曲线称为**简单闭曲线**或**若尔当闭曲线**.

简单曲线是平面上的有界闭集. 线段、圆弧等都是简单曲线,圆周和椭圆周等都是简单闭曲线.

简单闭曲线将整个复平面分成两个没有公共点的区域:一个是有界区域,称为简单闭曲线的**内部**;另一个是无界区域,称为简单闭曲线的**外部**. 它们都以该简单闭曲线为边界.

若沿一条简单闭曲线 Γ 绕行一周时,Γ 的内部始终在 Γ 的左侧,则绕行的方向称为曲线 Γ 的**正方向**;若沿一条简单闭曲线 Γ 绕行一周时,Γ 的内部始终在 Γ 的右侧,则绕行的方向称为曲线 Γ 的**负方向**.

定义 1.9　设简单曲线 Γ 的参数方程为
$$z = z(t) = x(t) + iy(t), \quad t \in [\alpha, \beta].$$
若 $x'(t)$ 和 $y'(t)$ 是 $[\alpha, \beta]$ 上的连续函数且不同时为 0,则称 Γ 为**光滑曲线**. 由有限条光滑曲线依次连接而成的曲线称为**分段光滑曲线**.

光滑曲线具有连续变化的切线,如直线、圆周等都是光滑曲线.

定义 1.10　设 D 为一区域,如果 D 内任意一条简单闭曲线的内部总包含于 D,则称 D 为**单连通区域**. 一个区域如果不是单连通区域,就称为**多连通区域**.

对于单连通区域 D, D 内任意一条简单闭曲线 Γ 总可以不经过 D 以外的点而连续收缩为一点.

§1.4　复变函数

1.4.1　复变函数的概念

复变函数就是以复数为自变量和函数值的函数,其定义如下:

定义 1.11　设 E 为复数集,若对 E 内每一个复数 z,按照某一法则,有唯一确定的复数 w 与之对应,则称在 E 上确定了一个单值复变函数 $w = f(z)(z \in E)$. 若对 E 内每一个复数 z,有几个或无穷多个 w 与之对应,则称在 E 上确定了一个多值复变函数 $w = f(z)(z \in E)$. 集合 E 称为函数 $w = f(z)$ 的**定义域**,w 值的全体所组成的集合 $G = f(E)$ 称为函数 $w = f(z)$ 的**值域**.

例如:$w = |z|$,$w = \bar{z}$,$w = z^2$,$w = \dfrac{z+1}{z-1}(z \neq 1)$ 均为 z 的单值函数;$w = \sqrt[n]{z}(z \neq 0, n \geq 2)$,$w = \text{Arg } z(z \neq 0)$ 均为 z 的多值函数.

注意:今后若不特别声明,所提到的函数均为单值函数.

定义1.12 设 $w=f(z)$ 为定义在复平面点集 E 上的函数,G 是该函数所有函数值的集合.对 G 中的每一个点 w,在 E 中至少有一个点与之相对应,即在 G 上确定了一个单值或多值函数,记作 $z=f^{-1}(w)$,称为函数 $w=f(z)$ 的**反函数**或变换 $w=f(z)$ 的**逆变换**.

显然,反函数也有单值函数和多值函数之分.例如:$w=\dfrac{az+b}{cz+d}(ad-bc\neq 0)$ 的反函数为单值函数 $z=-\dfrac{dw-b}{cw-a}$,其中 a,b,c,d 为复常数;而函数 $w=z^n(n\geqslant 2)$ 虽然是单值的,但它的反函数 $z=\sqrt[n]{w}$ 是多值函数.

由反函数的定义可知,对于点集 G 中的任意一点 w,有 $w=f[f^{-1}(w)]$;当反函数也是单值函数时,对 E 中的任意一点 z,有 $z=f^{-1}[f(z)]$.

记 $z=x+\mathrm{i}y,w=u+\mathrm{i}v$,则
$$w=f(z)=f(x+\mathrm{i}y)=u+\mathrm{i}v=u(x,y)+\mathrm{i}v(x,y),$$
这里 $u(x,y),v(x,y)$ 是二元实函数.因此,一个复变函数 $w=f(z)$ 相当于两个二元实函数 $u=u(x,y)$ 和 $v=v(x,y)$.

若将 z 表示为指数形式 $z=r\mathrm{e}^{\mathrm{i}\theta}$,则 $w=f(z)$ 又可写成
$$w=f(r\mathrm{e}^{\mathrm{i}\theta})=P(r,\theta)+\mathrm{i}Q(r,\theta).$$
例如,设 $w=f(z)=z^2+2,z=x+\mathrm{i}y=r\mathrm{e}^{\mathrm{i}\theta}$,则
$$u(x,y)=x^2-y^2+2,\quad v(x,y)=2xy,$$
$$P(r,\theta)=r^2\cos 2\theta+2,\quad Q(r,\theta)=r^2\sin 2\theta.$$

在微积分中,常用几何图形来表示实函数.图形可以直观地帮助我们理解和研究函数的性质.对于复变函数,由于它反映了两对变量 u,v 和 x,y 之间的对应关系,因而无法用同一个平面或三维空间内的几何图形表示出来,必须把它看成两个复平面上的点集之间的对应关系.如果将自变量 z 和因变量 w 所在的复平面分别记为 z 平面和 w 平面,那么函数 $w=f(z)$ 在几何上就可以看作是 z 平面上的一个点集 E 到 w 平面上的一个点集 G 的一个映射.

【例1.11】 设 $w=z^2$,试问它将 z 平面上的下列曲线分别变成 w 平面上的何种曲线?

(1)以原点为圆心,2 为半径,在第一象限内的圆弧;

(2)倾角为 $\theta=\dfrac{\pi}{3}$ 的直线;

(3)双曲线 $x^2-y^2=4$.

解　设 $z=x+\mathrm{i}y=r(\cos\theta+\mathrm{i}\sin\theta),w=u+\mathrm{i}v=R(\cos\varphi+\mathrm{i}\sin\varphi)$，则

$$R=r^2,\quad \varphi=2\theta.$$

(1) 因为 $r=2,\theta\in\left(0,\dfrac{\pi}{2}\right)$，所以 $R=4,\varphi\in(0,\pi)$，因此像曲线为 w 平面上以原点为圆心，4 为半径的上半圆周.

(2) 倾角为 $\theta=\dfrac{\pi}{3}$ 的直线可看作两条射线 $\arg z=\dfrac{\pi}{3}$ 和 $\arg z=-\dfrac{2\pi}{3}$，因此像曲线为 w 平面上的射线 $\varphi=\dfrac{2\pi}{3}$.

(3) $w=z^2=x^2-y^2+2xy\mathrm{i}$，故 $u(x,y)=x^2-y^2$，所以像曲线为 w 平面上的直线 $\mathrm{Re}\,w=4$.

【例 1.12】　求 z 平面上的圆周 $|z|=2$ 经函数 $w=z+\dfrac{1}{z}$ 映射到 w 平面上的像曲线.

解　令 $z=x+\mathrm{i}y,w=u+\mathrm{i}v$，由映射 $w=z+\dfrac{1}{z}$，可得

$$w=x+\mathrm{i}y+\frac{1}{x+\mathrm{i}y}=x+\mathrm{i}y+\frac{x-\mathrm{i}y}{x^2+y^2},$$

即有

$$u=x+\frac{x}{x^2+y^2},\quad v=y-\frac{y}{x^2+y^2}.$$

圆周 $|z|=\sqrt{x^2+y^2}=2$ 的参数方程为

$$\begin{cases}x=2\cos\theta,\\ y=2\sin\theta,\end{cases}\quad \theta\in[0,2\pi],$$

所以像曲线的参数方程为

$$\begin{cases}u=\dfrac{5}{2}\cos\theta,\\[2mm] v=\dfrac{3}{2}\sin\theta,\end{cases}\quad \theta\in[0,2\pi],$$

它表示 w 平面上的椭圆

$$\frac{u^2}{\left(\dfrac{5}{2}\right)^2}+\frac{v^2}{\left(\dfrac{3}{2}\right)^2}=1.$$

1.4.2　复变函数的极限与连续性

微积分中有关实变量函数极限与连续的概念，可以推广到复变函数中.

定义 1.13　设函数 $w=f(z)$ 在点 z_0 的某个去心邻域内有定义，A 为某个复常数. 若对任意给定的 $\varepsilon>0$，存在 $\delta>0$，使得当 $0<|z-z_0|<\delta$ 时，就有 $|f(z)-A|<\varepsilon$，则称当 z 趋于 z_0 时，函数 $f(z)$ 的**极限**为 A，记为 $\lim\limits_{z\to z_0}f(z)=A$.

函数极限概念的几何意义为：当 z 进入 z_0 的充分小 δ 去心邻域时，像点落入 A 预先给定的 ε 邻域内.

注意：在复平面上，z 趋于 z_0 的方式有无穷多种，复变函数极限的概念要求当 z 沿任何路径以任意方式趋于 z_0 时，$f(z)$ 均以 A 为极限. 对比一元实函数 $f(x)$ 的极限 $\lim\limits_{x\to x_0}f(x)$ 中的 $x\to x_0$，指的是在 x 轴上 x 只沿左右两个方向趋于 x_0. 显然，复变函数极限存在的要求要苛刻得多，这是实分析与复分析不同的根源.

按照复变函数极限的定义，我们可以通过以下两种方法判断 $\lim\limits_{z\to z_0}f(z)$ 不存在：

(1) z 沿某条特殊路径趋于 z_0 时，$f(z)$ 的极限不存在；

(2) z 沿某两条不同的特殊路径趋于 z_0 时，$f(z)$ 的极限存在但不相等.

只有在极限存在的情况下，才能依某种特定方式的 $z\to z_0$ 求得函数极限.

【例 1.13】　设 $f(z)=\dfrac{1}{2i}\left(\dfrac{z}{\bar z}-\dfrac{\bar z}{z}\right)$，$z\neq 0$，证明：$f(z)$ 在原点无极限.

证明　设 $z=r(\cos\theta+i\sin\theta)$，因为

$$f(z)=\frac{1}{2i}\frac{z^2-\bar z^2}{z\bar z}=\frac{1}{2i}\frac{(z+\bar z)(z-\bar z)}{|z|^2}$$

$$=\frac{1}{2i}\frac{2r\cos\theta\cdot 2ir\sin\theta}{r^2}=\sin 2\theta$$

所以，

$$\lim_{z\to 0}f(z)=\begin{cases}0,&\text{沿正实轴 }\theta=0,\\[2mm]1,&\text{沿射线 }\theta=\dfrac{\pi}{4},\end{cases}$$

故 $f(z)$ 在原点处无极限.

由于复变函数 $w=f(z)=u(x,y)+iv(x,y)$ 对应于两个二元实变量函数，因此，关于 $w=f(z)$ 的极限计算问题就可以转化为两个二元实函数 $u=u(x,y)$ 和 $v=v(x,y)$ 的极限计算问题.

定理 1.1　设函数 $f(z)=u(x,y)+iv(x,y)$ 在 $z_0=x_0+iy_0$ 的去心邻域内有定义，$A=a+ib$ 为复常数，则 $\lim\limits_{z\to z_0}f(z)=A$ 的充要条件为

$$\lim_{(x,y)\to(x_0,y_0)} u(x,y)=a, \qquad \lim_{(x,y)\to(x_0,y_0)} v(x,y)=b.$$

证明 因为

$$f(z)-A=u(x,y)-a+\mathrm{i}[v(x,y)-b],$$

再根据函数极限的定义,利用不等式

$$|u(x,y)-a|\leqslant|f(z)-A|, \quad |v(x,y)-b|\leqslant|f(z)-A|$$

可证明定理的必要性部分;利用三角不等式

$$|f(z)-A|\leqslant|u(x,y)-a|+|v(x,y)-b|$$

可证明定理的充分性部分.

设 $\lim\limits_{z\to z_0}f(z)=A$, $\lim\limits_{z\to z_0}g(z)=B$,则复变函数的极限有如下性质:

(1) $\lim\limits_{z\to z_0}[f(z)\pm g(z)]=A\pm B$;

(2) $\lim\limits_{z\to z_0}f(z)g(z)=AB$;

(3) $\lim\limits_{z\to z_0}\dfrac{f(z)}{g(z)}=\dfrac{A}{B}, \quad B\neq 0.$

定义 1.14 设函数 $w=f(z)$ 在点 z_0 的某个邻域内有定义,若

$$\lim_{z\to z_0}f(z)=f(z_0),$$

则称 $f(z)$ 在点 z_0 处连续;若 $w=f(z)$ 在区域 D 内处处连续,则称 $f(z)$ 在区域 D 内连续.

由连续性的定义及定理 1.1 可得出以下结论:

定理 1.2 设函数 $f(z)=u(x,y)+iv(x,y)$ 在点 $z_0=x_0+iy_0$ 的某个邻域内有定义,则 $f(z)$ 在点 z_0 处连续的充要条件为二元实函数 $u(x,y)$ 和 $v(x,y)$ 在点 (x_0,y_0) 处连续.

定理 1.3 连续函数的和、差、积、商(分母不为零)仍为连续函数,连续函数的复合仍为连续函数.

在微积分中,若函数 $f(x)$ 在闭区间上连续,则 $f(x)$ 在该闭区间上一定可以取得最大值和最小值,连续的复变函数也有类似的性质.

定理 1.4 若函数 $w=f(z)$ 在有界闭区域 $\overline{D}$ 上连续,则 $|f(z)|$ 在 $\overline{D}$ 上有界,并且可以取得最大值和最小值,即存在 $z_1,z_2\in\overline{D}$,使得对任意 $z\in\overline{D}$,都有

$$|f(z_1)|\leqslant|f(z)|\leqslant|f(z_2)|.$$

最后要说明的是:函数 $w=f(z)$ 在曲线 Γ 上的 z_0 点连续是指

$$\lim_{z\to z_0}f(z)=f(z_0), \quad z\in\Gamma.$$

在闭曲线或包含曲线端点在内的曲线段 Γ 上连续的函数 $w=f(z)$ 在该曲线

上是有界的,即存在正数 $M > 0$,使得对任意 $z \in \Gamma$,总有 $|f(z)| \leqslant M$.

§1.5 复球面与无穷远点

除前面章节介绍的复数的多种表示形式之外,复数还可用球面上的点来表示. 取一个与复平面相切于坐标原点的球面,球面上的点 S 与坐标原点 O 重合. 通过点 O 作一条垂直于复平面的直线,与球面交于另一点 N,称 S 为球面的**南极**,称 N 为球面的**北极**.

对复平面上任意一点 z,连接点 z 和北极 N 的直线段一定与球面相交于异于 N 的唯一一点 P. 反过来,对于球面上任意异于北极 N 的点 P,连接北极 N 与点 P 的直线段延长后必与复平面相交于唯一一点 z. 这就说明,球面上除北极 N 以外的点与复平面上的点之间存在着一一对应的关系,因此可以用这个球面上的点表示复数,如图 1.4 所示.

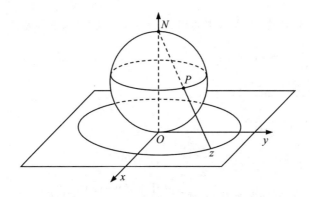

图 1.4

但是,复平面上没有任何一点与球面的北极 N 对应. 当点 z 无限远离坐标原点时,点 P 在球面上就无限接近于北极 N. 为了使复平面与球面上的全部点可以一一对应,我们规定:复平面上有唯一的"无穷远点",它与球面北极 N 相对应. 相应地,我们规定:复数中有唯一的"无穷大"与复平面上的"无穷远点"相对应,并将其记作 ∞,由此,球面上的北极 N 就是 ∞ 的几何表示. 此时,球面上的点都与 $\mathbf{C} \cup \{\infty\}$ 内的点建立了一一对应关系.

我们把包括无穷远点在内的复平面称为扩充复平面,记作 $\hat{\mathbf{C}}$. 扩充复平面 $\hat{\mathbf{C}} = \mathbf{C} \cup \{\infty\}$ 也称为**复球面**或**黎曼(Riemann)球面**. 在本书中,若无特殊声明,复平面均指有限复平面,复数 z 均指有限复数.

对于 ∞ 有如下规定:

(1) $\infty \pm \infty, 0 \cdot \infty, \dfrac{\infty}{\infty}, \dfrac{0}{0}$ 无意义;

(2) $a \neq \infty$ 时,$\dfrac{\infty}{a} = \infty, \dfrac{a}{\infty} = 0, \infty \pm a = a \pm \infty = \infty$;

(3) $b \neq 0$(可为 ∞) 时,$\infty \cdot b = b \cdot \infty = \infty, \dfrac{b}{0} = \infty$;

(4) ∞ 的实部、虚部、辐角均无意义,$|\infty| = +\infty$;

(5) 复平面上的每一条直线都过 ∞,没有一个半平面包含 ∞,直线不是简单闭曲线.

习题一

1.化简下列复数,并求出它的实部、虚部、共轭复数、模和辐角主值.

(1) $\dfrac{i}{1-i} + \dfrac{1-i}{i}$;

(2) $\dfrac{(1+4i)(2-5i)}{i}$;

(3) $i^{10} - 6i^{15} + i$;

(4) $\left(\dfrac{3-4i}{1+2i}\right)^2$.

2.当 x, y 等于何实数时,等式 $\dfrac{x+1+i(y-3)}{5+3i} = 1+i$ 成立?

3.将下列复数化成三角形式和指数形式:

(1) $3i$;

(2) -4;

(3) $-1 + \sqrt{3}i$;

(4) $\dfrac{2i}{-1+i}$;

(5) $\dfrac{(\cos \varphi - i\sin \varphi)^3}{(\cos 2\varphi + i\sin 2\varphi)^2}$.

4.如果复数 z_1, z_2, z_3 满足等式

$$\frac{z_2 - z_1}{z_3 - z_1} = \frac{z_1 - z_3}{z_2 - z_3},$$

证明：

$$|z_2 - z_1| = |z_3 - z_2| = |z_1 - z_3|,$$

并说明这些等式的几何意义.

5.求下列各式的值：

(1) $\left(\dfrac{1 - \sqrt{3}\,\mathrm{i}}{2}\right)^3$；

(2)$(-1 + \mathrm{i})^4$；

(3)$\sqrt[6]{1}$；

(4)$\sqrt[4]{1 + \mathrm{i}}$.

6.设 $z = \mathrm{e}^{\frac{2\pi}{n}\mathrm{i}}, n \geqslant 2$，证明：$1 + z + z^2 + \cdots + z^{n-1} = 0$.

7.指出下列各题中点 z 的轨迹或所在范围,并作图.

(1) $|z + 2 - \mathrm{i}| = 2$；

(2) $|z - \mathrm{i}| \geqslant 1$；

(3) $\mathrm{Im}(z + 2\mathrm{i}) = -1$；

(4) $|z + \mathrm{i}| = |z - \mathrm{i}|$；

(5) $|z + 3| + |z + 1| = 4$；

(6)$0 < \arg z < \pi$.

8.用复参数方程表示下列各曲线：

(1) 连接 $1 + \mathrm{i}$ 与 $-1 - 4\mathrm{i}$ 的直线段；

(2) 圆周$(x - 2)^2 + (y - 1)^2 = 1$；

(3) 椭圆$\dfrac{x^2}{a^2} + \dfrac{y^2}{b^2} = 1$；

(4) 双曲线 $xy = 1$.

9.函数 $w = \dfrac{1}{z}$ 将下列 z 平面上的曲线映射成 w 平面上的何种像曲线？

(1)$x^2 + y^2 = 3$；

(2)$y = x$；

(3)$x = 2$；

(4)$(x - 1)^2 + y^2 = 1$.

10.求下列极限：

(1) $\lim\limits_{z \to i} \dfrac{\overline{z} - 1}{z + 2}$;

(2) $\lim\limits_{z \to 1} \dfrac{z\overline{z} + 2z - \overline{z} - 2}{z^2 - 1}$.

11.证明：$\lim\limits_{z \to 0} \dfrac{\mathrm{Re}\, z}{z}$ 不存在.

12.设函数 $f(z)$ 在 z_0 点连续且 $f(z_0) \neq 0$,证明:可找到 z_0 的小邻域,在该邻域内 $f(z) \neq 0$.

第二章　解析函数

解析函数是复变函数研究的主要对象,它在理论和实际应用中具有十分重要的作用. 解析函数是指在某个区域内处处可导的函数. 本章首先介绍复变函数的导数概念及求导法则,接着着重讨论解析函数的概念与判定条件,最后介绍初等解析函数的有关内容.

§2.1　解析函数的概念与柯西-黎曼(Cauchy-Riemann)方程

2.1.1　复变函数的导数与微分

定义 2.1　设函数 $w=f(z)$ 在点 z_0 的邻域 U 内有定义,$z_0+\Delta z \in U$,如果极限

$$\lim_{\Delta z \to 0} \frac{\Delta w}{\Delta z} = \lim_{\Delta z \to 0} \frac{f(z_0+\Delta z)-f(z_0)}{\Delta z}$$

存在,则称 $f(z)$ 在 z_0 点**可导**,此极限值称为 $f(z)$ 在 z_0 点的**导数**,记为 $f'(z_0)$ 或 $\dfrac{\mathrm{d}w}{\mathrm{d}z}\bigg|_{z=z_0}$,即

$$f'(z_0) = \lim_{\Delta z \to 0} \frac{\Delta w}{\Delta z} = \lim_{z \to z_0} \frac{f(z)-f(z_0)}{z-z_0}.$$

如果 $f(z)$ 在区域 D 内处处可导,则称 $f(z)$ 在 D 内可导.

由此可见,复变函数导数的定义与一元实函数导数的定义在形式上是相同的,但事实上,复变函数可导要比一元实函数可导的要求严格得多. 这是因

为,复变函数可导要求不管 Δz 以何种方式趋于 0,比值 $\dfrac{\Delta w}{\Delta z}$ 的极限都存在且相等,比值式极限存在要求与 Δz 趋于 0 的方式无关,即 $f(z)$ 在 z_0 处沿各个方向的变化率都一致,这要求 $f(z)$ 有很好的性质. 而一元实函数 $y=f(x)$ 可导仅要求当点 $x_0+\Delta x$ 沿左和右两个方向趋于 x_0 时,比值 $\dfrac{\Delta y}{\Delta x}$ 的极限都存在且相等.

【例 2.1】 求 $f(z)=z^n$ 的导数.

解 因为 $\lim\limits_{\Delta z \to 0} \dfrac{f(z+\Delta z)-f(z)}{\Delta z}$

$$=\lim_{\Delta z \to 0} \frac{(z+\Delta z)^n - z^n}{\Delta z}$$

$$=\lim_{\Delta z \to 0}\left[n z^{n-1} + \frac{n(n-1)}{2} z^{n-2}\Delta z + \cdots + (\Delta z)^{n-1}\right]$$

$$=n z^{n-1},$$

所以 $f'(z)=n z^{n-1}$.

【例 2.2】 讨论函数 $w=f(z)=|z|^2$ 的可导性.

解 $\dfrac{\Delta w}{\Delta z} = \dfrac{|z+\Delta z|^2 - |z|^2}{\Delta z} = \dfrac{(z+\Delta z)(\overline{z}+\overline{\Delta z}) - z\overline{z}}{\Delta z}$

$$=\overline{z} + \overline{\Delta z} + z\,\frac{\overline{\Delta z}}{\Delta z}.$$

当 $z=0$ 时,

$$\lim_{\Delta z \to 0} \frac{\Delta w}{\Delta z} = \lim_{\Delta z \to 0} \overline{\Delta z} = 0,$$

故 $f(z)=|z|^2$ 在 $z=0$ 处可导,且 $f'(0)=0$.

当 $z\neq 0$ 时,取 $\Delta z = \Delta x \to 0$,则

$$\lim_{\Delta z \to 0} \frac{\Delta w}{\Delta z} = \lim_{\Delta x \to 0}\left(\overline{z} + \overline{\Delta x} + z\,\frac{\overline{\Delta x}}{\Delta x}\right) = \overline{z} + z;$$

取 $\Delta z = \mathrm{i}\Delta y \to 0$,则

$$\lim_{\Delta z \to 0} \frac{\Delta w}{\Delta z} = \lim_{\Delta y \to 0}\left(\overline{z} + \overline{\mathrm{i}\Delta y} + z\,\frac{\overline{\mathrm{i}\Delta y}}{\mathrm{i}\Delta y}\right) = \overline{z} - z.$$

故 $f(z)=|z|^2$ 在 $z\neq 0$ 处不可导.

【例 2.3】 证明:函数 $w=\overline{z}$ 在平面上处处不可导.

证明 对复平面上任意一点 z,有

$$\frac{\Delta w}{\Delta z} = \overline{\frac{z + \Delta z - \overline{z}}{\Delta z}} = \overline{\frac{\Delta z}{\Delta z}}.$$

当 Δz 沿实轴趋于 0 时，$\Delta z = \Delta x$，$\dfrac{\Delta w}{\Delta z} = 1$；当 Δz 沿虚轴趋于 0 时，$\Delta z = \mathrm{i}\Delta y$，

$\dfrac{\Delta w}{\Delta z} = -1$. 故 $\lim\limits_{\Delta z \to 0} \dfrac{\Delta w}{\Delta z}$ 不存在，即 $w = \overline{z}$ 在平面上处处不可导.

由本例可以看出，虽然复变函数 $w = \overline{z} = x - \mathrm{i}y$ 的实部 $u = x$ 和虚部 $v = -y$ 都是具有任意阶偏导数的函数，但是由它们构成的复变函数却处处没有导数，这说明复变函数的可导性对函数要求更高. 事实上，在复变函数中，处处连续但处处不可导的函数很多，例如 $f(z) = \overline{z}, \mathrm{Re}\, z, |z|$ 等，但在实变量函数中，构造这样的函数是非常困难的.

容易证明，对于复变函数，也有类似于一元实变量函数的结论：若函数 $w = f(z)$ 在 z_0 点可导，则 $f(z)$ 在 z_0 点连续，反之不成立. 请读者自己证明.

设 $w = f(z)$ 在 z_0 点可导，$f'(z_0) = \lim\limits_{\Delta z \to 0} \dfrac{\Delta w}{\Delta z}$，即

$$\frac{\Delta w}{\Delta z} = f'(z_0) + \eta,$$

其中 $\lim\limits_{\Delta z \to 0} \eta = 0$，所以 $\Delta w = f'(z_0)\Delta z + \varepsilon$，其中 $|\varepsilon| = |\eta \cdot \Delta z|$ 是 $|\Delta z|$ 的高阶无穷小.

定义 2.2　若函数 $w = f(z)$ 在 z_0 点的增量 Δw 可以表示为

$$\Delta w = f(z_0 + \Delta z) - f(z_0) = A\Delta z + \rho(\Delta z),$$

其中 A 为不依赖于 Δz 的复常数，$\rho(\Delta z)$ 满足

$$\lim\limits_{\Delta z \to 0} \frac{\rho(\Delta z)}{\Delta z} = 0,$$

则称 $w = f(z)$ 在 z_0 点**可微**，并称 $A\Delta z$ 为 $f(z)$ 在点 z_0 处的**微分**，记为

$$\mathrm{d}w\big|_{z=z_0} = \mathrm{d}f(z)\big|_{z=z_0} = A\Delta z.$$

如果 $f(z)$ 在区域 D 内处处可微，则称 $f(z)$ 在 D 内可微.

不难证明，函数 $w = f(z)$ 在 z 点可导与 $w = f(z)$ 在 z 点可微是等价的，并且有 $\mathrm{d}w = f'(z)\Delta z = f'(z)\mathrm{d}z$.

2.1.2　求导法则

由于复变函数导数的定义与一元实函数导数的定义在形式上是一致的，因此一元实函数的求导法则可以直接推广到复变函数中来. 我们有：

(1)$(C)' = 0$，其中 C 为复常数；

$(2) [f(z) \pm g(z)]' = f'(z) \pm g'(z);$

$(3) [f(z)g(z)]' = f'(z)g(z) + f(z)g'(z);$

$(4) \left[\dfrac{f(z)}{g(z)}\right]' = \dfrac{f'(z)g(z) - f(z)g'(z)}{[g(z)]^2}, g(z) \neq 0;$

$(5) [f \circ g(z)]' = f'(w)g'(z),$ 其中 $w = g(z);$

$(6) f'(z) = \dfrac{1}{\varphi'(w)},$ 其中 $w = f(z)$ 与 $z = \varphi(w)$ 是互为反函数的两个单值函数,且 $\varphi'(w) \neq 0.$

2.1.3　解析函数及其简单性质

我们在复变函数中研究的不仅是在个别点可导的函数,还有在某个区域内处处可导的函数,即解析函数.

定义 2.3　若函数 $f(z)$ 在 z_0 点的某个邻域内处处可导,则称 $f(z)$ 在 z_0 点**解析**.若函数 $f(z)$ 在区域 D 内的每一点都解析,则称 $f(z)$ 在区域 D 内**解析**,或称 $f(z)$ 为区域 D 内的**解析函数**.

若函数 $f(z)$ 在 z_0 点不解析,则称 z_0 为 $f(z)$ 的**奇点**.例如,$w = \dfrac{1}{z}$ 以 $z = 0$ 为奇点.

注意:由定义 2.3 可知,$f(z)$ 在区域 D 内解析等价于 $f(z)$ 在区域 D 内可导.但是,$f(z)$ 在点 z_0 处解析与在点 z_0 处可导并不等价:函数在一点解析,一定在该点可导,但反之未必成立.

根据复变函数的求导法则,不难证明如下定理:

定理 2.1　区域 D 内两个解析函数的和、差、积、商(除使分母等于 0 的点外)仍在区域 D 内解析.解析函数的复合函数仍是解析函数.

(1) 设多项式 $P(z) = a_n z^n + a_{n-1} z^{n-1} + \cdots + a_0 (a_n \neq 0)$,由定理 2.1 知,$P(z)$ 在 z 平面上解析,且

$$P'(z) = n a_n z^{n-1} + (n-1) a_{n-1} z^{n-2} + \cdots + 2 a_2 + a_1.$$

(2) 有理函数 $\dfrac{P(z)}{Q(z)} = \dfrac{a_n z^n + a_{n-1} z^{n-1} + \cdots + a_0}{b_m z^m + b_{m-1} z^{m-1} + \cdots + b_0}$ 在 z 平面上除使 $Q(z) = 0$ 的各点外均解析,使 $Q(z) = 0$ 的点是有理函数的奇点.

2.1.4　柯西-黎曼方程

复变函数连续等价于其实部和虚部分别连续,由之前的例题知,复变函数可微并不等价于其实部和虚部分别可微,所以复变函数可微可能蕴含着更好

的性质.

设函数 $w=f(z)=u(x,y)+\mathrm{i}v(x,y)$. 一般说来, $u(x,y)$ 和 $v(x,y)$ 可以相互独立, 即使 $u(x,y),v(x,y)$ 关于 x,y 的偏导数都连续, $f(z)$ 也通常是不可微的. 故若要 $f(z)$ 可微, 其实部、虚部之间必有一定的关系. 接下来, 我们要研究以下基本问题: 复变函数 $w=f(z)=u(x,y)+\mathrm{i}v(x,y)$ 关于变量 z 的可导性与 $u(x,y)$ 和 $v(x,y)$ 关于变量 x,y 的可偏导性之间有何关系? $u(x,y),v(x,y)$ 之间满足什么关系才能保证 $f(z)$ 可微?

设函数 $f(z)=u(x,y)+\mathrm{i}v(x,y)$ 在区域 D 内有定义, 并在 D 内的一点 $z=x+\mathrm{i}y$ 处可导, 则

$$f'(z)=\lim_{\Delta z\to 0}\frac{f(z+\Delta z)-f(z)}{\Delta z}. \tag{2.1.1}$$

令 $\Delta z=\Delta x+\mathrm{i}\Delta y,\Delta w=f(z+\Delta z)-f(z)=\Delta u+\mathrm{i}\Delta v$, 其中

$$\Delta u=u(x+\Delta x,y+\Delta y)-u(x,y),$$
$$\Delta v=v(x+\Delta x,y+\Delta y)-v(x,y),$$

则式(2.1.1) 可化为

$$f'(z)=\lim_{\substack{\Delta x\to 0\\ \Delta y\to 0}}\frac{\Delta u+\mathrm{i}\Delta v}{\Delta x+\mathrm{i}\Delta y}. \tag{2.1.2}$$

由于 $\Delta z\to 0$ 的方式是任意的, 可先设 $\Delta y=0,\Delta x\to 0$, 则沿实轴方向 $z+\Delta z\to z$. 此时, 式(2.1.2) 可化为

$$f'(z)=\lim_{\Delta x\to 0}\frac{\Delta u}{\Delta x}+\mathrm{i}\lim_{\Delta x\to 0}\frac{\Delta v}{\Delta x}.$$

故可推出在点 (x,y) 处, 偏导数 $\dfrac{\partial u}{\partial x},\dfrac{\partial v}{\partial x}$ 存在, 且

$$\frac{\partial u}{\partial x}+\mathrm{i}\frac{\partial v}{\partial x}=f'(z) \tag{2.1.3}$$

再设 $\Delta x=0,\Delta y\to 0$, 则沿虚轴方向 $z+\Delta z\to z$. 此时, 式(2.1.2) 可化为

$$f'(z)=\lim_{\Delta y\to 0}\frac{\Delta u}{\mathrm{i}\Delta y}+\lim_{\Delta y\to 0}\frac{\mathrm{i}\Delta v}{\mathrm{i}\Delta y}=\lim_{\Delta y\to 0}\frac{\Delta v}{\Delta y}-\mathrm{i}\lim_{\Delta y\to 0}\frac{\Delta u}{\Delta y}.$$

故又可推出在点 (x,y) 处, 偏导数 $\dfrac{\partial v}{\partial y},\dfrac{\partial u}{\partial y}$ 存在, 且

$$\frac{\partial v}{\partial y}-\mathrm{i}\frac{\partial u}{\partial y}=f'(z) \tag{2.1.4}$$

分别比较式(2.1.3) 和式(2.1.4) 的实部、虚部可得

$$\frac{\partial u}{\partial x}=\frac{\partial v}{\partial y},\qquad \frac{\partial u}{\partial y}=-\frac{\partial v}{\partial x}.$$

这是二元实函数 $u(x,y),v(x,y)$ 关于 x,y 的偏微分方程组,我们称之为**柯西-黎曼方程**或**柯西-黎曼条件**,简称 **C.-R.方程**或 **C.-R.条件**.

由上面的推导,我们可以得到以下定理:

定理 2.2(可微的必要条件)   设 $f(z)=u(x,y)+iv(x,y)$ 在区域 D 内有定义,且在 D 内的一点 $z=x+iy$ 处可导,则

(1) 偏导数 u_x,u_y,v_x,v_y 在点 (x,y) 处存在;

(2) $u(x,y),v(x,y)$ 在点 (x,y) 处满足 C.-R.方程.

定理 2.2 中的条件仅为必要条件,并不充分.

【例 2.4】   验证 $f(z)=\sqrt{|xy|}$ 在 $z=0$ 处满足 C.-R.条件,但在 $z=0$ 处不可导.

证明   因为 $u(x,y)=\sqrt{|xy|}$,$v(x,y)=0$,则

$$u_x(0,0)=\lim_{\Delta x\to 0}\frac{u(\Delta x,0)-u(0,0)}{\Delta x}=0=v_y(0,0),$$

$$u_y(0,0)=\lim_{\Delta y\to 0}\frac{u(0,\Delta y)-u(0,0)}{\Delta y}=0=-v_x(0,0),$$

故 $f(z)$ 在 $z=0$ 处满足 C.-R.条件. 但

$$\frac{f(\Delta z)-f(0)}{\Delta z}=\frac{\sqrt{|\Delta x\Delta y|}}{\Delta x+i\Delta y},$$

令 $\Delta z=\Delta x+i\Delta y$ 沿射线 $y=kx$(不妨设 $k>0,y>0$)趋于 0,则 $\Delta y=k\Delta x$,于是

$$\frac{f(\Delta z)-f(0)}{\Delta z}=\frac{\sqrt{k}\,\Delta x}{\Delta x(1+ik)}=\frac{\sqrt{k}}{1+ik},$$

这个值与 k 有关,所以 $f(z)$ 在 $z=0$ 处不可导.

将定理 2.2 的条件适当增强,就可得到新的定理.

定理 2.3(可微的充要条件)   设 $f(z)=u(x,y)+iv(x,y)$ 在区域 D 内有定义,则 $f(z)$ 在 D 内的一点 $z=x+iy$ 处可导的**充要条件**为:

(1) 二元函数 $u(x,y),v(x,y)$ 在点 (x,y) 处可微;

(2) $u(x,y),v(x,y)$ 在点 (x,y) 处满足 C.-R.方程.

此时,$f(z)$ 在点 $z=x+iy$ 处的导数可以表示为下列情形之一:

$$f'(z)=\frac{\partial u}{\partial x}+i\frac{\partial v}{\partial x}=\frac{\partial v}{\partial y}-i\frac{\partial u}{\partial y}$$

$$=\frac{\partial u}{\partial x}-i\frac{\partial u}{\partial y}=\frac{\partial v}{\partial y}+i\frac{\partial v}{\partial x}.$$

证明 必要性：设 $f(z)$ 在 D 内的一点 $z = x + \mathrm{i}y$ 处可微，则

$$\Delta f(z) = f'(z)\Delta z + \eta\Delta z, \quad \lim_{\Delta z \to 0}\eta = 0. \tag{2.1.5}$$

令 $f'(z) = \alpha + \mathrm{i}\beta, \Delta z = \Delta x + \mathrm{i}\Delta y, \Delta f(z) = \Delta u + \mathrm{i}\Delta v$，则式(2.1.5)可改写为

$$\Delta u + \mathrm{i}\Delta v = (\alpha + \mathrm{i}\beta)(\Delta x + \mathrm{i}\Delta y) + \eta(\Delta x + \mathrm{i}\Delta y)$$
$$= \alpha\Delta x - \beta\Delta y + \mathrm{i}(\beta\Delta x + \alpha\Delta y) + \eta_1 + \mathrm{i}\eta_2, \tag{2.1.6}$$

其中 $\eta_1 = \mathrm{Re}(\eta\Delta z), \eta_2 = \mathrm{Im}(\eta\Delta z)$ 是 $|\Delta z| = \sqrt{(\Delta x)^2 + (\Delta y)^2}$ 的高阶无穷小. 比较式(2.1.6)两端的实部、虚部，可得

$$\Delta u = \alpha\Delta x - \beta\Delta y + \eta_1, \quad \Delta v = \beta\Delta x + \alpha\Delta y + \eta_2.$$

由微积分中二元函数的可微定义可知，$u(x,y), v(x,y)$ 在点 (x,y) 处可微，并且 $u_x = \alpha = v_y, v_x = \beta = -u_y$.

充分性：由 $u(x,y), v(x,y)$ 的可微性知，在点 (x,y) 处有

$$\Delta u = u_x\Delta x + u_y\Delta y + \eta_1, \quad \Delta v = v_x\Delta x + v_y\Delta y + \eta_2,$$

其中 η_1, η_2 是 $|\Delta z| = \sqrt{(\Delta x)^2 + (\Delta y)^2}$ 的高阶无穷小. 由 C.-R.方程，设 $\alpha = u_x = v_y, \beta = v_x = -u_y$，则

$$\Delta f = \Delta u + \mathrm{i}\Delta v = \alpha\Delta x - \beta\Delta y + \eta_1 + \mathrm{i}(\beta\Delta x + \alpha\Delta y + \eta_2)$$
$$= (\alpha + \mathrm{i}\beta)(\Delta x + \mathrm{i}\Delta y) + \eta_1 + \mathrm{i}\eta_2,$$

或写成 $\dfrac{\Delta f}{\Delta z} = \alpha + \mathrm{i}\beta + \eta$. 当 $\Delta z \to 0$ 时，$\eta = \dfrac{\eta_1 + \mathrm{i}\eta_2}{\Delta x + \mathrm{i}\Delta y} \to 0$，这是因为

$$|\eta| \leqslant \frac{|\eta_1|}{\sqrt{(\Delta x)^2 + (\Delta y)^2}} + \frac{|\eta_2|}{\sqrt{(\Delta x)^2 + (\Delta y)^2}}.$$

这就说明 $\lim\limits_{\Delta z \to 0}\dfrac{\Delta f}{\Delta z} = \alpha + \mathrm{i}\beta$，即

$$f'(z) = \alpha + \mathrm{i}\beta = u_x + \mathrm{i}v_x = v_y - \mathrm{i}u_y$$
$$= u_x - \mathrm{i}u_y = v_y + \mathrm{i}v_x.$$

由微积分的知识可知，如果二元实函数具有连续的偏导数，则函数可微，于是我们又有以下定理：

定理 2.4(可微的充分条件) 设 $f(z) = u(x,y) + \mathrm{i}v(x,y)$ 在区域 D 内有定义，则 $f(z)$ 在 D 内的一点 $z = x + \mathrm{i}y$ 处可导的**充分条件**为：

(1)偏导数 u_x, u_y, v_x, v_y 在点 (x,y) 处连续；

(2)$u(x,y), v(x,y)$ 在点 (x,y) 处满足 C.-R.方程.

根据解析与可导的关系，我们可以立即得到以下定理：

定理 2.5(解析的充要条件) 设 $f(z) = u(x,y) + \mathrm{i}v(x,y)$ 在区域 D 内有定义，则 $f(z)$ 在 D 内解析的**充要条件**为：

(1)二元函数 $u(x,y),v(x,y)$ 在 D 内处处可微;

(2)$u(x,y),v(x,y)$ 在 D 内处处满足 C.-R.方程.

定理 2.6(解析的充分条件)　设 $f(z)=u(x,y)+iv(x,y)$ 在区域 D 内有定义,则 $f(z)$ 在 D 内解析的**充分条件**为:

(1)偏导数 u_x,u_y,v_x,v_y 在 D 内处处连续;

(2)$u(x,y),v(x,y)$ 在 D 内处处满足 C.-R.方程.

【例 2.5】　讨论函数 $f(z)=x^2-iy$ 的可微性与解析性.

解　由 $u(x,y)=x^2,v(x,y)=-y$ 可解得 $u_x=2x,u_y=0,v_x=0$, $v_y=-1$. 所有偏导数处处连续,且 $u_y=-v_x$. 若要求 $u_x=v_y$,则 $2x=-1$, $x=-\dfrac{1}{2}$,$f(z)$ 在直线 $x=-\dfrac{1}{2}$ 上可导,且有

$$f'(z)\big|_{x=-\frac{1}{2}}=(u_x+iv_x)\big|_{x=-\frac{1}{2}}=(2x+i\cdot 0)\big|_{x=-\frac{1}{2}}=-1.$$

因为 $f(z)$ 可导的点无法形成邻域,所以 $f(z)$ 在 z 平面上处处不解析.

【例 2.6】　设 $f(z)=my^3+nx^2y+i(x^3+lxy^2)$ 在平面上解析,求 $l,m,$ n 的值及 $f'(z)$.

解　由 $u(x,y)=my^3+nx^2y,v(x,y)=x^3+lxy^2$ 可解得

$$u_x=2nxy,\quad u_y=3my^2+nx^2,\quad v_x=3x^2+ly^2,\quad v_y=2lxy.$$

因为 $f(z)$ 在平面上解析,C.-R.方程应在 z 平面上处处成立,则有

$$\begin{cases}2nxy=2lxy,\\3my^2+nx^2=-3x^2-ly^2,\end{cases}\quad 即\quad\begin{cases}2(n-l)xy=0,\\(3m+l)y^2+(n+3)x^2=0.\end{cases}$$

所以有 $n-l=0,3m+l=0,n+3=0$,解得 $n=l=-3,m=1$. 此时

$$f'(z)=u_x+iv_x=-6xy+i(3x^2-3y^2)=3iz^2.$$

设 $f(z)=u(x,y)+iv(x,y)$ 在区域 D 内有定义,若 $u(x,y),v(x,y)$ 在点 $z_0=x_0+iy_0$ 处可微,则称 $f(z)$ 在点 z_0 处实可微.

在形式上,复变函数的导数及运算法则与实变函数几乎没有不同,但在本质上,两者有很大区别. 复可微不仅要求实可微,还要求实部和虚部之间满足 C.-R.方程.

§2.2　初等解析函数

本节将微积分中涉及的基本初等函数推广到复数域,研究这些初等复变函数的解析性等性质.

2.2.1　指数函数

【例 2.7】　讨论函数 $f(z) = e^x(\cos y + i\sin y)$ 的解析性.

解　由 $u(x,y) = e^x \cos y, v(x,y) = e^x \sin y$ 可解得

$$u_x = e^x \cos y, \quad u_y = -e^x \sin y, \quad v_x = e^x \sin y, \quad v_y = e^x \cos y.$$

所有偏导数均连续,且 $u_x = v_y, u_y = -v_x$ 处处成立,故 $f(z)$ 在平面上解析. 此时,

$$f'(z) = u_x + iv_x = e^x \cos y + ie^x \sin y = e^x(\cos y + i\sin y) = f(z).$$

例 2.7 中函数的特点是它在整个复平面内解析且其导数等于它本身,这一特点与实数集 $\mathbf{R}$ 上的指数函数 e^x 类似.

定义 2.4　对于复数 $z = x + iy$,复指数函数 e^z 的定义为

$$e^z = e^{x+iy} = e^x(\cos y + i\sin y).$$

e^z 仅是一个记号,并非自然常数的乘方,有时也记成 $e^z = \exp z$.

复指数函数满足以下性质:

(1) 当 z 取实数,即 $z = x$ 时,$e^z = e^x$,与通常的实指数函数的定义一致. 当 z 取纯虚数,即 $z = iy$ 时,

$$e^z = e^{iy} = \cos y + i\sin y,$$

这就是大家熟知的欧拉公式. 特别地,$e^{2k\pi i} = 1$,这里 k 为任意整数.

(2) $|e^z| = e^x$,$\text{Arg } e^z = y + 2k\pi$,$k$ 为任意整数. 对任意 $z \in \mathbf{C}, e^z \neq 0$.

(3) e^z 在复平面上解析,且 $(e^z)' = e^z$.

(4) $e^{z_1 + z_2} = e^{z_1} \cdot e^{z_2}$.

设 $z_1 = x_1 + iy_1, z_2 = x_2 + iy_2$,则

$$
\begin{aligned}
e^{z_1} e^{z_2} &= e^{x_1 + iy_1} e^{x_2 + iy_2} \\
&= e^{x_1}(\cos y_1 + i\sin y_1) e^{x_2}(\cos y_2 + i\sin y_2) \\
&= e^{x_1 + x_2}[\cos y_1 \cos y_2 - \sin y_1 \sin y_2 + i(\sin y_1 \cos y_2 + \cos y_1 \sin y_2)] \\
&= e^{x_1 + x_2}[\cos(y_1 + y_2) + i\sin(y_1 + y_2)] \\
&= e^{(x_1 + x_2) + i(y_1 + y_2)} = e^{z_1 + z_2}.
\end{aligned}
$$

(5) e^z 以 $2\pi i$ 为基本周期,即 $e^{z + 2k\pi i} = e^z \cdot e^{2k\pi i} = e^z$.

(6) $\lim\limits_{z \to \infty} e^z$ 不存在,e^∞ 无意义.

事实上,当 z 沿实轴趋于 $+\infty$ 时,$e^z \to \infty$;当 z 沿实轴趋于 $-\infty$ 时,$e^z \to 0$.

注意:(1) 对于复指数函数,等式 $(e^{z_1})^{z_2} = e^{z_1 z_2}$ 一般不成立.

(2) 微积分中的微分中值定理不能推广到复变函数中,例如,e^z 不满足罗

尔(Rolle)定理:虽然 $e^z = e^{z+2k\pi i}$,而 $(e^z)' = e^z \neq 0$,所以,在以 z 和 $z + 2k\pi i$ 为端点的线段内,不存在点 ξ,使得 $(e^z)'|_{z=\xi} = 0$. 但需要注意的是,洛必达(L'Hôpital)法则在复数域内仍然成立.

【例 2.8】 e^z 的值何时为实数?

解 要使 $\mathrm{Im}(e^z) = e^x \sin y = 0, e^x \neq 0$,只有 $\sin y = 0$,解得

$$y = k\pi, \quad k = 0, \pm 1, \pm 2, \cdots,$$

即 e^z 在水平直线 $\mathrm{Im}\, z = k\pi$ 上取实值,$k = 0, \pm 1, \pm 2, \cdots$.

【例 2.9】 计算 $e^{-\frac{\pi}{2}i}$ 的值.

解 $e^{-\frac{\pi}{2}i} = \cos\left(-\dfrac{\pi}{2}\right) + i\sin\left(-\dfrac{\pi}{2}\right) = -i$.

2.2.2 对数函数

定义 2.5 我们规定,对数函数是指数函数的反函数,即若

$$e^w = z, \quad z \neq 0,$$

则称复数 w 为复数 z 的**对数**,记为 $w = \mathrm{Ln}\, z$.

令 $z = re^{i\theta}, w = u + iv$,则由 $e^w = z$ 得

$$re^{i\theta} = e^{u+iv} = e^u \cdot e^{iv}.$$

因此有

$$u = \ln r, \quad v = \theta + 2k\pi, \quad k = 0, \pm 1, \pm 2, \cdots.$$

所以,$e^w = z$ 的全部根为

$$\mathrm{Ln}\, z = \ln r + i(\theta + 2k\pi), \quad k = 0, \pm 1, \pm 2, \cdots,$$

或

$$\mathrm{Ln}\, z = \ln|z| + i\mathrm{Arg}\, z = \ln|z| + i(\arg z + 2k\pi), \quad k = 0, \pm 1, \pm 2, \cdots.$$

k 取确定值时,$\mathrm{Ln}\, z$ 的对应值记为 $(\ln z)_k$.

这说明一个非零复数 z 的对数仍是复数,它的实部是 $|z|$ 的实自然对数,虚部是 z 的辐角的一般值,所以 $w = \mathrm{Ln}\, z$ 是 z 的无穷多值函数. 我们称 $\ln|z| + i\arg z$ 为 $\mathrm{Ln}\, z$ 的**主值**或**主值支**,记为 $\ln z$,故也有

$$\mathrm{Ln}\, z = \ln z + 2k\pi i, \quad k = 0, \pm 1, \pm 2, \cdots.$$

由此也可知,对数函数的任意两个分支都相差 $2\pi i$ 的整数倍.

设 $a > 0$,则有

$\mathrm{Ln}\, a = \ln a + 2k\pi i, k = 0, \pm 1, \pm 2, \cdots$,主值为实对数 $\ln a$.

$\mathrm{Ln}(-a) = \ln a + (2k+1)\pi i, k = 0, \pm 1, \pm 2, \cdots$,主值为 $\ln(-a) = \ln a + \pi i$.

复对数是实对数在复数域的推广,在实数域内"负数无对数"的说法在复

数域不再成立,但可以修改成"负数无实对数,且正实数的复对数也是无穷多值的".

【例 2.10】　求 $\mathrm{Ln}(-3+4i)$ 的值.

解　$\mathrm{Ln}(-3+4i)=\ln 5+i\left(\pi-\arctan\dfrac{4}{3}+2k\pi\right),k=0,\pm 1,\pm 2,\cdots.$

就对数函数的主值而言,因为 $\ln|z|$ 在原点处不连续,而 $\arg z$ 在原点及负实轴上不连续,所以 $\ln z$ 在除去原点和负实轴的复平面内连续且单值. 由反函数的求导法则可知

$$\frac{\mathrm{d}\ln z}{\mathrm{d}z}=\frac{1}{\dfrac{\mathrm{d}e^w}{\mathrm{d}w}}=\frac{1}{e^w}=\frac{1}{z},$$

所以,$\ln z$ 在除去原点和负实轴的复平面内解析.

对于其他各分支 $(\ln z)_k$,因为均与主值支相差 $2\pi i$ 的整数倍,因此,$(\ln z)_k$ 也在除去原点及负实轴的复平面内解析,且同样有 $(\ln z)'_k=\dfrac{1}{z}.$

对数函数具有以下基本性质:设 $z_1\neq 0,z_2\neq 0$,则

$$\mathrm{Ln}(z_1z_2)=\mathrm{Ln}\,z_1+\mathrm{Ln}\,z_2,\quad \mathrm{Ln}\left(\frac{z_1}{z_2}\right)=\mathrm{Ln}\,z_1-\mathrm{Ln}\,z_2.$$

注意上述等式两端均为集合.

事实上,

$$e^{\mathrm{Ln}\,z_1}=z_1,\quad e^{\mathrm{Ln}\,z_2}=z_2,\quad e^{\mathrm{Ln}\,z_1+\mathrm{Ln}\,z_2}=e^{\mathrm{Ln}\,z_1}\cdot e^{\mathrm{Ln}\,z_2}=z_1z_2,$$

而

$$e^{\mathrm{Ln}\,z_1z_2}=z_1z_2,$$

故

$$e^{\mathrm{Ln}\,z_1+\mathrm{Ln}\,z_2}=e^{\mathrm{Ln}\,z_1z_2},\quad \mathrm{Ln}\,z_1+\mathrm{Ln}\,z_2=\mathrm{Ln}\,z_1z_2.$$

同理可证,$\mathrm{Ln}\left(\dfrac{z_1}{z_2}\right)=\mathrm{Ln}\,z_1-\mathrm{Ln}\,z_2.$

利用对数函数的定义可以定义一般的指数函数.

定义 2.6　设 α 为非零复常数,称

$$w=\alpha^z=e^{z\mathrm{Ln}\,\alpha}$$

为一般指数函数.

一般指数函数为多值函数,只有当 z 取整数值时,α^z 才取唯一值. 当 $\alpha=e$ 时,若 $\mathrm{Ln}\,e$ 取主值,就可得到通常的单值指数函数 e^z.

2.2.3　幂函数

定义 2.7　对任意复常数 α 和非零复数 z,定义幂函数 $w=z^\alpha$ 为

$$w=z^\alpha=\mathrm{e}^{\alpha\,\mathrm{Ln}\,z}=\mathrm{e}^{\alpha[\ln|z|+\mathrm{i}(\arg z+2k\pi)]},\quad k=0,\pm1,\pm2,\cdots.$$

此定义是实数域中的等式 $x^\alpha=\mathrm{e}^{\alpha\ln x}(x>0,\alpha$ 为实数) 在复数域中的推广.

常数 α 的取值可分三种情况:

(1)α 取整数 n. 此时

$$\mathrm{e}^{2k\pi\alpha\mathrm{i}}=\mathrm{e}^{2(kn)\pi\mathrm{i}}=1,$$

故 z^α 是 z 的单值函数.

(2)α 取有理数 $\dfrac{q}{p}$,$(p,q)=1$.此时

$$\mathrm{e}^{2k\pi\alpha\mathrm{i}}=\mathrm{e}^{2k\pi\mathrm{i}\frac{q}{p}}$$

只能取 p 个不同的值,即当 $k=0,1,\cdots,p-1$ 时对应的值. 于是,

$$z^{q/p}=w_0\cdot\mathrm{e}^{2k\pi\mathrm{i}\frac{q}{p}},\quad k=0,1,\cdots,p-1,$$

其中,w_0 表示 z^α 所有值中的一个.

(3)α 取无理数或虚数. 此时,$\mathrm{e}^{2k\pi\alpha\mathrm{i}}$ 的所有值互不相同,因此 z^α 是无穷多值函数.

由于 $\mathrm{Ln}\,z$ 的各个分支在除去原点和负实轴的复平面上解析,因此 z^α 的各个分支也在该区域内解析,且有

$$\frac{\mathrm{d}}{\mathrm{d}z}z^\alpha=\frac{\mathrm{d}}{\mathrm{d}z}\mathrm{e}^{\alpha\,\mathrm{Ln}\,z}=\mathrm{e}^{\alpha\,\mathrm{Ln}\,z}\cdot\frac{\alpha}{z}=z^\alpha\cdot\frac{\alpha}{z}=\alpha z^{\alpha-1}.$$

【**例 2.11**】　求 $\mathrm{i}^{\mathrm{i}},1^{\sqrt2}$ 和 $2^{1+\mathrm{i}}$ 的值.

解　根据幂函数的定义,有

$\mathrm{i}^{\mathrm{i}}=\mathrm{e}^{\mathrm{i}\,\mathrm{Ln}\,\mathrm{i}}=\mathrm{e}^{\mathrm{i}(\frac{\pi}{2}\mathrm{i}+2k\pi\mathrm{i})}=\mathrm{e}^{(-\frac{\pi}{2}-2k\pi)},k=0,\pm1,\pm2,\cdots;$

$1^{\sqrt2}=\mathrm{e}^{\sqrt2\,\mathrm{Ln}\,1}=\mathrm{e}^{2\sqrt2 k\pi\mathrm{i}}=\cos(2\sqrt2 k\pi)+\mathrm{i}\sin(2\sqrt2 k\pi),k=0,\pm1,\pm2,\cdots;$

$2^{1+\mathrm{i}}=\mathrm{e}^{(1+\mathrm{i})\mathrm{Ln}\,2}=\mathrm{e}^{(1+\mathrm{i})(\ln2+2k\pi\mathrm{i})}=\mathrm{e}^{(\ln2-2k\pi)+\mathrm{i}(\ln2+2k\pi)}$

$=\mathrm{e}^{\ln2-2k\pi}(\cos\ln2+\mathrm{i}\sin\ln2),k=0,\pm1,\pm2,\cdots.$

2.2.4　三角函数与双曲函数

由欧拉公式,对任意实数 y,

$$\mathrm{e}^{\mathrm{i}y}=\cos y+\mathrm{i}\sin y,\quad \mathrm{e}^{-\mathrm{i}y}=\cos y-\mathrm{i}\sin y,$$

均成立.由此可得

$$\sin y = \frac{e^{iy} - e^{-iy}}{2i}, \quad \cos y = \frac{e^{iy} + e^{-iy}}{2}.$$

将这个定义推广到复数域,就可得到复三角函数的定义.

定义 2.8　复数 z 的正弦函数和余弦函数分别定义为

$$\sin z = \frac{e^{iz} - e^{-iz}}{2i}, \quad \cos z = \frac{e^{iz} + e^{-iz}}{2}.$$

这样定义的三角函数具有以下重要的性质:

(1) z 为实数时,复三角函数与实三角函数的定义一致.

(2) $\sin z, \cos z$ 在复平面上解析,并且 $(\sin z)' = \cos z, (\cos z)' = -\sin z$.

$$(\sin z)' = \frac{(e^{iz} - e^{-iz})'}{2i} = \frac{ie^{iz} + ie^{-iz}}{2i} = \frac{e^{iz} + e^{-iz}}{2} = \cos z,$$

$$(\cos z)' = \frac{(e^{iz} + e^{-iz})'}{2} = \frac{ie^{iz} - ie^{-iz}}{2} = -\frac{e^{iz} - e^{-iz}}{2i} = -\sin z.$$

(3) $\sin z$ 是奇函数,$\cos z$ 是偶函数,并且 $\sin^2 z + \cos^2 z = 1$.

三角函数的奇偶性由定义很容易得出.

$$\sin^2 z = -\frac{1}{4}(e^{2iz} + e^{-2iz} - 2e^0) = -\frac{1}{4}(e^{2iz} + e^{-2iz}) + \frac{1}{2},$$

$$\cos^2 z = \frac{1}{4}(e^{2iz} + e^{-2iz} + 2e^0) = \frac{1}{4}(e^{2iz} + e^{-2iz}) + \frac{1}{2},$$

两式相加即得 $\sin^2 z + \cos^2 z = 1$.

(4) $\sin z, \cos z$ 均以 2π 为周期.

$$\sin(z + 2\pi) = \frac{e^{i(z+2\pi)} - e^{-i(z+2\pi)}}{2i} = \frac{e^{iz} - e^{-iz}}{2i} = \sin z,$$

$$\cos(z + 2\pi) = \frac{e^{i(z+2\pi)} + e^{-i(z+2\pi)}}{2} = \frac{e^{iz} + e^{-iz}}{2} = \cos z.$$

(5) 当且仅当 $z = k\pi$ 时 $\sin z = 0$,当且仅当 $z = \left(k + \frac{1}{2}\right)\pi$ 时 $\cos z = 0$,其中 $k = 0, \pm 1, \pm 2, \cdots$.

这是因为

$$\sin z = 0 \Leftrightarrow e^{iz} = e^{-iz} \Leftrightarrow e^{2iz} = 1 \Leftrightarrow z = k\pi.$$

类似地,可得 $\cos z$ 仅在 $z = \left(k + \frac{1}{2}\right)\pi$ 处为零.

(6) $\sin z$ 和 $\cos z$ 在复平面上为无界函数.

可取 $z = iy$,则

$$| \sin \mathrm{i}y | = \frac{| \mathrm{e}^{-y} - \mathrm{e}^{y} |}{2} = \frac{\mathrm{e}^{y}}{2} \cdot | \mathrm{e}^{-2y} - 1 |.$$

令 $y \to +\infty$，则有 $\frac{\mathrm{e}^{y}}{2} \to +\infty$，$| \mathrm{e}^{-2y} - 1 | \to 1$，故 $\lim\limits_{y \to +\infty} | \sin \mathrm{i}y | = +\infty$，即 $\sin z$ 是复平面上的无界函数.

因此，在复平面上不能再断言 $| \sin z | \leqslant 1$ 和 $| \cos z | \leqslant 1$ 成立，这一性质与实三角函数是截然不同的.

（7）实三角函数成立的三角公式对于复三角函数仍然成立，如

$$\sin(z_1 + z_2) = \sin z_1 \cos z_2 + \cos z_1 \sin z_2,$$
$$\cos(z_1 + z_2) = \cos z_1 \cos z_2 - \sin z_1 \sin z_2.$$

利用 $\sin z$ 和 $\cos z$ 的定义很容易验证三角公式成立，这里不再赘述.

【例 2.12】 求 $\sin(1 + 2\mathrm{i})$ 的值.

解 根据三角函数的定义，有

$$\sin(1 + 2\mathrm{i}) = \frac{\mathrm{e}^{\mathrm{i}(1+2\mathrm{i})} - \mathrm{e}^{-\mathrm{i}(1+2\mathrm{i})}}{2\mathrm{i}} = \frac{\mathrm{e}^{-2+\mathrm{i}} - \mathrm{e}^{2-\mathrm{i}}}{2\mathrm{i}}$$

$$= \frac{1}{2\mathrm{i}} \{ \mathrm{e}^{-2}(\cos 1 + \mathrm{i}\sin 1) - \mathrm{e}^{2}[\cos(-1) + \mathrm{i}\sin(-1)] \}$$

$$= -\frac{\mathrm{i}}{2}(\mathrm{e}^{-2}\cos 1 + \mathrm{i}\mathrm{e}^{-2}\sin 1 - \mathrm{e}^{2}\cos 1 + \mathrm{i}\mathrm{e}^{2}\sin 1)$$

$$= \frac{\mathrm{e}^{2} + \mathrm{e}^{-2}}{2} \cdot \sin 1 - \mathrm{i}\frac{\mathrm{e}^{2} - \mathrm{e}^{-2}}{2} \cdot \cos 1.$$

其他的三角函数可类似地定义如下：

定义 2.9 复数 z 的正切函数、余切函数、正割函数和余割函数分别定义为

$$\tan z = \frac{\sin z}{\cos z}, \quad \cot z = \frac{\cos z}{\sin z}, \quad \sec z = \frac{1}{\cos z}, \quad \csc z = \frac{1}{\sin z}.$$

上述四个三角函数均在分母不为零的点处解析，且有

$$(\tan z)' = \sec^2 z, \quad (\cot z)' = -\csc^2 z,$$
$$(\sec z)' = \sec z \tan z, \quad (\csc z)' = -\csc z \cot z.$$

与三角函数密切相关的是双曲函数，复双曲函数的定义如下：

定义 2.10 复数 z 的双曲正弦函数、双曲余弦函数、双曲正切函数与双曲余切函数分别定义为

$$\sinh z = \frac{\mathrm{e}^{z} - \mathrm{e}^{-z}}{2}, \quad \cosh z = \frac{\mathrm{e}^{z} + \mathrm{e}^{-z}}{2},$$

$$\tanh z = \frac{\sinh z}{\cosh z}, \quad \coth z = \frac{\cosh z}{\sinh z}.$$

显然,复双曲函数是相应的实双曲函数的推广,且具有以下重要性质:

(1)$\sinh z$,$\cosh z$ 在整个复平面内解析,且

$$(\sinh z)' = \cosh z, \quad (\cosh z)' = \sinh z.$$

(2)$\sinh z$,$\cosh z$ 都是以 $2\pi i$ 为基本周期的周期函数,$\sinh z$ 是奇函数,$\cosh z$ 是偶函数.

(3) $\cosh^2 z - \sinh^2 z = 1$.

(4) 三角函数与双曲函数有如下关系:

$$\sinh(iz) = i\sin z, \quad \sin(iz) = i\sinh z,$$
$$\cosh(iz) = \cos z, \quad \cos(iz) = \cosh z.$$

2.2.5 反三角函数与反双曲函数

反三角函数为三角函数的反函数. 设

$$z = \sin w$$

则称 w 为 z 的**反正弦函数**,记为 $w = \text{Arcsin } z$.

由

$$z = \sin w = \frac{1}{2i}(e^{iw} - e^{-iw}),$$

得

$$(e^{iw})^2 - 2ize^{iw} - 1 = 0.$$

可以解得

$$e^{iw} = iz + \sqrt{1 - z^2},$$

于是有

$$w = \text{Arcsin } z = -i\text{Ln}(iz + \sqrt{1 - z^2}).$$

由于根式函数、对数函数是多值函数,所以反正弦函数也是多值函数,并且在整个复平面内有定义.

类似地,可以定义反正弦函数、反正切函数和反余切函数分别为

$$\text{Arccos } z = -i\text{Ln}(z + \sqrt{z^2 - 1}),$$
$$\text{Arctan } z = -\frac{i}{2}\text{Ln}\frac{1 + iz}{1 - iz},$$
$$\text{Arccot } z = \frac{i}{2}\text{Ln}\frac{z - i}{z + i}.$$

这些反三角函数均为多值函数,在取得相应的单值分支后,根据反函数的求导法则,可以求出

$$(\text{Arcsin } z)' = \frac{1}{\sqrt{1-z^2}}, \quad (\text{Arccos } z)' = -\frac{1}{\sqrt{1-z^2}},$$

$$(\text{Arctan } z)' = \frac{1}{1+z^2}, \quad (\text{Arccot } z)' = -\frac{1}{1+z^2}.$$

双曲函数的反函数称为**反双曲函数**. 反双曲正弦函数与反双曲余弦函数的解析表达式分别为

$$w = \text{Arcsinh } z = \text{Ln}(z + \sqrt{z^2+1}),$$

$$w = \text{Arccosh } z = \text{Ln}(z + \sqrt{z^2-1}),$$

它们都是多值函数.

习题二

1. 利用导数的定义求下列函数的导数:

(1) $f(z) = \dfrac{1}{z}$;

(2) $f(z) = z\,\text{Re } z$.

2. 若 $f(z)$ 与 $g(z)$ 在 z_0 点解析,且

$$f(z_0) = g(z_0) = 0, \quad g'(z_0) \neq 0,$$

证明:

$$\lim_{z \to z_0} \frac{f(z)}{g(z)} = \lim_{z \to z_0} \frac{f'(z)}{g'(z)}. \quad (\text{洛必达法则})$$

3. 下列函数在何处可导?在何处解析?并求出可导点的导数.

(1) $f(z) = xy^2 + \mathrm{i}x^2 y$;

(2) $f(z) = 2x^3 - 3\mathrm{i}y^3$;

(3) $f(z) = \text{Re } z$.

4. 证明下列函数在复平面上解析,并分别求出其导数.

(1) $f(z) = x^3 + 3x^2 y\mathrm{i} - 3xy^2 - y^3\mathrm{i}$;

(2) $f(z) = \mathrm{e}^x(x\cos y - y\sin y) + \mathrm{i}\mathrm{e}^x(y\cos y + x\sin y)$.

5.设

$$f(z) = \begin{cases} \dfrac{x^3 - y^3 + i(x^3 + y^3)}{x^2 + y^2}, & z \neq 0, \\ 0, & z = 0. \end{cases}$$

证明：

(1) $f(z)$ 在 $z = 0$ 处连续；

(2) $f(z)$ 在 $z = 0$ 处满足 C.-R.条件；

(3) $f(z)$ 在 $z = 0$ 处不可导.

6.如果 $f(z)$ 是 $z = x + iy$ 的解析函数,证明：

$$\left(\frac{\partial}{\partial x} \mid f(z) \mid\right)^2 + \left(\frac{\partial}{\partial y} \mid f(z) \mid\right)^2 = \mid f'(z) \mid^2.$$

7.证明:C.-R.方程的极坐标形式是

$$\frac{\partial u}{\partial r} = \frac{1}{r} \frac{\partial v}{\partial \theta}, \quad \frac{\partial v}{\partial r} = -\frac{1}{r} \frac{\partial u}{\partial \theta}.$$

8.证明:如果函数 $f(z) = u + iv$ 在区域 D 内解析,并满足下列条件之一,则 $f(z)$ 为常值函数.

(1) $f'(z) = 0$；

(2) $f(z)$ 恒取实值；

(3) $\overline{f(z)}$ 在 D 内解析；

(4) $\mid f(z) \mid$ 在 D 内为常数；

(5) $\mathrm{Re}\, f(z)$ 或 $\mathrm{Im}\, f(z)$ 在 D 内为常数.

9.计算下列各式的值：

(1) e^{2+i}；

(2) $e^{\frac{2-\pi i}{3}}$.

10.求 $\mathrm{Ln}(-i)$, $\mathrm{Ln}(-3 + 4i)$ 以及它们的主值.

11.计算下列各式的值：

(1) $(1 + i)^{1-i}$；

(2) $(-2)^{\sqrt{3}}$.

12.解下列复数方程：

(1) $e^z = 1 + \sqrt{3}i$；

(2) $\ln z = \dfrac{\pi}{2}i$；

(3) $\cos z + \sin z = 0$.

13.计算 $\cos(1 + i)$.

第三章 复变函数的积分

复变函数的积分理论是复变函数的核心内容,是研究复变函数性质的重要方法和工具. 在本章中,我们首先介绍复变函数积分的定义、性质和计算方法,然后介绍解析函数积分理论的重要定理 —— 柯西积分定理与柯西积分公式,最后介绍调和函数的相关内容.

§3.1 复变函数积分的概念及性质

一元实变量函数的定积分是某种确定形式的积分和 $\sum\limits_{i=1}^{\infty} f(\xi_i)\Delta x_i$ 的极限,将这种积分和极限的概念推广到在复平面内的有向曲线上定义的复变函数情形,就得到复变函数积分的概念.

复变函数的积分(简称**复积分**)是一元函数定积分在复数范围内的推广,主要研究沿复平面上曲线的积分. 本书后面的内容除特别声明,我们考虑的曲线都是光滑或分段光滑的曲线.

3.1.1 复变函数积分的定义

定义 3.1 设有向曲线 Γ 以 A 为起点,B 为终点,$f(z)$ 在 Γ 上有定义. 在 Γ 上依次任意取分点 $A=z_0,z_1,\cdots,z_{n-1},z_n=B$,将曲线 Γ 分成 n 个弧段,如图 3.1 所示. 在弧段 $\overparen{z_{k-1}z_k}$ 上任取一点 ζ_k,作和式

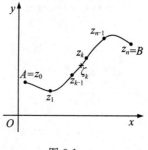

图 3.1

$$S_n = \sum_{k=1}^{n} f(\zeta_k)(z_k - z_{k-1}) = \sum_{k=1}^{n} f(\zeta_k) \Delta z_k,$$

其中 $\Delta z_k = z_k - z_{k-1}$. 记 Δs_k 为弧段 $\widehat{z_{k-1} z_k}$ 的长度, $\lambda = \max\limits_{1 \leqslant k \leqslant n} \{\Delta s_k\}$. 当 $n \to \infty$ 且 $\lambda \to 0$ 时, 不论对曲线 Γ 的分法和对点 ζ_k 的取法如何, 和式 S_n 的极限都存在且相等, 则称函数 $f(z)$ 沿曲线 Γ **可积**, 此极限值称为函数 $f(z)$ 沿曲线 Γ 的**积分**, 记为

$$\int_{\Gamma} f(z) \mathrm{d}z = \lim_{n \to \infty} \sum_{k=1}^{n} f(\zeta_k) \Delta z_k,$$

这里称曲线 Γ 为**积分路径**, $f(z)$ 为**被积函数**, z 为**积分变量**.

注意: (1) $f(z)$ 沿 Γ 反方向的积分记为 $\int_{\Gamma^-} f(z) \mathrm{d}z$.

(2) 若 Γ 为闭曲线, 则沿此闭曲线的积分可记为 $\oint_{\Gamma} f(z) \mathrm{d}z$. 若无特殊声明, 闭曲线的积分路径均取曲线正向.

不难发现, 当 Γ 取实轴上的区间 $[a, b]$ 时, 这个积分定义就是一元实变量函数定积分的定义.

函数 $f(z)$ 沿曲线 Γ 的积分一般不写成 $\int_a^b f(z) \mathrm{d}z$ 的积分形式, 因为复变函数的积分值不仅仅与起点、终点有关, 通常也与积分路径有关.

不难证明, $f(z)$ 沿曲线 Γ 可积的必要条件为 $f(z)$ 沿 Γ 有界.

因为一个复变函数对应着两个二元实函数, 因此, 复变函数沿曲线的积分就可以转化为两个二元实函数沿曲线的第二型曲线积分. 我们有如下定理:

定理 3.1 (复变函数积分存在的充分条件) 若函数 $f(z) = u(x, y) + \mathrm{i}v(x, y)$ 沿分段光滑曲线 Γ 连续, 则 $f(z)$ 沿曲线 Γ 可积, 且

$$\int_{\Gamma} f(z) \mathrm{d}z = \int_{\Gamma} u \mathrm{d}x - v \mathrm{d}y + \mathrm{i} \int_{\Gamma} v \mathrm{d}x + u \mathrm{d}y.$$

证明 设 $z_k = x_k + \mathrm{i}y_k$, $\Delta x_k = x_k - x_{k-1}$, $\Delta y_k = y_k - y_{k-1}$, $\zeta_k = \xi_k + \mathrm{i}\eta_k$, $u(\xi_k, \eta_k) = u_k$, $v(\xi_k, \eta_k) = v_k$, 则

$$S_n = \sum_{k=1}^{n} f(\zeta_k)(z_k - z_{k-1}) = \sum_{k=1}^{n} (u_k + \mathrm{i}v_k)(\Delta x_k + \mathrm{i}\Delta y_k)$$

$$= \sum_{k=1}^{n} (u_k \Delta x_k - v_k \Delta y_k) + \mathrm{i} \sum_{k=1}^{n} (u_k \Delta y_k + v_k \Delta x_k)$$

在定理 3.1 的条件下, 必有 $u(x, y), v(x, y)$ 沿 Γ 连续, 由二元实函数沿曲线的第二型曲线积分存在的充分条件可知, 和式

$$\sum_{k=1}^{n} (u_k \Delta x_k - v_k \Delta y_k) + i \sum_{k=1}^{n} (u_k \Delta y_k + v_k \Delta x_k)$$

对应的积分存在, 故积分 $\int_{\Gamma} f(z) dz$ 存在. 又因为当 $n \to \infty$ 时,

$$\sum_{k=1}^{n} (u_k \Delta x_k - v_k \Delta y_k) = \int_{\Gamma} u dx - v dy,$$

$$\sum_{k=1}^{n} (u_k \Delta y_k + v_k \Delta x_k) = \int_{\Gamma} u dy + v dx,$$

故定理得证.

定理 3.1 说明复变函数的积分可转化为实部和虚部两个二元实函数的曲线积分.

注意: $\int_{\Gamma} f(z) dz = \int_{\Gamma} u dx - v dy + i \int_{\Gamma} v dx + u dy$ 在形式上可看成由函数 $f(z) = u + iv$ 与微分 $dz = dx + idy$ 相乘后得到.

3.1.2 复变函数积分的计算

假设光滑曲线 Γ 具有参数方程

$$z = z(t) = x(t) + iy(t), \quad \alpha \leqslant t \leqslant \beta,$$

其中 $z'(t)$ 在 $[\alpha, \beta]$ 上连续, 且 $z'(t) = x'(t) + iy'(t) \neq 0$. 设 $f(z)$ 沿 Γ 连续, 令

$$f[z(t)] = u(x(t), y(t)) + iv(x(t), y(t)) = u(t) + iv(t).$$

由

$$\int_{\Gamma} f(z) dz = \int_{\Gamma} u dx - v dy + i \int_{\Gamma} v dx + u dy,$$

得

$$\int_{\Gamma} f(z) dz = \int_{\alpha}^{\beta} [u(t) x'(t) - v(t) y'(t)] dt + i \int_{\alpha}^{\beta} [u(t) y'(t) + v(t) x'(t)] dt$$

$$= \int_{\alpha}^{\beta} [u(t) + iv(t)][x'(t) + iy'(t)] dt = \int_{\alpha}^{\beta} f[z(t)] z'(t) dt.$$

$$(3.1.1)$$

上述公式的推导从积分路径的参数方程入手, 因此称为复变函数积分计算的**参数方程法**. 式(3.1.1)称为**复积分的变量代换公式**.

【**例 3.1**】 证明:

$$\oint_{\Gamma_\rho} \frac{dz}{(z-a)^n} = \begin{cases} 2\pi i, & n = 1, \\ 0, & n \neq 1, n \text{ 为整数}, \end{cases}$$

其中 Γ_ρ 表示以 a 为圆心，ρ 为半径的圆周 $|z-a|=\rho$．

证明 Γ_ρ 的参数方程为 $z-a=\rho e^{i\theta}, 0 \leqslant \theta < 2\pi$．故当 $n=1$ 时，

$$\oint_{\Gamma_\rho} \frac{\mathrm{d}z}{z-a} = \int_0^{2\pi} \frac{i\rho e^{i\theta}}{\rho e^{i\theta}} \mathrm{d}\theta = i \int_0^{2\pi} \mathrm{d}\theta = 2\pi i;$$

当 $n \neq 1$ 且为整数时，

$$\oint_{\Gamma_\rho} \frac{\mathrm{d}z}{(z-a)^n} = \int_0^{2\pi} \frac{i\rho e^{i\theta}}{\rho^n e^{in\theta}} \mathrm{d}\theta = \frac{i}{\rho^{n-1}} \int_0^{2\pi} e^{-i(n-1)\theta} \mathrm{d}\theta$$

$$= \frac{i}{\rho^{n-1}} \left[\int_0^{2\pi} \cos(n-1)\theta \, \mathrm{d}\theta - i \int_0^{2\pi} \sin(n-1)\theta \, \mathrm{d}\theta \right] = 0.$$

可以发现，例 3.1 中的积分值的特点是结果与积分路径圆周的圆心和半径无关．这个积分的结果在后面的积分计算中会经常用到，可作为公式使用．

【例 3.2】 计算积分 $\int_\Gamma \mathrm{Re}\, z \, \mathrm{d}z$，其中积分路径 Γ 分别为：

(1) 单位圆周（沿逆时针方向）；

(2) 起点为 z_1、终点为 z_2 的直线段．

解 (1) 将曲线 Γ 分成上半单位圆周 Γ^+ 和下半单位圆周 Γ^-，其参数方程分别为

$$\Gamma^+: z(t) = t + i\sqrt{1-t^2}, \quad t \in [1, -1],$$

$$\Gamma^-: z(t) = t - i\sqrt{1-t^2}, \quad t \in [-1, 1].$$

因此在 Γ^+ 上有 $\mathrm{d}z = \mathrm{d}t + i\left(-\dfrac{t}{\sqrt{1-t^2}}\right)\mathrm{d}t$，在 Γ^- 上有 $\mathrm{d}z = \mathrm{d}t + i\dfrac{t}{\sqrt{1-t^2}}\mathrm{d}t$，

则原积分为

$$\int_\Gamma \mathrm{Re}\, z \, \mathrm{d}z = \int_{\Gamma^+} \mathrm{Re}\, z \, \mathrm{d}z + \int_{\Gamma^-} \mathrm{Re}\, z \, \mathrm{d}z$$

$$= \int_1^{-1} t\left(1 - i\frac{t}{\sqrt{1-t^2}}\right)\mathrm{d}t + \int_{-1}^1 t\left(1 + i\frac{t}{\sqrt{1-t^2}}\right)\mathrm{d}t$$

$$= 2i\int_{-1}^1 \frac{t^2}{\sqrt{1-t^2}}\mathrm{d}t \xlongequal{\diamondsuit\, t = \sin\theta} i\int_{-\pi/2}^{\pi/2} \frac{2\sin^2\theta}{\cos\theta} \cdot \cos\theta \, \mathrm{d}\theta$$

$$= i\int_{-\pi/2}^{\pi/2} (1 - \cos 2\theta)\mathrm{d}\theta = \pi i.$$

(2) 令 $z_1 = x_1 + iy_1, z_2 = x_2 + iy_2$，沿点 z_1 到 z_2 的直线段 Γ 的参数方程为

$$z(t) = z_1 + t(z_2 - z_1), \quad t \in [0, 1],$$

故 $\mathrm{d}z = (z_2 - z_1)\mathrm{d}t$，因此有

$$\int_{\Gamma} \mathrm{Re}\, z \, \mathrm{d}z = \int_0^1 [x_1 + t(x_2 - x_1)](z_2 - z_1)\mathrm{d}t$$

$$= x_1(z_2 - z_1) + (x_2 - x_1)(z_2 - z_1)\int_0^1 t \, \mathrm{d}t$$

$$= x_1(z_2 - z_1) + \frac{1}{2}(x_2 - x_1)(z_2 - z_1)$$

$$= \frac{1}{2}(x_1 + x_2)(z_2 - z_1).$$

【例 3.3】 计算积分 $\oint_{|z|=1} |z-1| |\mathrm{d}z|$.

解 曲线 $|z|=1$ 的参数方程为 $z = \mathrm{e}^{\mathrm{i}\theta}, 0 \leqslant \theta < 2\pi, x = \cos\theta, y = \sin\theta$. $|\mathrm{d}z| = \mathrm{d}s = \sqrt{(\mathrm{d}x)^2 + (\mathrm{d}y)^2} = \sqrt{\cos^2\theta + \sin^2\theta}\,\mathrm{d}\theta = \mathrm{d}\theta$. 所以有

$$\oint_{|z|=1} |z-1| |\mathrm{d}z| = \int_0^{2\pi} |\cos\theta - 1 + \mathrm{i}\sin\theta| \, \mathrm{d}\theta$$

$$= \int_0^{2\pi} \sqrt{(\cos\theta - 1)^2 + \sin^2\theta}\, \mathrm{d}\theta$$

$$= \int_0^{2\pi} \sqrt{2 - 2\cos\theta}\, \mathrm{d}\theta = 2\int_0^{2\pi} \sin\frac{\theta}{2} \mathrm{d}\theta$$

$$= -4\cos\frac{\theta}{2}\Big|_0^{2\pi} = -4(-1-1) = 8.$$

注意：若光滑曲线 Γ 具有参数方程

$$z = z(t) = x(t) + \mathrm{i}y(t), \quad \alpha \leqslant t \leqslant \beta,$$

根据复积分的参数方程法，有

$$\int_{\Gamma} |\mathrm{d}z| = \int_\alpha^\beta |z'(t)| \, \mathrm{d}t = \int_\alpha^\beta \sqrt{[x'(t)]^2 + [y'(t)]^2}\, \mathrm{d}t,$$

所得结果为曲线 Γ 的弧长. 事实上，$|\mathrm{d}z| = \mathrm{d}s$ 即为曲线弧长的微分.

3.1.3 复变函数积分的基本性质

复积分的性质与实函数定积分的性质类似，由复积分的定义不难推出，其证明这里不再赘述.

设复变函数 $f(z)$ 和 $g(z)$ 沿曲线 Γ 的积分存在，则有下列性质成立：

(1) 对任意复常数 k，函数 $kf(z)$ 沿 Γ 可积，且

$$\int_{\Gamma} kf(z)\mathrm{d}z = k\int_{\Gamma} f(z)\mathrm{d}z.$$

(2) 函数 $f(z) \pm g(z)$ 沿 Γ 可积，且

$$\int_\Gamma \big[f(z) \pm g(z)\big]\mathrm{d}z = \int_\Gamma f(z)\mathrm{d}z \pm \int_\Gamma g(z)\mathrm{d}z.$$

(3) 设曲线 Γ 由曲线 $\Gamma_1, \Gamma_2, \cdots, \Gamma_n$ 首尾相接而成,且 $f(z)$ 沿 $\Gamma_k(k=1,2,\cdots, n)$ 可积,则

$$\int_\Gamma f(z)\mathrm{d}z = \sum_{k=1}^n \int_{\Gamma_k} f(z)\mathrm{d}z.$$

(4) $\left|\displaystyle\int_\Gamma f(z)\mathrm{d}z\right| \leqslant \displaystyle\int_\Gamma |f(z)||\mathrm{d}z| = \displaystyle\int_\Gamma |f(z)|\,\mathrm{d}s.$

要得到性质(4),只要对下面的不等式取极限即可:

$$\left|\sum_{k=1}^n f(\zeta_k)\Delta z_k\right| \leqslant \sum_{k=1}^n |f(\zeta_k)||\Delta z_k| \leqslant \sum_{k=1}^n |f(\zeta_k)|\Delta s_k.$$

由性质(4)不难证明以下结论:设 $f(z)$ 沿曲线 Γ 可积,并且存在 $M>0$,使得 $|f(z)| \leqslant M$ 对任意 $z \in \Gamma$ 成立. 记 L 为曲线 Γ 的长度,则有

$$\left|\int_\Gamma f(z)\mathrm{d}z\right| \leqslant ML.$$

【例 3.4】 证明:$\left|\displaystyle\int_\Gamma \dfrac{\mathrm{d}z}{z^2}\right| \leqslant 2$,其中 Γ 为连接 i 到 $2+\mathrm{i}$ 的直线段.

证明 直线段 Γ 的参数方程为 $z = \mathrm{i} + t(2+\mathrm{i}-\mathrm{i}) = 2t+\mathrm{i}, t \in [0,1]$. $f(z) = \dfrac{1}{z^2}$ 沿 Γ 连续,并且在 Γ 上有

$$\frac{1}{|z|^2} = \frac{1}{|2t+\mathrm{i}|^2} = \frac{1}{4t^2+1} \leqslant 1,$$

所以

$$\left|\int_\Gamma \frac{\mathrm{d}z}{z^2}\right| \leqslant \int_\Gamma \frac{|\mathrm{d}z|}{|z|^2} \leqslant \int_\Gamma |\mathrm{d}z| = 2.$$

注意:微积分中的积分中值定理不能推广到复积分中,例如,

$$\int_0^{2\pi} \mathrm{e}^{\mathrm{i}\theta}\mathrm{d}\theta = \int_0^{2\pi}\cos\theta\,\mathrm{d}\theta + \mathrm{i}\int_0^{2\pi}\sin\theta\,\mathrm{d}\theta = 0,$$

而对任意 $\theta \in [0,2\pi)$,$\mathrm{e}^{\mathrm{i}\theta}(2\pi-0) \neq 0$.

【例 3.5】 计算积分 $\displaystyle\int_\Gamma \operatorname{Re} z\,\mathrm{d}z$,其中积分路径 Γ 分别为:

(1) 连接 0 到 $1+\mathrm{i}$ 的直线段;

(2) 连接 0 到 1 的直线段和连接 1 到 $1+\mathrm{i}$ 的直线段组成的折线段;

(3) 沿抛物线 $y = x^2$ 从原点到 $1+\mathrm{i}$ 的弧段.

解 (1) 由例 3.2(2)可知

$$\int_{\Gamma} \mathrm{Re}\, z \mathrm{d}z = \frac{1}{2}(0+1)(1+\mathrm{i}-0) = \frac{1}{2}(1+\mathrm{i}).$$

(2) 由例 3.2(2) 可知

$$\int_{\Gamma} \mathrm{Re}\, z \mathrm{d}z = \frac{1}{2}(0+1)(1-0) + \frac{1}{2}(1+1)(1+\mathrm{i}-1) = \frac{1}{2} + \mathrm{i}.$$

(3) 因为 $\Gamma: z = t + \mathrm{i}t^2, t \in [0,1], \mathrm{Re}\, z = t, \mathrm{d}z = (1+2\mathrm{i}t)\mathrm{d}t$，所以

$$\int_{\Gamma} \mathrm{Re}\, z \mathrm{d}z = \int_0^1 t(1+2\mathrm{i}t)\mathrm{d}t = \frac{1}{2} + \frac{2}{3}\mathrm{i}.$$

【例 3.6】　计算积分 $\int_{\Gamma} z^2 \mathrm{d}z$，其中积分路径 Γ 分别为：

(1) 连接 0 到 $1+\mathrm{i}$ 的直线段；

(2) 连接 0 到 1 的直线段和连接 1 到 $1+\mathrm{i}$ 的直线段组成的折线段；

(3) 沿抛物线 $y = x^2$ 从原点到 $1+\mathrm{i}$ 的弧段.

解　(1) 因为 $\Gamma: z = 0 + t(1+\mathrm{i}-0) = (1+\mathrm{i})t, t \in [0,1], \mathrm{d}z = (1+\mathrm{i})\mathrm{d}t$，所以

$$\int_{\Gamma} z^2 \mathrm{d}z = \int_0^1 (1+\mathrm{i})^2 t^2 (1+\mathrm{i})\mathrm{d}t = \frac{1}{3}(1+\mathrm{i})^3.$$

(2) 记 $\Gamma_1: z = t, t \in [0,1]$，则 $\mathrm{d}z = \mathrm{d}t$；记 $\Gamma_2: z = 1 + t(1+\mathrm{i}-1) = 1 + \mathrm{i}t$，$t \in [0,1]$，则 $\mathrm{d}z = \mathrm{i}\mathrm{d}t$. 所以

$$\int_{\Gamma} z^2 \mathrm{d}z = \int_{\Gamma_1 + \Gamma_2} z^2 \mathrm{d}z = \int_0^1 t^2 \mathrm{d}t + \int_0^1 (1+\mathrm{i}t)^2 \cdot \mathrm{i}\mathrm{d}t = \frac{1}{3}(1+\mathrm{i})^3.$$

(3) 因为 $\Gamma: z = t + \mathrm{i}t^2, t \in [0,1], \mathrm{d}z = (1+2\mathrm{i}t)\mathrm{d}t$，所以

$$\int_{\Gamma} z^2 \mathrm{d}z = \int_0^1 (t + \mathrm{i}t^2)^2 (1+2\mathrm{i}t)\mathrm{d}t = \frac{1}{3}(1+\mathrm{i})^3.$$

以上两个例题说明，对有的复变函数，积分路径不同，积分结果可以不同，而有的复变函数，其积分值与路径的选取无关.

§3.2　柯西积分定理及其推广

3.2.1　柯西积分定理

在微积分中，二元实函数的第二型曲线积分 $\int_{\Gamma} P(x,y)\mathrm{d}x + Q(x,y)\mathrm{d}y$ 在单连通区域 D 内的积分与路径无关，等价于它沿 D 内任意一条闭曲线的积

分都为零,或者函数 $P(x,y),Q(x,y)$ 在 D 内有连续的一阶偏导数,且 $\dfrac{\partial Q}{\partial x}=\dfrac{\partial P}{\partial y}$ 在 D 内处处成立. 复积分 $\displaystyle\int_{\Gamma}f(z)\mathrm{d}z$ 也有类似的结论. 柯西给出了复变函数积分理论的基本定理.

　　通过观察上一节的例题结果可知,复积分的值与路径无关的条件(或沿区域内任何闭曲线积分值为零的条件)可能与被积函数的解析性及解析区域的连通性有关.

　　定理 3.2(柯西积分定理)　设 $f(z)$ 在单连通区域 D 内解析,Γ 为 D 内任意一条闭曲线,则

$$\oint_{\Gamma}f(z)\mathrm{d}z=0.$$

　　柯西积分定理的证明非常复杂,限于篇幅,这里略去证明. 在 $f'(z)$ 是区域 D 内的连续函数的假设条件下,黎曼曾经给出了柯西积分定理的证明.

　　设 $f(z)$ 在区域 D 内解析,D 内闭曲线 Γ 的参数方程为 $z=z(t),t\in[\alpha,\beta]$,$\Gamma$ 的内部区域 Ω 包含于 D,则有

$$\oint_{\Gamma}f(z)\mathrm{d}z=\oint_{\Gamma}(u+\mathrm{i}v)(\mathrm{d}x+\mathrm{i}\mathrm{d}y)=\oint_{\Gamma}u\mathrm{d}x-v\mathrm{d}y+\mathrm{i}\oint_{\Gamma}u\mathrm{d}y+v\mathrm{d}x.$$

若 $f'(z)$ 在 D 内连续,则 $u(x,y),v(x,y)$ 在 D 内有一阶连续偏导数,由格林(Green)公式以及 C.-R.方程可知

$$\oint_{\Gamma}u\mathrm{d}x-v\mathrm{d}y=\iint_{\Omega}\left(-\frac{\partial v}{\partial x}-\frac{\partial u}{\partial y}\right)\mathrm{d}x\,\mathrm{d}y=0,$$

$$\oint_{\Gamma}v\mathrm{d}x+u\mathrm{d}y=\iint_{\Omega}\left(\frac{\partial u}{\partial x}-\frac{\partial v}{\partial y}\right)\mathrm{d}x\,\mathrm{d}y=0.$$

由此得到 $\displaystyle\oint_{\Gamma}f(z)\mathrm{d}z=0.$

　　推论　设 $f(z)$ 在单连通区域 D 内解析,则 $f(z)$ 在 D 内的积分与路径无关,即对任意两点 z_0,z_1,积分 $\displaystyle\int_{z_0}^{z_1}f(z)\mathrm{d}z$ 之值不依赖于 D 内连接起点 z_0、终点 z_1 的曲线.

　　证明　设 Γ_1,Γ_2 为 D 内任意两条连接 z_0,z_1 的曲线,则 Γ_1 与 Γ_2^{-} 就组成 D 内的闭曲线 Γ,故有

$$0=\oint_{\Gamma}f(z)\mathrm{d}z=\int_{\Gamma_1}f(z)\mathrm{d}z+\int_{\Gamma_2^{-}}f(z)\mathrm{d}z=\int_{\Gamma_1}f(z)\mathrm{d}z-\int_{\Gamma_2}f(z)\mathrm{d}z.$$

　　柯西积分定理为计算复变函数沿封闭曲线的积分提供了一种简单方法,

可以用它来判断某些积分值是否为零. 在实际应用中, 我们经常使用的是下面的柯西积分定理的等价形式.

定理 3.3(柯西积分定理的等价形式) 设 Γ 是一条封闭曲线, D 为 Γ 的内部, 函数 $f(z)$ 在闭域 $\overline{D} = D \bigcup \Gamma$ 上解析, 则 $\oint_{\Gamma} f(z) \mathrm{d}z = 0$.

证明 $f(z)$ 必然在 z 平面上一个含 $\overline{D}$ 的单连通区域 G 内解析, 由柯西积分定理即可推出此等价形式. 用等价形式推柯西积分定理, 只需用 G 代替 D.

注意: 柯西积分定理可以进行如下推广: 设 Γ 为一条封闭曲线, D 为 Γ 的内部, 若 $f(z)$ 在 D 内解析, 在 $\overline{D}$ 上连续(或连续到 Γ), 则 $\oint_{\Gamma} f(z) \mathrm{d}z = 0$.

一个自然的问题: 柯西积分定理对 $f(z)$ 的实部和虚部是否都成立? 即由

$$\oint_{\Gamma} f(z) \mathrm{d}z = \oint_{\Gamma} \mathrm{Re}\, f(z) \mathrm{d}z + \mathrm{i} \oint_{\Gamma} \mathrm{Im}\, f(z) \mathrm{d}z = 0,$$

是否能推出

$$\oint_{\Gamma} \mathrm{Re}\, f(z) \mathrm{d}z = \oint_{\Gamma} \mathrm{Im}\, f(z) \mathrm{d}z = 0?$$

答案是否定的. 例如, 设 $f(z) = z$, Γ 为单位圆周 $z = \mathrm{e}^{\mathrm{i}\theta}$, $\theta \in [0, 2\pi)$, 则

$$\oint_{\Gamma} \mathrm{Re}\, z \mathrm{d}z = \int_0^{2\pi} \cos\theta \cdot \mathrm{i}\mathrm{e}^{\mathrm{i}\theta} \mathrm{d}\theta = \mathrm{i}\int_0^{2\pi} \cos^2\theta \mathrm{d}\theta - \int_0^{2\pi} \sin\theta\cos\theta \mathrm{d}\theta = \pi\mathrm{i},$$

$$\oint_{\Gamma} \mathrm{Im}\, z \mathrm{d}z = \int_0^{2\pi} \sin\theta \cdot \mathrm{i}\mathrm{e}^{\mathrm{i}\theta} \mathrm{d}\theta = \mathrm{i}\int_0^{2\pi} \sin\theta\cos\theta \mathrm{d}\theta - \int_0^{2\pi} \sin^2\theta \mathrm{d}\theta = -\pi.$$

这是因为在复积分范畴, 实函数的线积分未必是实数.

【例 3.7】 计算积分 $\oint_{|z|=10} (z^5 + \mathrm{e}^z + \cos z) \mathrm{d}z$ 的值.

解 因为函数 z^5, e^z 和 $\cos z$ 均为复平面上的解析函数, 且 $|z| = 10$ 所围成的区域为单连通区域, 所以由柯西积分定理可知

$$\oint_{|z|=10} (z^5 + \mathrm{e}^z + \cos z) \mathrm{d}z = 0.$$

【例 3.8】 计算积分 $\oint_{|z-\mathrm{i}|=\frac{1}{2}} \dfrac{\mathrm{d}z}{z(z^2+1)}$.

解 因为

$$\frac{1}{z(z^2+1)} = \frac{1}{z} - \frac{1}{2}\left(\frac{1}{z+\mathrm{i}} + \frac{1}{z-\mathrm{i}}\right),$$

而函数 $\dfrac{1}{z}$, $\dfrac{1}{z+\mathrm{i}}$ 在 $|z-\mathrm{i}| \leqslant \dfrac{1}{2}$ 上解析, 故由柯西积分定理及例 3.1 可知

$$\oint_{|z-\mathrm{i}|=\frac{1}{2}} \frac{\mathrm{d}z}{z(z^2+1)} = \oint_{|z-\mathrm{i}|=\frac{1}{2}} \frac{\mathrm{d}z}{z} - \frac{1}{2}\oint_{|z-\mathrm{i}|=\frac{1}{2}} \frac{\mathrm{d}z}{z+\mathrm{i}} - \frac{1}{2}\oint_{|z-\mathrm{i}|=\frac{1}{2}} \frac{\mathrm{d}z}{z-\mathrm{i}}$$

$$= -\frac{1}{2}\oint_{|z-\mathrm{i}|=\frac{1}{2}} \frac{\mathrm{d}z}{z-\mathrm{i}} = -\frac{1}{2} \cdot 2\pi\mathrm{i} = -\pi\mathrm{i}.$$

3.2.2　不定积分

设 $f(z)$ 在单连通区域 D 内解析，$z_0 \in D$ 为一定点，$z \in D$ 为动点. 记

$$F(z) = \int_{z_0}^{z} f(\zeta) \mathrm{d}\zeta,$$

由柯西积分定理可知，上述变限积分只与起点 z_0 和终点 z 有关，而与积分路径无关. 因此我们有如下定理：

定理 3.4　设 $f(z)$ 在单连通区域 D 内解析，则 $F(z)$ 在 D 内解析，并且 $f'(z) = f(z)$.

证明　在区域 D 内任取两点 z 和 $z + \Delta z$，当 $\Delta z \neq 0$ 时，有

$$\frac{F(z + \Delta z) - F(z)}{\Delta z} = \frac{1}{\Delta z}\left[\int_{z_0}^{z+\Delta z} f(\zeta)\mathrm{d}\zeta - \int_{z_0}^{z} f(\zeta)\mathrm{d}\zeta\right]$$

由于积分与路径无关，故 $\int_{z_0}^{z+\Delta z} f(\zeta)\mathrm{d}\zeta$ 可以选取由 z_0 到 z，再从 z 沿直线段到 $z + \Delta z$ 的积分路径，而 z_0 到 z 的积分路径可取与 $\int_{z_0}^{z} f(\zeta)\mathrm{d}\zeta$ 相同的积分路径，如图 3.2 所示. 所以

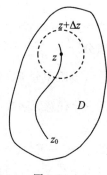

图 3.2

$$\frac{F(z + \Delta z) - F(z)}{\Delta z} = \frac{1}{\Delta z}\int_{z}^{z+\Delta z} f(\zeta)\mathrm{d}\zeta.$$

$f(z)$ 是与 ζ 无关的定值，故 $\dfrac{1}{\Delta z}\displaystyle\int_{z}^{z+\Delta z} f(z)\mathrm{d}\zeta = f(z)$，即有

$$\frac{F(z + \Delta z) - F(z)}{\Delta z} - f(z) = \frac{1}{\Delta z}\int_{z}^{z+\Delta z} [f(\zeta) - f(z)]\mathrm{d}\zeta.$$

由 $f(z)$ 在 D 内解析可知 $f(z)$ 在 D 内必定连续，故对任意 $\varepsilon > 0$，存在 $\delta > 0$，只要 $|\zeta - z| < \delta$，总有 $|f(\zeta) - f(z)| < \varepsilon$. 因此当 $|\Delta z| < \delta$ 时，有

$$\left|\frac{F(z + \Delta z) - F(z)}{\Delta z} - f(z)\right| = \left|\frac{1}{\Delta z}\int_{z}^{z+\Delta z} [f(\zeta) - f(z)]\mathrm{d}\zeta\right|$$

$$\leqslant \frac{1}{|\Delta z|}\int_{z}^{z+\Delta z} |f(\zeta) - f(z)||\mathrm{d}\zeta|$$

$$< \frac{\varepsilon}{|\Delta z|}\int_{z}^{z+\Delta z} \mathrm{d}s = \varepsilon \cdot \frac{|\Delta z|}{|\Delta z|} = \varepsilon.$$

即 $F'(z) = \lim\limits_{\Delta z \to 0} \dfrac{F(z + \Delta z) - F(z)}{\Delta z} = f(z)$ 对任意 $z \in D$ 成立.

这个定理的证明实际上只用到了 $f(z)$ 的两个性质：

(1) $f(z)$ 在 D 内连续；

(2) $f(z)$ 在 D 内的积分与路径无关.

因此可以得到一个更一般的定理：

定理 3.5 若 $f(z)$ 在单连通区域 D 内连续,且在 D 内的积分 $\int_{\Gamma} f(\zeta)\mathrm{d}\zeta$ 与积分路径无关,则函数

$$F(z) = \int_{z_0}^{z} f(\zeta)\mathrm{d}\zeta$$

在 D 内解析,并且 $F'(z) = f(z)$,其中 z_0 为 D 内的定点.

对照微积分中的内容,有如下定义：

定义 3.2 若 $f(z)$ 在区域 D 内连续,则称符合条件

$$\Phi'(z) = f(z)$$

的函数 $\Phi(z)$ 为 $f(z)$ 的一个**原函数**. $f(z)$ 的全体原函数称为 $f(z)$ 的**不定积分**.

变限积分 $F(z) = \int_{z_0}^{z} f(\zeta)\mathrm{d}\zeta$ 就是 $f(z)$ 的一个原函数. 假设 $\Phi(z)$ 是 $f(z)$ 的一个任意原函数,则

$$[\Phi(z) - F(z)]' = f(z) - f(z) = 0,$$

即 $\Phi(z) - F(z) = C_0$,C_0 为一复常数,这就说明 $f(z)$ 的任何原函数 $\Phi(z)$ 都具有 $F(z) + C_0$ 的形式.

定理 3.6 若函数 $f(z)$ 在单连通区域 D 内解析,$\Phi(z)$ 为 $f(z)$ 在 D 内的一个任意原函数,则

$$\int_{z_0}^{z} f(\zeta)\mathrm{d}\zeta = \Phi(z) - \Phi(z_0), \quad z_0, z \in D.$$

证明 $\Phi(z) = F(z) + C_0 = \int_{z_0}^{z} f(\zeta)\mathrm{d}\zeta + C_0$. 令 $z = z_0$,可得 $C_0 = \Phi(z_0)$,即

$$\int_{z_0}^{z} f(\zeta)\mathrm{d}\zeta = \Phi(z) - \Phi(z_0), \quad z_0, z \in D$$

成立.

定理 3.6 的结论称为**牛顿-莱布尼茨（Newton-Leibniz）公式**,根据此公式,我们就可以把计算解析函数的积分问题归结为寻找其原函数的问题.

【例 3.9】 计算积分 $\int_{0}^{2+3\mathrm{i}} z^2 \mathrm{d}z$ 的值.

解 因为 z^2 在复平面上处处解析,故积分与路径无关,所以有

$$\int_0^{2+3i} z^2 \mathrm{d}z = \frac{z^3}{3}\bigg|_0^{2+3i} = \frac{(2+3i)^3}{3}.$$

【例 3.10】 计算积分 $\int_a^b z\sin z^2 \mathrm{d}z$ 的值.

解 由牛顿-莱布尼茨公式,可得

$$\int_a^b z\sin z^2 \mathrm{d}z = -\frac{1}{2}\cos z^2\bigg|_a^b = \frac{1}{2}(\cos a^2 - \cos b^2).$$

3.2.3 柯西积分定理的推广 —— 复合闭路定理

柯西积分定理可以推广到多连通区域. 所谓**复合闭路**,是指一种特殊的有界多连通区域 D 的边界曲线 Γ,它由若干条简单闭曲线组成,记为

$$\Gamma = \Gamma_0 \cup \Gamma_1^- \cup \Gamma_2^- \cup \cdots \cup \Gamma_n^-,$$

这里简单闭曲线 Γ_0 取逆时针方向,$\Gamma_1, \Gamma_2, \cdots, \Gamma_n$ 取顺时针方向,它们都在 Γ_0 的内部,且互不相交也互不包含. 上述 Γ 的方向称为多连通区域 D 的边界曲线的正向.

将柯西积分定理推广到以上述复合闭路为边界的多连通区域,就可得到下面的定理:

定理 3.7(复合闭路定理) 设 D 是由复合闭路 $\Gamma = \Gamma_0 \cup \Gamma_1^- \cup \Gamma_2^- \cup \cdots \cup \Gamma_n^-$ 所围成的有界多连通区域,函数 $f(z)$ 在 D 内解析,在 $\bar{D} = D \cup \Gamma$ 上连续,则

$$\int_\Gamma f(z)\mathrm{d}z = \int_{\Gamma_0} f(z)\mathrm{d}z + \int_{\Gamma_1^-} f(z)\mathrm{d}z + \cdots + \int_{\Gamma_n^-} f(z)\mathrm{d}z = 0,$$

或写成

$$\int_{\Gamma_0} f(z)\mathrm{d}z = \int_{\Gamma_1} f(z)\mathrm{d}z + \cdots + \int_{\Gamma_n} f(z)\mathrm{d}z.$$

证明 取 n 条互不相交且除端点外全在 D 内的辅助曲线 $L_1, L_2, \cdots, L_n$,分别将 Γ_0 依次与 $\Gamma_1, \Gamma_2, \cdots, \Gamma_n$ 连接起来,则由曲线 $\Gamma' = \Gamma_0 \cup L_1 \cup \Gamma_1^- \cup L_1^- \cup \cdots \cup L_n \cup \Gamma_n^- \cup L_n^-$ 为边界的区域 D' 是一个单连通区域,如图 3.3 所示. 由柯西积分定理得

$$\int_{\Gamma'} f(z)\mathrm{d}z = 0.$$

因为 $f(z)$ 沿曲线 $L_1, L_2, \cdots, L_n$ 的积分

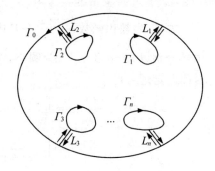

图 3.3

刚好正、负方向各取一次,在相加时相互抵消,所以得

$$\int_\Gamma f(z)\mathrm{d}z = \int_{\Gamma_0} f(z)\mathrm{d}z + \int_{\Gamma_1^-} f(z)\mathrm{d}z + \cdots + \int_{\Gamma_n^-} f(z)\mathrm{d}z = 0,$$

或者

$$\int_{\Gamma_0} f(z)\mathrm{d}z = \int_{\Gamma_1} f(z)\mathrm{d}z + \cdots + \int_{\Gamma_n} f(z)\mathrm{d}z.$$

【例 3.11】 设 a 为封闭曲线 Γ 内部一点,则

$$\oint_\Gamma \frac{\mathrm{d}z}{(z-a)^n} = \begin{cases} 2\pi\mathrm{i}, & n=1, \\ 0, & n\neq 1, n \text{ 为整数}. \end{cases}$$

证明 以 a 为圆心作圆周 Γ' 使其全含于 Γ 的内部,则由复合闭路定理得

$$\oint_\Gamma f(z)\mathrm{d}z = \oint_{\Gamma'} f(z)\mathrm{d}z,$$

再由例 3.1 即可推出结论.

事实上,假设 $f(z)$ 在区域 D 内解析,Γ_1,Γ_2 为 D 内任意两条简单闭曲线,且 Γ_2 位于 Γ_1 的内部,如果 $f(z)$ 在 Γ_1 和 Γ_2 所围成的区域内解析,则一定有

$$\oint_{\Gamma_1} f(z)\mathrm{d}z = \oint_{\Gamma_2} f(z)\mathrm{d}z.$$

【例 3.12】 计算积分 $\oint_\Gamma \frac{2z-1}{z^2-z}\mathrm{d}z$ 的值,其中 Γ 为内部包含 0 和 1 的任意简单闭曲线.

解 **方法一**:因为

$$\frac{2z-1}{z^2-z} = \frac{z+(z-1)}{z^2-z} = \frac{1}{z} + \frac{1}{z-1},$$

所以根据例 3.1 的结论,有

$$\oint_\Gamma \frac{2z-1}{z^2-z}\mathrm{d}z = \oint_\Gamma \frac{\mathrm{d}z}{z} + \oint_\Gamma \frac{\mathrm{d}z}{z-1} = 2\pi\mathrm{i} + 2\pi\mathrm{i} = 4\pi\mathrm{i}.$$

方法二:被积函数 $\frac{2z-1}{z^2-z}$ 在 Γ 内部只有两个奇点 $z=0$ 和 $z=1$,可以在 Γ 内部分别以 $z=0$ 和 $z=1$ 为圆心,作两个互不相交的小圆周 Γ_1 和 Γ_2,则由复合闭路定理可得

$$\oint_\Gamma \frac{2z-1}{z^2-z}\mathrm{d}z = \oint_{\Gamma_1} \frac{2z-1}{z^2-z}\mathrm{d}z + \oint_{\Gamma_2} \frac{2z-1}{z^2-z}\mathrm{d}z$$

$$= \int_{\Gamma_1} \frac{\mathrm{d}z}{z-1} + \int_{\Gamma_1} \frac{\mathrm{d}z}{z} + \int_{\Gamma_2} \frac{\mathrm{d}z}{z-1} + \int_{\Gamma_2} \frac{\mathrm{d}z}{z}$$

$$= 0 + 2\pi\mathrm{i} + 2\pi\mathrm{i} + 0 = 4\pi\mathrm{i}.$$

§3.3　柯西积分公式及推论

3.3.1　柯西积分公式

柯西积分公式是用边界值表示解析函数内部值的公式,主要用来研究封闭积分曲线内部含有奇点的积分.

考虑形如

$$I = \oint_{\Gamma} \frac{f(z)}{z - z_0} \mathrm{d}z$$

的积分,z_0 在 Γ 的内部,$f(z)$ 在 D 内解析,Γ 的内部包含于 D. 被积函数 $\dfrac{f(z)}{z - z_0}$ 在 Γ 上连续,故积分值 I 存在,但函数 $\dfrac{f(z)}{z - z_0}$ 在 Γ 的内部有奇点 z_0,故其积分值未必为 0,例如例 3.1 中 $n = 1$ 的情况. 现在作以 z_0 为圆心,ρ 为半径的小圆周 Γ_ρ 包含于 Γ 的内部,则由复合闭路定理知

$$\oint_{\Gamma} \frac{f(z)}{z - z_0} \mathrm{d}z = \oint_{\Gamma_\rho} \frac{f(z)}{z - z_0} \mathrm{d}z.$$

由此可见,I 的值与 $f(z)$ 在 z_0 点附近的取值有关. 令 $z - z_0 = \rho e^{i\theta}$,$z \in \Gamma_\rho$,则有 $I = \mathrm{i} \int_0^{2\pi} f(z_0 + \rho e^{i\theta}) \mathrm{d}\theta$. I 的值与 ρ 无关,由 $f(z)$ 在 z_0 的连续性可推测出 $I = 2\pi \mathrm{i} f(z_0)(\rho \to 0)$,即

$$f(z_0) = \frac{1}{2\pi \mathrm{i}} \oint_{\Gamma} \frac{f(z)}{z - z_0} \mathrm{d}z.$$

定理 3.8(柯西积分公式)　设简单闭曲线 Γ 是单连通区域 D 的边界,若函数 $f(z)$ 在 D 内解析,在 $\bar{D} = D \bigcup \Gamma$ 上连续,则对 D 内任意一点 z,有

$$f(z) = \frac{1}{2\pi \mathrm{i}} \oint_{\Gamma} \frac{f(\zeta)}{\zeta - z} \mathrm{d}\zeta.$$

证明　任取固定的 $z \in D$,$F(\zeta) = \dfrac{f(\zeta)}{\zeta - z}$ 在 D 内除 z 点外处处解析.以 z 为圆心,充分小的 $\rho > 0$ 为半径作圆周 Γ_ρ,使 Γ_ρ 及其内部均包含于 D. 对复合闭曲线 $\Gamma \bigcup \Gamma_\rho^-$ 和函数 $F(\zeta) = \dfrac{f(\zeta)}{\zeta - z}$ 应用复合闭路定理,得

$$\oint_{\Gamma} \frac{f(\zeta)}{\zeta - z} \mathrm{d}\zeta = \oint_{\Gamma_\rho} \frac{f(\zeta)}{\zeta - z} \mathrm{d}\zeta.$$

积分值 $\oint_\Gamma \dfrac{f(\zeta)}{\zeta-z}\mathrm{d}\zeta$ 与 ρ 的选取无关,可以考虑 $\rho \to 0$ 的情况,只需说明

$$\lim_{\rho \to 0} \oint_{\Gamma_\rho} \frac{f(\zeta)}{\zeta-z}\mathrm{d}\zeta = 2\pi\mathrm{i}f(z).$$

$f(z)$ 与积分变量 ζ 无关,而 $\oint_{\Gamma_\rho} \dfrac{\mathrm{d}\zeta}{\zeta-z} = 2\pi\mathrm{i}$,故

$$\left| \oint_{\Gamma_\rho} \frac{f(\zeta)}{\zeta-z}\mathrm{d}\zeta - 2\pi\mathrm{i}f(z) \right| = \left| \oint_{\Gamma_\rho} \frac{f(\zeta)}{\zeta-z}\mathrm{d}\zeta - \int_{\Gamma_\rho} \frac{f(z)}{\zeta-z}\mathrm{d}\zeta \right|$$

$$= \left| \oint_{\Gamma_\rho} \frac{f(\zeta)-f(z)}{\zeta-z}\mathrm{d}\zeta \right|.$$

由 $f(\zeta)$ 的连续性,对任意 $\varepsilon > 0$,存在 $\delta > 0$,只要 $0 < |\zeta-z| < \delta$,就有

$|f(\zeta)-f(z)| < \dfrac{\varepsilon}{2\pi}$. 取 $\rho = \delta$,所以

$$\left| \oint_{\Gamma_\rho} \frac{f(\zeta)-f(z)}{\zeta-z}\mathrm{d}\zeta \right| \leqslant \oint_{\Gamma_\rho} \frac{|f(\zeta)-f(z)|}{|\zeta-z|}|\mathrm{d}\zeta| < \frac{\varepsilon}{2\pi} \cdot \frac{1}{\rho} \cdot 2\pi\rho = \varepsilon.$$

定理得证.

可以利用柯西积分公式 $\oint_\Gamma \dfrac{f(\zeta)}{\zeta-z}\mathrm{d}\zeta = 2\pi\mathrm{i}f(z)$ 计算复变函数在封闭曲线 Γ 上的积分.

【例 3.13】 计算积分 $\oint_{|z|=2} \dfrac{z}{(z^2-9)(z+\mathrm{i})}\mathrm{d}z$.

解 因为 $f(z) = \dfrac{z}{z^2-9}$ 在 $|z|=2$ 及其内部解析,所以由柯西积分公式得

$$\oint_{|z|=2} \frac{z}{(z^2-9)(z+\mathrm{i})}\mathrm{d}z = \oint_{|z|=2} \frac{\frac{z}{z^2-9}}{z-(-\mathrm{i})}\mathrm{d}z = 2\pi\mathrm{i} \cdot \frac{z}{z^2-9}\bigg|_{z=-\mathrm{i}} = -\frac{\pi}{5}.$$

注意:在柯西积分公式中,z 是被积函数 $F(\zeta) = \dfrac{f(\zeta)}{\zeta-z}$ 在 Γ 内部唯一的奇点. 若 $F(\zeta)$ 在 Γ 内部有多于一个的奇点,则不可直接使用柯西积分公式.

【例 3.14】 计算 $\oint_{|z|=2} \dfrac{\mathrm{e}^{\lambda z}}{z^2+1}\mathrm{d}z$,其中 λ 为复常数.

解 被积函数 $\dfrac{\mathrm{e}^{\lambda z}}{z^2+1}$ 在 $|z|=2$ 的内部有两个奇点 $\pm\mathrm{i}$,我们在 Γ 内部加一条割线 $[-1,1]$ 将两个奇点分开. 记 Γ_1 为 Γ 的上半圆周加线段 $[-2,2]$,取正方向;Γ_2 为 Γ 的下半圆周加反向线段 $[2,-2]$,取正方向. 如图 3.4 所示,显然有

$$\oint_{\Gamma} \frac{\mathrm{e}^{\lambda z}}{z^2+1}\mathrm{d}z = \int_{\Gamma_1} \frac{\mathrm{e}^{\lambda z}}{z^2+1}\mathrm{d}z + \int_{\Gamma_2} \frac{\mathrm{e}^{\lambda z}}{z^2+1}\mathrm{d}z.$$

记 $f_1(z) = \dfrac{\mathrm{e}^{\lambda z}}{z+\mathrm{i}}$, $f_2(z) = \dfrac{\mathrm{e}^{\lambda z}}{z-\mathrm{i}}$, 则由柯西积分公式, 有

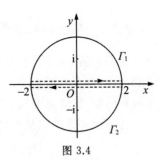

图 3.4

$$\oint_{\Gamma_1} \frac{\mathrm{e}^{\lambda z}}{z^2+1}\mathrm{d}z = \oint_{\Gamma_1} \frac{f_1(z)}{z-\mathrm{i}}\mathrm{d}z = 2\pi\mathrm{i}f_1(\mathrm{i}) = \pi\mathrm{e}^{\mathrm{i}\lambda},$$

$$\oint_{\Gamma_2} \frac{\mathrm{e}^{\lambda z}}{z^2+1}\mathrm{d}z = \oint_{\Gamma_2} \frac{f_2(z)}{z+\mathrm{i}}\mathrm{d}z = 2\pi\mathrm{i}f_2(-\mathrm{i})$$
$$= -\pi\mathrm{e}^{-\mathrm{i}\lambda},$$

故 $\oint_{\Gamma} \dfrac{\mathrm{e}^{\lambda z}}{z^2+1}\mathrm{d}z = \pi\mathrm{e}^{\mathrm{i}\lambda} - \pi\mathrm{e}^{-\mathrm{i}\lambda} = 2\pi\mathrm{i}\sin\lambda.$

柯西积分公式与柯西积分定理一样, 也可以推广到多连通区域的情形: 设 Γ_0 为闭曲线, $\Gamma_1, \Gamma_2, \cdots, \Gamma_n$ 为 Γ_0 内部互不相交也互不包含的简单闭曲线. 记曲线 $\Gamma = \Gamma_0 \bigcup \Gamma_1^- \bigcup \Gamma_2^- \bigcup \cdots \bigcup \Gamma_n^-$ 所围成的区域为 D, 若 $f(z)$ 在 D 内解析, 在 $\overline{D} = D \bigcup \Gamma$ 上连续, 则对任意 $z \in D$, 有

$$f(z) = \frac{1}{2\pi\mathrm{i}} \oint_{\Gamma} \frac{f(\zeta)}{\zeta - z}\mathrm{d}\zeta$$

成立. 证明方法与定理 3.8 完全相同, 只需要将 Γ 换成复合闭路即可, 如图 3.5 所示.

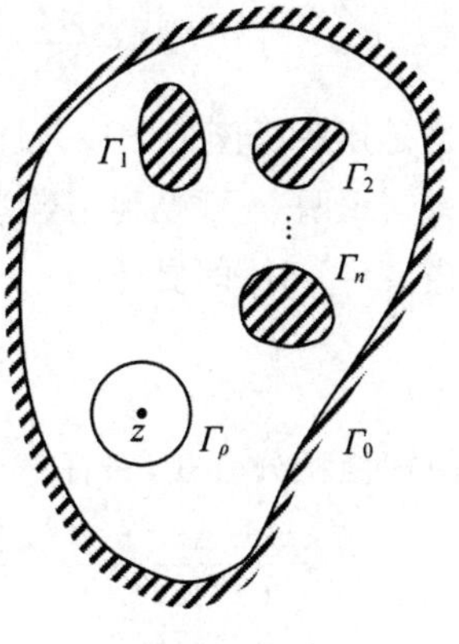

利用柯西积分公式可推出下面的结论:

定理 3.9(解析函数的平均值定理)　若 $f(z)$ 在 $|z-z_0| < R$ 内解析, 在 $|z-z_0| \leqslant R$ 上连续, 则有

图 3.5

$$f(z_0) = \frac{1}{2\pi} \int_0^{2\pi} f(z_0 + R\mathrm{e}^{\mathrm{i}\theta})\mathrm{d}\theta,$$

即 $f(z)$ 在圆心处的值等于在圆周上取值的积分平均.

证明　边界 Γ: $|z-z_0| = R$ 的参数方程为 $z = z_0 + R\mathrm{e}^{\mathrm{i}\theta}$, $0 \leqslant \theta < 2\pi$, $\mathrm{d}z = R\mathrm{i}\mathrm{e}^{\mathrm{i}\theta}\mathrm{d}\theta$. 由柯西积分公式, 有

$$f(z_0) = \frac{1}{2\pi\mathrm{i}} \oint_{\Gamma} \frac{f(z)}{z-z_0}\mathrm{d}z = \frac{1}{2\pi\mathrm{i}} \int_0^{2\pi} \frac{f(z_0 + R\mathrm{e}^{\mathrm{i}\theta})}{R\mathrm{e}^{\mathrm{i}\theta}} R\mathrm{i}\mathrm{e}^{\mathrm{i}\theta}\mathrm{d}\theta$$
$$= \frac{1}{2\pi} \int_0^{2\pi} f(z_0 + R\mathrm{e}^{\mathrm{i}\theta})\mathrm{d}\theta.$$

3.3.2 解析函数的无穷可微性

我们知道,一个实变量函数在某一区间内可导,它的导函数在这个区间内未必可导,甚至有可能不再连续.但在复变函数中,一个解析函数的导数仍然是解析函数,因此具有任意阶导数.

将柯西积分公式从形式上在积分号下对 z 求导,得

$$f'(z) = \frac{1}{2\pi i} \oint_\Gamma \frac{f(\zeta)}{(\zeta - z)^2} d\zeta, \quad z \in D.$$

再次求导得

$$f''(z) = \frac{2!}{2\pi i} \oint_\Gamma \frac{f(\zeta)}{(\zeta - z)^3} d\zeta, \quad z \in D.$$

关于解析函数的高阶导数,我们有如下定理:

定理 3.10(柯西积分公式的高阶导数公式) 在柯西积分公式的条件下,函数 $f(z)$ 在区域 D 内有各阶导数,并且满足

$$f^{(n)}(z) = \frac{n!}{2\pi i} \oint_\Gamma \frac{f(\zeta)}{(\zeta - z)^{n+1}} d\zeta, \quad z \in D, \quad n = 1, 2, \cdots.$$

这是用解析函数 $f(z)$ 的边界值表示各阶导函数内部值的积分公式.

证明 可以利用数学归纳法证明.为简单起见,我们仅证明 $n = 1$ 的情形.当 $n = 1$ 时,即要证明

$$f'(z) = \frac{1}{2\pi i} \oint_\Gamma \frac{f(\zeta)}{(\zeta - z)^2} d\zeta, \quad z \in D.$$

由柯西积分公式,对任意 $z \in D$,有

$$\frac{f(z + \Delta z) - f(z)}{\Delta z} = \frac{1}{\Delta z} \cdot \frac{1}{2\pi i} \left[\oint_\Gamma \frac{f(\zeta)}{\zeta - z - \Delta z} d\zeta - \oint_\Gamma \frac{f(\zeta)}{\zeta - z} d\zeta \right]$$

$$= \frac{1}{2\pi i} \oint_\Gamma \frac{f(\zeta)}{(\zeta - z - \Delta z)(\zeta - z)} d\zeta,$$

接下来我们要说明,对任意给定的 $\varepsilon > 0$,当 $|\Delta z|$ 充分小时,总有

$$A = \left| \frac{1}{2\pi i} \oint_\Gamma \frac{f(\zeta)}{(\zeta - z - \Delta z)(\zeta - z)} d\zeta - \frac{1}{2\pi i} \oint_\Gamma \frac{f(\zeta)}{(\zeta - z)^2} d\zeta \right|$$

$$= \frac{1}{2\pi} \left| \oint_\Gamma \frac{f(\zeta) \Delta z}{(\zeta - z - \Delta z)(\zeta - z)^2} d\zeta \right| < \varepsilon.$$

因为 Γ 为闭集,假设在 Γ 上总有 $|f(z)| \leqslant M$. 令 d 表示 z 与 Γ 上点 ζ 间的最短距离,l 表示 Γ 的长度.当 $\zeta \in \Gamma$ 时,$|\zeta - z| \geqslant d > 0$.不妨设 $|\Delta z| < \dfrac{d}{2}$,$|\Delta z|$ 充分小,则

$$| \zeta - z - \Delta z | \geqslant | \zeta - z | - | \Delta z | > d - \frac{d}{2} = \frac{d}{2}.$$

由此可知

$$A \leqslant \frac{1}{2\pi} \oint_{\Gamma} \frac{|f(\zeta)||\Delta z|}{|\zeta - z - \Delta z||\zeta - z|^2} | \mathrm{d}\zeta | \leqslant \frac{1}{2\pi} \cdot \frac{M \cdot l}{d/2 \cdot d^2} \cdot | \Delta z | = \frac{Ml}{\pi d^3} | \Delta z |.$$

对任意 $\varepsilon > 0$，取 $\delta = \min \left\{ \frac{d}{2}, \frac{\pi d^3 \varepsilon}{Ml} \right\}$，则当 $| \Delta z | < \delta$ 时，就有

$$A \leqslant \frac{Ml}{\pi d^3} | \Delta z | < \varepsilon,$$

$n = 1$ 的情况证明完毕.

注意：(1) 上述公式可改写成 $\oint_{\Gamma} \frac{f(\zeta)}{(\zeta - z)^{n+1}} \mathrm{d}\zeta = \frac{2\pi \mathrm{i}}{n!} f^{(n)}(z), z \in D.$ 利用

这个公式可计算复变函数在封闭曲线上的积分.

(2) 定理要求 $\zeta = z$ 是被积函数在 Γ 内部的唯一奇点.

【例 3.15】 计算积分 $\oint_{|z|=2} \frac{\mathrm{e}^z}{z(z - \mathrm{i})^4} \mathrm{d}z.$

解
$$\oint_{|z|=2} \frac{\mathrm{e}^z}{z(z - \mathrm{i})^4} \mathrm{d}z = \oint_{|z|=\frac{1}{3}} \frac{\mathrm{e}^z}{z(z - \mathrm{i})^4} \mathrm{d}z + \oint_{|z-\mathrm{i}|=\frac{1}{3}} \frac{\mathrm{e}^z}{z(z - \mathrm{i})^4} \mathrm{d}z$$
$$= 2\pi \mathrm{i} \frac{\mathrm{e}^z}{(z - \mathrm{i})^4} \bigg|_{z=0} + \frac{2\pi \mathrm{i}}{3!} \left(\frac{\mathrm{e}^z}{z} \right)''' \bigg|_{z=\mathrm{i}}$$
$$= 2\pi \mathrm{i} + \frac{(-3 + 5\mathrm{i})\mathrm{e}^{\mathrm{i}}}{3} \pi \mathrm{i}$$
$$= (2 - \mathrm{e}^{\mathrm{i}})\pi \mathrm{i} - \frac{5}{3}\pi \mathrm{e}^{\mathrm{i}}.$$

【例 3.16】 设 $f(z)$ 在复平面上解析，Γ 为平面上的一条闭曲线，a, b 为平面上任意两点，$a, b \notin \Gamma.$ 计算积分 $I = \oint_{\Gamma} \frac{f(z)}{(z - a)(z - b)} \mathrm{d}z$ 的值.

解 本题可分以下几种情形讨论：

(1) 若 a, b 均在 Γ 的外部，则由柯西积分定理可知，$I = 0.$

(2) 若 a 在 Γ 的外部，b 在 Γ 的内部，则由柯西积分公式，可得

$$I = \oint_{\Gamma} \frac{\frac{f(z)}{z - a}}{z - b} \mathrm{d}z = 2\pi \mathrm{i} \frac{f(z)}{z - a} \bigg|_{z=b} = \frac{2\pi \mathrm{i} f(b)}{b - a}.$$

(3) 同理，若 a 在 Γ 的内部，b 在 Γ 的外部，则有

$$I = \oint_\Gamma \frac{\dfrac{f(z)}{z-b}}{z-a} \mathrm{d}z = 2\pi\mathrm{i} \left.\frac{f(z)}{z-b}\right|_{z=a} = \frac{2\pi\mathrm{i}f(a)}{a-b}.$$

(4) 若 a, b 均在 Γ 的内部,且 $a \neq b$,则有

$$I = \frac{1}{a-b}\oint_\Gamma \left[\frac{f(z)}{z-a} - \frac{f(z)}{z-b}\right] \mathrm{d}z = 2\pi\mathrm{i}\frac{f(a)-f(b)}{a-b}.$$

(5) 若 $a = b$ 在 Γ 的内部,则由柯西积分公式的高阶导数公式,可得

$$I = \oint_\Gamma \frac{f(z)}{(z-a)^2} \mathrm{d}z = \frac{2\pi\mathrm{i}}{1!} f'(z)\Big|_{z=a} = 2\pi\mathrm{i}f'(a).$$

【例 3.17】 设 $f(z)$ 在 $|z| < 1$ 内解析且 $|f(z)| \leqslant \dfrac{1}{1-|z|}$.证明:对任意正整数 n,均有

$$|f^{(n)}(0)| \leqslant (n+1)! \left(1+\frac{1}{n}\right)^n < \mathrm{e}(n+1)!$$

成立.

证明 由于 $f(z)$ 在 $|z| < 1$ 内解析,由柯西积分公式的高阶导数公式,对任意 $\rho < 1$,有

$$f^{(n)}(0) = \frac{n!}{2\pi\mathrm{i}}\int_{|z|=\rho} \frac{f(z)}{z^{n+1}} \mathrm{d}z.$$

特别地,取 $\rho = \dfrac{n}{n+1}$,由于 $|f(z)| \leqslant \dfrac{1}{1-|z|}$,则当 $|z| = \dfrac{n}{n+1}$ 时,$|f(z)| \leqslant n+1$,所以有

$$f^{(n)}(0) = \frac{n!}{2\pi}\left|\int_{|z|=\frac{n}{n+1}} \frac{f(z)}{z^{n+1}} \mathrm{d}z\right| \leqslant \frac{n!}{2\pi}\left(\frac{n+1}{n}\right)^{n+1} (n+1) \cdot 2\pi \cdot \frac{n}{n+1}$$

$$= (n+1)! \left(1+\frac{1}{n}\right)^n < \mathrm{e}(n+1)!.$$

定理 3.10 表明,解析函数具有任意阶导数,即说明各阶导函数仍为解析函数,因此解析函数具有无穷可微性,这是解析函数区别于实变量函数的一个本质属性.由解析函数的无穷可微性可知,一个非解析函数一定不可能是某个解析函数的导函数.

§3.4 调和函数与解析函数的关系

调和函数在流体力学、电磁学和热力学等领域有着广泛的应用,它与解析函数有着密切的联系.本节将利用解析函数的高阶导数定理来研究解析函数

与调和函数的关系.

我们首先引入调和函数的定义. 设 $f(z) = u(x,y) + iv(x,y)$ 在区域 D 内解析, 则 $u(x,y), v(x,y)$ 满足 C.-R.方程, 即

$$\frac{\partial u}{\partial x} = \frac{\partial v}{\partial y}, \qquad \frac{\partial u}{\partial y} = -\frac{\partial v}{\partial x}.$$

由解析函数的无穷可微性可知, $u(x,y)$ 和 $v(x,y)$ 具有任意阶连续偏导数. 继续求偏导得

$$\frac{\partial^2 u}{\partial x^2} = \frac{\partial^2 v}{\partial x \partial y}, \qquad \frac{\partial^2 u}{\partial y^2} = -\frac{\partial^2 v}{\partial y \partial x}.$$

由于 $\dfrac{\partial^2 v}{\partial x \partial y}, \dfrac{\partial^2 v}{\partial y \partial x}$ 在 D 内连续, 则必然相等, 所以在 D 内有

$$\frac{\partial^2 u}{\partial x^2} + \frac{\partial^2 u}{\partial y^2} = 0.$$

同理, 在 D 内有

$$\frac{\partial^2 v}{\partial x^2} + \frac{\partial^2 v}{\partial y^2} = 0.$$

定义 3.3　定义拉普拉斯(Laplace)算子为 $\Delta = \dfrac{\partial^2}{\partial x^2} + \dfrac{\partial^2}{\partial y^2}$.

$u(x,y), v(x,y)$ 在 D 内满足拉普拉斯方程 $\Delta u = 0, \Delta v = 0$.

定义 3.4　若二元实函数 $H(x,y)$ 在 D 内有二阶连续偏导数, 且满足拉普拉斯方程 $\Delta H = 0$, 则称 $H(x,y)$ 为 D 内的**调和函数**.

根据调和函数的定义以及本节一开始给出的推导过程可知, 解析函数的实部与虚部对应的两个二元实函数均为调和函数.

定义 3.5　设 $u(x,y), v(x,y)$ 均为区域 D 内的调和函数, 若 $u(x,y)$, $v(x,y)$ 在区域 D 内满足 C.-R.方程, 则称 $v(x,y)$ 为 $u(x,y)$ 的**共轭调和函数**.

因此, $f(z) = u(x,y) + iv(x,y)$ 在区域 D 内解析, 等价于 $v(x,y)$ 在 D 内为 $u(x,y)$ 的共轭调和函数.

我们可以用以下方法求得给定函数的共轭调和函数.

定理 3.11　设 $u(x,y)$ 是单连通区域 D 内的调和函数, 则存在由

$$v(x,y) = \int_{(x_0,y_0)}^{(x,y)} -\frac{\partial u}{\partial y}dx + \frac{\partial u}{\partial x}dy + C$$

确定的 $v(x,y)$, 使得 $f(z) = u(x,y) + iv(x,y)$ 在 D 内解析.

证明　因为 $u(x,y)$ 为单连通区域 D 内的调和函数, 则 $u(x,y)$ 在 D 内

有二阶连续偏导数,且满足

$$\frac{\partial^2 u}{\partial x^2} + \frac{\partial^2 u}{\partial y^2} = 0.$$

这说明,偏导函数 $-\dfrac{\partial u}{\partial y}, \dfrac{\partial u}{\partial x}$ 在 D 内具有一阶连续偏导数,且满足

$$\frac{\partial}{\partial y}\left(-\frac{\partial u}{\partial y}\right) = \frac{\partial}{\partial x}\left(\frac{\partial}{\partial x}\right).$$

由微积分中的第二型曲线积分与积分路径无关的等价条件知, $-\dfrac{\partial u}{\partial y}\mathrm{d}x +$

$\dfrac{\partial u}{\partial x}\mathrm{d}y$ 必为某一函数的全微分. 令

$$-\frac{\partial u}{\partial y}\mathrm{d}x + \frac{\partial u}{\partial x}\mathrm{d}y = \mathrm{d}v(x, y),$$

则

$$v(x, y) = \int_{(x_0, y_0)}^{(x, y)} -\frac{\partial u}{\partial y}\mathrm{d}x + \frac{\partial u}{\partial x}\mathrm{d}y + C,$$

其中 (x_0, y_0) 是 D 内的定点, (x, y) 是 D 内的动点, C 为任意常数,且积分与路径无关. 上式分别对 x, y 求偏导,得

$$\frac{\partial v}{\partial x} = -\frac{\partial u}{\partial y}, \quad \frac{\partial v}{\partial y} = \frac{\partial u}{\partial x},$$

满足 C.-R.方程,因此, $v(x, y)$ 是 $u(x, y)$ 的共轭调和函数, $f(z) = u(x, y) +$ $\mathrm{i}v(x, y)$ 在 D 内解析.

定理证明中使用的方法可以称为**曲线积分法**. $v(x, y)$ 的定义式可按下面的方法记忆:

$$\mathrm{d}v(x, y) = v_x \mathrm{d}x + v_y \mathrm{d}y = -u_y \mathrm{d}x + u_x \mathrm{d}y,$$

然后两端积分. 类似地,有

$$\mathrm{d}u(x, y) = u_x \mathrm{d}x + u_y \mathrm{d}y = v_y \mathrm{d}x - v_x \mathrm{d}y,$$

两端积分得

$$u(x, y) = \int_{(x_0, y_0)}^{(x, y)} \frac{\partial v}{\partial y}\mathrm{d}x - \frac{\partial v}{\partial x}\mathrm{d}y + C.$$

问题:

(1) $v(x, y)$ 是 $u(x, y)$ 的共轭调和函数, $u(x, y), v(x, y)$ 是否可以互换顺序?

(2) 若 $v(x, y)$ 是 $u(x, y)$ 的共轭调和函数,那么 $v(x, y)$ 的共轭调和函

数是哪个函数?

注意:任一调和函数均可作为某个解析函数 $f(z)$ 的实部 $u(x,y)$ 或虚部 $v(x,y)$,则对应的虚部 $v(x,y)$ 或实部 $u(x,y)$ 可由 C.-R.方程确定. 由于解析函数的任意阶导数还是解析函数,因此任一调和函数的任意阶偏导数还是调和函数.

【例 3.18】　证明:$u(x,y)=\mathrm{e}^x(x\cos y - y\sin y)$ 为调和函数,并求其共轭调和函数 $v(x,y)$.

解　因为

$$\frac{\partial u}{\partial x}=\mathrm{e}^x(x\cos y - y\sin y + \cos y),$$

$$\frac{\partial^2 u}{\partial x^2}=\mathrm{e}^x(x\cos y - y\sin y + 2\cos y),$$

$$\frac{\partial u}{\partial y}=-\mathrm{e}^x(\sin y + x\sin y + y\cos y),$$

$$\frac{\partial^2 u}{\partial y^2}=-\mathrm{e}^x(x\cos y - y\sin y + 2\cos y),$$

所以有

$$\frac{\partial^2 u}{\partial x^2}+\frac{\partial^2 u}{\partial y^2}=0,$$

即 $u(x,y)$ 为调和函数.

由 $\dfrac{\partial v}{\partial x}=-\dfrac{\partial u}{\partial y}=\mathrm{e}^x(\sin y + x\sin y + y\cos y)$,得

$$
\begin{aligned}
v(x,y)&=\int\mathrm{e}^x(\sin y + x\sin y + y\cos y)\mathrm{d}x\\
&=(\sin y + y\cos y)\int\mathrm{e}^x\mathrm{d}x + \sin y\int x\mathrm{e}^x\mathrm{d}x\\
&=\mathrm{e}^x(\sin y + y\cos y)+(x-1)\mathrm{e}^x\sin y + g(y)\\
&=\mathrm{e}^x(x\sin y + y\cos y)+g(y).
\end{aligned}
$$

再由 $\dfrac{\partial v}{\partial y}=\dfrac{\partial u}{\partial x}$,得

$$\mathrm{e}^x(x\cos y + \cos y - y\sin y)+g'(y)=\mathrm{e}^x(x\cos y - y\sin y + \cos y),$$

故有 $g'(y)=0$,得 $g(y)=C$ 为常函数,从而有

$$v(x,y)=\mathrm{e}^x(x\sin y + y\cos y)+C.$$

例 3.18 中使用的方法与定理 3.11 证明中使用的方法不同,可称之为**偏积分法**.

【例 3.19】 验证 $v(x,y) = \arctan \dfrac{y}{x} (x > 0)$ 在右半平面内为调和函数,并求以此函数为虚部的解析函数 $f(z)$.

解 当 $x > 0$ 时,有

$$v_x = \frac{1}{1 + (y/x)^2} \cdot \left(-\frac{y}{x^2}\right) = -\frac{y}{x^2 + y^2},$$

$$v_{xx} = \frac{y}{(x^2 + y^2)^2} \cdot 2x = \frac{2xy}{(x^2 + y^2)^2},$$

$$v_y = \frac{1}{1 + (y/x)^2} \cdot \frac{1}{x^2} = \frac{x}{x^2 + y^2},$$

$$v_{yy} = \frac{-x}{(x^2 + y^2)^2} \cdot 2y = -\frac{2xy}{(x^2 + y^2)^2},$$

所以 $v_{xx} + v_{yy} = 0$, $v(x,y)$ 在右半平面内调和.

设 $f(z) = u(x,y) + \mathrm{i}v(x,y)$,则

$$u(x,y) = \int u_x \mathrm{d}x + \psi(y) = \int v_y \mathrm{d}x + \psi(y)$$

$$= \int \frac{x}{x^2 + y^2} \mathrm{d}x + \psi(y) = \frac{1}{2} \ln(x^2 + y^2) + \psi(y).$$

两边对 y 求导得

$$u_y = \frac{1}{2} \cdot \frac{2y}{x^2 + y^2} + \psi'(y) = -v_x = \frac{y}{x^2 + y^2}.$$

故 $\psi'(y) = 0$,即 $\psi(y) = C$ 为实常数,$u(x,y) = \dfrac{1}{2} \ln(x^2 + y^2) + C$.所以

$$f(z) = \frac{1}{2} \ln(x^2 + y^2) + \mathrm{i}\arctan \frac{y}{x} + C = \ln |z| + \mathrm{i}\arg z + C = \ln z + C$$

在右半平面单值解析.

习题三

1.计算积分 $\displaystyle\int_\Gamma [(x - y) + \mathrm{i}x^2]\mathrm{d}z$,其中积分路径 Γ 分别为:

(1) 从原点到 $1 + \mathrm{i}$ 的直线段;

(2) 从原点沿实轴到 1,再由 1 竖直向上到 $1 + \mathrm{i}$ 的折线段;

(3) 从原点沿虚轴到 i,再由 i 水平向右到 $1 + \mathrm{i}$ 的折线段.

2.计算积分 $\int_\Gamma (1-\overline{z})\mathrm{d}z$,其中积分路径 Γ 分别为:

(1) 从原点到 $1+\mathrm{i}$ 的直线段;

(2) 从原点沿抛物线 $y=x^2$ 到 $1+\mathrm{i}$ 的曲线段.

3.计算积分 $\int_\Gamma |z|\mathrm{d}z$,其中积分路径 Γ 分别为:

(1) 从 -1 沿实轴到 1 的直线段;

(2) 从 -1 沿上半单位圆周 $x^2+y^2=1$ 到 1 的曲线段;

(3) 从 -1 沿下半单位圆周 $x^2+y^2=1$ 到 1 的曲线段.

4.设 Γ 为从原点到 $4+3\mathrm{i}$ 的直线段,求 $\left|\int_\Gamma \dfrac{\mathrm{d}z}{z-\mathrm{i}}\right|$ 的最大值.

5.用观察法得出下列积分的值并说明依据,这里 Γ 为正向圆周 $|z|=1$.

(1) $\oint_\Gamma \dfrac{\mathrm{d}z}{z-2}$;

(2) $\oint_\Gamma \dfrac{\mathrm{e}^{2z}}{z^2+4z+4}\mathrm{d}z$;

(3) $\oint_\Gamma \dfrac{\mathrm{d}z}{\cos z}$;

(4) $\oint_\Gamma \dfrac{\mathrm{d}z}{z-\dfrac{1}{2}}$;

(5) $\oint_\Gamma \dfrac{\mathrm{d}z}{\left(z-\dfrac{1}{2}\right)^5}$;

(6) $\oint_\Gamma z\mathrm{e}^z\mathrm{d}z$.

6.计算下列积分:

(1) $\oint_\Gamma \left[\dfrac{4}{z+1}+\dfrac{3}{(z+2\mathrm{i})^2}\right]\mathrm{d}z$,其中 $\Gamma: |z|=4$;

(2) $\oint_\Gamma \dfrac{z^2}{z+3}\mathrm{d}z$,其中 $\Gamma: |z|=2$;

(3) $\oint_\Gamma \dfrac{\mathrm{d}z}{(z^2-1)(z^3-1)}$,其中 $\Gamma: |z|=r<1$;

(4) $\oint_\Gamma \dfrac{\mathrm{d}z}{z^2-z}$,其中 $\Gamma: |z|=2$;

(5) $\oint_\Gamma \dfrac{\mathrm{d}z}{(z-\mathrm{i})(z+2)}$,其中 $\Gamma: |z|=3$;

(6) $\oint_\Gamma \dfrac{z^2 - 3z + 4}{z(z-2)^2} \mathrm{d}z$，其中 $\Gamma : |z| = 1$.

7.计算积分 $\oint_\Gamma \dfrac{\mathrm{d}z}{z(z^2 + 1)}$，其中积分路径 Γ 分别为：

(1) $|z| = \dfrac{1}{2}$；

(2) $|z| = 2$；

(3) $|z + \mathrm{i}| = \dfrac{1}{2}$；

(4) $|z - \mathrm{i}| = \dfrac{3}{2}$.

8.计算下列积分：

(1) $\displaystyle\int_0^{\mathrm{i}} (3\mathrm{e}^z + 2z)\mathrm{d}z$；

(2) $\displaystyle\int_1^{1+\mathrm{i}} z\mathrm{e}^z \mathrm{d}z$；

(3) $\displaystyle\int_{-\pi\mathrm{i}}^{\pi\mathrm{i}} \sin^2 z\,\mathrm{d}z$；

(4) $\displaystyle\int_1^{\mathrm{i}} (2 + \mathrm{i}z)^2 \mathrm{d}z$；

(5) $\displaystyle\int_0^1 (z - \mathrm{i})\mathrm{e}^{-z} \mathrm{d}z$；

(6) $\displaystyle\int_0^{\pi\mathrm{i}} z\cos z^2 \mathrm{d}z$.

9.计算下列积分：

(1) $\displaystyle\oint_{|z-2|=2} \dfrac{\mathrm{d}z}{z^2 - 4}$；

(2) $\displaystyle\oint_{|z-2\mathrm{i}|=\frac{3}{2}} \dfrac{\mathrm{e}^{\mathrm{i}z}}{z^2 + 1} \mathrm{d}z$；

(3) $\displaystyle\oint_{|z|=\frac{3}{2}} \dfrac{\mathrm{d}z}{(z^2 + 1)(z^2 + 4)}$；

(4) $\displaystyle\oint_{|z|=1} \dfrac{\sin z}{z} \mathrm{d}z$；

(5) $\displaystyle\int_{|z|=2} \dfrac{2z^2 - z + 1}{z - 1} \mathrm{d}z$；

(6) $\displaystyle\int_{|z|=2} \dfrac{z}{(9 - z^2)(z^2 + \mathrm{i})} \mathrm{d}z$.

10.计算下列积分：

(1) $\oint_{|z-i|=1} \dfrac{\cos z}{(z-i)^3}dz$ ；

(2) $\oint_{|z|=4} \dfrac{e^z}{z^2(z-1)^2}dz$ ；

(3) $\oint_{|z|=2} \dfrac{e^z}{(z^2+1)^2}dz$ ；

(4) $\oint_{\Gamma_1+\Gamma_2^-} \dfrac{\cos z}{z^3}dz$ ，其中 $\Gamma_1: |z|=2,\Gamma_2: |z|=3$ ；

(5) $\int_{|z|=1} \dfrac{e^z}{(z-a)^3}dz$ ，其中 a 为 $|a| \neq 1$ 的复数.

11.由下列条件求解析函数 $f(z)=u(x,y)+iv(x,y)$ ：

(1) $u(x,y)=2(x-1)y,f(2)=-i$ ；

(2) $v(x,y)=2xy+3x,f(0)=0$ ；

(3) $v=\dfrac{y}{x^2+y^2},f(2)=0.$

第四章 复级数

无穷级数是研究函数的有力工具. 本章我们将实变函数项级数推广到复变函数项级数,首先介绍复数项级数和复变函数项级数的概念与性质,然后着重讨论解析函数的级数表示法 —— 泰勒(Taylor)级数和洛朗(Laurent)级数. 解析函数的级数表示可以帮助我们更深入地掌握解析函数的性质.

§4.1 复数项级数与复变函数项级数

4.1.1 复数列的收敛性及其判别法

定义 4.1 设 $\{\alpha_n\} = \{a_n + ib_n\}(n = 1, 2, \cdots)$ 为一复数列,$\alpha = a + ib$ 为一确定的复数. 如果对于任意给定的正数 ε,总存在正整数 $N = N(\varepsilon)$,使得当 $n > N$ 时,$|\alpha_n - \alpha| < \varepsilon$ 恒成立,则称 α 为复数列 $\{\alpha_n\}$ 当 $n \to \infty$ 时的**极限**,或称 $\{\alpha_n\}$ **收敛于** α,记作

$$\lim_{n \to \infty} \alpha_n = \alpha \quad 或 \quad \alpha_n \to \alpha (n \to \infty).$$

如果不存在任何有限复常数,使得复数列 $\{\alpha_n\}$ 收敛于该复数,则称复数列 $\{\alpha_n\}$ **发散**.

复数列的收敛性可以转化为两个实数列的收敛性.

定理 4.1 复数列 $\{\alpha_n\} = \{a_n + ib_n\}(n = 1, 2, \cdots)$ 收敛于 $\alpha = a + ib$ 的充要条件是 $\lim\limits_{n \to \infty} a_n = a$ 且 $\lim\limits_{n \to \infty} b_n = b$.

证明 若 $\alpha_n = \alpha$,则对任意给定的 $\varepsilon > 0$,都存在正整数 N,使得当 $n > N$ 时,有

$$| \alpha_n - \alpha |=| (a_n + \mathrm{i}b_n) - (a + \mathrm{i}b) | \leqslant \varepsilon,$$

从而有

$$| a_n - a | \leqslant | (a_n - a) + \mathrm{i}(b_n - b) | \leqslant \varepsilon,$$
$$| b_n - b | \leqslant | (a_n - a) + \mathrm{i}(b_n - b) | \leqslant \varepsilon,$$

所以

$$\lim_{n \to \infty} a_n = a, \quad \lim_{n \to \infty} b_n = b$$

成立.

反之,若 $\lim\limits_{n \to \infty} a_n = a$ 且 $\lim\limits_{n \to \infty} b_n = b$ 成立,则对任意给定的 $\varepsilon > 0$,都存在正整数 N,使得当 $n < N$ 时,有

$$| a_n - a | < \frac{\varepsilon}{2}, \quad | b_n - b | < \frac{\varepsilon}{2},$$

由三角不等式可知

$$| \alpha_n - \alpha |=| (a_n - a) + \mathrm{i}(b_n - b) | \leqslant | a_n - a |+| b_n - b | < \varepsilon,$$

即 $\lim\limits_{n \to \infty} \alpha_n = \alpha$.

设有复数列 $\{\alpha_n\} = \{a_n + \mathrm{i}b_n\} (n = 1, 2, \cdots)$,将其各项依次相加所得的表达式

$$\alpha_1 + \alpha_2 + \cdots + \alpha_n + \cdots$$

称为**复数项无穷级数**,简称**复数项级数**,记作 $\sum\limits_{n=1}^{\infty} \alpha_n$,即

$$\sum_{n=1}^{\infty} \alpha_n = \alpha_1 + \alpha_2 + \cdots + \alpha_n + \cdots.$$

记 $S_n = \alpha_1 + \alpha_2 + \cdots + \alpha_n = \sum\limits_{k=1}^{n} \alpha_k$,称 $\{S_n\}$ 为级数的**部分和数列**.

定义 4.2　若级数的部分和数列 $\{S_n\}$ 收敛于复数 S,即

$$\lim_{n \to \infty} S_n = S,$$

则称复数项级数**收敛**,并称 S 为级数的和,记为

$$S = \sum_{n=1}^{\infty} \alpha_n.$$

若 $\{S_n\}$ 没有有限的极限,则称级数 $\sum\limits_{n=1}^{\infty} \alpha_n$ **发散**.

关于复数项级数,有以下几个基本定理:

定理 4.2　设 $\alpha_n = a_n + \mathrm{i}b_n (n = 1, 2, \cdots), a_n, b_n \in \mathbf{R}$,则 $\sum\limits_{n=1}^{\infty} \alpha_n$ 收敛于 $S = a +$

ib 当且仅当实数项级数 $\sum\limits_{n=1}^{\infty} a_n$ 和 $\sum\limits_{n=1}^{\infty} b_n$ 分别收敛于 a 和 b.

【例 4.1】 判断级数 $\sum\limits_{n=1}^{\infty} \dfrac{1}{n}\left(1+\dfrac{i}{n}\right)$ 的敛散性.

解 因为实部对应的级数 $\sum\limits_{n=1}^{\infty} \dfrac{1}{n}$ 发散,故原级数是发散的.

定理 4.3(柯西收敛准则) 级数 $\sum\limits_{n=1}^{\infty} \alpha_n$ 收敛当且仅当对任意 $\varepsilon > 0$,存在正整数 $N = N(\varepsilon)$,使得当 $n > N$ 时,对任意正整数 p,有

$$|\alpha_{n+1} + \cdots + \alpha_{n+p}| < \varepsilon.$$

取 $p=1$,则有 $|\alpha_{n+1}| < \varepsilon$,即收敛级数的通项必收敛于 0,$\lim\limits_{n\to\infty} \alpha_n = 0$,这是复数项级数收敛的必要条件.

不难证明,复数项级数具有与实数项级数类似的结论:收敛级数的各项均有界;一个级数略去有限多项,得到的新级数与原级数的敛散性相同.

定理 4.4 级数 $\sum\limits_{n=1}^{\infty} \alpha_n$ 收敛的充分条件为级数 $\sum\limits_{n=1}^{\infty} |\alpha_n|$ 收敛.

证明 由

$$|\alpha_{n+1} + \cdots + \alpha_{n+p}| \leqslant |\alpha_{n+1}| + \cdots + |\alpha_{n+p}|$$

知,若 $\sum\limits_{n=1}^{\infty} |\alpha_n|$ 收敛,则 $\sum\limits_{n=1}^{\infty} \alpha_n$ 必收敛.

定义 4.3 若级数 $\sum\limits_{n=1}^{\infty} |\alpha_n|$ 收敛,则称级数 $\sum\limits_{n=1}^{\infty} \alpha_n$ **绝对收敛**;若级数 $\sum\limits_{n=1}^{\infty} \alpha_n$ 收敛,但级数 $\sum\limits_{n=1}^{\infty} |\alpha_n|$ 不收敛,则称级数 $\sum\limits_{n=1}^{\infty} \alpha_n$ **条件收敛**.

【例 4.2】 判断下列级数是否收敛?是否绝对收敛?

(1) $\sum\limits_{n=1}^{\infty} \left(1-\dfrac{1}{n^2}\right) e^{\frac{\pi i}{n}}$;

(2) $\sum\limits_{n=1}^{\infty} \dfrac{n^2}{5^n}(1+2i)^n$;

(3) $\sum\limits_{n=1}^{\infty} \dfrac{(1+i)^n}{2^{\frac{n}{2}}\cos ni}$.

解 (1) $\alpha_n = \left(1-\dfrac{1}{n^2}\right) e^{\frac{\pi i}{n}} = \left(1-\dfrac{1}{n^2}\right)\cos\dfrac{\pi}{n} + i\left(1-\dfrac{1}{n^2}\right)\sin\dfrac{\pi}{n} = a_n + ib_n$.

显然,$\lim\limits_{n\to\infty} a_n = 1$,$\lim\limits_{n\to\infty} b_n = 0$. 故 $\sum\limits_{n=1}^{\infty} a_n$ 发散,所以原级数发散.

(2) $|\alpha_n| = \left| \dfrac{n^2}{5^n}(1+2i)^n \right| = \left| \dfrac{n^2}{\sqrt{5}^n} \right|, \lim\limits_{n\to\infty}\sqrt[n]{|\alpha_n|} = \lim\limits_{n\to\infty}\sqrt[n]{n^2} \cdot \dfrac{1}{\sqrt{5}} = \dfrac{1}{\sqrt{5}} < 1.$

由正项级数的根式判别法可知，$\sum\limits_{n=1}^{\infty}|\alpha_n|$ 收敛，故原级数绝对收敛.

(3) $|\alpha_n| = \left| \dfrac{(1+i)^n}{2^{\frac{n}{2}}\cos ni} \right| = \left| \dfrac{1}{\cos ni} \right| = \dfrac{2}{e^n + e^{-n}} < \dfrac{2}{e^n}.$ 因为 $\sum\limits_{n=1}^{\infty}\dfrac{2}{e^n}$ 为公比为 $\dfrac{1}{e}$ 的等比数列求和，故 $\sum\limits_{n=1}^{\infty}|\alpha_n|$ 收敛，所以原级数绝对收敛.

4.1.2 复变函数项级数

这一章我们研究的主要对象是幂级数，它是一种特殊的函数项级数. 下面首先介绍复变函数项级数的有关概念.

定义 4.4 设 $\{f_n(z)\}(n=1,2,\cdots)$ 为一个定义在复平面中的点集 E 上的复变函数序列，称表达式

$$f_1(z) + f_2(z) + \cdots + f_n(z) + \cdots$$

为**复变函数项级数**，简称**函数项级数**，记为 $\sum\limits_{n=1}^{\infty}f_n(z)$. 级数的前 n 项和

$$S_n(z) = f_1(z) + f_2(z) + \cdots + f_n(z)$$

称为此级数的**部分和函数列**.

据此定义，对 E 内任意一点 z_0，函数项级数都对应一个数项级数

$$f_1(z_0) + f_2(z_0) + \cdots + f_n(z_0) + \cdots = \sum_{n=1}^{\infty}f_n(z_0).$$

如果该数项级数收敛，则称 z_0 为函数项级数的**收敛点**. 函数项级数的全体收敛点组成的集合称为该级数的**收敛域**. 对收敛域内的任意一点 z，有

$$\sum_{n=1}^{\infty}f_n(z) = S(z),$$

其中 $S(z)$ 称为函数项级数 $\sum\limits_{n=1}^{\infty}f_n(z)$ 的**和函数**.

定义 4.5 若对点集 E 内的任意一点 z，复数项级数 $\sum\limits_{n=1}^{\infty}|f_n(z)|$ 都收敛，则称函数项级数 $\sum\limits_{n=1}^{\infty}f_n(z)$ 在 E 上**绝对收敛**.

容易证明，绝对收敛的函数项级数必定收敛.

§4.2 幂级数

4.2.1 幂级数的敛散性

复变量幂级数是实变量幂级数在复数域上的推广,它的一般形式是

$$\sum_{n=0}^{\infty} c_n(z-a)^n = c_0 + c_1(z-a) + c_2(z-a)^2 + \cdots + c_n(z-a)^n + \cdots,$$

其中 $c_0, c_1, \cdots, c_n, \cdots$ 均为复常数. 特别地,当 $a=0$ 时,上述幂级数可写成

$$\sum_{n=0}^{\infty} c_n z^n = c_0 + c_1 z + c_2 z^2 + \cdots + c_n z^n + \cdots.$$

幂级数是最简单的解析函数项级数,在一般情况下,其收敛域是圆. 这个事实可由下面的定理说明.

定理 4.5[阿贝尔(Abel)定理] 若幂级数 $\sum_{n=0}^{\infty} c_n(z-a)^n$ 在点 $z_0(z_0 \neq a)$ 收敛,则它必在圆 $|z-a| < |z_0-a|$ 内绝对收敛.

证明 设 z 为圆 $|z-a| < |z_0-a|$ 内任意一点. 由于 $\sum_{n=0}^{\infty} c_n(z_0-a)^n$ 收敛,则由级数收敛的必要条件,有

$$\lim_{n \to \infty} c_n(z_0-a)^n = 0,$$

所以存在 $M > 0$,使得 $|c_n(z_0-a)^n| \leqslant M$ 对任意 n 都成立.

点 z 满足 $|z-a| < |z_0-a|$, $q = \left| \dfrac{z-a}{z_0-a} \right| < 1$,此时有

$$|c_n(z-a)^n| = \left| c_n(z_0-a)^n \left(\frac{z-a}{z_0-a} \right)^n \right| \leqslant Mq^n,$$

而 $\sum_{n=0}^{\infty} Mq^n$ 又是收敛的几何级数,因此可推出 $\sum_{n=0}^{\infty} c_n(z-a)^n$ 在圆 $|z-a| < |z_0-a|$ 内绝对收敛.

推论 若幂级数 $\sum_{n=0}^{\infty} c_n(z-a)^n$ 在点 z' 发散,则它在 $|z-a| > |z'-a|$ 内发散.

证明 若存在 z_0 满足 $|z_0-a| > |z'-a|$,使得 $\sum_{n=0}^{\infty} c_n(z_0-a)^n$ 收敛,

则由阿贝尔定理可知，$\sum\limits_{n=0}^{\infty} c_n(z-a)^n$ 在 $|z-a|<|z_0-a|$ 内绝对收敛，但这与 $\sum\limits_{n=0}^{\infty} c_n(z-a)^n$ 在点 z' 处发散矛盾.

对一般的幂级数 $\sum\limits_{n=0}^{\infty} c_n(z-a)^n$ 来说，它在点 $z=a$ 处总收敛，在 $z\neq a$ 处的敛散性有三种可能：

(1) 对任意 $z\neq a$，$\sum\limits_{n=0}^{\infty} c_n(z-a)^n$ 均发散. 例如，$\sum\limits_{n=0}^{\infty} n^n z^n = 1+z+2^2 z^2+\cdots+n^n z^n+\cdots$，这是因为当 $z\neq 0$ 时，$n^n z^n \not\to 0$.

(2) 对任意 $z\neq a$，$\sum\limits_{n=0}^{\infty} c_n(z-a)^n$ 均收敛. 例如，$\sum\limits_{n=0}^{\infty} \dfrac{z^n}{n^n}=1+z+\dfrac{z^2}{2^2}+\cdots+\dfrac{z^n}{n^n}+\cdots$，这是因为对任意固定的 z，从某个 n 开始，以后总有 $\dfrac{|z|}{n}<\dfrac{1}{2}$，即 $\left|\dfrac{z^n}{n^n}\right|<\dfrac{1}{2^n}$ 总成立，级数在任意 z 处均收敛.

(3) 存在 $z_1(\neq a)$，z_2，使得 $\sum\limits_{n=0}^{\infty} c_n(z_1-a)^n$ 收敛而 $\sum\limits_{n=0}^{\infty} c_n(z_2-a)^n$ 发散，此时必有 $|z_1-a|\leqslant|z_2-a|$. 在这种情况下，可以说明，存在 $R\in(0,+\infty)$，使得 $\sum\limits_{n=0}^{\infty} c_n(z-a)^n$ 在 $|z-a|<R$ 内绝对收敛，在 $|z-a|>R$ 内发散. 此时，正数 R 称为幂级数 $\sum\limits_{n=0}^{\infty} c_n(z-a)^n$ 的**收敛半径**. $\{z\,|\,|z-a|<R\}$ 和 $\{z\,|\,|z-a|=R\}$ 分别称为幂级数的**收敛圆**和**收敛圆周**. 为统一起见，我们规定(1)(2)两种情况的收敛半径分别为 $R=0$ 和 $R=+\infty$.

幂级数在收敛圆周上的收敛情况比较复杂，以下三种情况均可出现：

(1) 幂级数在收敛圆周上处处收敛. 例如，$\sum\limits_{n=1}^{\infty}(-1)^n \dfrac{z^{n+1}}{n(n+1)}$ 的收敛半径为1，因为在 $|z|=1$ 上，$\left|\dfrac{z^{n+1}}{n(n+1)}\right|=\dfrac{1}{n(n+1)}$，而级数 $\sum\limits_{n=1}^{\infty} \dfrac{1}{n(n+1)}$ 收敛.

(2) 幂级数在收敛圆周上处处发散. 例如，$\sum\limits_{n=0}^{\infty} z^n$ 的收敛半径为 1，因为在 $|z|=1$ 上，级数的一般项 $z^n \not\to 0$，故 $\sum\limits_{n=0}^{\infty} z^n$ 在 $|z|=1$ 上处处发散.

(3) 幂级数在收敛圆周上同时存在收敛和发散的点. 例如，$\sum\limits_{n=1}^{\infty} \dfrac{z^n}{n}$ 的收敛

半径为 1,因为当 $z=1$ 时,$\sum_{n=1}^{\infty} \dfrac{1}{n}$ 发散;当 $z=-1$ 时,$\sum_{n=1}^{\infty} \dfrac{(-1)^n}{n}$ 收敛.

4.2.2 收敛半径 R 的计算

利用与微积分中类似的方法可以得出如下定理:

定理 4.6 若幂级数 $\sum\limits_{n=0}^{\infty} c_n(z-a)^n$ 的系数 c_n 满足

$$\lim_{n\to\infty} \left| \frac{c_{n+1}}{c_n} \right| = \rho \quad \text{或} \quad \lim_{n\to\infty} \sqrt[n]{|c_n|} = \rho,$$

则幂级数 $\sum\limits_{n=0}^{\infty} c_n(z-a)^n$ 的收敛半径

$$R = \begin{cases} \dfrac{1}{\rho}, & 0 < \rho < +\infty, \\ 0, & \rho = +\infty, \\ +\infty, & \rho = 0. \end{cases}$$

注意:(1) 应用上面的定理求幂级数的收敛半径时,总是假设公式中的极限 ρ 存在(有限或无穷).

(2) 当幂级数缺项时,不能直接套用定理中的公式求收敛半径,例如 $\sum\limits_{n=0}^{\infty} c_n z^{2n}$.

【例 4.3】 求下列各幂级数的收敛半径 R:

(1) $\sum\limits_{n=0}^{\infty} n! \, z^n$;

(2) $\sum\limits_{n=0}^{\infty} q^{nn} z^n$,$|q| < 1$;

(3) $\sum\limits_{n=0}^{\infty} n^p z^n$,$p$ 为任意实数;

(4) $\sum\limits_{n=0}^{\infty} \dfrac{n!}{n^n} z^n$.

解 (1) 因为 $c_n = n!$,$\lim\limits_{n\to\infty} \left| \dfrac{c_{n+1}}{c_n} \right| = \lim\limits_{n\to\infty} (n+1) = +\infty$,故 $R=0$.

(2) 因为 $|c_n| = |q^n|^n$,故 $\lim\limits_{n\to\infty} \sqrt[n]{|c_n|} = |q|^n = 0$,故 $R = +\infty$.

(3) 因为 $c_n = n^p$,$\lim\limits_{n\to\infty} \left| \dfrac{c_{n+1}}{c_n} \right| = \lim\limits_{n\to\infty} \left(\dfrac{n+1}{n} \right)^p = 1$,故 $R = 1$.

（4）因为 $c_n = \dfrac{n!}{n^n}$，

$$\lim_{n\to\infty}\left|\frac{c_{n+1}}{c_n}\right| = \lim_{n\to\infty}\frac{(n+1)!/(n+1)^{n+1}}{n!/n^n} = \lim_{n\to\infty}\frac{n!/(n+1)^n}{n!/n^n}$$

$$= \lim_{n\to\infty}\frac{1}{(1+1/n)^n} = \frac{1}{\mathrm{e}},$$

故 $R = \mathrm{e}$.

4.2.3　幂级数的运算与性质

同实变量幂级数一样，复变量幂级数也具有以下运算性质，证明省略.

4.2.3.1　幂级数的四则运算

设 $\displaystyle\sum_{n=0}^{\infty}a_n z^n = f(z)$，收敛半径 $R = r_1$；$\displaystyle\sum_{n=0}^{\infty}b_n z^n = g(z)$，收敛半径 $R = r_2$. 令 $r = \min\{r_1, r_2\}$，则当 $|z| < r$ 时，有

$$\sum_{n=0}^{\infty}a_n z^n \pm \sum_{n=0}^{\infty}b_n z^n = \sum_{n=0}^{\infty}(a_n \pm b_n)z^n = f(z) \pm g(z),$$

$$\left(\sum_{n=0}^{\infty}a_n z^n\right)\cdot\left(\sum_{n=0}^{\infty}b_n z^n\right) = \sum_{n=0}^{\infty}(a_0 b_n + a_1 b_{n-1} + \cdots + a_n b_0)z^n = f(z)g(z).$$

4.2.3.2　复合（代换）运算

设 $\zeta = g(z)$ 在区域 D 内有定义且满足 $|g(z)| < R$. 如果当 $|\zeta| < R$ 时，有 $\displaystyle\sum_{n=0}^{\infty}c_n\zeta^n = f(\zeta)$，则对任意 $z \in D$，有

$$\sum_{n=1}^{\infty}c_n[g(z)]^n = f[g(z)].$$

4.2.3.3　和函数的解析性，逐项求导与逐项积分

定理 4.7　（1）幂级数 $\displaystyle\sum_{n=0}^{\infty}c_n(z-a)^n$ 的和函数 $f(z)$ 在收敛圆 $|z-a| < R(0 < R \leqslant +\infty)$ 内解析；

（2）在收敛圆 $|z-a| < R$ 内，$\displaystyle\sum_{n=0}^{\infty}c_n(z-a)^n$ 可逐项求导，即有

$$f'(z) = \sum_{n=1}^{\infty}nc_n(z-a)^{n-1}, \quad |z-a| < R.$$

（3）在收敛圆 $|z-a| < R$ 内，$\displaystyle\sum_{n=0}^{\infty}c_n(z-a)^n$ 可逐项积分，即有

$$\int_a^z f(z)\mathrm{d}z = \sum_{n=0}^{\infty} \frac{c_n}{n+1}(z-a)^{n+1}, \quad |z-a| < R.$$

注意: (1) 可以证明,幂级数逐项求导和逐项积分之后得到的新的幂级数与原幂级数有相同的收敛半径.

(2) 事实上,在收敛圆 $|z-a| < R$ 内,$\sum\limits_{n=0}^{\infty} c_n(z-a)^n$ 可逐项求导至任意阶,即对任意 $p = 1,2,\cdots$,有

$$f^{(p)}(z) = p!\,c_p + (p+1)p\cdots 2c_{p+1}(z-a) + \cdots + n(n-1)\cdots$$
$$\cdot (n-p+1)c_n(z-a)^{n-p} + \cdots,$$

令 $z = a$,可解得

$$c_p = \frac{f^{(p)}(a)}{p!}, \quad p = 1,2,\cdots.$$

§4.3 解析函数的泰勒展式

4.3.1 泰勒定理

由定理 4.7(1) 可知,任意一个具有非零收敛半径的幂级数在其收敛圆内都收敛于一个解析函数. 本节我们研究其逆命题,即一个解析函数是否可以展开成幂级数,有如下定理:

定理 4.8(泰勒定理) 设 $f(z)$ 在区域 D 内解析,如果圆 $|z-a| < R \subset D$,则 $f(z)$ 在圆 $|z-a| < R$ 内一定能展开成幂级数,即有

$$f(z) = \sum_{n=0}^{\infty} c_n(z-a)^n, \quad |z-a| < R,$$

其系数满足

$$c_n = \frac{1}{2\pi\mathrm{i}} \oint_{\Gamma_\rho} \frac{f(\zeta)}{(\zeta-a)^{n+1}}\mathrm{d}\zeta = \frac{f^{(n)}(a)}{n!}, \quad \Gamma_\rho: |z-a| = \rho < R,$$

并且展开式是唯一的.

证明 要证明此定理,只要证明 $f(z) = \sum\limits_{n=0}^{\infty} c_n(z-a)^n$ 在圆 $|z-a| < R$ 内处处成立即可. 任给圆内一点 z,则存在圆周 $\Gamma_\rho = \{\zeta \mid |\zeta-a| = \rho < R\}$,使得 z 在 Γ_ρ 的内部,如图 4.1 所示. 由柯西积分公式,可得

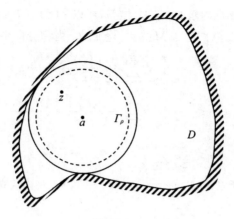

图 4.1

$$f(z) = \frac{1}{2\pi i} \oint_{\Gamma_\rho} \frac{f(\zeta)}{\zeta - z} d\zeta,$$

其中被积函数

$$\frac{f(\zeta)}{\zeta - z} = \frac{f(\zeta)}{\zeta - a - (z - a)} = \frac{f(\zeta)}{\zeta - a} \cdot \frac{1}{1 - \dfrac{z - a}{\zeta - a}}.$$

当 $\zeta \in \Gamma_\rho$ 时,由于 $\left| \dfrac{z - a}{\zeta - a} \right| = \dfrac{|z - a|}{\rho} < 1$,故有

$$\frac{f(\zeta)}{\zeta - a} \cdot \frac{1}{1 - \dfrac{z - a}{\zeta - a}} = \sum_{n=0}^{\infty} \frac{f(\zeta)}{(\zeta - a)^{n+1}} (z - a)^n,$$

于是有

$$f(z) = \frac{1}{2\pi i} \oint_{\Gamma_\rho} \frac{f(\zeta)}{\zeta - z} d\zeta = \frac{1}{2\pi i} \oint_{\Gamma_\rho} \left[\sum_{n=0}^{\infty} \frac{f(\zeta)}{(\zeta - a)^{n+1}} (z - a)^n \right] d\zeta$$

$$= \sum_{n=0}^{N-1} \left[\frac{1}{2\pi i} \oint_{\Gamma_\rho} \frac{f(\zeta)}{(\zeta - a)^{n+1}} d\zeta \right] (z - a)^n + \frac{1}{2\pi i} \oint_{\Gamma_\rho} \left[\sum_{n=N}^{\infty} \frac{f(\zeta)}{(\zeta - a)^{n+1}} (z - a)^n \right] d\zeta.$$

利用柯西积分公式的高阶导数公式,有

$$f(z) = \sum_{n=1}^{N-1} \frac{f^{(n)}(a)}{n!} (z - a)^n + R_N(z),$$

其中

$$R_N(z) = \frac{1}{2\pi i} \oint_{\Gamma_\rho} \left[\sum_{n=N}^{\infty} \frac{f(\zeta)}{(\zeta - a)^{n+1}} (z - a)^n \right] d\zeta.$$

令 $\left| \dfrac{z - a}{\zeta - a} \right| = \dfrac{|z - a|}{\rho} = q$,则 q 是与积分变量 ζ 无关的量,且 $0 \leqslant q < 1$.

由于 $f(z)$ 在区域 D 内解析,且 $\Gamma_\rho \subset D$,所以 $f(\zeta)$ 在 Γ_ρ 上连续,故有界,即存在 $M > 0$,使得 $|f(\zeta)| \leqslant M$ 在 Γ_ρ 上成立. 由积分的估值不等式,有

$$|R_N(z)| \leqslant \frac{1}{2\pi} \oint_{\Gamma_\rho} \left| \sum_{n=N}^{\infty} \frac{f(\zeta)}{(\zeta-a)^{n+1}} (z-a)^n \right| |\,\mathrm{d}\zeta\,|$$

$$\leqslant \frac{1}{2\pi} \oint_{\Gamma_\rho} \left[\sum_{n=N}^{\infty} \frac{|f(\zeta)|}{|\zeta-a|} \cdot \left| \frac{z-a}{\zeta-a} \right|^n \right] |\,\mathrm{d}\zeta\,|$$

$$\leqslant \frac{1}{2\pi} \sum_{n=N}^{\infty} \frac{M}{\rho} q^N \cdot 2\pi\rho = \frac{Mq^N}{1-q}.$$

因为 $\lim\limits_{N\to\infty} q^N = 0$,所以 $\lim\limits_{N\to\infty} R_N(z) = 0$ 在圆 $|z-a| < R$ 内成立,从而在圆 $|z-a| < R$ 内有

$$f(z) = \sum_{n=0}^{\infty} \frac{f^{(n)}(a)}{n!} (z-a)^n.$$

进一步,我们可以证明函数在解析点的幂级数展开式是唯一的. 事实上,假设 $f(z)$ 在 a 点还能展开为幂级数

$$f(z) = c_0' + c_1'(z-a) + c_2'(z-a)^2 + \cdots + c_n'(z-a)^n + \cdots,$$

由幂级数在其收敛圆内可以逐项微分的性质得

$$f'(z) = c_1' + 2c_2'(z-a) + 3a_3'(z-a)^2 + \cdots + nc_n'(z-a)^{n-1} + \cdots,$$

$$f''(z) = 2!\, c_2' + 3 \cdot 2c_3'(z-a) + \cdots + n(n-1)c_n'(z-a)^{n-2} + \cdots,$$

$$\cdots$$

将 $z = a$ 代入以上各式,得

$$c_0' = f(a), \quad c_1' = f'(a), \quad c_2' = \frac{f''(a)}{2!}, \quad \cdots, \quad c_n' = \frac{f^{(n)}(a)}{n!}, \quad \cdots.$$

由此可见,

$$c_n' = c_n, \quad n = 0, 1, 2, \cdots,$$

即 $f(z)$ 在 a 点的幂级数展开式的形式是唯一的.

显然,$\sum\limits_{n=0}^{\infty} c_n(z-a)^n$ 的收敛半径不小于 R.

定义 4.6 $f(z) = \sum\limits_{n=0}^{\infty} c_n(z-a)^n$ 称为 $f(z)$ 在 a 点的**泰勒展式**,

$$c_n = \frac{1}{2\pi\mathrm{i}} \oint_{\Gamma_\rho} \frac{f(\zeta)}{(\zeta-a)^{n+1}} \mathrm{d}\zeta = \frac{f^{(n)}(a)}{n!}$$

称为**泰勒系数**,$\sum\limits_{n=0}^{\infty} c_n(z-a)^n$ 称为**泰勒级数**. 当 $a = 0$ 时,$\sum\limits_{n=0}^{\infty} c_n z^n$ 称为**麦克劳林(Maclaurin)级数**.

注意：利用复合闭路定理容易说明，泰勒系数公式中的积分曲线可以取为邻域 $|z-a|<R$ 内任意一条包围 a 点的正向简单闭曲线.

泰勒定理的重要性在于它圆满地解决了解析函数与幂级数是否等价的问题，它与幂级数和函数的解析性定理相结合，可以给出函数解析的又一等价描述：函数 $f(z)$ 在区域 D 内解析的充要条件是 $f(z)$ 在 D 内任意一点 a 的某个邻域内可展开成幂级数，即

$$f(z)=\sum_{n=0}^{\infty}c_n(z-a)^n,\quad c_n=\frac{f^{(n)}(a)}{n!},\quad n=0,1,\cdots.$$

注意：(1) 解析函数 $f(z)$ 在区域 D 内任一点 a 的邻域内可展开成 $z-a$ 的泰勒级数，其收敛半径至少等于 a 点到 D 的边界的距离. 如果 $f(z)$ 在全平面内处处解析，则 $f(z)$ 可在全平面上任何一点展开成泰勒级数，其收敛半径为 $+\infty$.

(2) 设 $f(z)$ 在 a 点解析，b 是 $f(z)$ 的所有奇点中距离 a 最近的一个，则 $R=|b-a|$ 即为 $f(z)$ 在点 a 的邻域内的泰勒展式 $\sum\limits_{n=0}^{\infty}c_n(z-a)^n$ 的收敛半径.

4.3.2　初等函数的泰勒展式

(1) $f(z)=\mathrm{e}^z$ 在 z 平面上解析，$f(z)$ 在 0 点处的泰勒系数为

$$c_n=\frac{f^{(n)}(0)}{n!}=\frac{1}{n!},\quad n=0,1,2,\cdots,$$

故有

$$\mathrm{e}^z=1+z+\frac{z^2}{2}+\cdots+\frac{z^n}{n!}+\cdots=\sum_{n=0}^{\infty}\frac{z^n}{n!},\quad |z|<+\infty.$$

(2) 由 $f(z)=\cos z$ 的定义可知

$$\cos z=\frac{\mathrm{e}^{\mathrm{i}z}+\mathrm{e}^{-\mathrm{i}z}}{2}=\frac{1}{2}\left[\sum_{n=0}^{\infty}\frac{(\mathrm{i}z)^n}{n!}+\sum_{n=0}^{\infty}\frac{(-\mathrm{i}z)^n}{n!}\right]$$

$$=\sum_{n=0}^{\infty}\frac{(-1)^n z^{2n}}{(2n)!},\quad |z|<+\infty.$$

同理可得

$$\sin z=\sum_{n=0}^{\infty}\frac{(-1)^n z^{2n+1}}{(2n+1)!},\quad |z|<+\infty.$$

(3) 对数主值分支 $f(z)=\ln(1+z)$ 在从 $z=-1$ 向左沿负实轴割开的复平面内解析，$z=-1$ 是 $f(z)$ 距离 $z=0$ 最近的奇点，因此，$f(z)=\ln(1+z)$ 可以在 $|z|<1$ 内展开成幂级数. 由于

$$f'(z)=\frac{1}{1+z},\quad f''(z)=-\frac{1!}{(1+z)^2},\quad \cdots,\quad f^{(n)}(z)=(-1)^{n-1}\frac{(n-1)!}{(1+z)^n},$$

所以 $f(z)$ 在 $z=0$ 点处的泰勒系数为

$$c_n = \frac{f^{(n)}(0)}{n!} = \frac{(-1)^{n-1}(n-1)!}{n!} = \frac{(-1)^{n-1}}{n}, \quad n=1,2,\cdots.$$

由于 $f(z)$ 是主值分支,即当 $1+z$ 取正实值时,$\ln(1+z)$ 也取实值,故 $f(0)=0$. 最后得出,

$$f(z) = \ln(1+z) = z - \frac{z^2}{2} + \frac{z^3}{3} + \cdots + (-1)^{n-1}\frac{z^n}{n} + \cdots$$

$$= \sum_{n=1}^{\infty} \frac{(-1)^{n-1}}{n} z^n, \quad |z| < 1,$$

所以 $\mathrm{Ln}(1+z)$ 的各分支的展开式应为

$$\mathrm{Ln}(1+z) = 2k\pi\mathrm{i} + \sum_{n=1}^{\infty} \frac{(-1)^{n-1}}{n} z^n, \quad |z| < 1, \quad k=0, \pm 1, \cdots.$$

我们也可以使用逐项积分的方法求出 $f(z) = \ln(1+z)$ 的幂级数展开式.

$$[\ln(1+z)]' = \frac{1}{1+z} = \sum_{n=0}^{\infty} (-1)^n z^n, \quad |z| < 1,$$

在收敛圆 $|z| < 1$ 内任取一条从 0 到 z 的路径 Γ,将上式两端沿 Γ 逐项积分,根据解析函数积分与路径无关的性质,则有

$$\ln(1+z) = \int_0^z \frac{\mathrm{d}z}{1+z} = \sum_{n=0}^{\infty} (-1)^n \int_0^z z^n \mathrm{d}z$$

$$= \sum_{n=0}^{\infty} (-1)^n \frac{z^{n+1}}{n+1} = \sum_{n=1}^{\infty} (-1)^{n-1} \frac{z^n}{n}, \quad |z| < 1.$$

求初等函数的泰勒展式时,一般不直接根据泰勒定理的系数公式来计算泰勒系数,而是采用一些间接的方法,如四则运算、复合代换、逐项求导与逐项求积分等.

【例 4.4】 将函数 $\dfrac{\mathrm{e}^z}{1-z}$ 在 $z=0$ 处展开成幂级数.

解 由于 $\dfrac{\mathrm{e}^z}{1-z}$ 在 $|z| < 1$ 内解析,故展开的幂级数在 $|z| < 1$ 内收敛. 已知

$$\mathrm{e}^z = 1 + \frac{z}{1!} + \frac{z^2}{2!} + \cdots, \quad |z| < +\infty,$$

$$\frac{1}{1-z} = 1 + z + z^2 + \cdots, \quad |z| < 1,$$

在 $|z| < 1$ 内将两式相乘得

$$\frac{e^z}{1-z} = 1 + \left(1 + \frac{1}{1!}\right)z + \left(1 + \frac{1}{1!} + \frac{1}{2!}\right)z^2 + \cdots$$

$$+ \left(1 + \frac{1}{1!} + \cdots + \frac{1}{n!}\right)z^n + \cdots$$

$$= \sum_{n=0}^{\infty}\left(1 + \frac{1}{1!} + \cdots + \frac{1}{n!}\right)z^n, \quad |z| < 1.$$

【例 4.5】 将 $e^z\cos z$ 和 $e^z\sin z$ 展开成 z 的幂级数.

解 方法一：

$$e^z(\cos z + i\sin z) = e^z \cdot e^{iz} = e^{(1+i)z} = e^{\sqrt{2}e^{\pi i/4}z}$$

$$= 1 + \sqrt{2}e^{\pi i/4}z + \sum_{n=2}^{\infty}\frac{(\sqrt{2})^n e^{n\pi i/4}z^n}{n!}.$$

同理，

$$e^z(\cos z - i\sin z) = e^{\sqrt{2}e^{-\pi i/4}z} = 1 + \sqrt{2}e^{-\pi i/4}z + \sum_{n=2}^{\infty}\frac{(\sqrt{2})^n e^{-n\pi i/4}z^n}{n!}.$$

两式相加除以 2，得

$$e^z\cos z = 1 + \sqrt{2}\cos\frac{\pi}{4}z + \sum_{n=2}^{\infty}\frac{(\sqrt{2})^n\cos n\pi/4}{n!}z^n$$

$$= 1 + z + \sum_{n=2}^{\infty}\frac{(\sqrt{2})^n\cos n\pi/4}{n!}z^n, \quad |z| < +\infty.$$

两式相减除以 2i，得

$$e^z\sin z = \sqrt{2}\sin\frac{\pi}{4}z + \sum_{n=2}^{\infty}\frac{(\sqrt{2})^n\sin n\pi/4}{n!}z^n$$

$$= \sum_{n=1}^{\infty}\frac{(\sqrt{2})^n\sin n\pi/4}{n!}z^n, \quad |z| < +\infty.$$

方法二：

$$e^z\cos z = \frac{1}{2}e^z(e^{iz} + e^{-iz}) = \frac{1}{2}[e^{(1+i)z} + e^{(1-i)z}]$$

$$= \frac{1}{2}\left[\sum_{n=0}^{\infty}\frac{(1+i)^n}{n!}z^n + \sum_{n=0}^{\infty}\frac{(1-i)^n}{n!}z^n\right]$$

$$= \frac{1}{2}\sum_{n=0}^{\infty}\frac{1}{n!}[(\sqrt{2})^n e^{\frac{n\pi i}{4}} + (\sqrt{2})^n e^{-\frac{n\pi i}{4}}]z^n$$

$$= \sum_{n=0}^{\infty}\frac{(\sqrt{2})^n\cos n\pi/4}{n!}z^n, \quad |z| < +\infty.$$

同理,利用 $\mathrm{e}^z \sin z = \dfrac{1}{2\mathrm{i}} \mathrm{e}^z (\mathrm{e}^{\mathrm{i}z} - \mathrm{e}^{-\mathrm{i}z})$,可求出 $\mathrm{e}^z \sin z$ 的幂级数展开式.

【例 4.6】 将 $f(z) = \dfrac{1}{z^3}$ 按 $z-2$ 的幂级数展开,并指明其收敛范围.

解 利用逐项求导的方法,当 $|z-2| < 2$ 时,有

$$f(z) = \frac{1}{z^3} = \frac{1}{2}\left(\frac{1}{z}\right)'' = \frac{1}{2}\left(\frac{1}{2+z-2}\right)'' = \frac{1}{4}\left[\frac{1}{1+\dfrac{z-2}{2}}\right]''$$

$$= \frac{1}{4}\left[\sum_{n=0}^{\infty} (-1)^n \frac{(z-2)^n}{2^n}\right]'' = \frac{1}{4}\sum_{n=0}^{\infty} \frac{(-1)^n}{2^n}\left[(z-2)^n\right]''$$

$$= \sum_{n=2}^{\infty} \frac{(-1)^n n(n-1)}{2^{n+2}}(z-2)^{n-2} = \sum_{n=0}^{\infty} \frac{(-1)^n (n+1)(n+2)}{2^{n+4}}(z-2)^n.$$

我们在对有理分式形式的解析函数进行幂级数展开时,经常会用到几何级数展开式,即

$$\frac{1}{1-z} = \sum_{n=0}^{\infty} z^n, \qquad \frac{1}{1+z} = \sum_{n=0}^{\infty} (-1)^n z^n, \qquad |z| < 1.$$

这里的 z 可以换成一个关于 z 的表达式,只要这个表达式的模小于 1 即可.

§4.4 解析函数的洛朗展式

上一节我们介绍了解析函数的幂级数展开,知道函数如果在 z_0 点解析,就可以在 z_0 的某个邻域内展开成幂级数的形式. 本节我们研究的问题是:如果函数 $f(z)$ 在 $0 < |z-z_0| < R$ 或 $r < |z-z_0| < R$ 这样的区域内解析,$f(z)$ 是否还能写成幂级数的形式?

4.4.1 双边幂级数

给出如下两个函数项级数:

(1) $c_0 + c_1(z-a) + c_2(z-a)^2 + \cdots = f_1(z)$;

(2) $\dfrac{c_{-1}}{z-a} + \dfrac{c_{-2}}{(z-a)^2} + \cdots = f_2(z)$.

级数(1)为幂级数,它在其收敛圆 $|z-a| < R (0 < R \leqslant +\infty)$ 内表示一个解析函数 $f_1(z)$. 对级数(2),作代换 $\zeta = \dfrac{1}{z-a}$,则(2)成为幂级数

$$c_{-1}\zeta + c_{-2}\zeta^2 + \cdots.$$

设它的收敛区域为 $|\zeta| < \dfrac{1}{r}(0 < \dfrac{1}{r} \leqslant +\infty)$，换回原来的变量 z，可知级数 (2) 在 $|z-a| > r$ 内表示一个解析函数 $f_2(z)$.

当且仅当 $r < R$ 时，级数(1)与(2)有公共的收敛区域：圆环区域 $A = \{z \mid r < |z-a| < R\}$. 这时，称级数(1)和(2)的和为**双边幂级数**，可表示为

$$\sum_{n=-\infty}^{\infty} c_n(z-a)^n.$$

由上面的讨论，再综合阿贝尔定理与幂级数和的解析性定理，我们有如下定理：

定理4.9　设双边幂级数的收敛圆环为 $A : r < |z-a| < R(r \geqslant 0, R \leqslant +\infty)$，则

(1) 双边幂级数在 A 内绝对收敛于 $f(z) = f_1(z) + f_2(z)$；

(2) $f(z)$ 在 A 内解析；

(3) $f(z) = \displaystyle\sum_{n=-\infty}^{\infty} c_n(z-a)^n$ 在 A 内可逐项求导 p 次，$p = 1, 2, \cdots$；

(4) $f(z)$ 可沿 A 内曲线 Γ 逐项积分.

这说明在收敛圆环域内，双边幂级数与泰勒级数具有类似的性质.

4.4.2　解析函数的洛朗展式

上一小节指出了双边幂级数在其收敛圆环内表示一个解析函数，一个自然的问题是：一个在圆环区域内解析的函数是否一定能够写成双边幂级数的形式？我们有如下定理：

定理4.10（洛朗定理）　圆环 $A : r < |z-a| < R(r \geqslant 0, R \leqslant +\infty)$ 内的解析函数 $f(z)$ 必可展成双边幂级数 $f(z) = \displaystyle\sum_{n=-\infty}^{\infty} c_n(z-a)^n$，其中

$$c_n = \frac{1}{2\pi i} \oint_{\Gamma_\rho} \frac{f(\zeta)}{(\zeta-a)^{n+1}} d\zeta, \quad \Gamma_\rho : |z-a| = \rho \in (r, R), \quad n = 0, \pm 1, \pm 2, \cdots.$$

证明　设 z 为圆环 $r < |z-a| < R$ 内任意固定的一点，则总可以找到包含在上述圆环内的两个圆周 $\Gamma_1 : |z-a| = r_1 > r$ 和 $\Gamma_2 : |z-a| = r_2 < R$ $(r_1 < r_2)$，使得 z 位于圆环 $r_1 < |\zeta-a| < r_2$ 内，如图 4.2 所示. 因为 $f(z)$ 在闭圆环 $r_1 \leqslant |z-a| \leqslant r_2$ 上解析，由多连通区域上的柯西积分公式，得

$$f(z) = \frac{1}{2\pi i} \oint_{\Gamma_1^- + \Gamma_2} \frac{f(\zeta)}{\zeta-z} d\zeta = \frac{1}{2\pi i} \oint_{\Gamma_2} \frac{f(\zeta)}{\zeta-z} d\zeta - \frac{1}{2\pi i} \oint_{\Gamma_1} \frac{f(\zeta)}{\zeta-z} d\zeta.$$

$$\text{(4.4.1)}$$

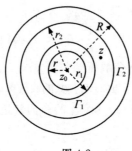

图 4.2

对于式(4.4.1)右端的第一个积分,当积分变量 $\zeta \in \Gamma_2$ 时,$\left| \dfrac{z-a}{\zeta-a} \right| < 1$,从而有

$$\frac{1}{\zeta-z} = \frac{1}{\zeta-a} \cdot \frac{1}{1-\dfrac{z-a}{\zeta-a}} = \sum_{n=0}^{\infty} \frac{(z-a)^n}{(\zeta-a)^{n+1}}.$$

仿照泰勒定理的证明,就可以推出

$$\frac{1}{2\pi i} \oint_{\Gamma_2} \frac{f(\zeta)}{\zeta-z} d\zeta = \sum_{n=0}^{\infty} \left[\frac{1}{2\pi i} \oint_{\Gamma_2} \frac{f(\zeta)}{(\zeta-a)^{n+1}} d\zeta \right] (z-a)^n = \sum_{n=0}^{\infty} c_n (z-a)^n,$$

其中

$$c_n = \frac{1}{2\pi i} \oint_{\Gamma_2} \frac{f(\zeta)}{(\zeta-a)^{n+1}} d\zeta, \quad n = 0, 1, 2, \cdots.$$

对于式(4.4.1)右端的第二个积分,当积分变量 $\zeta \in \Gamma_1$ 时,$\left| \dfrac{\zeta-a}{z-a} \right| < 1$,所以

$$\frac{1}{\zeta-z} = \frac{1}{(\zeta-a)-(z-a)} = -\frac{1}{z-a} \cdot \frac{1}{1-\dfrac{\zeta-a}{z-a}}$$

$$= -\frac{1}{z-a} \sum_{n=0}^{\infty} \left(\frac{\zeta-a}{z-a} \right)^n = -\sum_{n=0}^{\infty} \frac{(\zeta-a)^n}{(z-a)^{n+1}}$$

$$= -\sum_{n=1}^{\infty} \frac{(\zeta-a)^{n-1}}{(z-a)^n} = -\sum_{n=1}^{\infty} \frac{(z-a)^{-n}}{(\zeta-a)^{-n+1}},$$

于是有

$$-\frac{1}{2\pi i} \oint_{\Gamma_1} \frac{f(\zeta)}{\zeta-z} d\zeta = \frac{1}{2\pi i} \oint_{\Gamma_1} \left[\sum_{n=1}^{\infty} \frac{f(\zeta)(z-a)^{-n}}{(\zeta-a)^{-n+1}} \right] d\zeta$$

$$= \sum_{n=1}^{N-1} \left[\frac{1}{2\pi i} \oint_{\Gamma_1} \frac{f(\zeta)}{(\zeta-a)^{-n+1}} d\zeta \right] (z-a)^{-n} + R_N(z),$$

其中

$$R_N(z) = \frac{1}{2\pi i} \oint_{\Gamma_1} \left[\sum_{n=N}^{\infty} \frac{f(\zeta)(z-a)^{-n}}{(\zeta-a)^{-n+1}} \right] d\zeta.$$

现在我们要证明当 $|z| > r_1(z)$ 位于 Γ_1 的外部)时,总有 $\lim\limits_{N\to\infty} R_N(z) = 0$. 令

$$0 < q = \left| \frac{\zeta-a}{z-a} \right| = \frac{r_1}{|z-a|} < 1, \quad \zeta \in \Gamma_1,$$

显然 q 与积分变量 ζ 无关. 由于 $f(\zeta)$ 在 Γ_1 上连续,因此存在一个正常数 M,使得 $|f(\zeta)| \leqslant M$ 在 Γ_1 上成立. 故有

$$|R_N(z)| \leqslant \frac{1}{2\pi} \oint_{\Gamma_1} \left[\sum_{n=N}^{\infty} \frac{|f(\zeta)|}{|\zeta-a|} \left| \frac{\zeta-a}{z-a} \right|^n \right] |dz|$$

$$\leqslant \frac{1}{2\pi} \sum_{n=N}^{\infty} \frac{M}{r_1} q^n \cdot 2\pi r_1 = \frac{Mq^N}{1-q}.$$

因为 $\lim\limits_{N\to\infty} q^N = 0$,所以 $\lim\limits_{N\to\infty} R_N(z) = 0$,从而有

$$-\frac{1}{2\pi i} \oint_{\Gamma_1} \frac{f(\zeta)}{\zeta-z} d\zeta = \sum_{n=1}^{\infty} \left[\frac{1}{2\pi i} \oint_{\Gamma_1} \frac{f(\zeta)}{(\zeta-a)^{-n+1}} d\zeta \right] (z-a)^{-n} = \sum_{n=1}^{\infty} c_{-n}(z-a)^{-n},$$

其中

$$c_{-n} = \frac{1}{2\pi i} \oint_{\Gamma_1} \frac{f(\zeta)}{(\zeta-a)^{-n+1}} d\zeta, \quad n = 1, 2, \cdots.$$

由复合闭路的柯西积分定理,对任意 $\Gamma_\rho : |z-a| = \rho \in (r, R)$,有

$$c_n = \frac{1}{2\pi i} \oint_{\Gamma_2} \frac{f(\zeta)}{(\zeta-a)^{n+1}} d\zeta = \frac{1}{2\pi i} \oint_{\Gamma_\rho} \frac{f(\zeta)}{(\zeta-a)^{n+1}} d\zeta, \quad n = 0, 1, 2, \cdots,$$

$$c_{-n} = \frac{1}{2\pi i} \oint_{\Gamma_1} \frac{f(\zeta)}{(\zeta-a)^{-n+1}} d\zeta = \frac{1}{2\pi i} \oint_{\Gamma_\rho} \frac{f(\zeta)}{(\zeta-a)^{-n+1}} d\zeta, \quad n = 1, 2, \cdots,$$

从而有

$$f(z) = \sum_{n=0}^{\infty} c_n(z-a)^n + \sum_{n=1}^{\infty} c_{-n}(z-a)^{-n} = \sum_{n=-\infty}^{\infty} c_n(z-a)^n, \quad r < |z-a| < R,$$

其中

$$c_n = \frac{1}{2\pi i} \oint_{\Gamma_\rho} \frac{f(\zeta)}{(\zeta-a)^{n+1}} d\zeta, \quad n = 0, \pm 1, \pm 2, \cdots.$$

定义 4.7 设函数 $f(z)$ 在圆环 $A : r < |z-a| < R$ 内解析,则

$$f(z) = \sum_{n=-\infty}^{\infty} c_n(z-a)^n$$

称为 $f(z)$ 在 a 点的**洛朗展式**,

$$c_n = \frac{1}{2\pi i} \oint_{\Gamma_\rho} \frac{f(\zeta)}{(\zeta-a)^{n+1}} d\zeta, \quad \Gamma_\rho : |z-a| = \rho \in (r, R), \quad n = 0, \pm 1, \pm 2, \cdots,$$

称为 $f(z)$ 在 a 点的**洛朗系数**,级数 $\sum\limits_{n=-\infty}^{\infty} c_n(z-a)^n$ 称为**洛朗级数**.

注意:利用复合闭路定理容易说明,洛朗系数公式中的积分曲线可以取为圆环域 $r<|z-a|<R$ 内任意一条包围 a 点的正向简单闭曲线.

一般来说,直接由 c_n 的积分表达式求洛朗系数是比较复杂的,在求一些初等函数的洛朗展式时,我们往往不用洛朗系数公式来计算 c_n,而是采用间接的方法,根据洛朗展式的唯一性,利用已知初等函数的泰勒展式来展开.因此,将函数展成洛朗级数,泰勒级数是基础.

【例 4.7】 $f(z)=\dfrac{1}{(z-1)(z-2)}$ 在 z 平面上只有 $z=1$ 和 $z=2$ 两个奇点,它们把 z 平面分成如下三个互不相交的 $f(z)$ 的解析区域:(1) $|z|<1$;(2) $1<|z|<2$;(3) $2<|z|<+\infty$. 分别在这三个区域内求 $f(z)$ 的洛朗展式.

解 将函数 $f(z)$ 进行部分分式分解,得

$$f(z)=\frac{1}{(z-1)(z-2)}=\frac{1}{z-2}-\frac{1}{z-1}.$$

(1) 在圆 $|z|<1$ 内,$f(z)$ 解析,显然 $\left|\dfrac{z}{2}\right|<1$,所以有

$$f(z)=\frac{1}{1-z}-\frac{1}{2}\frac{1}{1-\frac{z}{2}}=\sum_{n=0}^{\infty}z^n-\frac{1}{2}\sum_{n=0}^{\infty}\left(\frac{z}{2}\right)^n=\sum_{n=0}^{\infty}\left(1-\frac{1}{2^{n+1}}\right)z^n.$$

(2) 在圆环 $1<|z|<2$ 内,显然有 $\left|\dfrac{1}{z}\right|<1$,$\left|\dfrac{z}{2}\right|<1$,故

$$f(z)=-\frac{1}{2}\frac{1}{1-\frac{z}{2}}-\frac{1}{z}\frac{1}{1-\frac{1}{z}}=-\frac{1}{2}\sum_{n=0}^{\infty}\left(\frac{z}{2}\right)^n-\frac{1}{z}\sum_{n=0}^{\infty}\frac{1}{z^n}$$

$$=-\sum_{n=0}^{\infty}\frac{z^n}{2^{n+1}}-\sum_{n=1}^{\infty}\frac{1}{z^n}=-\sum_{n=-1}^{-\infty}z^n-\sum_{n=0}^{\infty}\frac{z^n}{2^{n+1}}.$$

(3) 在圆环 $2<|z|<+\infty$ 内,显然有 $\left|\dfrac{1}{z}\right|<1$,$\left|\dfrac{2}{z}\right|<1$,故

$$f(z)=\frac{1}{z}\frac{1}{1-\frac{2}{z}}-\frac{1}{z}\frac{1}{1-\frac{1}{z}}=\frac{1}{z}\sum_{n=0}^{\infty}\left(\frac{2}{z}\right)^n-\frac{1}{z}\sum_{n=0}^{\infty}\left(\frac{1}{z}\right)^n$$

$$=\sum_{n=0}^{\infty}\frac{2^n-1}{z^{n+1}}=\sum_{n=1}^{\infty}\frac{2^n-1}{z^{n+1}}=\sum_{n=2}^{\infty}\frac{2^{n-1}-1}{z^n}.$$

由例 4.7 可以看出,函数 $f(z)$ 在不同的圆环域内分别有各自不同的洛朗级数展开式,但这与洛朗级数展开式的唯一性并不矛盾.因为洛朗级数展开式的唯一性是针对确定的某一个圆环域而言,$f(z)$ 在该给定的圆环域内的洛朗级数展开式是唯一的.

4.4.3 解析函数在孤立奇点邻域内的洛朗展式

定义 4.8 若函数 $f(z)$ 在奇点 $z=a$ 的某去心邻域 $0<|z-a|<R$ 内解析,则称 a 点为函数 $f(z)$ 的**孤立奇点**.

若 a 为函数 $f(z)$ 的孤立奇点,则存在 $R>0$,使得 $f(z)$ 在点 a 的去心邻域 $0<|z-a|<R$ 内可展成洛朗级数.求函数在以孤立奇点为中心的邻域内的洛朗展式是我们经常遇到的一类问题.

【例 4.8】 将函数 $\dfrac{\sin z}{z}$ 在圆环域 $0<|z|<+\infty$ 内展开为洛朗级数.

解 因为

$$\sin z = \sum_{n=0}^{\infty} (-1)^n \frac{z^{2n+1}}{2n+1}, \quad |z|<+\infty,$$

所以

$$\frac{\sin z}{z} = \sum_{n=0}^{\infty} (-1)^n \frac{z^{2n}}{(2n+1)!} = 1 - \frac{z^2}{3!} + \frac{z^4}{5!} + \cdots, \quad 0<|z|<+\infty.$$

【例 4.9】 将函数 $\mathrm{e}^z + \mathrm{e}^{\frac{1}{z}}$ 在圆环域 $0<|z|<+\infty$ 内展开为洛朗级数.

解 因为

$$\mathrm{e}^z = \sum_{n=0}^{\infty} \frac{z^n}{n!}, \quad |z|<+\infty,$$

所以

$$\mathrm{e}^z + \mathrm{e}^{\frac{1}{z}} = \sum_{n=0}^{\infty} \frac{z^n}{n!} + \sum_{n=0}^{\infty} \frac{1}{n!} \frac{1}{z^n} = 2 + \sum_{n=1}^{\infty} \frac{z^n}{n!} + \sum_{n=1}^{\infty} \frac{1}{n!} \frac{1}{z^n}, \quad 0<|z|<+\infty.$$

由以上各例可看出,在求一些初等函数的洛朗展式时,一般不是按照系数公式计算洛朗系数,而是利用已知的幂级数展开式去求所需要的洛朗展式.

【例 4.10】 求函数 $f(z) = \dfrac{\mathrm{e}^z}{1-z}$ 在以奇点 $z=1$ 为中心的适当圆环内的洛朗展式.

解 $f(z)$ 在 z 平面上只有奇点 $z=1$,$0<|z-1|<+\infty$ 既是 $z=1$ 最大的解析去心邻域,又是以 $z=1$ 为中心的 $z=\infty$ 的去心邻域.

$$\frac{1}{1-z}e^z = \frac{1}{1-z}e^{z-1+1} = -\frac{e}{z-1}e^{z-1} = -\frac{e}{z-1}\sum_{n=0}^{\infty}\frac{(z-1)^n}{n!}$$

$$= -e\sum_{n=0}^{\infty}\frac{(z-1)^{n-1}}{n!} = -\frac{e}{z-1} - e\sum_{n=1}^{\infty}\frac{(z-1)^{n-1}}{n!}$$

$$= -\frac{e}{z-1} - e\sum_{n=0}^{\infty}\frac{(z-1)^n}{(n+1)!}.$$

【例 4.11】 求函数 $f(z) = \dfrac{1}{(z-1)(z-3)^2}$ 分别在 (1)$0 < |z-1| < 2$；

(2)$2 < |z-1| < +\infty$ 内的洛朗展式.

解 (1) 当 $0 < |z-1| < 2$ 时，$\left|\dfrac{z-1}{2}\right| < 1$，故

$$\frac{1}{z-3} = \frac{1}{z-1-2} = -\frac{1}{2}\frac{1}{1-\dfrac{z-1}{2}} = -\frac{1}{2}\sum_{n=0}^{\infty}\left(\frac{z-1}{2}\right)^n = -\sum_{n=0}^{\infty}\frac{(z-1)^n}{2^{n+1}},$$

从而有

$$\frac{1}{(z-3)^2} = -\left(\frac{1}{z-3}\right)' = \sum_{n=1}^{\infty}\frac{n(z-1)^{n-1}}{2^{n+1}} = \sum_{n=0}^{\infty}\frac{(n+1)(z-1)^n}{2^{n+2}}.$$

所以

$$f(z) = \frac{1}{(z-1)(z-3)^2} = \frac{1}{z-1}\sum_{n=0}^{\infty}\frac{(n+1)(z-1)^n}{2^{n+2}}$$

$$= \sum_{n=0}^{\infty}\frac{(n+1)(z-1)^{n-1}}{2^{n+2}} = \sum_{n=-1}^{\infty}\frac{(n+2)(z-1)^n}{2^{n+3}}.$$

(2) 当 $2 < |z-1| < +\infty$ 时，$\left|\dfrac{2}{z-1}\right| < 1$，故

$$\frac{1}{z-3} = \frac{1}{z-1}\cdot\frac{1}{1-\dfrac{2}{z-1}} = \sum_{n=0}^{\infty}\frac{2^n}{(z-1)^{n+1}},$$

从而有

$$\frac{1}{(z-3)^2} = -\left(\frac{1}{z-3}\right)' = \sum_{n=0}^{\infty}\frac{(n+1)2^n}{(z-1)^{n+2}}.$$

所以

$$f(z) = \frac{1}{(z-1)(z-3)^2} = \frac{1}{z-1}\sum_{n=0}^{\infty}\frac{(n+1)2^n}{(z-1)^{n+2}}$$

$$= \sum_{n=0}^{\infty}\frac{(n+1)2^n}{(z-1)^{n+3}} = \sum_{n=3}^{\infty}\frac{(n-2)2^{n-3}}{(z-1)^n}.$$

【例 4.12】　将 $\dfrac{z^2+1}{z^3-3z^2+2z}$ 分别在 (1) $0<|z|<1$;(2) $1<|z|<2$;

(3) $2<|z|<+\infty$ 内展开成洛朗级数.

解　对函数 $f(z)$ 进行部分分式分解,可得

$$f(z)=\frac{z^2+1}{z^3-3z^2+2z}=\frac{z^2+1}{z(z-1)(z-2)}$$

$$=z\left(\frac{1}{z-2}-\frac{1}{z-1}\right)+\frac{1}{z}\left(\frac{1}{z-2}-\frac{1}{z-1}\right).$$

(1) 当 $0<|z|<1$ 时,有

$$f(z)=z\left[-\frac{1}{2}\frac{1}{1-\frac{z}{2}}+\frac{1}{1-z}\right]+\frac{1}{z}\left[-\frac{1}{2}\frac{1}{1-\frac{z}{2}}+\frac{1}{1-z}\right]$$

$$=z\left(-\frac{1}{2}\sum_{n=0}^{\infty}\frac{z^n}{2^n}+\sum_{n=0}^{\infty}z^n\right)+\frac{1}{z}\left(-\frac{1}{2}\sum_{n=0}^{\infty}\frac{z^n}{2^n}+\sum_{n=0}^{\infty}z^n\right)$$

$$=-\sum_{n=0}^{\infty}\frac{z^{n+1}}{2^{n+1}}+\sum_{n=0}^{\infty}z^{n+1}-\sum_{n=0}^{\infty}\frac{z^{n-1}}{2^{n+1}}+\sum_{n=0}^{\infty}z^{n-1}$$

$$=-\sum_{n=1}^{\infty}\frac{z^n}{2^n}+\sum_{n=1}^{\infty}z^n-\frac{1}{2z}-\frac{1}{4}-\sum_{n=2}^{\infty}\frac{z^{n-1}}{2^{n+1}}+\frac{1}{z}+1+\sum_{n=2}^{\infty}z^{n-1}$$

$$=\frac{1}{2z}+\frac{3}{4}+\sum_{n=1}^{\infty}\left(2-\frac{1}{2^n}-\frac{1}{2^{n+2}}\right)z^n,\quad 0<|z|<1.$$

(2) 当 $1<|z|<2$ 时,$\left|\dfrac{1}{z}\right|<1$,$\left|\dfrac{z}{2}\right|<1$,故

$$f(z)=z\left[-\frac{1}{2}\frac{1}{1-\frac{z}{2}}-\frac{1}{z}\frac{1}{1-\frac{1}{z}}\right]+\frac{1}{z}\left[-\frac{1}{2}\frac{1}{1-\frac{z}{2}}-\frac{1}{z}\frac{1}{1-\frac{1}{z}}\right]$$

$$=z\left(-\frac{1}{2}\sum_{n=0}^{\infty}\frac{z^n}{2^n}-\frac{1}{z}\sum_{n=0}^{\infty}\frac{1}{z^n}\right)+\frac{1}{z}\left(-\frac{1}{2}\sum_{n=0}^{\infty}\frac{z^n}{2^n}-\frac{1}{z}\sum_{n=0}^{\infty}\frac{1}{z^n}\right)$$

$$=-\sum_{n=0}^{\infty}\frac{z^{n+1}}{2^{n+1}}-\sum_{n=0}^{\infty}\frac{1}{z^n}-\sum_{n=0}^{\infty}\frac{z^{n-1}}{2^{n+1}}-\sum_{n=0}^{\infty}\frac{1}{z^{n+2}}$$

$$=-\sum_{n=1}^{\infty}\frac{z^n}{2^n}-\sum_{n=0}^{\infty}\frac{1}{z^n}-\frac{1}{2z}-\frac{1}{4}-\sum_{n=2}^{\infty}\frac{z^{n-1}}{2^{n+1}}-\sum_{n=2}^{\infty}\frac{1}{z^n}$$

$$=-\sum_{n=1}^{\infty}\frac{z^n}{2^n}-1-\frac{1}{z}-\sum_{n=2}^{\infty}\frac{1}{z^n}-\frac{1}{2z}-\frac{1}{4}-\sum_{n=1}^{\infty}\frac{z^n}{2^{n+2}}-\sum_{n=2}^{\infty}\frac{1}{z^n}$$

$$=-\frac{3}{2z}-\frac{5}{4}-\sum_{n=1}^{\infty}\left(\frac{1}{2^n}+\frac{1}{2^{n+2}}\right)z^n-\sum_{n=2}^{\infty}\frac{2}{z^n},\quad 1<|z|<2.$$

(3) 当 $2<|z|<+\infty$ 时，$\left|\dfrac{1}{z}\right|<1$，$\left|\dfrac{2}{z}\right|<1$，故

$$f(z)=z\left[\frac{1}{z}\frac{1}{1-\dfrac{2}{z}}-\frac{1}{z}\frac{1}{1-\dfrac{1}{z}}\right]+\frac{1}{z}\left[\frac{1}{z}\frac{1}{1-\dfrac{2}{z}}-\frac{1}{z}\frac{1}{1-\dfrac{1}{z}}\right]$$

$$=\left(\sum_{n=0}^{\infty}\frac{2^n}{z^n}-\sum_{n=0}^{\infty}\frac{1}{z^n}\right)+\frac{1}{z^2}\left(\sum_{n=0}^{\infty}\frac{2^n}{z^n}-\sum_{n=0}^{\infty}\frac{1}{z^n}\right)$$

$$=\sum_{n=0}^{\infty}\frac{2^n}{z^n}-\sum_{n=0}^{\infty}\frac{1}{z^n}+\sum_{n=0}^{\infty}\frac{2^n}{z^{n+2}}-\sum_{n=0}^{\infty}\frac{1}{z^{n+2}}$$

$$=1+\frac{2}{z}\sum_{n=2}^{\infty}\frac{2^n}{z^n}-1-\frac{1}{z}-\sum_{n=2}^{\infty}\frac{1}{z^n}+\sum_{n=2}^{\infty}\frac{2^{n-2}}{z^n}-\sum_{n=2}^{\infty}\frac{1}{z^n}$$

$$=\frac{1}{z}+\sum_{n=2}^{\infty}(2^n+2^{n-2}-2)\frac{1}{z^n},\quad 2<|z|<+\infty.$$

§4.5　解析函数的孤立奇点

4.5.1　孤立奇点的三种类型

本节我们用洛朗级数研究孤立奇点的去心邻域内解析函数的性质.

按照定义 4.8，$z=0$ 是 $\dfrac{\sin z}{z}$，$\dfrac{1}{z^2}$ 和 $e^{\frac{1}{z}}$ 的孤立奇点，$z=1$ 为 $\sin\dfrac{z}{1-z}$ 的孤立奇点，但 $z=0$ 不是 $\dfrac{1}{\sin(1/z)}$ 的孤立奇点，这是因为 $z_n=\dfrac{1}{n\pi}$ $(n=\pm1,\pm2,\cdots)$ 是 $\dfrac{1}{\sin(1/z)}$ 的奇点且以 $z=0$ 为极限点，所以奇点 $z=0$ 为 $\dfrac{1}{\sin(1/z)}$ 的非孤立奇点.

若 a 点为 $f(z)$ 的孤立奇点，则 $f(z)$ 在 a 点的某去心邻域内可以展成洛朗级数 $f(z)=\displaystyle\sum_{n=-\infty}^{\infty}c_n(z-a)^n$. 称非负幂部分 $\displaystyle\sum_{n=0}^{\infty}c_n(z-a)^n$ 为 $f(z)$ 在点 a 的洛朗级数的**解析部分**，称负幂部分 $\displaystyle\sum_{n=-1}^{-\infty}c_n(z-a)^n$ 为 $f(z)$ 在 a 点的洛朗级数的**主要部分**. 实际上，非负幂部分表示在 a 点的去心邻域内的解析函数，$f(z)$ 在 a 点的奇异性质完全体现在洛朗级数的负幂部分上.

定义 4.9　设 a 点为函数 $f(z)$ 的孤立奇点,

(1) 若 $f(z)$ 在 a 点的洛朗级数的主要部分为 0,则称 a 点为 $f(z)$ 的**可去奇点**;

(2) 若 $f(z)$ 在 a 点的洛朗级数的主要部分为有限多项,设为

$$\frac{c_{-m}}{(z-a)^m} + \frac{c_{-(m-1)}}{(z-a)^{m-1}} + \cdots + \frac{c_{-1}}{z-a}, \quad c_{-m} \neq 0,$$

则称 a 点为 $f(z)$ 的 **m 阶极点**;

(3) 若 $f(z)$ 在 a 点的洛朗级数的主要部分有无穷多项,则称 a 点为 $f(z)$ 的**本性奇点**.

4.5.2　可去奇点

若 a 点为 $f(z)$ 的可去奇点,则有

$$f(z) = c_0 + c_1(z-a) + c_2(z-a)^2 + \cdots, \quad 0 < |z-a| < R.$$

等式右边表示圆 $K: |z-a| < R$ 内的解析函数,若令 $f(a) = c_0$,则 $f(z)$ 在 K 内与一解析函数重合,即对 $f(z)$ 在 a 点的值加以适当定义,可使 a 点成为 $f(z)$ 的解析点. 例如,若约定 $\dfrac{\sin z}{z}\Big|_{z=0} = 1$,则 $\dfrac{\sin z}{z}$ 在 0 点解析.

定理 4.11　若 a 点为 $f(z)$ 的孤立奇点,则以下三个条件等价,且均为可去奇点的特征.

(1) $f(z)$ 在 a 点的洛朗级数的主要部分为 0;

(2) $\lim\limits_{z \to a} f(z) = b$(存在且有限);

(3) $f(z)$ 在 a 点的某个去心邻域内有界.

证明　我们采用循环论证的方式证明此定理.

(1)$\Rightarrow$(2)　由(1)可设

$$f(z) = c_0 + c_1(z-a) + \cdots + c_n(z-a)^n + \cdots, \quad 0 < |z-a| < R,$$

则 $\lim\limits_{z \to a} f(z) = c_0$ 为有限复数.

(2)$\Rightarrow$(3)　因为 $\lim\limits_{z \to a} f(z) = b$(存在且有限),则由函数极限的性质可知, $f(z)$ 在 a 点的某个去心邻域内有界.

(3)$\Rightarrow$(1)　设 $f(z)$ 在 a 点的某个去心邻域 $K - \{a\}$ 内满足 $|f(z)| < M$,考虑 $f(z)$ 在 a 点洛朗级数的主要部分

$$\frac{c_{-1}}{z-a} + \frac{c_{-2}}{(z-a)^2} + \cdots + \frac{c_{-n}}{(z-a)^n} + \cdots,$$

由洛朗定理,有

$$c_{-n} = \frac{1}{2\pi i} \oint_{\Gamma_\rho} \frac{f(\zeta)}{(\zeta - a)^{-n+1}} \mathrm{d}\zeta, \quad n = 1, 2, \cdots,$$

Γ_ρ 为 K 内圆周 $|z - a| = \rho < R$，ρ 可以充分小. 由

$$|c_{-n}| \leqslant \frac{1}{2\pi} \oint_{\Gamma_\rho} \frac{|f(\zeta)|}{|\zeta - a|^{-n+1}} |\mathrm{d}\zeta| \leqslant \frac{1}{2\pi} \cdot \frac{M}{\rho^{-n+1}} \cdot 2\pi\rho = M\rho^n,$$

令 $\rho \to 0$，即得当 $n = 1, 2, \cdots$ 时，$c_{-n} = 0$，$f(z)$ 在 a 点的洛朗级数的主要部分为 0.

【例 4.13】 试确定函数 $f(z) = \dfrac{1}{\mathrm{e}^z - 1} - \dfrac{1}{z}$ 的奇点 $z = 0$ 的类型.

解 显然 $z = 0$ 是 $f(z)$ 的孤立奇点，$f(z)$ 在 0 点去心邻域内的洛朗展式不易求出. 这时我们有

$$\lim_{z \to 0} \left(\frac{1}{\mathrm{e}^z - 1} - \frac{1}{z} \right) = \lim_{z \to 0} \frac{z - \mathrm{e}^z + 1}{z(\mathrm{e}^z - 1)} = \lim_{z \to 0} \frac{1 - \mathrm{e}^z}{\mathrm{e}^z - 1 + z\mathrm{e}^z}$$

$$= \lim_{z \to 0} \frac{-\mathrm{e}^z}{(2 + z)\mathrm{e}^z} = -\frac{1}{2},$$

所以 $z = 0$ 是 $f(z)$ 的可去奇点.

4.5.3 极点

下面首先给出解析函数零点及其阶数的概念.

定义 4.10 若不恒为零的解析函数 $f(z)$ 能表示成

$$f(z) = (z - a)^m g(z),$$

其中 $g(z)$ 在 a 点解析，且 $g(a) \neq 0$，m 为某一正整数，则称 a 点为 $f(z)$ 的 **m 阶零点**.

定理 4.12 设 $f(z)$ 在 a 点解析，则 a 点是 $f(z)$ 的 m 阶零点的**充要条件**是

$$f(a) = f'(a) = \cdots = f^{(m-1)}(a) = 0, \quad f^{(m)}(a) \neq 0.$$

请读者自己证明.

定理 4.13 若 $f(z)$ 以 a 点为孤立奇点，则下列三个条件等价，且均为 m 阶极点的特征.

(1) $f(z)$ 在 a 点的洛朗展式的主要部分为 $\dfrac{c_{-m}}{(z-a)^m} + \cdots + \dfrac{c_{-1}}{z-a}$，$c_{-m} \neq 0$；

(2) $f(z)$ 在 a 点的某个去心邻域内能表示成 $f(z) = \dfrac{\lambda(z)}{(z-a)^m}$，其中 $\lambda(z)$ 在 a 点的邻域内解析，且 $\lambda(a) \neq 0$；

(3) $g(z) = \dfrac{1}{f(z)}$ 以 a 点为 m 阶零点［零点为解析点，若 $z = a$ 为 $g(z)$ 的孤

立奇点,只需补充定义 $g(a)=0$,则 a 点为 $g(z)$ 的可去奇点].

证明　我们仍然采用循环论证的方式.

(1)$\Rightarrow$(2)　若(1)成立,则在 a 点的某个去心邻域内有

$$f(z)=\frac{c_{-m}}{(z-a)^m}+\cdots+\frac{c_{-1}}{z-a}+c_0+c_1(z-a)+\cdots$$

$$=\frac{c_{-m}+c_{-(m-1)}(z-a)+\cdots}{(z-a)^m}=\frac{\lambda(z)}{(z-a)^m}.$$

显然 $\lambda(z)$ 在 a 点的邻域内解析,且 $\lambda(a)=c_{-m}\neq 0$.

(2)$\Rightarrow$(3)　若(2)成立,则在 a 点的某个去心邻域内有 $g(z)=\frac{1}{f(z)}=$ $\frac{(z-a)^m}{\lambda(z)}$,其中 $\frac{1}{\lambda(z)}$ 在 a 点的某个邻域内解析,且 $\frac{1}{\lambda(a)}\neq 0$. 故 a 点为 $g(z)$ 的可去奇点,只需令 $g(a)=0$,则 a 点为 $g(z)$ 的 m 阶零点.

(3)$\Rightarrow$(1)　若 $g(z)=\frac{1}{f(z)}$ 以 a 点为 m 阶零点,则在 a 点的某个邻域内 $g(z)=(z-a)^m\varphi(z)$,其中 $\varphi(z)$ 在此邻域内解析,且 $\varphi(a)\neq 0.f(z)=$ $\frac{1}{(z-a)^m}\cdot\frac{1}{\varphi(z)}$. 由于 $\frac{1}{\varphi(z)}$ 在 a 点的某个邻域内解析且恒不为零(连续性),在此邻域内令其泰勒展式为

$$\frac{1}{\varphi(z)}=c_{-m}+c_{-(m-1)}(z-a)+\cdots,$$

则 $f(z)$ 在 a 点的主要部分就是 $\frac{c_{-m}}{(z-a)^m}+\cdots+\frac{c_{-1}}{z-a}$,其中 $c_{-m}=\frac{1}{\varphi(a)}\neq 0$.

注意: $f(z)$ 以 a 点为 m 阶极点当且仅当 $\frac{1}{f(z)}$ 以 a 点为 m 阶零点,因此,求 $f(z)$ 的极点阶数问题就可以转化为求 $\frac{1}{f(z)}$ 的零点阶数问题.

容易看出,极点具有以下特征:

定理 4.14　$f(z)$ 的孤立奇点 a 为极点的**充要条件**为 $\lim\limits_{z\to a}f(z)=\infty$.

这个定理的缺点是无法确定极点的阶数.

【例 4.14】　在复平面内求函数 $f(z)=\frac{z^2(z^2-1)}{(\sin\pi z)^2}$ 的孤立奇点,并确定它们的类型. 若为极点,指出其阶数.

解　函数 $f(z)$ 在复平面上的奇点为 $z_k=k(k=0,\pm1,\pm2,\cdots)$,均为孤立奇点. 因为

$$(\sin \pi z)'\big|_{z=k} = \pi \cos \pi z\big|_{z=k} = (-1)^k \pi \neq 0,$$

所以, $z_k = k(k=0,\pm 1,\pm 2,\cdots)$ 是 $\sin \pi z$ 的一阶零点, 是 $(\sin \pi z)^2$ 的二阶零点. 因此, 除奇点 $z=0$, $z=\pm 1$ 外, 其他奇点都是 $f(z)$ 的二阶极点.

对于奇点 $z=0$, 因为

$$\lim_{z\to 0} f(z) = \lim_{z\to 0} \frac{z^2(z^2-1)}{(\sin \pi z)^2} = \lim_{z\to 0} \frac{z^2-1}{\pi^2} \cdot \frac{(\pi z)^2}{(\sin \pi z)^2} = -\frac{1}{\pi^2},$$

所以 $z=0$ 为 $f(z)$ 的可去奇点.

由于 $z=\pm 1$ 是 $f(z)$ 的分子 z^2-1 的一阶零点, 故 $z=\pm 1$ 是 $f(z)$ 的一阶极点.

4.5.4 本性奇点

定理 4.15 函数 $f(z)$ 的孤立奇点 a 为本性奇点的充要条件为

$$\lim_{z\to a} f(z) \neq \begin{cases} b(\text{有限数}), \\ \infty, \end{cases}$$

即 $\lim\limits_{z\to a} f(z)$ 不存在.

【例 4.15】 判断函数 $f(z) = e^{\frac{1}{z}}$ 的奇点 $z=0$ 的类型.

解 因为

$$e^{\frac{1}{z}} = 1 + \frac{1}{z} + \frac{1}{2!\, z^2} + \cdots + \frac{1}{n!\, z^n} + \cdots, \quad 0 < |z| < +\infty,$$

所以 $z=0$ 是 $f(z) = e^{\frac{1}{z}}$ 的本性奇点. 显然也有 $\lim\limits_{z\to 0} f(z) = \lim\limits_{z\to 0} e^{\frac{1}{z}}$ 不存在.

4.5.5 解析函数在无穷远点的性质

由于 $f(z)$ 在无穷远点总是无意义的, 故无穷远点总是解析函数 $f(z)$ 的奇点.

定义 4.11 若 $f(z)$ 在无穷远点的去心邻域 $|z| > r \geq 0$ 内解析, 则称 ∞ 为 $f(z)$ 的一个**孤立奇点**.

设 ∞ 为 $f(z)$ 的孤立奇点, 利用变换 $\zeta = \frac{1}{z}$, 则

$$\varphi(\zeta) = f\left(\frac{1}{\zeta}\right) = f(z)$$

在去心邻域 $0 < |\zeta| < \frac{1}{r}$ 内解析, 所以 $\zeta = 0$ 为 $\varphi(\zeta)$ 的一个孤立奇点. 进一步还可以看出:

（1）对应于扩充 z 平面上无穷远点的去心邻域,有扩充的 ζ 平面上原点的去心邻域;

（2）在对应的点 z 和 ζ 上, $f(z)=\varphi(\zeta)$;

（3） $\lim\limits_{z\to\infty}f(z)=\lim\limits_{\zeta\to0}\varphi(\zeta)$,或两个极限都不存在.

由此,我们可以通过 $\varphi(\zeta)$ 在原点处的奇点类型来规定 $f(z)$ 在无穷远点的奇点类型.

定义 4.12　若 $\zeta=0$ 为 $\varphi(\zeta)$ 的可去奇点、m 阶极点或本性奇点,则相应地称 ∞ 为 $f(z)$ 的**可去奇点**、**m 阶极点**或**本性奇点**.

设在去心邻域 $0<|\zeta|<\dfrac{1}{r}$ 内将 $\varphi(\zeta)$ 展成洛朗级数 $\varphi(\zeta)=\sum\limits_{n=-\infty}^{\infty}c_n\zeta^n$.

令 $\zeta=\dfrac{1}{z}$,由

$$\varphi(\zeta)=f\left(\frac{1}{\zeta}\right)=f(z),$$

有

$$f(z)=\sum_{n=-\infty}^{\infty}b_nz^n,$$

其中 $b_n=c_{-n},n=0,\pm1,\pm2,\cdots$. 这是 $f(z)$ 在 ∞ 的去心邻域 $0\leqslant r<|z|<+\infty$ 内的洛朗展式. 对应 $\varphi(\zeta)$ 在 $\zeta=0$ 处的主要部分,称 $\sum\limits_{n=1}^{\infty}b_nz^n$ 为 $f(z)$ 在 ∞ 处的洛朗展式的主要部分.

注意:若 $f(z)$ 在扩充复平面 $\widehat{\mathbf{C}}$ 上只有奇点 $z=0$ 和 ∞ ,则可设

$$f(z)=a_0+\frac{a_1}{z}+\cdots+\frac{a_n}{z^n}+\cdots+b_1z+b_2z^2+\cdots+b_nz^n+\cdots,\quad 0<|z|<+\infty.$$

在 $z=0$ 的去心邻域 $0<|z|<+\infty$ 内, $\sum\limits_{n=1}^{\infty}\dfrac{a_n}{z^n}$ 是主要部分,起主导作用. 但当 $|z|$ 逐渐增大且趋于无穷时,在 $z=\infty$ 的去心邻域 $0<|z|<+\infty$ 内, $\sum\limits_{n=1}^{\infty}b_nz^n$ 是主要部分,起主导作用.

定理 4.16　函数 $f(z)$ 的孤立奇点 $z=\infty$ 为可去奇点的**充要条件**是下列三个条件中的一个成立:

（1） $f(z)$ 在 $z=\infty$ 的洛朗展式的主要部分为 0 ;

（2） $\lim\limits_{z\to\infty}f(z)=b\neq\infty$;

（3） $f(z)$ 在 $z=\infty$ 的去心邻域内有界.

定理 4.17 $f(z)$ 的孤立奇点 $z = \infty$ 为 m 阶极点的**充要条件**是下列三个条件中的一个成立：

(1) $f(a)$ 在 $z = \infty$ 的洛朗展式的主要部分为 $b_1 z + b_2 z^2 + \cdots + b_m z^m, b_m \neq 0$；

(2) $f(z)$ 在 $z = \infty$ 的去心邻域内能表示成 $f(z) = z^m \mu(z)$，其中 $\mu(z)$ 在 $z = \infty$ 的邻域内解析，且 $\mu(\infty) \neq 0$；

(3) $g(z) = \dfrac{1}{f(z)}$ 以 $z = \infty$ 为 m 阶零点 [只需令 $g(\infty) = 0$].

【例 4.16】 确定有理函数

$$f(z) = \frac{a_n z^n + a_{n-1} z^{n-1} + \cdots + a_1 z + a_0}{b_m z^m + b_{m-1} z^{m-1} + \cdots + b_1 z + b_0}$$

在 $z = \infty$ 处的奇点类型，其中 m, n 为正整数，$a_n, b_m \neq 0$.

解 原式经过变形，有

$$f(z) = \frac{z^n}{z^m} \cdot \frac{a_n + \dfrac{a_{n-1}}{z} + \cdots + \dfrac{a_1}{z^{n-1}} + \dfrac{a_0}{z^n}}{b_m + \dfrac{b_{m-1}}{z} + \cdots + \dfrac{b_1}{z^{m-1}} + \dfrac{b_0}{z^m}} = z^{n-m} \lambda(z).$$

因为 $\lim\limits_{z \to \infty} \lambda(z) = \dfrac{a_n}{b_m} \neq 0$，故 $\lambda(z)$ 表示 ∞ 邻域内的一个解析函数.

当 $n \leqslant m$ 时，因为

$$\lim_{z \to \infty} f(z) = \lim_{z \to \infty} z^{n-m} \lambda(z) = \begin{cases} 0, & n < m, \\ \dfrac{a_n}{b_m}, & n = m, \end{cases}$$

所以 ∞ 为 $f(z)$ 的可去奇点. 特别地，当 $n < m$ 时，∞ 是 $f(z)$ 的 $(n-m)$ 阶零点；当 $n > m$ 时，由定理 4.17 知，∞ 是 $f(z)$ 的 $(n-m)$ 阶极点.

定理 4.18 $f(z)$ 的孤立奇点 ∞ 为极点的**充要条件**为 $\lim\limits_{z \to \infty} f(z) = \infty$.

定理 4.19 $f(z)$ 的孤立奇点 ∞ 为本性奇点的**充要条件**为下列两个条件中的一个成立：

(1) $f(a)$ 在 $z = \infty$ 的洛朗展式的主要部分有无穷多项正幂不等于 0；

(2) $\lim\limits_{z \to \infty} f(z)$ 不存在.

【例 4.17】 在扩充复平面上求 $f(z) = \cot z - \dfrac{1}{z}$ 的所有奇点并确定其类型.

解　由

$$f(z) = \frac{\cos z}{\sin z} - \frac{1}{z}$$

可知，$f(z)$ 的所有有限奇点为 $z_k = k\pi (k = 0, \pm 1, \pm 2, \cdots)$，因此 ∞ 为 $f(z)$ 的非孤立奇点.

当 $k \neq 0$ 时，$\sin z$ 在 z_k 处的泰勒展式为

$$\sin z = \sin z_k + \cos z_k (z - z_k) + \cdots = (-1)^k (z - z_k) + \cdots,$$

故 $z_k (k \neq 0)$ 为 $f(z)$ 的一阶极点.

当 $k = 0$ 时，$f(z) = \dfrac{z\cos z - \sin z}{z\sin z}$，故

$$\lim_{z \to 0} f(z) = \lim_{z \to 0} \frac{\cos z + z(-\sin z) - \cos z}{\sin z + z\cos z} = \lim_{z \to 0} \frac{-z\sin z}{\sin z + z\cos z}$$

$$= -\lim_{z \to 0} \frac{\sin z + z\cos z}{\cos z + \cos z + z(-\sin z)} = -\lim_{z \to 0} \frac{\sin z + z\cos z}{2\cos z - z\sin z} = 0,$$

所以 0 为 $f(z)$ 的可去奇点.

【例 4.18】　在扩充复平面上求 $f(z) = \mathrm{e}^{\tan \frac{1}{z}}$ 的所有奇点并确定其类型.

解　$\tan \dfrac{1}{z} = \dfrac{\sin \dfrac{1}{z}}{\cos \dfrac{1}{z}}$，由 $\cos \dfrac{1}{z} = 0$ 可知，$f(z)$ 的奇点为

$$z = 0 \quad \text{和} \quad z_k = \frac{1}{\left(k + \dfrac{1}{2}\right)\pi}, \quad k = 0, \pm 1, \pm 2, \cdots.$$

因为 $z_k \to 0 (k \to \infty)$，所以 0 为 $f(z)$ 的非孤立奇点.

因为 $\lim\limits_{z \to z_k} f(z) = \lim\limits_{z \to z_k} \mathrm{e}^{\tan \frac{1}{z}}$ 不存在，所以 $z = z_k (k = 0, \pm 1, \pm 2, \cdots)$ 为 $f(z)$ 的本性奇点. 而 $\lim\limits_{z \to \infty} \mathrm{e}^{\tan \frac{1}{z}} = 1$，故 ∞ 为 $f(z)$ 的可去奇点.

$$\text{习题四}$$

1.下列数列 $\{\alpha_n\}$ 是否收敛？如果收敛，求出它们的极限.

(1) $\alpha_n = \dfrac{1 - n\mathrm{i}}{1 + n\mathrm{i}}$；

$(2) \alpha_n = \dfrac{i^n}{n} + \dfrac{1}{n^2}$;

$(3) \alpha_n = (-1)^n + \dfrac{i}{3^n}$;

$(4) \alpha_n = \dfrac{1}{n^2} e^{\frac{n\pi}{2}}$;

$(5) \alpha_n = \dfrac{1}{2^n} + \dfrac{i}{n^3}$.

2.判断下列级数的收敛性和绝对收敛性:

$(1) \displaystyle\sum_{n=1}^{\infty} \left(\dfrac{i}{2^n} + \dfrac{2}{n^2} \right)$;

$(2) \displaystyle\sum_{n=1}^{\infty} \dfrac{(1+i)^2}{n}$;

$(3) \displaystyle\sum_{n=1}^{\infty} \dfrac{i^{2n}}{n^2}$;

$(4) \displaystyle\sum_{n=1}^{\infty} \dfrac{e^{\frac{\pi i}{n}}}{n}$;

$(5) \displaystyle\sum_{n=1}^{\infty} \dfrac{i^n}{n}$;

$(6) \displaystyle\sum_{n=1}^{\infty} \dfrac{\cos in}{2^n}$.

3.求下列幂级数的收敛半径和收敛域:

$(1) \displaystyle\sum_{n=1}^{\infty} \dfrac{z^n}{n^3}$(并讨论在收敛圆周上的情形);

$(2) \displaystyle\sum_{n=1}^{\infty} \dfrac{(z-1)^n}{n^2}$(并讨论在收敛圆周上的情形);

$(3) \displaystyle\sum_{n=0}^{\infty} \dfrac{(z-i)^n}{n!}$;

$(4) \displaystyle\sum_{n=1}^{\infty} \dfrac{z^n}{n^2 \, 2^n}$;

$(5) \displaystyle\sum_{n=1}^{\infty} (1+2i)^n z^n$.

4.求下列幂级数的和函数:

$(1) \displaystyle\sum_{n=1}^{\infty} (-1)^n n z^n$;

(2) $\sum\limits_{n=1}^{\infty}(-1)^{n-1}\dfrac{z^n}{n}$.

5.将下列函数展开成 z 的幂级数,并指出它的收敛半径:

(1) $\dfrac{1}{1+z^3}$;

(2) $\dfrac{1}{(1-z)^2}$;

(3) e^{z^2};

(4) $\sin 2z$.

6.将下列函数在指定点 z_0 处展开成泰勒级数,并指出其收敛半径:

(1) $\dfrac{1}{z}$, $z_0=2$;

(2) $\dfrac{z+1}{z-1}$, $z_0=-1$;

(3) $\dfrac{1}{z}$, $z_0=2$;

(4) $\dfrac{1}{z^2+z-2}$, $z_0=0$;

(5) $\arctan z$, $z_0=0$;

(6) e^z, $z_0=1$;

(7) $\dfrac{z}{z+2}$, $z_0=2$;

(8) $\dfrac{z}{z^2-3z-4}$, $z_0=0$.

7.将下列函数在指定的环域内展开为洛朗级数:

(1) $\dfrac{1}{(z-1)(z-2)}$, $0<|z|<1,1<|z|<2,2<|z|<+\infty$;

(2) $\dfrac{z+1}{z^2(z-1)}$, $0<|z|<1,1<|z|<+\infty$;

(3) $\dfrac{1}{z(z-1)^2}$, $0<|z|<1,0<|z-1|<1$;

(4) $\dfrac{1}{z^2(z-i)}$, $0<|z|<1,1<|z-i|<+\infty$;

(5) $\dfrac{1}{z^2+1}$, 在以 i 为中心的圆环域内;

(6) $\sin\dfrac{1}{1-z}$, $0<|z-1|<+\infty$;

(7)$e^{\frac{1}{1-z}}$，$1<|z|<+\infty$．

8．证明：函数 $f(z)=\sin\left(z+\dfrac{1}{z}\right)$ 关于变量 z 的洛朗展式的系数为

$$c_n=\frac{1}{2\pi}\int_0^{2\pi}\cos n\theta\sin(2\cos\theta)\mathrm{d}\theta,\quad n=0,\pm1,\pm2,\cdots.$$

9．求积分 $\displaystyle\oint_{|z|=3}f(z)\mathrm{d}z$ 的值，其中 $f(z)$ 分别为：

(1) $\dfrac{z+2}{z(z+1)}$；

(2) $\dfrac{2z}{(z+1)(z+2)}$．

10．$z=0$ 是函数 $f(z)=\dfrac{1}{\cos\dfrac{1}{z}}$ 的孤立奇点吗？为什么？

11．判断 $z=0$ 是否为下列函数的孤立奇点，并确定奇点的类型．

(1) $e^{\frac{1}{z}}$；

(2) $\dfrac{1-\cos z}{z^2}$．

12．在扩充复平面内求下列函数的奇点并确定其类型．如果是极点，指出其阶数．

(1) $\dfrac{\cos z}{z^2}$；

(2) $\dfrac{e^z-1}{z^2}$；

(3) $\dfrac{1}{\sin z^2}$；

(4) $\dfrac{1}{z(z^2+1)}$；

(5) $\dfrac{\sin z}{z^3}$；

(6) $\dfrac{1}{z^3-z^2-z+1}$；

(7) $\dfrac{\ln(z+1)}{z-1}$；

(8) $\dfrac{1}{e^z-1}$．

第五章　　留数理论及其应用

本章将要引入一个重要的概念 —— 留数. 留数及其有关定理在今后的一些理论问题及实际问题中有着十分广泛而重要的应用.

留数与解析函数在孤立奇点处的洛朗展式有着密切的关系. 留数定理可用来研究复变函数的积分,也可以用来计算微积分中的某些定积分与反常积分.

§5.1　　留　　数

5.1.1　留数的定义与留数定理

根据柯西积分定理,如果被积函数 $f(z)$ 在封闭曲线 Γ 所围成的区域内解析,则积分 $\oint_{\Gamma} f(z)\mathrm{d}z = 0$. 但是,如果该区域内包含 $f(z)$ 的奇点,则积分 $\oint_{\Gamma} f(z)\mathrm{d}z$ 一般不为 0,例如例 3.1 中 $n=1$ 的情形. 此时,可以用洛朗级数的系数公式计算此积分的值.

定义 5.1　设函数 $f(z)$ 以有限点 a 为孤立奇点,$f(z)$ 在 $0<|z-a|<R$ 内解析,则称积分

$$\frac{1}{2\pi\mathrm{i}} \oint_{\Gamma} f(z)\mathrm{d}z$$

的值为 $f(z)$ 在点 a 处的**留数**(residue),记为 $\mathrm{Res}[f(z),a]$,其中 Γ 为圆周 $|z-a|=\rho<R$.

由定义可知,函数在解析点和可去奇点处的留数为 0. 由多连通区域上的

柯西积分定理可知,当 $0 < \rho < R$ 时,留数的值与 ρ 无关.

设 $f(z)$ 在孤立奇点 a 的邻域 $0 < |z-a| < R$ 内的洛朗展式为

$$f(z) = \sum_{n=-\infty}^{\infty} c_n (z-a)^n, \quad 0 < |z-a| < R,$$

上式两端乘以 $\dfrac{1}{2\pi i}$,并沿正向闭曲线 Γ 积分,得

$$\frac{1}{2\pi i} \oint_\Gamma f(z) \mathrm{d}z = \sum_{n=-\infty}^{\infty} \frac{c_n}{2\pi i} \oint_\Gamma (z-a)^n \mathrm{d}z = c_{-1}.$$

由此得到以下定理:

定理 5.1 设 a 点为 $f(z)$ 的孤立奇点,则 $f(z)$ 在 a 点的留数为 $f(z)$ 在 a 点洛朗展式中负幂项 $(z-a)^{-1}$ 的系数 c_{-1},即

$$\mathrm{Res}[f(z), a] = c_{-1}.$$

【例 5.1】 计算函数 $f(z) = \dfrac{1}{1-z} \mathrm{e}^{\frac{1}{z}}$ 在点 $z = 0$ 处的留数.

解 由于 $f(z)$ 在 $0 < |z| < 1$ 内的洛朗展式为

$$f(z) = (1 + z + z^2 + \cdots + z^n + \cdots)\left(1 + \frac{1}{z} + \frac{1}{2!}\frac{1}{z^2} + \cdots + \frac{1}{n!}\frac{1}{z^n} + \cdots\right)$$

$$= \cdots + \left(1 + \frac{1}{2!} + \cdots + \frac{1}{n!} + \cdots\right)\frac{1}{z} + \cdots,$$

故由定理 5.1 可知

$$\mathrm{Res}\left[\frac{1}{1-z} \mathrm{e}^{\frac{1}{z}}, 0\right] = 1 + \frac{1}{2!} + \cdots + \frac{1}{n!} + \cdots = \mathrm{e} - 1.$$

关于留数,我们有以下基本定理:

定理 5.2(柯西留数定理) 设 Γ 为简单闭曲线,$f(z)$ 在 Γ 包围的区域 D 内除有限多个点 $a_1, a_2, \cdots, a_n$ 外解析,在闭区域 $\overline{D} = D \bigcup \Gamma$ 上除 $a_1, a_2, \cdots, a_n$ 外连续,则有

$$\oint_\Gamma f(z) \mathrm{d}z = 2\pi i \sum_{k=1}^{n} \mathrm{Res}[f(z), a_k].$$

证明 以 a_k 为圆心,充分小的正数 ρ_k 为半径作圆周 $\Gamma_k: |z-a_k| = \rho_k$,$k = 1, 2, \cdots, n$,使得这些圆周及其内部均包含于 D 中且互不相交,如图 5.1 所示. 由复合闭路定理知

$$\oint_\Gamma f(z) \mathrm{d}z = \sum_{k=1}^{n} \oint_{\Gamma_k} f(z) \mathrm{d}z = 2\pi i \sum_{k=1}^{n} \mathrm{Res}[f(z), a_k].$$

注意:(1) 柯西留数定理将计算封闭曲线积分的整体问题,化为计算各孤立奇点处留数的局部问题.

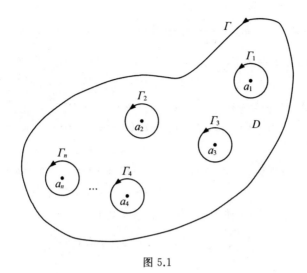

图 5.1

（2）柯西积分定理与柯西积分公式都是柯西留数定理的特殊情况.

由柯西积分公式知，$f(a) = \dfrac{1}{2\pi i} \oint_\Gamma \dfrac{f(z)}{z-a} \mathrm{d}z$. 若 $f(z)$ 在 a 点的邻域内解

析，则 $f(z) = \sum\limits_{n=0}^{\infty} c_n (z-a)^n, c_n = \dfrac{f^{(n)}(a)}{n!}$，所以

$$\frac{f(z)}{z-a} = \frac{c_0}{z-a} + c_1 + c_2(z-a) + \cdots = \frac{f(a)}{z-a} + c_1 + c_2(z-a) + \cdots.$$

根据定理 5.1，有 $f(a) = \mathrm{Res}\left[\dfrac{f(z)}{z-a}, a\right]$. 由柯西留数定理知

$$f(a) = \frac{1}{2\pi i} \oint_\Gamma \frac{f(z)}{z-a} \mathrm{d}z \quad \text{或} \quad \oint_\Gamma \frac{f(z)}{z-a} \mathrm{d}z = 2\pi i \mathrm{Res}\left[\frac{f(z)}{z-a}, a\right] = 2\pi i f(a).$$

5.1.2　留数的计算

一般来说，我们可以通过求出解析函数在孤立奇点去心邻域内的洛朗展式的 -1 次幂的系数，来计算解析函数在孤立奇点处的留数，但有时解析函数的洛朗展式并不容易求得. 下面我们介绍几个计算解析函数在其极点处留数的公式.

根据留数的定义不难证明：若 $f(z) = g(z) + h(z)$，a 点为 $f(z)$ 的孤立奇点，则

$$\mathrm{Res}[f(z), a] = \mathrm{Res}[g(z), a] + \mathrm{Res}[h(z), a].$$

定理 5.3　设 $z = a$ 为 $f(z)$ 的 n 阶极点，则

$$\text{Res}[f(z),a] = \frac{1}{(n-1)!} \lim_{z \to a} \frac{\mathrm{d}^{n-1}}{\mathrm{d}z^{n-1}}[(z-a)^n f(z)].$$

证明 因为 a 点为 $f(z)$ 的 n 阶极点,所以 $f(z)$ 在 a 点去心邻域内的洛朗展式为

$$f(z) = c_{-n}(z-a)^{-n} + c_{-n+1}(z-a)^{-n+1} + \cdots$$
$$+ c_{-1}(z-a)^{-1} + c_0 + c_1(z-a) + \cdots, \quad c_{-n} \neq 0,$$

从而有

$$(z-a)^n f(z) = c_{-n} + c_{-n+1}(z-a) + \cdots + c_{-1}(z-a)^{n-1}$$
$$+ c_0(z-a)^n + c_1(z-a)^{n+1} + \cdots.$$

上式两端关于 z 求 $n-1$ 阶导数,并令 $z \to a$ 可得

$$\lim_{z \to a} \frac{\mathrm{d}^{n-1}}{\mathrm{d}z^{n-1}}[(z-a)^n f(z)] = (n-1)! \, c_{-1},$$

由此得

$$\text{Res}[f(z),a] = c_{-1} = \frac{1}{(n-1)!} \lim_{z \to a} \frac{\mathrm{d}^{n-1}}{\mathrm{d}z^{n-1}}[(z-a)^n f(z)].$$

特别地,若 $f(z) = \dfrac{\varphi(z)}{(z-a)^n}$,$\varphi(z)$ 在 a 点解析,且 $\varphi(a) \neq 0$,则

$$\text{Res}[f(z),a] = \frac{\varphi^{(n-1)}(a)}{(n-1)!}.$$

对于阶数较低的极点处留数的计算,我们有如下推论:

(1) 设 $z = a$ 为 $f(z)$ 的一阶极点,则 $\text{Res}[f(z),a] = \lim\limits_{z \to a}(z-a)f(z)$;

(2) 设 $z = a$ 为 $f(z)$ 的二阶极点,则 $\text{Res}[f(z),a] = \lim\limits_{z \to a}[(z-a)^2 f(z)]'$.

定理 5.4 设 $z = a$ 为 $f(z) = \dfrac{\varphi(z)}{\psi(z)}$ 的一阶极点,其中,$\varphi(z),\psi(z)$ 在 a 点解析,$\varphi(a) \neq 0, \psi(a) = 0, \psi'(a) \neq 0$,则

$$\text{Res}[f(z),a] = \frac{\varphi(a)}{\psi'(a)}.$$

证明 若 $z = a$ 为 $f(z) = \dfrac{\varphi(z)}{\psi(z)}$ 的一阶极点,则

$$\text{Res}[f(z),a] = \lim_{z \to a} \frac{\varphi(z)}{\psi(z)}(z-a) = \lim_{z \to a} \frac{\varphi(z)}{\dfrac{\psi(z)}{z-a}} = \frac{\lim\limits_{z \to a} \varphi(z)}{\lim\limits_{z \to a} \dfrac{\psi(z)-\psi(a)}{z-a}} = \frac{\varphi(a)}{\psi'(a)}.$$

【例 5.2】 求函数 $f(z) = \dfrac{z^{2n}}{(z-1)^n}$ 在 $z = 1$ 处的留数.

解　因为 $z=1$ 是函数 $f(z)$ 的 n 阶极点，于是有

$$\operatorname{Res}[f(z),1]=\frac{1}{(n-1)!}\lim_{z\to 1}\frac{\mathrm{d}^{n-1}}{\mathrm{d}z^{n-1}}\left[(z-1)^n\cdot\frac{z^{2n}}{(z-1)^n}\right]$$

$$=\frac{1}{(n-1)!}\lim_{z\to 1}[2n(2n-1)\cdots(2n-n+2)z^{n+1}]$$

$$=\frac{(2n)!}{(n-1)!\,(n+1)!}.$$

【例 5.3】　计算积分 $\displaystyle\oint_{|z|=2}\frac{\mathrm{d}z}{z^3(z-\mathrm{i})}$ 的值.

解　在圆周 $|z|=2$ 内，函数 $f(z)=\dfrac{1}{z^3(z-\mathrm{i})}$ 有一个一阶极点 $z=\mathrm{i}$ 和一个三阶极点 $z=0$.

$$\operatorname{Res}[f(z),\mathrm{i}]=\lim_{z\to\mathrm{i}}(z-\mathrm{i})\cdot\frac{1}{z^3(z-\mathrm{i})}=\mathrm{i},$$

$$\operatorname{Res}[f(z),0]=\frac{1}{2!}\lim_{z\to 0}\frac{\mathrm{d}^2}{\mathrm{d}z^2}\left[z^3\cdot\frac{1}{z^3(z-\mathrm{i})}\right]=-\mathrm{i}.$$

因此，由留数定理，有

$$\oint_{|z|=2}\frac{\mathrm{d}z}{z^3(z-\mathrm{i})}=2\pi\mathrm{i}(-\mathrm{i}+\mathrm{i})=0.$$

【例 5.4】　计算积分 $\displaystyle\oint_{|z|=n}\tan\pi z\,\mathrm{d}z$ 的值，其中 n 为正整数.

解　被积函数 $\tan\pi z=\dfrac{\sin\pi z}{\cos\pi z}$ 以 $z_k=k+\dfrac{1}{2}$ 为一阶极点，$k=0,\pm 1,\cdots$. 由定理 5.4，有

$$\operatorname{Res}[\tan\pi z,z_k]=\frac{\sin\pi z}{(\cos\pi z)'}\Big|_{z=z_k}=-\frac{1}{\pi}.$$

在 $|z|<n$ 内，$\tan\pi z$ 共有 $2n$ 个一阶极点，分别对应于 $k=-n,-n+1,\cdots,n-1$，所以由留数定理，有

$$\oint_{|z|=n}\tan\pi z\,\mathrm{d}z=2\pi\mathrm{i}\sum_{\left|k+\frac{1}{2}\right|<n}\operatorname{Res}[\tan\pi z,z_k]=2\pi\mathrm{i}\left(-\frac{1}{\pi}\right)\cdot 2n=-4n\mathrm{i}.$$

【例 5.5】　计算积分 $\displaystyle\oint_{|z|=1}\mathrm{e}^{\frac{1}{z^2}}\mathrm{d}z$ 的值.

解　在 $|z|<1$ 内，$f(z)=\mathrm{e}^{\frac{1}{z^2}}$ 只有 $z=0$ 一个本性奇点，在 0 点的去心邻域内，$f(z)$ 有洛朗展式

$$e^{\frac{1}{z^2}} = 1 + \frac{1}{z^2} + \frac{1}{2!}\frac{1}{z^4} + \cdots, \quad 0 < |z| < +\infty,$$

$c_{-1} = 0$, 故 $\mathrm{Res}[f(z), 0] = 0$, $\oint_{|z|=1} e^{\frac{1}{z^2}} dz = 2\pi i \mathrm{Res}[f(z), 0] = 0$.

解析函数在本性奇点处的留数不易计算, 一般的方法还是计算本性奇点去心邻域内洛朗展式的 -1 次幂的系数 c_{-1}.

【例 5.6】 计算积分 $\oint_{|z|=1} \dfrac{z \sin z}{(1-e^z)^3} dz$ 的值.

解 **方法一**: $f(z) = \dfrac{z \sin z}{(1-e^z)^3}$ 在 $|z| < 1$ 内只有 $z = 0$ 一个奇点(其他奇点为 $2k\pi i$).

$$\frac{z \sin z}{(1-e^z)^3} = \frac{z\left(z - \frac{z^3}{3!} + \cdots\right)}{-\left(z + \frac{z^2}{2!} + \cdots\right)^3} = -\frac{z^2}{z^3} \cdot \frac{1 - \frac{z^2}{3!} + \cdots}{\left(1 + \frac{z}{2!} + \cdots\right)^3} = -\frac{1}{z}g(z),$$

$g(z)$ 在 0 点解析, $g(0) \neq 0$, 可展开为 z 的幂级数 $g(z) = 1 + a_1 z + \cdots$. 在 0 点的去心邻域内有

$$f(z) = -\frac{1}{z}(1 + a_1 z + \cdots) = -\frac{1}{z} - a_1 + \cdots,$$

由此得 $\mathrm{Res}[f(z), 0] = -1$, 由柯西留数定理知,

$$\oint_{|z|=1} \frac{z \sin z}{(1-e^z)^3} dz = -2\pi i.$$

方法二: 分母 $(1-e^z)^3$ 以 0 为三阶零点, 分子 $z \sin z$ 以 0 为二阶零点, 故 0 为 $f(z)$ 的一阶极点. 记 $\varphi(z) = zf(z) = \dfrac{z^2 \sin z}{(1-e^z)^3}$ 以 0 为可去奇点, 所以

$$\mathrm{Res}[f(z), 0] = \varphi(0) = \lim_{z \to 0} \varphi(z) = \lim_{z \to 0} \frac{z^2 \sin z}{(1-e^z)^3} = \lim_{z \to 0} \frac{\sin z}{z} \cdot \left(\frac{z}{1-e^z}\right)^3$$

$$= \lim_{z \to 0} \left(\frac{z}{1-e^z}\right)^3 = \left(\lim_{z \to 0} \frac{z}{1-e^z}\right)^3 = \left(\lim_{z \to 0} \frac{1}{-e^z}\right)^3 = -1,$$

故 $\oint_{|z|=1} \dfrac{z \sin z}{(1-e^z)^3} dz = -2\pi i.$

5.1.3 函数在 ∞ 处的留数

仿照函数在有限奇点处的留数, 我们也可以定义函数在无穷远点的留数.

定义 5.2 设 ∞ 为 $f(z)$ 的孤立奇点, $f(z)$ 在 ∞ 的邻域 $0 \leqslant r < |z| < +\infty$ 内

解析,称积分

$$\frac{1}{2\pi i}\oint_{\Gamma^-}f(z)\mathrm{d}z$$

的值为 $f(z)$ 在 ∞ 处的**留数**,记为 $\mathrm{Res}[f(z),\infty]$,其中 Γ 为正向圆周 $|z|=\rho>r$.

要注意的是,函数在 ∞ 处留数定义中的积分是沿封闭曲线的负方向,即顺时针方向进行的,这其实是该封闭曲线所围无界区域的边界正向.

若 $f(z)$ 在 $0\leqslant r<|z|<+\infty$ 内的洛朗展式为

$$f(z)=\cdots+\frac{c_{-n}}{z^n}+\cdots+\frac{c_{-1}}{z}+c_0+c_1z+\cdots+c_nz^n+\cdots,$$

由逐项积分的方法知,

$$\mathrm{Res}[f(z),\infty]=\frac{1}{2\pi i}\oint_{\Gamma^-}f(z)\mathrm{d}z=-c_{-1}.$$

因此,解析函数在 ∞ 处的留数是 ∞ 处洛朗展式中 z^{-1} 项的系数的相反数.

注意:$f(z)$ 在有限可去奇点 a 处,必有 $\mathrm{Res}[f(z),a]=0$,但如果 ∞ 为 $f(z)$ 的可去奇点,则 $\mathrm{Res}[f(z),\infty]$ 未必等于 0. 例如:$f(z)=2+\dfrac{1}{z}$ 以 $z=\infty$ 为可去奇点,$f(\infty)=2$,但 $\mathrm{Res}[f(z),\infty]=-1\neq0$.

【例 5.7】　设 $P(z)$ 为 n 次多项式,计算 $\mathrm{Res}\left[\dfrac{P'(z)}{P(z)},\infty\right]$.

解　设 $P(z)=c_nz^n+c_{n-1}z^{n-1}+\cdots+c_1z+c_0,c_n\neq0$,这也是 $P(z)$ 在 ∞ 邻域内的洛朗展式,则

$$\frac{P'(z)}{P(z)}=\frac{nc_nz^{n-1}+(n-1)c_{n-1}z^{n-2}+\cdots+c_1}{c_nz^n+c_{n-1}z^{n-1}+\cdots+c_1z+c_0}$$

$$=\frac{n}{z}\left(\frac{1+\dfrac{n-1}{n}\dfrac{c_{n-1}}{c_n}\dfrac{1}{z}+\dfrac{n-2}{n}\dfrac{c_{n-2}}{c_n}\dfrac{1}{z^2}+\cdots}{1+\dfrac{c_{n-1}}{c_n}\dfrac{1}{z}+\dfrac{c_{n-2}}{c_n}\dfrac{1}{z^2}+\cdots}\right)$$

$$=\frac{n}{z}\left(1+\frac{b_1}{z}+\frac{b_2}{z^2}+\cdots\right)=\frac{n}{z}+\frac{nb_1}{z^2}+\frac{nb_2}{z^3}+\cdots.$$

上面得到的是函数 $\dfrac{P'(z)}{P(z)}$ 在 ∞ 邻域内的洛朗展式,因此有

$$\mathrm{Res}\left[\frac{P'(z)}{P(z)},\infty\right]=-n.$$

定理 5.5(柯西留数定理)　若 $f(z)$ 在扩充 z 平面上除有限多个孤立奇点 $a_1,a_2\cdots,a_n,\infty$ 外是解析的,则 $f(z)$ 在所有孤立奇点处的留数总和为 0,即

$$\sum_{k=1}^{n} \text{Res}[f(z), a_k] + \text{Res}[f(z), \infty] = 0.$$

证明   以原点为圆心作一半径足够大的圆周 Γ，使得所有 $f(z)$ 的有限奇点 $a_1, a_2 \cdots, a_n$ 均包含在 Γ 内部. 由柯西留数定理知，

$$\int_{\Gamma} f(z) \mathrm{d}z = 2\pi \mathrm{i} \sum_{k=1}^{n} \text{Res}[f(z), a_k],$$

即

$$\sum_{k=1}^{n} \text{Res}[f(z), a_k] + \frac{1}{2\pi \mathrm{i}} \int_{\Gamma^-} f(z) \mathrm{d}z = 0.$$

根据 ∞ 处的留数定义，上式左边就等于 $\sum_{k=1}^{n} \text{Res}[f(z), a_k] + \text{Res}[f(z), \infty]$.

我们可以通过下面的公式来计算 ∞ 处的留数：

定理 5.6   设 ∞ 为函数 $f(z)$ 的孤立奇点，则

$$\text{Res}[f(z), \infty] = -\text{Res}\left[\frac{1}{z^2} f\left(\frac{1}{z}\right), 0\right].$$

证明   令 $\zeta = \frac{1}{z}$，$\varphi(\zeta) = f\left(\frac{1}{\zeta}\right) = f(z)$. 在此变换下，$z$ 平面上 ∞ 的去心邻域 $0 \leqslant r < |z| < +\infty$ 变为 ζ 平面上原点的去心邻域 $0 < |\zeta| < \frac{1}{r}$，圆周 Γ：$|z| = \rho > r$ 变为圆周 Γ'：$|\zeta| = \frac{1}{\rho} < \frac{1}{r}$. 显然有

$$\frac{1}{2\pi \mathrm{i}} \int_{\Gamma^-} f(z) \mathrm{d}z = -\frac{1}{2\pi \mathrm{i}} \int_{\Gamma'} f\left(\frac{1}{\zeta}\right) \cdot \frac{1}{\zeta^2} \mathrm{d}\zeta,$$

等式两边的积分曲线均为所围区域的边界正向. 所以有

$$\text{Res}[f(z), \infty] = -\text{Res}\left[\frac{1}{z^2} f\left(\frac{1}{z}\right), 0\right].$$

【例 5.8】   求函数 $f(z) = \dfrac{(z^2 - 1)^2}{z^2(z - \alpha)(z - \beta)}$ 的奇点与留数，其中 $\alpha\beta = 1$，$\alpha \neq \beta$.

解 $f(z)$ 以 $z = \alpha, \beta$ 为一阶极点，$z = 0$ 为二阶极点，∞ 为可去奇点.

$$\text{Res}[f(z), \alpha] = \lim_{z \to \alpha} \frac{(z^2 - 1)^2}{z^2(z - \beta)} = \frac{(\alpha^2 - 1)^2}{\alpha^2(\alpha - \beta)} = \frac{(\alpha^2 - 1)^2}{\alpha(\alpha^2 - 1)} = \alpha - \frac{1}{\alpha} = \alpha - \beta.$$

$$\text{Res}[f(z), \beta] = \lim_{z \to \beta} \frac{(z^2 - 1)^2}{z^2(z - \alpha)} = \frac{(\beta^2 - 1)^2}{\beta^2(\beta - \alpha)} = \frac{(\beta^2 - 1)^2}{\beta(\beta^2 - 1)} = \beta - \frac{1}{\beta} = \beta - \alpha.$$

$f(z)$ 可写成

$$f(z) = \frac{z^2}{(z-\alpha)(z-\beta)} - \frac{2}{(z-\alpha)(z-\beta)} + \frac{1}{z^2(z-\alpha)(z-\beta)},$$

前两个函数在 $z=0$ 处解析,所以只需计算第三个函数在 0 点的留数,$z=0$ 为第三个函数的二阶极点.

$$\text{Res}[f(z),0] = \text{Res}\left[\frac{1}{z^2(z-\alpha)(z-\beta)},0\right] = \lim_{z \to 0}\left[\frac{1}{(z-\alpha)(z-\beta)}\right]'$$

$$= \frac{1}{\alpha-\beta}\left(\frac{1}{z-\alpha} - \frac{1}{z-\beta}\right)'\bigg|_{z=0} = \frac{1}{\alpha-\beta}\left[-\frac{1}{(z-\alpha)^2} + \frac{1}{(z-\beta)^2}\right]\bigg|_{z=0}$$

$$= \frac{1}{\alpha-\beta}\left(-\frac{1}{\alpha^2} + \frac{1}{\beta^2}\right) = \frac{1}{\alpha-\beta}\cdot\frac{\alpha^2-\beta^2}{\alpha^2\beta^2} = \alpha+\beta.$$

由留数定理,有

$$\text{Res}[f(z),\infty] = -\text{Res}[f(z),\alpha] - \text{Res}[f(z),\beta] - \text{Res}[f(z),0] = -\alpha-\beta.$$

也可以直接计算 $\text{Res}[f(z),\infty]$. 由于表达式

$$f(z) = \frac{z^2}{(z-\alpha)(z-\beta)} - \frac{2}{(z-\alpha)(z-\beta)} + \frac{1}{z^2(z-\alpha)(z-\beta)}$$

中的后两个函数均以 ∞ 为可去奇点,且它们的洛朗展式中的最低负幂次项分别为 -2 次项和 -4 次项,因此后两个函数在 ∞ 处的留数均为 0,而

$$\frac{z^2}{(z-\alpha)(z-\beta)} = \frac{1}{\left(1-\frac{\alpha}{z}\right)\left(1-\frac{\beta}{z}\right)} = \left(1+\frac{\alpha}{z}+\cdots\right)\left(1+\frac{\beta}{z}+\cdots\right)$$

$$= 1 + \frac{\alpha+\beta}{z} + \cdots, \quad |z| > \max\{|\alpha|,|\beta|\}.$$

所以 $\text{Res}[f(z),\infty] = -(\alpha+\beta)$.

【例 5.9】 计算 $f(z) = \frac{z^4+1}{z(z^2+1)^3}$ 在孤立奇点处的留数.

解　$f(z)$ 以 $z=0$ 为一阶极点,$z=\pm i$ 为三阶极点,∞ 为可去奇点.

$$\text{Res}[f(z),0] = \lim_{z \to 0}\frac{z^4+1}{(z^2+1)^3} = 1.$$

因为

$$f(z) = \frac{(z^2+1)^2 - 2z^2}{z(z^2+1)^3} = \frac{1}{z(z^2+1)} - \frac{2z}{(z^2+1)^3},$$

所以

$$\text{Res}[f(z),i] = \text{Res}\left[\frac{1}{z(z^2+1)},i\right] - \text{Res}\left[\frac{2z}{(z^2+1)^3},i\right]$$

$$= \lim_{z \to i} \frac{1}{z(z+i)} - \lim_{z \to i} \frac{1}{2!} \left[\frac{2z}{(z+i)^3} \right]''$$

$$= -\frac{1}{2} - \frac{6(z-i)}{(z+i)^5} \Bigg|_{z=i} = -\frac{1}{2}.$$

同理可得，$\mathrm{Res}[f(z), -i] = -\dfrac{1}{2}$. 故 $\mathrm{Res}[f(z), \infty] = -\left(1 - \dfrac{1}{2} - \dfrac{1}{2}\right) = 0.$

【例 5.10】 计算积分 $I = \oint_{|z|=2} \dfrac{\mathrm{d}z}{(z-3)(z^5-1)}.$

解 被积函数 $f(z) = \dfrac{1}{(z-3)(z^5-1)}$ 在 $|z| < 2$ 内有 5 个一阶极点

$$a_k = \mathrm{e}^{\frac{2k\pi i}{5}}, \quad k = 0, 1, \cdots, 4.$$

计算这些奇点处的留数比较烦琐，而 $f(z)$ 在 $|z| = 2$ 的外部只有一阶极点 $z = 3$ 和可去奇点 ∞，所以我们计算 $\mathrm{Res}[f(z), 3]$ 和 $\mathrm{Res}[f(z), \infty]$.

当 $|z| > 3$ 时，有

$$f(z) = \frac{1}{(z-3)(z^5-1)} = \frac{1}{z^6} \cdot \frac{1}{\left(1 - \dfrac{3}{z}\right)\left(1 - \dfrac{1}{z^5}\right)}$$

$$= \frac{1}{z^6}\left(1 + \frac{3}{z} + \cdots\right)\left(1 + \frac{1}{z^5} + \cdots\right),$$

所以 $\mathrm{Res}[f(z), \infty] = 0.$

$$\mathrm{Res}[f(z), 3] = \lim_{z \to 3} \frac{1}{z^5-1} = \frac{1}{242}.$$

由柯西留数定理可知

$$I = 2\pi i \sum_{k=0}^{4} \mathrm{Res}[f(z), a_k] = -2\pi i\left(0 + \frac{1}{242}\right) = -\frac{\pi i}{121}.$$

§5.2　用留数定理计算实积分

　　本节主要介绍利用留数定理计算某些定积分或反常积分的方法. 在很多实际问题和理论研究中经常会遇到一些积分，它们的计算往往比较复杂. 留数定理为某些类型积分的计算提供了极为有效的方法.

5.2.1　$\displaystyle\int_0^{2\pi} R(\cos\theta, \sin\theta)\mathrm{d}\theta$ 型积分

　　假设 $R(\cos\theta, \sin\theta)$ 表示 $\cos\theta$ 和 $\sin\theta$ 的有理函数，并且在 $[0, 2\pi]$ 上连

续. 令

$$z = e^{i\theta}, \quad \theta \in [0, 2\pi],$$

则

$$\cos\theta = \frac{z + \bar{z}}{2}, \quad \sin\theta = \frac{z - \bar{z}}{2i}, \quad d\theta = \frac{dz}{iz}.$$

又因为 $|z|^2 = z\bar{z} = 1$，所以 $\bar{z} = \dfrac{1}{z}$，即有

$$\cos\theta = \frac{z^2 + 1}{2z}, \quad \sin\theta = \frac{z^2 - 1}{2iz}.$$

$\theta \in [0, 2\pi]$ 意味着 z 沿圆周 $|z| = 1$ 的正方向绕行一周. 综上所述，有

$$\int_0^{2\pi} R(\cos\theta, \sin\theta) d\theta = \oint_{|z|=1} R\left(\frac{z^2+1}{2z}, \frac{z^2-1}{2iz}\right) \frac{dz}{iz}.$$

等式右端为关于 z 的有理函数的曲线积分. 如果

$$f(z) = R\left(\frac{z^2+1}{2z}, \frac{z^2-1}{2iz}\right) \frac{1}{iz}$$

在积分路径 $|z| = 1$ 上无奇点，在 $|z| < 1$ 内有孤立奇点 $a_1, a_2, \cdots, a_n$，则根据柯西留数定理，有

$$\int_0^{2\pi} R(\cos\theta, \sin\theta) d\theta = \oint_{|z|=1} f(z) dz = 2\pi i \sum_{k=1}^n \text{Res}[f(z), a_k].$$

注意：在实际计算时，被积函数 $R(\cos\theta, \sin\theta)$ 在 $[0, 2\pi]$ 上的连续性可先不必检验，而只要看经过 $z = e^{i\theta}$ 变换后得到的被积函数 $f(z)$ 在 $|z| = 1$ 上是否有奇点.

【例 5.11】　计算积分 $I = \displaystyle\int_0^{2\pi} \frac{\cos 2\theta}{1 - 2p\cos\theta + p^2} d\theta$ 的值，其中 $0 < p < 1$.

解　令 $z = e^{i\theta}$，则 $\cos 2\theta = \dfrac{z^2 + z^{-2}}{2} = \dfrac{z^4 + 1}{2z^2}$，故原积分

$$I = \oint_{|z|=1} \frac{z^2 + z^{-2}}{2} \cdot \frac{1}{1 - 2p\frac{z + z^{-1}}{2} + p^2} \cdot \frac{dz}{iz} = -\frac{1}{2pi} \oint_{|z|=1} \frac{z^4 + 1}{z^2(z - p)\left(z - \frac{1}{p}\right)} dz.$$

因为 $0 < p < 1$，被积函数 $f(z) = \dfrac{z^4 + 1}{z^2(z - p)\left(z - \dfrac{1}{p}\right)}$ 在 $|z| = 1$ 上无奇点，在

$|z| < 1$ 内只有一阶极点 $z = p$ 和二阶极点 $z = 0$.

$$\text{Res}[f(z), p] = \left. \frac{z^4 + 1}{z^2\left(z - \dfrac{1}{p}\right)} \right|_{z=p} = \frac{p^4 + 1}{p(p^2 - 1)},$$

$$\mathrm{Res}[f(z),0] = \left[\frac{z^4+1}{(z-p)\left(z-\frac{1}{p}\right)}\right]'\Bigg|_{z=0} = \frac{p^2+1}{p}.$$

由留数定理,有

$$I = -\frac{1}{2p\mathrm{i}} \cdot 2\pi\mathrm{i}\left[\frac{p^2+1}{p} + \frac{p^4+1}{p(p^2-1)}\right] = \frac{2\pi p^2}{1-p^2}.$$

若 $R(\cos\theta,\sin\theta)$ 为 θ 的偶函数,则由上述方法还可计算

$$\int_0^\pi R(\cos\theta,\sin\theta)\mathrm{d}\theta = \frac{1}{2}\int_{-\pi}^\pi R(\cos\theta,\sin\theta)\mathrm{d}\theta.$$

事实上,只要保证 $z=\mathrm{e}^{\mathrm{i}\theta}$ 沿 $|z|=1$ 绕行一周,即 θ 只需在一个 2π 区间内即可。

【例 5.12】 计算积分 $I = \displaystyle\int_0^\pi \frac{\mathrm{d}\theta}{(a+\cos\theta)^2}$ 的值,其中 $a>1$.

解 因为被积函数为偶函数,令 $z=\mathrm{e}^{\mathrm{i}\theta}$,则原积分

$$I = \frac{1}{2}\int_{-\pi}^\pi \frac{\mathrm{d}\theta}{(a+\cos\theta)^2} = \frac{1}{2}\oint_{|z|=1} \frac{1}{\left(a+\dfrac{z^2+1}{2z}\right)^2}\frac{\mathrm{d}z}{\mathrm{i}z}$$

$$= \frac{2}{\mathrm{i}}\oint_{|z|=1} \frac{z\,\mathrm{d}z}{(z^2+2az+1)^2} = \frac{2}{\mathrm{i}}\oint_{|z|=1} \frac{z\,\mathrm{d}z}{(z-\alpha)^2(z-\beta)^2},$$

这里 α,β 为实系数方程 $z^2+2az+1=0$ 的两相异实根,且

$$\alpha = -a+\sqrt{a^2-1}, \quad \beta = -a-\sqrt{a^2-1}.$$

显然,$|\alpha|<1$,$|\beta|>1$. 被积函数 $f(z) = \dfrac{z}{(z-\alpha)^2(z-\beta)^2}$ 在 $|z|=1$ 上无奇点,在 $|z|<1$ 内只有二阶极点 $z=\alpha$.

$$\mathrm{Res}[f(z),\alpha] = \left[\frac{z}{(z-\beta)^2}\right]'\Bigg|_{z=\alpha} = -\frac{z+\beta}{(z-\beta)^3}\Bigg|_{z=\alpha} = \frac{a}{4(a^2-1)^{\frac{3}{2}}},$$

故

$$I = \frac{2}{\mathrm{i}} \cdot 2\pi\mathrm{i} \cdot \frac{a}{4(a^2-1)^{\frac{3}{2}}} = \frac{\pi a}{(a^2-1)^{\frac{3}{2}}}.$$

【例 5.13】 计算积分 $I = \displaystyle\int_0^\pi \frac{\cos mx}{5-4\cos x}\mathrm{d}x$ 的值,其中 m 为正整数。

解 因为被积函数为偶函数,故 $I = \dfrac{1}{2}\displaystyle\int_{-\pi}^\pi \frac{\cos mx}{5-4\cos x}\mathrm{d}x$. 令

$$I_1 = \int_{-\pi}^\pi \frac{\cos mx}{5-4\cos x}\mathrm{d}x = 2I, \quad I_2 = \int_{-\pi}^\pi \frac{\sin mx}{5-4\cos x}\mathrm{d}x,$$

则 $I_1 + \mathrm{i}I_2 = \displaystyle\int_{-\pi}^{\pi} \frac{\mathrm{e}^{\mathrm{i}mx}}{5 - 4\cos x}\mathrm{d}x$. 令 $z = \mathrm{e}^{\mathrm{i}x}$，则 $\mathrm{e}^{\mathrm{i}mx} = z^m$，所以有

$$I_1 + \mathrm{i}I_2 = \oint_{|z|=1} \frac{z^m}{5 - 4 \cdot \dfrac{z^2 + 1}{2z}} \frac{\mathrm{d}z}{\mathrm{i}z} = \frac{1}{\mathrm{i}} \oint_{|z|=1} \frac{z^m \mathrm{d}z}{5z - 2(1 + z^2)}$$

$$= \frac{\mathrm{i}}{2} \oint_{|z|=1} \frac{z^m \mathrm{d}z}{\left(z - \dfrac{1}{2}\right)(z - 2)}.$$

被积函数 $f(z) = \dfrac{z^m}{\left(z - \dfrac{1}{2}\right)(z - 2)}$ 在 $|z| = 1$ 上无奇点，在 $|z| < 1$ 内只有一

阶极点 $z = \dfrac{1}{2}$.

$$\mathrm{Res}\left[f(z), \frac{1}{2}\right] = \frac{z^m}{z - 2}\Bigg|_{z=\frac{1}{2}} = \frac{1}{2^m \cdot \left(-\dfrac{3}{2}\right)} = -\frac{1}{3 \cdot 2^{m-1}}.$$

由留数定理，$I_1 + \mathrm{i}I_2 = \dfrac{\mathrm{i}}{2} \cdot 2\pi\mathrm{i} \cdot \dfrac{-1}{3 \cdot 2^{m-1}} = \dfrac{\pi}{3 \cdot 2^{m-1}}$ 为实数，故 $I_1 = \dfrac{\pi}{3 \cdot 2^{m-1}}$，即

$$I = \frac{\pi}{3 \cdot 2^m}.$$

此题若一开始就假设 $z = \mathrm{e}^{\mathrm{i}x}$，则变换 $\cos mx = \dfrac{z^{2m} + 1}{2z^m}$ 就会增加计算量.

5.2.2　$\displaystyle\int_{-\infty}^{+\infty} \frac{P(x)}{Q(x)}\mathrm{d}x$ 型积分

在微积分中经常要计算反常积分，而利用留数定理计算则往往较为简便.
若计算实函数 $f(x)$ 沿 x 轴上有限线段 $[a, b]$ 的积分，可以补充若干条辅助曲
线，统一记为 Γ，使 $[a, b]$ 与 Γ 构成一条封闭曲线 C，记其所围区域为 D. 若存
在辅助函数 $g(z)$ 在 D 内（除有限多个点外）解析，在 $D \cup C$ 上连续，并且在
$[a, b]$ 上，$g(z)$ 或 $g(z)$ 的实部（或虚部）等于 $f(x)$，则由留数定理知，

$$\int_a^b g(x)\mathrm{d}x + \int_\Gamma g(z)\mathrm{d}z = 2\pi\mathrm{i}\sum_i \mathrm{Res}[g(z), a_i],$$

其中，a_i 为 $g(z)$ 在 D 内的有限多个孤立奇点. 如果 $\displaystyle\int_\Gamma g(z)\mathrm{d}z$ 容易计算，则积

分 $\displaystyle\int_a^b f(x)\mathrm{d}x$ 就可以算出. 若 a, b 不是有限数，则可以在上面等式的两端取极

限，这时若能求得 $\displaystyle\int_\Gamma g(z)\mathrm{d}z$ 的极限，就至少可以求出反常积分的柯西主值.

引理 5.1 设 $f(z)$ 沿圆弧 $S_R : z = R e^{i\theta} (\theta_1 \leqslant \theta \leqslant \theta_2)$ 连续(见图 5.2),且 $\lim\limits_{R \to +\infty} z f(z) = \lambda$ 在 S_R 上一致成立(即与 θ 无关),则有

$$\lim_{R \to +\infty} \int_{S_R} f(z) \mathrm{d}z = \mathrm{i}(\theta_2 - \theta_1)\lambda.$$

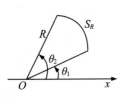

图 5.2

证明 利用参数方程法可得

$$\int_{S_R} \frac{\mathrm{d}z}{z} = \int_{\theta_1}^{\theta_2} \frac{\mathrm{i} R e^{i\theta} \mathrm{d}\theta}{R e^{i\theta}} = \mathrm{i} \int_{\theta_1}^{\theta_2} \mathrm{d}\theta = \mathrm{i}(\theta_2 - \theta_1),$$

故 $\mathrm{i}(\theta_2 - \theta_1)\lambda = \lambda \int_{S_R} \dfrac{\mathrm{d}z}{z}$. 由此得

$$\left| \int_{S_R} f(z) \mathrm{d}z - \mathrm{i}(\theta_2 - \theta_1)\lambda \right| = \left| \int_{S_R} \frac{z f(z) - \lambda}{z} \mathrm{d}z \right|.$$

由已知条件,对任意 $\varepsilon > 0$,存在 $R_0 = R_0(\varepsilon) > 0$,使得当 $R > R_0$ 时,有

$$| z f(z) - \lambda | < \frac{\varepsilon}{\theta_2 - \theta_1}, \quad z \in S_R.$$

所以有

$$\left| \int_{S_R} f(z) \mathrm{d}z - \mathrm{i}(\theta_2 - \theta_1)\lambda \right| \leqslant \int_{S_R} \frac{| z f(z) - \lambda |}{| z |} | \mathrm{d}z |$$

$$< \frac{\varepsilon}{\theta_2 - \theta_1} \cdot \frac{1}{R} \cdot R(\theta_2 - \theta_1) = \varepsilon.$$

定理 5.7 设 $P(x), Q(x)$ 为互质的多项式,方程 $Q(x) = 0$ 无实根,且 $Q(x)$ 的次数比 $P(x)$ 的次数至少高两次. 令 $f(z) = \dfrac{P(z)}{Q(z)}$,则

$$\int_{-\infty}^{+\infty} \frac{P(x)}{Q(x)} \mathrm{d}x = 2\pi\mathrm{i} \sum_{k=1}^{n} \mathrm{Res}[f(z), a_k],$$

其中 $a_k (k = 1, 2, \cdots, n)$ 为 $f(z)$ 在上半平面内的所有孤立奇点.

证明 由已知题设及微积分的知识可知,反常积分 $\int_{-\infty}^{+\infty} f(x) \mathrm{d}x$ 收敛,并且

$$\int_{-\infty}^{+\infty} f(x) \mathrm{d}x = \lim_{R \to +\infty} \int_{-R}^{+R} f(x) \mathrm{d}x.$$

图 5.3

取上半圆周 $S_R : z = R e^{i\theta} (0 \leqslant \theta \leqslant \pi)$ 作为辅助曲线,线段 $[-R, R]$ 及 S_R 合成封闭曲线 Γ_R. 因为 $f(z)$ 只有有限多个孤立奇点,故取 R 充分大时,可使 Γ_R 内部包含 $f(z)$ 在上半平面内的所有孤立奇点,如图 5.3 所示. 由定理条件可知,$f(z)$ 在

Γ_R 上无奇点,由留数定理得

$$\oint_{\Gamma_R} f(z)\mathrm{d}z = 2\pi\mathrm{i}\sum_{k=1}^{n}\mathrm{Res}[f(z),a_k],$$

或者写成

$$\int_{-R}^{+R} f(x)\mathrm{d}x + \int_{S_R} f(z)\mathrm{d}z = 2\pi\mathrm{i}\sum_{k=1}^{n}\mathrm{Res}[f(z),a_k]. \tag{5.2.1}$$

由于

$$|zf(z)| = \left|\frac{zP(z)}{Q(z)}\right| = \left|\frac{z^{m+1}}{z^n}\right|\left|\frac{c_0+\cdots+\dfrac{c_m}{z^m}}{b_0+\cdots+\dfrac{b_n}{z^n}}\right|,$$

由已知条件,有 $n-m-1\geqslant 1$,故当 $R\to+\infty$ 时,沿 S_R 有 $|zf(z)|\to 0$. 在式 (5.2.1) 两端令 $R\to+\infty$,并根据引理 5.1 知左端第二项的积分值的极限为 0.

【例 5.14】 计算积分 $I = \int_{-\infty}^{+\infty}\dfrac{x^2\mathrm{d}x}{(x^2+1)^2(x^2+2x+2)}$ 的值.

解 函数 $f(z) = \dfrac{z^2}{(z^2+1)^2(z^2+2z+2)}$ 在上半平面有二阶极点 $z=\mathrm{i}$ 和一阶极点 $z=-1+\mathrm{i}$.

$$\mathrm{Res}[f(z),\mathrm{i}] = \lim_{z\to\mathrm{i}}\left[\frac{z^2}{(z+\mathrm{i})^2(z^2+2z+2)}\right]'$$

$$= \frac{-2z(z^3+z^2-\mathrm{i}z-2\mathrm{i})}{(z+\mathrm{i})^3(z^2+2z+2)^2}\bigg|_{z=\mathrm{i}} = \frac{-12+9\mathrm{i}}{100},$$

$$\mathrm{Res}[f(z),-1+\mathrm{i}] = \lim_{z\to-1+\mathrm{i}}\frac{z^2}{(z^2+1)^2(z+1+\mathrm{i})} = \frac{3-4\mathrm{i}}{25},$$

故 $I = 2\pi\mathrm{i}\left(\dfrac{-12+9\mathrm{i}}{100}+\dfrac{3-4\mathrm{i}}{25}\right) = \dfrac{7}{50}\pi.$

【例 5.15】 计算积分 $I = \int_0^{+\infty}\dfrac{\mathrm{d}x}{1+x^n}$ 的值,其中 $n\geqslant 2$ 为偶数.

解 由于被积函数为偶函数,所以

$$I = \frac{1}{2}\int_{-\infty}^{+\infty}\frac{\mathrm{d}x}{1+x^n}.$$

$f(z) = \dfrac{1}{1+z^n}$ 的奇点为

$$z_k = \mathrm{e}^{\frac{(\pi+2k\pi)\mathrm{i}}{n}}, \quad k=0,1,\cdots,n-1,$$

且均为一阶极点.其中前一半的极点 $\left(k=0,1,\cdots,\dfrac{n}{2}-1\right)$ 位于上半平面.因为

$$\text{Res}[f(z),z_k]=\lim_{z\to z_k}\frac{z-z_k}{1+z^n}=\lim_{z\to z_k}\frac{1}{nz^{n-1}}=\frac{1}{nz_k^{n-1}}=\frac{z_k}{nz_k^n}=-\frac{z_k}{n},$$

$$\sum_{k=0}^{\frac{n}{2}-1}\text{Res}[f(z),z_k]=-\frac{1}{n}\sum_{k=0}^{\frac{n}{2}-1}z_k=-\frac{1}{n}\left[z_0+\text{e}^{\frac{2\pi i}{n}}z_0+\cdots+(\text{e}^{\frac{2\pi i}{n}})^{\frac{n}{2}-1}z_0\right]$$

$$=-\frac{z_0}{n}\cdot\frac{1\cdot\left[1-(\text{e}^{\frac{2\pi i}{n}})^{\frac{n}{2}}\right]}{1-\text{e}^{\frac{2\pi i}{n}}}=-\frac{z_0}{n}\cdot\frac{1-\text{e}^{\pi i}}{1-\cos\dfrac{2\pi}{n}-\text{i}\sin\dfrac{2\pi}{n}}$$

$$=-\frac{1}{n}\left(\cos\frac{\pi}{n}+\text{i}\sin\frac{\pi}{n}\right)\frac{2}{2\sin^2\dfrac{\pi}{n}-2\text{i}\sin\dfrac{\pi}{n}\cos\dfrac{\pi}{n}}$$

$$=-\frac{\text{i}}{n\sin\dfrac{\pi}{n}},$$

故原积分

$$I=\frac{1}{2}\cdot2\pi\text{i}\cdot\left(-\frac{\text{i}}{n\sin\dfrac{\pi}{n}}\right)=\frac{\pi}{n\sin\dfrac{\pi}{n}}.$$

这种计算方法对 n 为奇数的情况不适用,但以后的例题可以说明,当 n 为奇数时结论不变.

5.2.3 $\displaystyle\int_{-\infty}^{+\infty}\frac{P(x)}{Q(x)}\text{e}^{\text{i}\lambda x}\,\text{d}x\,(\lambda>0)$ 型积分

由于 $\text{e}^{\text{i}\lambda z}$ 在 z 平面上解析,故此类积分与 $\displaystyle\int_{-\infty}^{+\infty}\frac{P(x)}{Q(x)}\text{d}x$ 型积分的处理方式类似.

引理 5.2(若尔当引理) 设函数 $f(z)$ 沿半圆周 $S_R:z=R\text{e}^{\text{i}\theta}(0\leqslant\theta\leqslant\pi)$ 连续,且 $\lim\limits_{R\to+\infty}f(z)=0$ 在 S_R 上一致成立(与 θ 无关),则

$$\lim_{R\to+\infty}\int_{S_R}f(z)\text{e}^{\text{i}\lambda z}\,\text{d}z=0,\quad\lambda>0.$$

证明 令 $z=R\text{e}^{\text{i}\theta}(0\leqslant\theta\leqslant\pi)$,由 $\lim\limits_{R\to+\infty}f(z)=0$ 在 S_R 上一致成立可知,对任意 $\varepsilon>0$,存在 $R_0=R_0(\varepsilon)>0$,使得当 $R>R_0$ 时,有 $\left|f(R\text{e}^{\text{i}\theta})\right|<\varepsilon$.

因为 $\left|\text{e}^{\text{i}\lambda R\text{e}^{\text{i}\theta}}\right|=\left|\text{e}^{-\lambda R\sin\theta+\text{i}\lambda R\cos\theta}\right|=\text{e}^{-\lambda R\sin\theta}$,所以有

$$\left|\int_{S_R}f(z)\text{e}^{\text{i}\lambda z}\,\text{d}z\right|=\left|\int_0^\pi f(R\text{e}^{\text{i}\theta})\text{e}^{\text{i}\lambda R\text{e}^{\text{i}\theta}}R\text{e}^{\text{i}\theta}\,\text{d}\theta\right|<2R\varepsilon\int_0^{\frac{\pi}{2}}\text{e}^{-\lambda R\sin\theta}\,\text{d}\theta.$$

根据若尔当不等式：当 $0 \leqslant \theta \leqslant \dfrac{\pi}{2}$ 时，不等式 $\dfrac{2\theta}{\pi} \leqslant \sin\theta \leqslant \theta$ 成立，因此我们有

$$\left| \int_{S_R} f(z)\mathrm{e}^{\mathrm{i}\lambda z}\,\mathrm{d}z \right| < 2R\varepsilon \int_0^{\frac{\pi}{2}} \mathrm{e}^{-\frac{2}{\pi}\lambda R\theta}\,\mathrm{d}\theta = 2R\varepsilon \left(-\frac{\pi}{2\lambda R}\mathrm{e}^{-\frac{2}{\pi}\lambda R\theta} \Bigg|_0^{\frac{\pi}{2}} \right)$$

$$= \frac{\pi\varepsilon}{\lambda}(1 - \mathrm{e}^{-\lambda R}) < \frac{\pi\varepsilon}{\lambda},$$

即得 $\displaystyle\lim_{R\to+\infty} \int_{S_R} f(z)\mathrm{e}^{\mathrm{i}\lambda z}\,\mathrm{d}z = 0$.

由引理 5.2 可得如下定理：

定理 5.8　设 $P(x), Q(x)$ 为互质的多项式，方程 $Q(x) = 0$ 无实根，且 $Q(x)$ 的次数比 $P(x)$ 的次数至少高一次. 令 $f(z) = \dfrac{P(z)}{Q(z)}$，则

$$\int_{-\infty}^{+\infty} \frac{P(x)}{Q(x)}\mathrm{e}^{\mathrm{i}\lambda x}\,\mathrm{d}x = 2\pi\mathrm{i}\sum_{k=1}^n \mathrm{Res}[f(z)\mathrm{e}^{\mathrm{i}\lambda z}, a_k],$$

其中 $a_k(k = 1, 2, \cdots, n)$ 为 $f(z)$ 在上半平面内的所有孤立奇点.

这个定理的证明与定理 5.7 的证明类似，此处略.

因为

$$\int_{-\infty}^{+\infty} \frac{P(x)}{Q(x)}\mathrm{e}^{\mathrm{i}\lambda x}\,\mathrm{d}x = \int_{-\infty}^{+\infty} \frac{P(x)}{Q(x)}\cos\lambda x\,\mathrm{d}x + \mathrm{i}\int_{-\infty}^{+\infty} \frac{P(x)}{Q(x)}\sin\lambda x\,\mathrm{d}x,$$

故比较实部、虚部可得

$$\int_{-\infty}^{+\infty} \frac{P(x)}{Q(x)}\cos\lambda x\,\mathrm{d}x = \mathrm{Re}\left\{ 2\pi\mathrm{i}\sum_{k=1}^n \mathrm{Res}[f(z)\mathrm{e}^{\mathrm{i}\lambda z}, a_k] \right\},$$

$$\int_{-\infty}^{+\infty} \frac{P(x)}{Q(x)}\sin\lambda x\,\mathrm{d}x = \mathrm{Im}\left\{ 2\pi\mathrm{i}\sum_{k=1}^n \mathrm{Res}[f(z)\mathrm{e}^{\mathrm{i}\lambda z}, a_k] \right\}.$$

【例 5.16】　计算积分 $I = \displaystyle\int_0^{+\infty} \dfrac{x\sin ax}{x^2 + a^2}\,\mathrm{d}x$ 的值，其中 $a > 0$.

解　由于被积函数是偶函数，故

$$I = \frac{1}{2}\int_{-\infty}^{+\infty} \frac{x\sin ax}{x^2 + a^2}\,\mathrm{d}x.$$

记

$$I_0 = \int_{-\infty}^{+\infty} \frac{x\,\mathrm{e}^{\mathrm{i}ax}}{x^2 + a^2}\,\mathrm{d}x = \int_{-\infty}^{+\infty} \frac{x\cos ax}{x^2 + a^2}\,\mathrm{d}x + \mathrm{i}\cdot 2I.$$

$f(z) = \dfrac{z\,\mathrm{e}^{\mathrm{i}az}}{z^2 + a^2}$ 在上半平面只有一阶极点 $z = a\mathrm{i}$，

$$\mathrm{Res}[f(z),a\mathrm{i}]=\lim_{z\to a\mathrm{i}}\frac{z\mathrm{e}^{\mathrm{i}az}}{z+a\mathrm{i}}=\frac{a\mathrm{i}\cdot\mathrm{e}^{-a^2}}{2a\mathrm{i}}=\frac{\mathrm{e}^{-a^2}}{2}.$$

故 $I_0=2\pi\mathrm{i}\cdot\dfrac{\mathrm{e}^{-a^2}}{2}=\pi\mathrm{e}^{-a^2}\mathrm{i}$,由此得 $I=\dfrac{\pi\mathrm{e}^{-a^2}}{2}$.

5.2.4　杂例

【例 5.17】　计算菲涅尔(Fresnel)积分 $\int_0^{+\infty}\cos x^2\mathrm{d}x$ 和 $\int_0^{+\infty}\sin x^2\mathrm{d}x$.

解　由于

$$\int_0^{+\infty}\cos x^2\mathrm{d}x+\mathrm{i}\int_0^{+\infty}\sin x^2\mathrm{d}x=\int_0^{+\infty}\mathrm{e}^{\mathrm{i}x^2}\mathrm{d}x,$$

所以考虑函数 $f(z)=\mathrm{e}^{\mathrm{i}z^2}$ 沿如图 5.4 所示的封闭曲线积分.

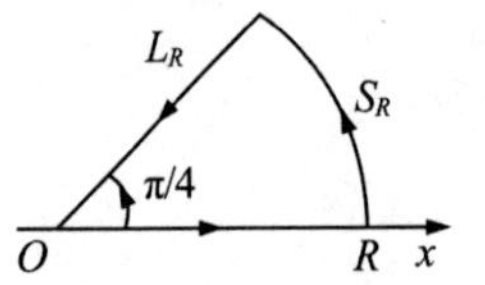

图 5.4

因为 $f(z)$ 在整个复平面上解析,故由柯西积分定理知

$$\int_0^R f(z)\mathrm{d}z+\int_{L_R}f(z)\mathrm{d}z+\int_{S_R}f(z)\mathrm{d}z=0.$$

在 S_R 上,令 $z=R\mathrm{e}^{\mathrm{i}\theta}$, $0\leqslant\theta\leqslant\dfrac{\pi}{4}$,则

$$|f(z)|=|\mathrm{e}^{\mathrm{i}R^2\mathrm{e}^{2\mathrm{i}\theta}}|=\mathrm{e}^{-R^2\sin 2\theta}\leqslant\mathrm{e}^{-\frac{4R^2\theta}{\pi}}\text{(若尔当不等式)}.$$

由此知当 $R\to+\infty$ 时,有

$$\left|\int_{S_R}f(z)\mathrm{d}z\right|\leqslant\int_{S_R}|f(z)||\mathrm{d}z|\leqslant\int_0^{\frac{\pi}{4}}\mathrm{e}^{-\frac{4R^2\theta}{\pi}}\cdot R\mathrm{d}\theta=\frac{\pi}{4R}(1-\mathrm{e}^{-R^2})\to 0,$$

故 $\lim\limits_{R\to+\infty}\int_{S_R}f(z)\mathrm{d}z=0$.

在 $[0,R]$ 上,有 $z=x\in[0,R]$;在 L_R 上,有 $z=x\mathrm{e}^{\frac{\pi\mathrm{i}}{4}}$, $x\in[R,0]$. 因此有

$$\begin{aligned}\lim_{R\to+\infty}\left[\int_0^R f(z)\mathrm{d}z+\int_{L_R}f(z)\mathrm{d}z\right]&=\lim_{R\to+\infty}\left(\int_0^R\mathrm{e}^{\mathrm{i}x^2}\mathrm{d}x+\int_R^0\mathrm{e}^{\mathrm{i}x^2\mathrm{e}^{\frac{\pi\mathrm{i}}{2}}}\cdot\mathrm{e}^{\frac{\pi\mathrm{i}}{4}}\mathrm{d}x\right)\\&=\int_0^{+\infty}\mathrm{e}^{\mathrm{i}x^2}\mathrm{d}x-\mathrm{e}^{\frac{\pi\mathrm{i}}{4}}\int_0^{+\infty}\mathrm{e}^{-x^2}\mathrm{d}x=0.\end{aligned}$$

利用 $\int_0^{+\infty}\mathrm{e}^{-x^2}\mathrm{d}x=\dfrac{\sqrt{\pi}}{2}$,由上式可知

$$\begin{aligned}\int_0^{+\infty}\mathrm{e}^{\mathrm{i}x^2}\mathrm{d}x&=\mathrm{e}^{\frac{\pi\mathrm{i}}{4}}\int_0^{+\infty}\mathrm{e}^{-x^2}\mathrm{d}x=\frac{\sqrt{\pi}}{2}\left(\frac{\sqrt{2}}{2}+\frac{\sqrt{2}}{2}\mathrm{i}\right)=\frac{\sqrt{2\pi}}{4}+\frac{\sqrt{2\pi}}{4}\mathrm{i}\\&=\int_0^{+\infty}\cos x^2\mathrm{d}x+\mathrm{i}\int_0^{+\infty}\sin x^2\mathrm{d}x.\end{aligned}$$

比较实部、虚部，可得 $\displaystyle\int_0^{+\infty}\cos x^2\,\mathrm{d}x=\int_0^{+\infty}\sin x^2\,\mathrm{d}x=\dfrac{\sqrt{2\pi}}{4}$.

【例 5.18】（热传导问题中的积分） 计算积分 $I=\displaystyle\int_0^{+\infty}\mathrm{e}^{-ax^2}\cos bx\,\mathrm{d}x$ 的值，其中 $a>0,b$ 为任意实数.

解 若 $b=0$，则

$$I=\int_0^{+\infty}\mathrm{e}^{-ax^2}\,\mathrm{d}x\ \underset{\diamondsuit\,t=\sqrt{a}\,x}{=\!=\!=\!=}\ \frac{1}{\sqrt{a}}\int_0^{+\infty}\mathrm{e}^{-t^2}\,\mathrm{d}t=\frac{1}{\sqrt{a}}\cdot\frac{\sqrt{\pi}}{2}=\frac{1}{2}\sqrt{\frac{\pi}{a}}.$$

若 $b\neq0$，因为 $\cos bx$ 为偶函数，所以只需考虑 $b>0$ 的情况.

因为

$$I=\frac{1}{2}\mathrm{Re}\int_{-\infty}^{+\infty}\mathrm{e}^{-(ax^2+ibx)}\,\mathrm{d}x=\frac{1}{2}\mathrm{Re}\,\mathrm{e}^{-\frac{b^2}{4a}}\int_{-\infty}^{+\infty}\mathrm{e}^{-a(x+\frac{b}{2a}i)^2}\,\mathrm{d}x$$

$$=\frac{1}{2}\mathrm{e}^{-\frac{b^2}{4a}}\mathrm{Re}\int_{-\infty+\frac{b}{2a}i}^{+\infty+\frac{b}{2a}i}\mathrm{e}^{-az^2}\,\mathrm{d}z,\tag{5.2.2}$$

而已有

$$\int_{-\infty}^{+\infty}\mathrm{e}^{-ax^2}=\sqrt{\frac{\pi}{a}},$$

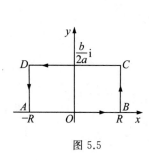

图 5.5

由此可见，可以取辅助函数 $f(z)=\mathrm{e}^{-az^2}$，并取如图 5.5 所示的辅助积分路径 Γ_R. 由柯西积分定理可得

$$0=\oint_{\Gamma_R}\mathrm{e}^{-az^2}\,\mathrm{d}z=\int_{AB}\mathrm{e}^{-az^2}\,\mathrm{d}z+\int_{BC}\mathrm{e}^{-az^2}\,\mathrm{d}z$$
$$+\int_{CD}\mathrm{e}^{-az^2}\,\mathrm{d}z+\int_{DA}\mathrm{e}^{-az^2}\,\mathrm{d}z.$$

$$\tag{5.2.3}$$

比较式（5.2.2）和式（5.2.3），可得

$$I=\frac{1}{2}\mathrm{e}^{-\frac{b^2}{4a}}\mathrm{Re}\Big(\lim_{R\to+\infty}\int_{DC}\mathrm{e}^{-az^2}\,\mathrm{d}z\Big)$$

$$=\frac{1}{2}\mathrm{e}^{-\frac{b^2}{4a}}\mathrm{Re}\Big[\lim_{R\to+\infty}\Big(\int_{AB}\mathrm{e}^{-az^2}\,\mathrm{d}z+\int_{BC}\mathrm{e}^{-az^2}\,\mathrm{d}z+\int_{DA}\mathrm{e}^{-az^2}\,\mathrm{d}z\Big)\Big].$$

在线段 BC 和 DA 上，因为 $z=\pm R+\mathrm{i}y,0\leqslant y\leqslant\dfrac{b}{2a}$，则

$$\big|\,\mathrm{e}^{-az^2}\,\big|=\mathrm{e}^{-a(R^2-y^2)}\leqslant\mathrm{e}^{\frac{b^2}{4a}}\mathrm{e}^{-aR^2},$$

所以

$$\lim_{R\to+\infty}\int_{BC}\mathrm{e}^{-az^2}\,\mathrm{d}z=0,\qquad\lim_{R\to+\infty}\int_{DA}\mathrm{e}^{-az^2}\,\mathrm{d}z=0.$$

最终得到

$$I = \frac{1}{2} e^{-\frac{b^2}{4a}} \mathrm{Re} \Big(\lim_{R \to +\infty} \int_{AB} e^{-az^2} \,\mathrm{d}z \Big) = \frac{1}{2} e^{-\frac{b^2}{4a}} \sqrt{\frac{\pi}{a}}.$$

【例 5.19】 计算积分 $I = \displaystyle\int_0^{+\infty} \frac{\mathrm{d}x}{1+x^n}$ 的值，$n \geqslant 2$ 为整数.

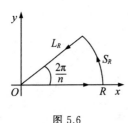

图 5.6

解 令 $f(z) = \dfrac{1}{1+z^n}$，则 $f(z)$ 在正实轴上无奇点. 考虑 $f(z)$ 沿如图 5.6 所示的封闭曲线积分. $f(z)$ 在积分路径所围区域内只有一阶极点 $z = e^{\frac{\pi i}{n}}$. 由例 5.15 中的计算可知

$$\mathrm{Res}\big[f(z), e^{\frac{\pi i}{n}} \big] = -\frac{1}{n} e^{\frac{\pi i}{n}},$$

故由留数定理知

$$\int_0^R f(z)\mathrm{d}z + \int_{S_R} f(z)\mathrm{d}z + \int_{L_R} f(z)\mathrm{d}z = 2\pi i \Big(-\frac{1}{n} e^{\frac{\pi i}{n}} \Big) = -\frac{2\pi i}{n} e^{\frac{\pi i}{n}}.$$

由引理 5.1 知

$$\lim_{R \to +\infty} \int_{S_R} f(z)\mathrm{d}z = 0.$$

在 L_R 上，令 $z = x e^{\frac{2\pi i}{n}}$，$x \in [R, 0]$，故

$$\int_0^R f(z)\mathrm{d}z + \int_{L_R} f(z)\mathrm{d}z = \int_0^R \frac{\mathrm{d}x}{1+x^n} + \int_R^0 \frac{1}{1+x^n} e^{\frac{2\pi i}{n}} \mathrm{d}x$$

$$= \Big(1 - e^{\frac{2\pi i}{n}}\Big) \int_0^R \frac{\mathrm{d}x}{1+x^n}.$$

因此有

$$\Big(1 - e^{\frac{2\pi i}{n}}\Big) \int_0^R \frac{\mathrm{d}x}{1+x^n} + \int_{S_R} f(z)\mathrm{d}z = -\frac{2\pi i}{n} e^{\frac{\pi i}{n}}.$$

在上式两端令 $R \to +\infty$，即得

$$\int_0^{+\infty} \frac{\mathrm{d}x}{1+x^n} = \frac{-\dfrac{2\pi i}{n} e^{\frac{\pi i}{n}}}{1 - e^{\frac{2\pi i}{n}}} = \frac{\pi}{n \sin \dfrac{\pi}{n}}.$$

这个结论成立与否，与 n 的奇偶性无关.

利用留数定理计算实积分的主要步骤之一就是选取合适的辅助曲线，使得被积函数 $f(z)$ 在封闭的积分曲线上无奇点，且 $f(z)$ 在封闭曲线内部留数的和易于计算，同时，$f(z)$ 在添加的曲线（与实轴区间组成封闭曲线）上的积分也容易估计. 在前一节中，利用留数定理计算三类实积分的前提是积分路径上无奇点,但在实际问题中,常遇到积分路径(如实轴)上有奇点的情况. 此时,需要选取特殊的积分路径或添加辅助曲线,使得新的积分路径上不再有奇点. 我们通过下面的例题说明积分路径上有奇点的积分如何处理.

引理 5.3 设 r 为充分小的正数,若 $f(z)$ 沿圆弧 $S_r : z-a=R\mathrm{e}^{\mathrm{i}\theta}(\theta \in [\theta_1,\theta_2])$ 连续,且

$$\lim_{r \to 0^+}(z-a)f(z)=\lambda$$

在 S_r 上一致成立(与 θ 无关),则有

$$\lim_{r \to 0^+}\int_{S_r}f(z)\mathrm{d}z=\mathrm{i}(\theta_1-\theta_2)\lambda.$$

【例 5.20】 计算狄利克雷(Dirichlet)积分 $\displaystyle\int_0^{+\infty}\frac{\sin x}{x}\mathrm{d}x$.

解 先将积分变换为

$$\int_0^{+\infty}\frac{\sin x}{x}\mathrm{d}x=\int_0^{+\infty}\frac{1}{x}\cdot\frac{\mathrm{e}^{\mathrm{i}x}-\mathrm{e}^{-\mathrm{i}x}}{2\mathrm{i}}\mathrm{d}x=\frac{1}{2\mathrm{i}}\int_0^{+\infty}\frac{\mathrm{e}^{\mathrm{i}x}}{x}\mathrm{d}x-\frac{1}{2\mathrm{i}}\int_0^{+\infty}\frac{\mathrm{e}^{-\mathrm{i}x}}{x}\mathrm{d}x.$$

对第二个积分作变换 $x=-y,\mathrm{d}x=-\mathrm{d}y$,则

$$\frac{1}{2\mathrm{i}}\int_0^{+\infty}\frac{\mathrm{e}^{-\mathrm{i}x}}{x}\mathrm{d}x=\frac{1}{2\mathrm{i}}\int_0^{-\infty}\frac{\mathrm{e}^{\mathrm{i}y}}{-y}(-\mathrm{d}y)=-\frac{1}{2\mathrm{i}}\int_{-\infty}^0\frac{\mathrm{e}^{\mathrm{i}x}}{x}\mathrm{d}x,$$

故

$$\int_0^{+\infty}\frac{\sin x}{x}\mathrm{d}x=\frac{1}{2\mathrm{i}}\int_0^{+\infty}\frac{\mathrm{e}^{\mathrm{i}x}}{x}\mathrm{d}x+\frac{1}{2\mathrm{i}}\int_{-\infty}^0\frac{\mathrm{e}^{\mathrm{i}x}}{x}\mathrm{d}x=\frac{1}{2\mathrm{i}}\int_{-\infty}^{+\infty}\frac{\mathrm{e}^{\mathrm{i}x}}{x}\mathrm{d}x.$$

令 $f(z)=\dfrac{\mathrm{e}^{\mathrm{i}z}}{z}$,则 $z=0$ 为 $f(z)$ 的一阶极点,故考虑 $f(z)$ 沿如图 5.7 所示的封闭曲线积分. 由柯西积分定理知

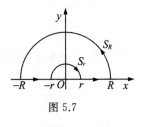

图 5.7

$$\int_{S_R}f(z)\mathrm{d}z+\int_{-R}^{-r}f(z)\mathrm{d}z+\int_{S_r}f(z)\mathrm{d}z$$
$$+\int_r^R f(z)\mathrm{d}z=0,$$

其中,

$$\int_{-R}^{-r}f(z)\mathrm{d}z+\int_r^R f(z)\mathrm{d}z=\int_{-R}^{-r}\frac{\mathrm{e}^{\mathrm{i}x}}{x}\mathrm{d}x+\int_r^R\frac{\mathrm{e}^{\mathrm{i}x}}{x}\mathrm{d}x$$

$$=\int_R^r\frac{\mathrm{e}^{\mathrm{i}(-x)}}{-x}\mathrm{d}(-x)+\int_r^R\frac{\mathrm{e}^{\mathrm{i}x}}{x}\mathrm{d}x=\int_r^R\frac{\mathrm{e}^{\mathrm{i}x}}{x}\mathrm{d}x-\int_r^R\frac{\mathrm{e}^{-\mathrm{i}x}}{x}\mathrm{d}x$$

$$=\int_r^R\frac{\mathrm{e}^{\mathrm{i}x}-\mathrm{e}^{-\mathrm{i}x}}{x}\mathrm{d}x=2\mathrm{i}\int_r^R\frac{\sin x}{x}\mathrm{d}x.$$

由引理 5.3 知,当 $r \to 0^+$ 时,有

$$\int_{S_r} f(z)\mathrm{d}z = \int_{S_r} \frac{e^{iz}}{z}\mathrm{d}z \rightarrow -\pi i \quad (\lambda = 1).$$

由引理 5.2 知,当 $R \rightarrow +\infty$ 时,有

$$\int_{S_R} f(z)\mathrm{d}z = \int_{S_R} \frac{e^{iz}}{z}\mathrm{d}z \rightarrow 0.$$

由此,在等式

$$\int_{S_R} f(z)\mathrm{d}z + \int_{-R}^{-r} f(z)\mathrm{d}z + \int_{S_r} f(z)\mathrm{d}z + \int_{r}^{R} f(z)\mathrm{d}z = 0$$

中令 $r \rightarrow 0^+$, $R \rightarrow +\infty$,即得

$$2i\int_0^{+\infty} \frac{\sin x}{x}\mathrm{d}x + 0 + (-\pi i) = 0,$$

即 $\int_0^{+\infty} \frac{\sin x}{x}\mathrm{d}x = \frac{\pi}{2}$.

进一步,我们可以推出如下结论成立:

$$\int_0^{+\infty} \frac{\sin \lambda x}{x}\mathrm{d}x = \begin{cases} \dfrac{\pi}{2}, & \lambda > 0, \\ -\dfrac{\pi}{2}, & \lambda < 0 \end{cases} = \frac{\pi}{2}\operatorname{sgn}\lambda.$$

习题五

1.求下列各函数在有限奇点处的留数:

(1) $\dfrac{z-1}{z^2+3z}$;

(2) $\dfrac{1-e^z}{z^3}$;

(3) $\dfrac{z^4+1}{(z^2+1)^3}$;

(4) $\cos\dfrac{1}{1-z}$;

(5) $z^2\sin\dfrac{1}{z}$;

(6) $\dfrac{z}{\cos z}$.

2.利用留数定理计算下列积分:

(1) $\oint_{|z|=2} \dfrac{z}{z^4-1}\mathrm{d}z$；

(2) $\oint_{|z|=\frac{3}{2}} \dfrac{z\mathrm{e}^z}{z^2-1}\mathrm{d}z$；

(3) $\oint_{|z|=2} \dfrac{\mathrm{e}^z}{z(z-1)^2}\mathrm{d}z$；

(4) $\oint_{|z|=2} \dfrac{\mathrm{e}^{2z}}{(z-1)^2}\mathrm{d}z$；

(5) $\oint_{|z|=\frac{3}{2}} \dfrac{1-\cos z}{z}\mathrm{d}z$；

(6) $\oint_{|z|=3} \tan \pi z\,\mathrm{d}z$.

3. 判断 $z=\infty$ 是下列各函数的何种类型的奇点，并求出函数在 ∞ 处的留数：

(1) $\mathrm{e}^{\frac{1}{z}}$；

(2) $\sin z-\cos z$；

(3) $\dfrac{z}{z^2+2}$.

4. 计算下列积分：

(1) $\oint_{|z|=3} \dfrac{z^{15}}{(z^2-1)^2(z^4+2)}\mathrm{d}z$；

(2) $\oint_{|z|=2} \dfrac{z^3\mathrm{e}^{\frac{1}{z}}}{z+1}\mathrm{d}z$；

(3) $\oint_{|z|=r} \dfrac{z^{2n}}{z^n+1}\mathrm{d}z$，其中 n 为正整数，$r>1$.

5. 计算下列积分：

(1) $\displaystyle\int_0^{2\pi} \dfrac{\mathrm{d}\theta}{5+3\cos\theta}$；

(2) $\displaystyle\int_0^{2\pi} \dfrac{\sin^2\theta}{a+b\cos\theta}\mathrm{d}\theta$，$\quad a>b>0$.

6. 计算下列积分：

(1) $\displaystyle\int_0^{+\infty} \dfrac{\cos x}{x^2+4x+5}\mathrm{d}x$；

(2) $\displaystyle\int_0^{+\infty} \dfrac{x^2}{x^4+1}\mathrm{d}x$.

第六章　线性常微分方程的级数解法

§6.1　常点与幂级数方法

一般的二阶齐次线性微分方程

$$y'' + P(x)y' + Q(x)y = 0 \qquad (6.1.1)$$

在 $P(x)$ 与 $Q(x)$ 是常数以及其他少数情况下可用我们熟知的初等函数解出. 在大多数情况下, 该方程只能用幂级数求解.

关于方程(6.1.1), 核心事实是: 它的解在点 x_0 附近的性态依赖于作为系数的函数 $P(x)$ 和 $Q(x)$ 在该点附近的性态. 当前只限于讨论 $P(x)$ 和 $Q(x)$ "性态很好" 的情况, 即它们在点 x_0 处是解析的. 也就是说, 每个函数在该点的某个邻域内均具有幂级数展开式. 这时 x_0 叫作方程(6.1.1)的**常点**, 且方程的每个解在该点处也是解析的. 换言之, 若方程(6.1.1)的系数在某点处是解析的, 则它的解在该处也是解析的. 凡不是方程(6.1.1)的常点的点, 叫作该方程的**奇点**. 同时, 解在奇点往往也有奇异性.

下面首先考察几个例子来说明前面的命题. 就大家熟知的方程

$$y'' + y = 0 \qquad (6.1.2)$$

而言, 作为系数的函数是 $P(x) = 0$ 及 $Q(x) = 1$. 这两个函数是处处解析的, 故可求出该方程形式为

$$y = a_0 + a_1 x + a_2 x^2 + \cdots + a_n x^n + \cdots \qquad (6.1.3)$$

的一个解. 将式(6.1.3)微分后可得

$$y' = a_1 + 2a_2 x + 3a_3 x^2 + \cdots + (n+1)a_{n+1} x^n + \cdots, \qquad (6.1.4)$$

$$y'' = 2a_2 + 2 \cdot 3a_3 x + 3 \cdot 4a_4 x^2 + \cdots + (n+1)(n+2)a_{n+2} x^n + \cdots.$$
$$(6.1.5)$$

将式(6.1.5)和式(6.1.3)代入式(6.1.2),可得

$$(2a_2 + a_0) + (2 \cdot 3a_3 + a_1)x + (3 \cdot 4a_4 + a_2)x^2 + (4 \cdot 5a_5 + a_3)x^3$$
$$+ \cdots + [(n+1)(n+2)a_{n+2} + a_n]x^n + \cdots = 0.$$

再使 x 的各幂次系数均等于零,可得

$$2a_2 + a_0 = 0, \quad 2 \cdot 3a_3 + a_1 = 0, \quad 3 \cdot 4a_4 + a_2 = 0,$$
$$4 \cdot 5a_5 + a_3 = 0, \quad \cdots, \quad (n+1)(n+2)a_{n+2} + a_n = 0.$$

通过这些方程,便可以用 a_0 或 a_1 来表示 a_n:

$$a_2 = -\frac{a_0}{2}, \quad a_3 = -\frac{a_1}{2 \cdot 3}, \quad a_4 = -\frac{a_2}{3 \cdot 4} = \frac{a_0}{2 \cdot 3 \cdot 4},$$
$$a_5 = -\frac{a_3}{4 \cdot 5} = \frac{a_1}{2 \cdot 3 \cdot 4 \cdot 5}, \quad \cdots$$

于是式(6.1.3)变为

$$y = a_0 + a_1 x - \frac{a_0}{2}x^2 - \frac{a_1}{2 \cdot 3}x^3 + \frac{a_0}{2 \cdot 3 \cdot 4}x^4 + \frac{a_1}{2 \cdot 3 \cdot 4 \cdot 5}x^5 - \cdots$$
$$= a_0 \left(1 - \frac{x^2}{2!} + \frac{x^4}{4!} - \cdots\right) + a_1 \left(x - \frac{x^3}{3!} + \frac{x^5}{5!} - \cdots\right). \quad (6.1.6)$$

把式(6.1.6)右端括号里的两个级数分别记为 $y_1(x)$ 和 $y_2(x)$,易知它们就是 $\cos x$ 和 $\sin x$ 的展开式,故式(6.1.6)可写成

$$y = a_0 \cos x + a_1 \sin x.$$

虽然一开始就知道这个结论,但同时我们也应该清楚,用这种方法求出的大多数级数解往往不是已知的初等函数的展开式,而是代表了前所未知的函数. 作为说明这种情况的例子,我们用同一种方法来解勒让德(Legendre)方程

$$(1 - x^2)y'' - 2xy' + p(p+1)y = 0, \quad (6.1.7)$$

其中 p 是一个常数. 作为系数的函数

$$P(x) = \frac{-2x}{1 - x^2}, \quad Q(x) = \frac{p(p+1)}{1 - x^2} \quad (6.1.8)$$

在原点处显然是解析的,所以原点是个常点. 我们可以预测解的形式是 $y = \sum a_n x^n$. 由于 $y' = \sum (n+1)a_{n+1} x^n$,则方程(6.1.7)左边各项的展开式如下:

$$y'' = \sum (n+1)(n+2)a_{n+2} x^n, \quad -x^2 y'' = \sum -(n-1)na_n x^n,$$
$$-2xy' = \sum -2na_n x^n, \quad p(p+1)y = \sum p(p+1)a_n x^n.$$

由方程(6.1.7),这些级数之和必须是零,故 x^n 的系数对一切 n 必定是 0,即

$$(n+1)(n+2)a_{n+2} - (n-1)na_n - 2na_n + p(p+1)a_n = 0.$$

稍加整理,则上式可变为

$$a_{n+2} = -\frac{(p-n)(p+n+1)}{(n+1)(n+2)}a_n. \tag{6.1.9}$$

用这个递推公式,我们可以将 a_n 表示为 a_0 或 a_1 的式子:

$$a_2 = -\frac{p(p+1)}{1\cdot 2}a_0,$$

$$a_3 = -\frac{(p-1)(p+2)}{2\cdot 3}a_1,$$

$$a_4 = -\frac{(p-2)(p+3)}{3\cdot 4}a_2 = \frac{p(p-2)(p+1)(p+3)}{4!}a_0,$$

$$a_5 = -\frac{(p-3)(p+4)}{4\cdot 5}a_3 = \frac{(p-1)(p-3)(p+2)(p+4)}{5!}a_1,$$

$$a_6 = -\frac{(p-4)(p+5)}{5\cdot 6}a_4 = -\frac{p(p-2)(p-4)(p+1)(p+3)(p+5)}{6!}a_0,$$

$$a_7 = -\frac{(p-5)(p+6)}{6\cdot 7}a_5 = -\frac{(p-1)(p-3)(p-5)(p+2)(p+4)(p+6)}{7!}a_1.$$

把这些系数代入 $y = \sum a_n x^n$,可得

$$y = a_0\left[1 - \frac{p(p+1)}{2!}x^2 + \frac{p(p-2)(p+1)(p+3)}{4!}x^4\right.$$

$$\left. - \frac{p(p-2)(p-4)(p+1)(p+3)(p+5)}{6!}x^6 + \cdots\right]$$

$$+ a_1\left[x - \frac{(p-1)(p+2)}{3!}x^3 + \frac{(p-1)(p-3)(p+2)(p+4)}{5!}x^5\right.$$

$$\left. - \frac{(p-1)(p-3)(p-5)(p+2)(p+4)(p+6)}{7!}x^7 + \cdots\right]. \tag{6.1.10}$$

此解可作为方程(6.1.7)的形式解.

当 p 不是整数时,方括号里两个级数的收敛半径都是 1. 这一点利用递推公式(6.1.9)最容易看出来. 对第一个级数来说,

$$\left|\frac{a_{2n+2}x^{2n+2}}{a_{2n}x^{2n}}\right| = \left|-\frac{(p-2n)(p+2n+1)}{(2n+1)(2n+2)}\right| |x|^2 \to |x|^2, \quad n\to\infty.$$

第二个级数的情况与之相似. 每个级数均具有正的收敛半径这一事实,说明所作运算合理,从而说明不管选择什么样的常数 a_0 和 a_1,式(6.1.10)都是方

程(6.1.7)的一个真正的解. 由于方括号中的每个级数都是一个特解,且这两个级数所定义的函数是线性无关的,所以式(6.1.10)是方程(6.1.7)在区间 $|x| < 1$ 上的通解.

式(6.1.10)所定义的函数叫作**勒让德函数**,一般来说它不是初等函数. 但若 p 是非负整数,则方括号中有一个是有末项的,因而它是多项式,而另一个仍是无穷级数. 在此我们不加证明地给出下面的一般定理,这是上述幂级数解法的基础.

定理 6.1　设 x_0 是微分方程

$$y'' + P(x)y' + Q(x)y = 0$$

的一个常点,且设 a_0 和 a_1 是任意常数,则存在唯一的函数 $y(x)$,它在点 x_0 处解析,是该方程在该点某个邻域的一个解,并满足初值条件 $y(x_0) = a_0$ 和 $y'(x_0) = a_1$. 若 $P(x)$ 和 $Q(x)$ 的幂级数展开式在区间 $|x - x_0| < R(R > 0)$ 上成立,则这个解的展开式也在该区间上成立.

§6.2　正则奇点与广义幂级数方法

6.2.1　正则奇点与广义幂级数解法

如前所述,如果微分方程(6.1.1)的系数函数 $P(x)$,$Q(x)$ 之一在点 x_0 处不解析,则 x_0 称为微分方程的**奇点**. 在这种情形下,上述定理和方法就不再适用,而若要研究方程(6.1.1)在点 x_0 附近的解,就需要有新的概念. 这在实践中相当重要,因为物理问题所引出的许多微分方程都有奇点,而适应这种情况的解常取决于它们在这些点附近的性质,而这些点往往需要特别注意. 例如,原点显然是微分方程

$$x^2 y'' + 2xy' - 2y = 0$$

的一个奇点. 容易验证,$y_1 = x$,$y_2 = x^{-2}$ 是方程在区间 $(-\infty, +\infty)$ 上的线性无关的解,故 $y = c_1 x + c_2 x^{-2}(c_1, c_2$ 为任意常数) 是方程的通解. 如果我们所需要的碰巧只是在原点附近有界的解,则由通解可知,只要取 $c_2 = 0$ 就可得出这些解.

一般情况下,在靠近奇点 x_0 处,方程(6.1.1)的解是难以求出的. 不过在大多数应用问题中,奇点的奇异性并不高,即作为系数的函数只是稍微有些非解析性,因而把以前的方法稍加修改就能给出令人满意的解. 这类奇点叫作**正**

则奇点,其定义如下:如果$(x-x_0)P(x)$和$(x-x_0)^2Q(x)$是解析的,则方程(6.1.1)的奇点x_0是正则的;否则,x_0就是非正则的.粗略说来,所谓正则奇异,是指$P(x)$的奇异性不能比$1/(x-x_0)$还坏,而$Q(x)$的奇异性不能比$1/(x-x_0)^2$还坏.

例如,将勒让德方程(6.1.7)写成如下形式:

$$y'' - \frac{2x}{1-x^2}y' + \frac{p(p+1)}{1-x^2}y = 0,$$

易知$x=1,x=-1$是奇点.奇点$x=1$是正则的,因为

$$(x-1)P(x) = \frac{2x}{x+1}, \quad (x-1)^2Q(x) = -\frac{(x-1)p(p+1)}{x+1}$$

在$x=1$处是解析的.同理,$x=-1$也是正则的.另一个例子是p阶贝塞尔方程(Bessel)(p为非负常数):

$$x^2y'' + xy' + (x^2 - p^2)y = 0. \tag{6.2.1}$$

若把此方程写为

$$y'' + \frac{1}{x}y' + \frac{x^2-p^2}{x^2}y = 0,$$

易见原点是正则奇点,因为

$$xP(x) = 1, \quad x^2Q(x) = x^2 - p^2$$

在$x=0$处是解析的.

对于微分方程

$$y'' + P(x)y' + Q(x)y = 0$$

有正则奇点的情形,为方便起见,我们取其正则奇点为$x_0=0$.这样我们就能使用x的幂级数而不必用$x-x_0$的幂级数,且不失一般性.我们可以把该微分方程的解设为如下"准幂级数"的形式:

$$\begin{aligned}y &= x^\rho(a_0 + a_1 x + a_2 x^2 + \cdots)\\ &= a_0 x^\rho + a_1 x^{\rho+1} + a_2 x^{\rho+2} + \cdots,\end{aligned} \tag{6.2.2}$$

其中$a_0 \neq 0$,而ρ是待定的常数.这里ρ可以是负整数、分数乃至无理数.形如式(6.2.2)的级数叫作**弗罗贝尼乌斯(Frobenius)级数**或**广义幂级数**,而下述求出这类解的方法叫作**弗罗贝尼乌斯方法**或**广义幂级数方法**.

假设$xP(x)$和$x^2Q(x)$必须在原点处解析,从而它们有如下幂级数展开式(对于$|x|<R,R>0$成立):

$$xP(x) = \sum_{n=0}^{\infty}p_n x^n, \quad x^2Q(x) = \sum_{n=0}^{\infty}q_n x^n. \tag{6.2.3}$$

我们必须求出式(6.2.2)中 ρ 可能取的那些值,然后根据每个可以接受的 ρ 值来计算相应的系数 $a_0, a_1, a_2, \cdots$. 若把式(6.2.2)写为

$$y(x) = x^\rho \sum_{n=0}^{\infty} a_n x^n = \sum_{n=0}^{\infty} a_n x^{\rho+n}, \tag{6.2.4}$$

则对式(6.2.4)微分后可得

$$\begin{cases} y' = \sum_{n=0}^{\infty} a_n (\rho+n) x^{\rho+n-1}, \\ y'' = \sum_{n=0}^{\infty} a_n (\rho+n)(\rho+n-1) x^{\rho+n-2} \\ \quad = x^{\rho-2} \sum_{n=0}^{\infty} a_n (\rho+n)(\rho+n-1) x^n. \end{cases} \tag{6.2.5}$$

于是方程(6.1.1)中的 $P(x)y', Q(x)y$ 可分别写为

$$P(x)y' = \frac{1}{x} \Big(\sum_{n=0}^{\infty} p_n x^n \Big) \Big[\sum_{n=0}^{\infty} a_n (\rho+n) x^{\rho+n-1} \Big]$$

$$= x^{\rho-2} \Big(\sum_{n=0}^{\infty} p_n x^n \Big) \Big[\sum_{n=0}^{\infty} a_n (\rho+n) x^n \Big]$$

$$= x^{\rho-2} \sum_{n=0}^{\infty} \Big[\sum_{k=0}^{n} p_{n-k} a_k (\rho+k) \Big] x^n$$

$$= x^{\rho-2} \sum_{n=0}^{\infty} \Big[\sum_{k=0}^{n-1} p_{n-k} a_k (\rho+k) + p_0 a_n (\rho+n) \Big] x^n,$$

$$Q(x)y = \frac{1}{x^2} \Big(\sum_{n=0}^{\infty} q_n x^n \Big) \Big(\sum_{n=0}^{\infty} a_n x^{\rho+n} \Big)$$

$$= x^{\rho-2} \Big(\sum_{n=0}^{\infty} q_n x^n \Big) \Big(\sum_{n=0}^{\infty} a_n x^n \Big)$$

$$= x^{\rho-2} \sum_{n=0}^{\infty} \Big(\sum_{k=0}^{n} q_{n-k} a_k \Big) x^n$$

$$= x^{\rho-2} \sum_{n=0}^{\infty} \Big(\sum_{k=0}^{n-1} q_{n-k} a_k + q_0 a_n \Big) x^n.$$

把 $y'', P(x)y'$ 和 $Q(x)y$ 的表示式代入方程(6.1.1)并去掉公因子 $x^{\rho-2}$,则方程(6.1.1)变为

$$\sum_{n=0}^{\infty} \{ a_n [(\rho+n)(\rho+n-1) + (\rho+n)p_0 + q_0]$$

$$+ \sum_{k=0}^{n-1} a_k [(\rho+k)p_{n-k} + q_{n-k}] \} x^n = 0.$$

令 x^n 的系数等于 0,可得到 a_n 的递推公式为

$$a_n[(\rho+n)(\rho+n-1)+(\rho+n)p_0+q_0]$$
$$+\sum_{k=0}^{n-1}a_k[(\rho+k)p_{n-k}+q_{n-k}]=0, \qquad (6.2.6)$$

则

$a_0[\rho(\rho-1)+\rho p_0+q_0]=0,$

$a_1[(\rho+1)\rho+(\rho+1)p_0+q_0]+a_0(\rho p_1+q_1)=0,$

$a_2[(\rho+2)(\rho+1)+(\rho+2)p_0+q_0]+a_0(\rho p_2+q_2)+a_1[(\rho+1)p_1+q_1]=0,$

$\cdots$

$a_n[(\rho+n)(\rho+n-1)+(\rho+n)p_0+q_0]+a_0(\rho p_n+q_n)+\cdots$

$+a_{n-1}[(\rho+n-1)p_1+q_1]=0,$

$\cdots$

若设 $f(\rho)=\rho(\rho-1)+\rho p_0+q_0$,则上述方程变为

$\quad a_0f(\rho)=0,$

$\quad a_1f(\rho+1)+a_0(\rho p_1+q_1)=0,$

$\quad a_2f(\rho+2)+a_0(\rho p_2+q_2)+a_1[(\rho+1)p_1+q_1]=0,$

$\quad \cdots$

$\quad a_nf(\rho+n)+a_0(\rho p_n+q_n)+\cdots+a_{n-1}[(\rho+n-1)p_1+q_1]=0,$

$\quad \cdots$

因 $a_0\neq 0$,故由第一式可得 $f(\rho)=0$,也就是

$$\rho(\rho-1)+\rho p_0+q_0=0. \qquad (6.2.7)$$

方程(6.2.7)称为**指数方程**,它的根 ρ_1 和 ρ_2 叫作方程(6.1.1)在正则奇点 $x=0$ 处**的指数**. 根据式(6.2.6),a_1 可用 a_0 来表示,a_2 可用 a_0 和 a_1 来表示……以此类推,对于每一个 ρ,都可将 a_n 用 a_0 来表示,除非对于某个正整数 N,有 $f(\rho+N)=0$,在这种情形下,计算步骤就中断. 例如,若 $\rho_1-\rho_2=N$(对某个整数 $N\geqslant 1$),则选取 $\rho=\rho_1$ 可以给出一个形式解,但一般来说选取 $\rho=\rho_2$ 则不然,因为 $f(\rho_2+N)=f(\rho_1)=0$. 若 $\rho_1=\rho_2$,我们也只能得出一个形式解. 在 ρ_1 和 ρ_2 为实数的其他情形下,这一步骤能给出两个线性独立的形式解. 当然,ρ_1 和 ρ_2 也可能是共轭复数,但我们不讨论这一情况. 由上述方法可引出如下定理:

定理 6.2 设 $x=0$ 是方程(6.1.1)的正则奇点,且 $xP(x)$ 和 $x^2Q(x)$ 的幂级数展开式(6.2.3)在区间 $|x|<R,R>0$ 上成立. 设指数方程(6.2.7)具有实根 ρ_1 和 $\rho_2(\rho_1\geqslant\rho_2)$,则方程(6.1.1)在区间 $0<x<R$ 上至少有一个解

$$y_1 = x^{\rho_1} \sum_{n=0}^{\infty} a_n x^n, \quad a_0 \neq 0, \tag{6.2.8}$$

其中 a_n 可通过式(6.2.6)用 a_0 来表示,同时把公式中的 ρ 换成 ρ_1,且级数 $\sum a_n x^n$ 对于 $|x| < R$ 收敛. 若 $\rho_1 - \rho_2$ 不等于 0 或正整数,则方程(6.1.1)在同一区间上有第二个线性无关的解

$$y_2 = x^{\rho_2} \sum_{n=0}^{\infty} a_n x^n, \quad a_0 \neq 0. \tag{6.2.9}$$

这里 a_n 通过式(6.2.6)用 a_0 来表示,同时把公式中的 ρ 换成 ρ_2,且级数 $\sum a_n x^n$ 对于 $|x| < R$ 收敛. 若方程(6.1.1)不存在形如式(6.2.9)的第二个解,则第二个解的形式为

$$y_2 = y_1 \ln x + x^{\rho_2} \sum_{n=0}^{\infty} c_n x^n, \tag{6.2.10}$$

其中 c_n 是未知常数,可通过直接将式(6.2.10)代入微分方程后加以确定.

6.2.2　弗罗贝尼乌斯方法

对于 $\rho_1 - \rho_2$ 等于 0 或正整数的情形,关于第二个解的形式和求解,我们分三种情况进行讨论.

情况 A:若 $\rho_1 = \rho_2$,则不可能有第二个弗氏级数解.

若将 $\rho = \rho_2$ 代入式(6.2.6)并将其写为

$$a_n f(\rho_2 + n) = -a_0(\rho_2 p_n + q_n) - \cdots$$
$$-a_{n-1}[(\rho_2 + n - 1)p_1 + q_1], \tag{6.2.11}$$

则 $\rho_1 - \rho_2$ 为正整数的其他两种情况就比较容易理解了. 对于计算 a_n 的主要困难"对某个正整数 N,有 $f(\rho_2 + N) = 0$",下面分两种情况处理.

情况 B:若 $f(\rho_2 + N) = 0$ 时式(6.2.11)的右边不等于 0,那就不可能再有什么方法来继续计算方程的系数,因而也就不可能存在第二个弗氏级数解.

情况 C:若 $f(\rho_2 + N) = 0$ 时式(6.2.11)的右边碰巧也等于 0,那么 a_N 就没有什么限制而可被指定为任何值. 特别地,若令 $a_N = 0$,在继续计算方程的系数时也没有任何困难. 因此,在这种情况下确实存在第二个弗氏级数解.

当 $\rho_1 - \rho_2$ 等于 0 或正整数时,通过下面的计算我们可以发现第二个级数的形式. 我们先定义一个正数 k,并令 $k = \rho_1 - \rho_2 + 1$. 指数方程(6.2.7)可写为

$$(\rho - \rho_1)(\rho - \rho_2) = \rho^2 - (\rho_1 + \rho_2)\rho + \rho_1\rho_2 = 0,$$

故若使 ρ 的系数相等,便可得出 $p_0 - 1 = -(\rho_1 + \rho_2)$ 或 $\rho_2 = 1 - p_0 - \rho_1$,于是有

$$k = 2\rho_1 + p_0.$$

采用常数变易法,可由已知解 $y_1 = x^{\rho_1}(a_0 + a_1 x + a_2 x^2 + \cdots)$ 求出第二个解 y_2,把 y_2 写为 $y_2 = v y_1$,其中

$$v' = \frac{1}{y_1^2} e^{-\int P(x) dx} = \frac{1}{x^{2\rho_1}(a_0 + a_1 x + \cdots)^2} e^{-\int (\frac{p_0}{x} + p_1 + \cdots) dx}$$

$$= \frac{1}{x^{2\rho_1}(a_0 + a_1 x + \cdots)^2} e^{(-p_0 \ln x - p_1 x - \cdots)}$$

$$= \frac{1}{x^k (a_0 + a_1 x + \cdots)^2} e^{(-p_1 x - \cdots)} = \frac{1}{x^k} g(x).$$

上式最后一个等式中所定义的函数 $g(x)$ 显然在 $x = 0$ 处解析且有 $g(0) = 1/a_0^2$,故在原点周围的某区间上有

$$g(x) = b_0 + b_1 x + b_2 x^2 + \cdots, \quad b_0 \neq 0, \tag{6.2.12}$$

由此可得

$$v' = b_0 x^{-k} + b_1 x^{-k+1} + \cdots + b_{k-1} x^{-1} + b_k + \cdots,$$

从而有

$$v = \frac{b_0 x^{-k+1}}{-k+1} + \frac{b_1 x^{-k+2}}{-k+2} + \cdots + b_{k-1} \ln x + b_k x + \cdots,$$

于是

$$y_2 = y_1 v = y_1 \left(\frac{b_0 x^{-k+1}}{-k+1} + \frac{b_1 x^{-k+2}}{-k+2} + \cdots + b_{k-1} \ln x + b_k x + \cdots \right)$$

$$= b_{k-1} y_1 \ln x + x^{\rho_1}(a_0 + a_1 x + \cdots) \left(\frac{b_0 x^{-k+1}}{-k+1} + \cdots \right).$$

若将最后一个括号中的因子 x^{-k+1} 提出来,并利用关系 $\rho_1 - k + 1 = \rho_2$ 把两个幂级数相乘,则可得第二个级数为

$$y_2 = b_{k-1} y_1 \ln x + x^{\rho_2} \sum_{n=0}^{\infty} c_n x^n. \tag{6.2.13}$$

式(6.2.13)表明:若指数 $\rho_1 = \rho_2$,即情况 A,则 $k = 1$,从而 $b_{k-1} = b_0 \neq 0$,在这种情况下,第二个解(6.2.13)中肯定会含有 $\ln x$ 项;若 $\rho_1 - \rho_2 = k - 1$ 是正整数,则当 $b_{k-1} \neq 0$ 时第二个解含有 $\ln x$ 项(情况 B),而当 $b_{k-1} = 0$ 时不含 $\ln x$ 项(情况 C). 因此,对于情况 A 和 B,第二个解可表示为式(6.2.10).

寻求形如式(6.2.10)的解时,除了可采用代入微分方程确定系数的方法外,还可采用如下的弗罗贝尼乌斯方法:设指数方程(6.2.7)的两个根分别为 ρ_1 和 ρ_2,并且 $\rho_1 \geqslant \rho_2$,由指数方程

$$f(\rho) = (\rho - \rho_1)(\rho - \rho_2) = 0,$$

定义一个关于 ρ 的函数 $F(\rho)$：

$$F(\rho) = (\rho - \rho_1)(\rho - \rho_2) = \rho(\rho - 1) + \rho p_0 + q_0. \qquad (6.2.14)$$

在上述条件下考察非齐次方程

$$y'' + P(x)y' + Q(x)y = a_0 x^{\rho-2} F(\rho), \qquad (6.2.15)$$

易知方程 (6.2.15) 对每一个 ρ 都有解，并且右端的非齐次项正是将广义幂级数解 (6.2.4) 代入齐次方程 (6.1.1) 时的最低次幂项. 只不过之前为了满足齐次方程 (6.1.1)，我们要求 a_0 的系数等于 0，从而确定了 ρ 的取值，而现在是对于任意的 ρ 值进行讨论. 设解的形式为

$$y(x, \rho) = x^\rho \sum_{n=0}^\infty \tilde{a}_n x^n = \sum_{n=0}^\infty \tilde{a}_n x^{\rho+n}, \qquad (6.2.16)$$

重复式 (6.2.4) 至式 (6.2.7) 的计算过程，可得到如下递推关系：

$$\tilde{a}_n F(\rho + n) = -\sum_{k=0}^{n-1} \tilde{a}_k [(\rho+k)p_{n-k} + q_{n-k}], \quad n \geqslant 1. \qquad (6.2.17)$$

当 $F(\rho+n) \neq 0$ 时，系数 $\tilde{a}_n$ 作为 ρ 的函数可表示为

$$\tilde{a}_n(\rho) = -\frac{1}{F(\rho+n)} \sum_{k=0}^{n-1} \tilde{a}_k [(\rho+k)p_{n-k} + q_{n-k}], \quad n \geqslant 1, \qquad (6.2.18)$$

这样就得到了方程 (6.2.15) 的一个解 $y_1(x, \rho)$. $y_1(x, \rho)$ 作为 x 和 ρ 的二元函数，对 x 和 ρ 都是连续可微的，并且当 $\rho = \rho_1$ 时，$y_1(x, \rho_1) = y_1(x)$ 就是方程 (6.1.1) 的第一个解 (6.2.8)，即

$$\frac{\partial^2 y(x,\rho)}{\partial x^2}\bigg|_{\rho=\rho_1} + P(x)\frac{\partial y(x,\rho)}{\partial x}\bigg|_{\rho=\rho_1} + Q(x) y(x,\rho)\big|_{\rho=\rho_1} = 0.$$

$$(6.2.19)$$

由于我们关心的是如何求得方程 (6.2.15) 在情况 A 和 B 下的第二个解，因此下面我们将分别对这两种情况进行讨论. 对于重根的情况 A，即 $\rho_1 = \rho_2$，这时 $F(\rho) = (\rho - \rho_1)^2$，方程 (6.2.15) 变为

$$y'' + P(x)y' + Q(x)y = a_0 x^{\rho-2} (\rho - \rho_1)^2. \qquad (6.2.20)$$

将方程 (6.2.20) 两边对 ρ 求偏导并交换求导次序，可得

$$\left[\frac{\partial^2}{\partial x^2} + P(x)\frac{\partial}{\partial x} + Q(x)\right]\frac{\partial y(x,\rho)}{\partial \rho} = a_0 x^{\rho-2}(\rho-\rho_1)[(\rho-\rho_1)\ln x + 2].$$

$$(6.2.21)$$

因此

$$\left[\frac{\partial^2}{\partial x^2} + P(x)\frac{\partial}{\partial x} + Q(x)\right]\frac{\partial y(x,\rho)}{\partial \rho}\bigg|_{\rho=\rho_1} = 0. \qquad (6.2.22)$$

这样就得到了方程 (6.1.1) 在情况 A 下的第二个解为

$$y_2(x) = \frac{\partial y(x,\rho)}{\partial \rho}\Big|_{\rho=\rho_1} = \frac{\partial}{\partial \rho}\left(x^\rho \sum_{n=0}^{\infty} \tilde{a}_n x^n\right)\Big|_{\rho=\rho_1}$$

$$= x^{\rho_1}\ln x \sum_{n=0}^{\infty} a_n(\rho_1)x^n + x^{\rho_1}\sum_{n=0}^{\infty} a_n'(\rho_1)x^n$$

$$= y_1 \ln x + x^{\rho_1}\sum_{n=0}^{\infty} a_n'(\rho_1)x^n$$

$$= y_1 \ln x + x^{\rho_1}\sum_{n=0}^{\infty} c_n x^n, \tag{6.2.23}$$

其中 $a_n'(\rho_1)$ 为 $\tilde{a}_n(\rho)$ 对 ρ 的导数在 ρ_1 的值.

对于情况 B,即 $\rho_1 - \rho_2 = N$,且式(6.2.11)的右边不等于 0,求解过程要稍微复杂一点. 由于这时

$$F(\rho) = (\rho - \rho_1)(\rho - \rho_2) = (\rho - \rho_1)(\rho + N - \rho_1),$$

则用式(6.2.18)表示的 $\tilde{a}_N(\rho)$ 项为

$$\tilde{a}_N(\rho) = -\frac{1}{F(\rho+N)}\sum_{k=0}^{N-1}\tilde{a}_k[(\rho+k)p_{N-k}+q_{N-k}]. \tag{6.2.24}$$

该式的右端在 $\rho = \rho_2 = \rho_1 - N$ 时奇异,使得上述方法失效. 不过,我们只要稍加修改即可求解. 在式(6.2.15) 至式(6.2.18) 的两端同乘以 $(\rho - \rho_2)$,分别得到

$$(\rho - \rho_2)[y'' + P(x)y' + Q(x)y] = a_0 x^{\rho-2}(\rho - \rho_1)(\rho - \rho_2)^2, \tag{6.2.25}$$

$$(\rho - \rho_2)y(x,\rho) = (\rho - \rho_2)x^\rho \sum_{n=0}^{\infty}\tilde{a}_n x^n, \tag{6.2.26}$$

$$(\rho - \rho_2)\tilde{a}_n F(\rho+n) = -(\rho - \rho_2)\sum_{k=0}^{n-1}\tilde{a}_k[(\rho+k)p_{n-k}+q_{n-k}], \quad n \geqslant 1, \tag{6.2.27}$$

$$(\rho - \rho_2)\tilde{a}_n(\rho) = -\frac{\rho - \rho_2}{F(\rho+n)}\sum_{k=0}^{n-1}\tilde{a}_k[(\rho+k)p_{n-k}+q_{n-k}], \quad n \geqslant 1. \tag{6.2.28}$$

由式(6.2.24),有

$$(\rho - \rho_2)\tilde{a}_N(\rho) = -\frac{1}{(\rho+N-\rho_2)}\sum_{k=0}^{N-1}\tilde{a}_k[(\rho+k)p_{N-k}+q_{N-k}], \tag{6.2.29}$$

因此我们有

$$(\rho - \rho_2)\tilde{a}_N(\rho)\Big|_{\rho=\rho_2} = -\frac{1}{N}\sum_{k=0}^{N-1}\tilde{a}_k[(\rho_2+k)p_{N-k}+q_{N-k}]$$

$$= \tilde{\tilde{a}}_0. \tag{6.2.30}$$

对于式(6.2.28)的前$(N-1)$式,有

$$(\rho-\rho_2)\,\tilde{a}_i(\rho)\,\big|_{\rho=\rho_2}=0,\quad i=1,2,\cdots,N-1, \tag{6.2.31}$$

而第$(N+1)$式的结果为

$$(\rho-\rho_2)\,\tilde{a}_{N+1}(\rho)\,\big|_{\rho=\rho_2}=\frac{-\tilde{\tilde{a}}_0(\rho_1 p_1+q_1)}{N+1}=\frac{-\tilde{\tilde{a}}_0}{F(\rho_1+1)}=\tilde{\tilde{a}}_1. \tag{6.2.32}$$

递推下去,我们可以得到

$$(\rho-\rho_2)\,\tilde{a}_{N+i}(\rho)\,\big|_{\rho=\rho_2}=\frac{-1}{F(\rho_1+i)}\sum_{k=0}^{i-1}\tilde{\tilde{a}}_k\big[(\rho_1+k)p_{i-k}+q_{i-k}\big]$$

$$=\tilde{\tilde{a}}_i,\quad i\geqslant 1. \tag{6.2.33}$$

即$\tilde{\tilde{a}}_i$满足$\rho=\rho_1$时的递推关系(6.2.18),并且因为$\rho=\rho_1$是指数方程的根,这就证明了

$$y_1(x)=x^{\rho_1}\sum_{n=0}^{\infty}\tilde{\tilde{a}}_n x^n \tag{6.2.34}$$

是齐次方程(6.1.1)的一个解.

为了得到方程(6.1.1)的第二个解,将式(6.2.25)的两端对ρ求偏导并交换求导次序,则当$\rho=\rho_2$时,显然有

$$\frac{\partial}{\partial\rho}\big[a_0 x^{\rho-2}(\rho-\rho_1)(\rho-\rho_2)^2\big]\big|_{\rho=\rho_2}=0, \tag{6.2.35}$$

因此

$$y_2(x)=\frac{\partial}{\partial\rho}\big[(\rho-\rho_2)y(x,\rho)\big]\big|_{\rho=\rho_2}$$

$$=\frac{\partial}{\partial\rho}\big[(\rho-\rho_2)x^{\rho}\sum_{n=0}^{\infty}\tilde{a}_n x^n\big]\big|_{\rho=\rho_2} \tag{6.2.36}$$

是齐次方程(6.1.1)的形式解.利用式(6.2.28)至式(6.2.34)的结果,直接计算式(6.2.36)可得

$$y_2=x^{\rho}\ln x\sum_{n=0}^{\infty}\big[(\rho-\rho_2)\tilde{a}_n x^n\big]\big|_{\rho=\rho_2}+x^{\rho}\sum_{n=0}^{\infty}\frac{\partial}{\partial\rho}\big[(\rho-\rho_2)\tilde{a}_n x^n\big]\big|_{\rho=\rho_2}$$

$$=x^{\rho_2}\ln x\sum_{i=0}^{\infty}\tilde{\tilde{a}}_i x^{i+N}+x^{\rho_2}\sum_{n=0}^{\infty}\frac{\partial}{\partial\rho}\big[(\rho-\rho_2)\tilde{a}_n\big]\big|_{\rho=\rho_2}x^n$$

$$=x^{\rho_1}\ln x\sum_{i=0}^{\infty}\tilde{\tilde{a}}_i x^i+x^{\rho_2}\sum_{n=0}^{\infty}\frac{\partial}{\partial\rho}\big[(\rho-\rho_2)\tilde{a}_n\big]\big|_{\rho=\rho_2}x^n$$

$$=y_1\ln x+x^{\rho_2}\sum_{n=0}^{\infty}c_n x^n. \tag{6.2.37}$$

最后应当指出的是,通过以上方法得到的解是形式解,我们没有讨论收敛性、交换求导次序的合法性等问题.严格的讨论可以参考其他著作.这里我们往往默认所涉及的问题都"足够好",因此得到的解是有意义的.

§6.3 高斯超几何方程与合流超几何方程

6.3.1 高斯超几何方程

高斯超几何方程的形式为

$$x(1-x)y'' + [c-(a+b+1)x]y' - aby = 0, \qquad (6.3.1)$$

其中 a,b,c 是常数.将方程(6.3.1)写为方程(6.1.1)的形式,则有

$$P(x) = \frac{c-(a+b+1)x}{x(1-x)}, \quad Q(x) = \frac{-ab}{x(1-x)}, \qquad (6.3.2)$$

所以在 x 轴上只有 $x=0$ 及 $x=1$ 两个奇点.又因为

$$\begin{aligned}
xP(x) &= \frac{c-(a+b+1)x}{1-x} \\
&= [c-(a+b+1)x](1+x+x^2+\cdots) \\
&= c+[c-(a+b+1)]x+\cdots, \qquad (6.3.3)
\end{aligned}$$

$$\begin{aligned}
x^2 Q(x) &= \frac{-abx}{1-x} = -abx(1+x+x^2+\cdots) \\
&= -abx - abx^2 - \cdots,
\end{aligned}$$

故 $x=0$ 是正则奇点.同理, $x=1$ 也是正则奇点.

由式(6.3.3)可见, $p_0=c$, $q_0=0$,因而指数方程为

$$m(m-1)+mc=0 \quad 或 \quad m[m-(1-c)]=0, \qquad (6.3.4)$$

可得指数为 $m_1=0$ 和 $m_2=1-c$.若 $1-c$ 不是正整数,即 c 不等于0或负整数,则由 6.2.1 节的定理可知方程(6.3.1)有如下形式的解:

$$y = x^0 \sum_{n=0}^{\infty} a_n x^n = a_0 + a_1 x + a_2 x^2 + \cdots, \quad a_0 \neq 0. \qquad (6.3.5)$$

将式(6.3.5)代入方程(6.3.1)并使 x^n 的系数等于0,可得到 a_n 的递推公式如下:

$$a_{n+1} = \frac{(a+n)(b+n)}{(n+1)(c+n)} a_n. \qquad (6.3.6)$$

取 $a_0=1$ 并依次算出其后各 a_n:

$$a_1 = \frac{ab}{1 \cdot c}, \quad a_2 = \frac{a(a+1)b(b+1)}{1 \cdot 2c(c+1)},$$

$$a_3 = \frac{a(a+1)(a+2)b(b+1)(b+2)}{1 \cdot 2 \cdot 3c(c+1)(c+2)}, \quad \cdots. \tag{6.3.7}$$

把这些系数代入式(6.3.5),可得

$$y = 1 + \frac{ab}{1 \cdot c}x + \frac{a(a+1)b(b+1)}{1 \cdot 2c(c+1)}x^2$$

$$+ \frac{a(a+1)(a+2)b(b+1)(b+2)}{1 \cdot 2 \cdot 3c(c+1)(c+2)}x^3 + \cdots$$

$$= 1 + \sum_{n=1}^{\infty} \frac{a(a+1)\cdots(a+n-1)b(b+1)\cdots(b+n-1)}{n!c(c+1)(c+2)\cdots(c+n-1)}x^n. \tag{6.3.8}$$

式(6.3.8)即为**超几何级数**,记为 $F(a,b,c,x)$. 当 $a=1$ 且 $c=b$ 时,就得到了熟知的几何级数

$$F(1,b,b,x) = 1 + x + x^2 + \cdots = \frac{1}{1-x}.$$

若 a 或 b 等于 0 或负整数,式(6.3.8)在某一项将会中断,成为一多项式;否则,由式(6.3.6)可知,当 $n \to \infty$ 时,有

$$\left| \frac{a_{n+1}x^{n+1}}{a_n x^n} \right| = \left| \frac{(a+n)(b+n)}{(n+1)(c+n)} \right| |x| \to |x|,$$

即式(6.3.8)在 $|x| < 1$ 时收敛. 因此,当 c 不等于 0 或负整数时,$F(a,b,c,x)$ 在 $|x| < 1$ 时是解析函数,称为**超几何函数**. 由式(6.3.8)易见,若 a 与 b 互换,则函数不变,即

$$F(a,b,c,x) = F(b,a,c,x). \tag{6.3.9}$$

若 $1-c$ 不等于 0 或负整数,即 c 不是正整数,则由 6.2.1 节的定理可知方程(6.3.1)在 $x=0$ 附近还有第二个广义幂级数形式的线性无关解,其指数为 $m_2 = 1-c$. 将

$$y = x^{1-c}(a_0 + a_1 x + a_2 x^2 + \cdots) \tag{6.3.10}$$

代入方程(6.3.1)并计算系数即可求出该解,也可以通过因变量替换求得. 方法如下:

令

$$y = x^{1-c}z, \tag{6.3.11}$$

则方程(6.3.1)变为

$$x(1-x)z'' + \{(2-c) - [(a-c+1) + (b-c+1) + 1]x\}z'$$

$$-(a-c+1)(b-c+1)z = 0, \tag{6.3.12}$$

其解为常数 a,b,c 换作 $a-c+1,b-c+1,2-c$ 的超几何函数,即

$$z=\mathrm{F}(a-c+1,b-c+1,2-c,x). \qquad (6.3.13)$$

因此第二个线性无关的解为

$$y=x^{1-c}\mathrm{F}(a-c+1,b-c+1,2-c,x). \qquad (6.3.14)$$

于是当 c 不等于整数时,超几何函数在奇点 $x=0$ 附近的通解是

$$y=c_1\mathrm{F}(a,b,c,x)+c_2x^{1-c}\mathrm{F}(a-c+1,b-c+1,2-c,x).$$

$$(6.3.15)$$

一般来说,式(6.3.15)的解只在原点附近成立. 若在奇点 $x=1$ 附近求解方程(6.3.1),只要作变量替换 $t=1-x$,将 $x=1$ 变换为 $t=0$,就可以利用式(6.3.8)和式(6.3.15)解得. 在此变换下,方程(6.3.1)变为

$$t(1-t)y''+[(a+b-c+1)-(a+b+1)t]y'-aby=0,$$

$$(6.3.16)$$

这里的撇号表示对 t 的导数. 于是可得到 $x=1$ 附近的通解为

$$y=c_1\mathrm{F}(a,b,a+b-c+1,1-x)$$
$$+c_2(1-x)^{c-a-b}\mathrm{F}(c-b,c-a,c-a-b+1,1-x), \qquad (6.3.17)$$

其中需假定 $c-a-b$ 不是整数.

式(6.3.15)和式(6.3.17)用超几何函数 $\mathrm{F}(a,b,c,x)$ 表示出方程(6.3.1)在不同奇点附近的通解. 这一方法对于一大类微分方程都适用. 超几何方程(6.3.1)有下述特点:y'',y' 和 y 的系数分别是 $2,1$ 和 0 次的多项式,且二次多项式有不同实根. 凡具有这种特征的微分方程,都可以通过自变量的线性变换化为超几何方程的形式,因而它们在其不同奇点处的解都可以用超几何函数来表示. 为此,我们来考察这类方程的一般形式:

$$(x-A)(x-B)y''+(C+Dx)y'+Ey=0, \quad A\neq B. \quad (6.3.18)$$

令

$$t=\frac{x-A}{B-A}, \qquad (6.3.19)$$

则 $x=A$ 对应于 $t=0$,而 $x=B$ 对应于 $t=1$,方程(6.3.18)变为

$$t(1-t)y''+(F+Gt)y'+Hy=0, \qquad (6.3.20)$$

其中 F,G 和 H 可由方程(6.3.18)中的各常数系数表示. 对比超几何方程(6.3.1)易见,方程(6.3.20)中的 F,G 和 H 与方程(6.3.1)中的 a,b,c 的关系为

$$F=c, \quad G=-(a+b+1), \quad H=-ab. \qquad (6.3.21)$$

因而方程(6.3.20)在 $t=0$ 与 $t=1$ 附近的解可用超几何函数表示. 于是方程(6.3.18)在 $x=A$ 及 $x=B$ 附近的解也可同样表示.

6.3.2　无穷远点与合流超几何方程

在很多问题中,需要了解微分方程(6.1.1)在自变量很大时解的特征. 为此,我们来考察解在无穷远点邻域的行为.

对于无穷远点的处理方法如下:

令

$$t = \frac{1}{x}, \tag{6.3.22}$$

则 $t=0$ 对应于 $x=\infty$,而将变换后的方程在 $t=0$ 附近求解,即可得到 $x \to \infty$ 时的解. 直接计算易得

$$y' = \frac{dy}{dx} = \frac{dy}{dt}\frac{dt}{dx} = \frac{dy}{dt}\left(-\frac{1}{x^2}\right) = -t^2\frac{dy}{dt}, \tag{6.3.23}$$

$$y'' = \frac{d}{dx}\left(\frac{dy}{dx}\right) = \frac{d}{dt}\left(\frac{dy}{dx}\right)\frac{dt}{dx} = \left(-t^2\frac{d^2y}{dt^2} - 2t\frac{dy}{dt}\right)(-t^2). \tag{6.3.24}$$

将式(6.3.23)和式(6.3.24)代入方程(6.1.1),可得

$$y'' + \left[\frac{2}{t} - \frac{P(1/t)}{t^2}\right]y' + \frac{Q(1/t)}{t^4}y = 0. \tag{6.3.25}$$

若 $t=0$ 是方程(6.3.25)的一个寻常点,或者以 m_1, m_2 为指数的正则奇点、非正则奇点,则称 $x=\infty$ 是方程(6.1.1)的同样的点.

【例 6.1】　考察欧拉方程

$$y'' + \frac{4}{x}y' + \frac{2}{x^2}y = 0 \tag{6.3.26}$$

在无穷远点的性质.

解　为确定方程在无穷远点的性质,将式(6.3.23)和式(6.3.24)代入方程(6.3.26),可得

$$y'' - \frac{2}{t}y' + \frac{2}{t^2}y = 0. \tag{6.3.27}$$

$t=0$ 是方程(6.3.27)的正则奇点,指数方程是

$$m(m-1) - 2m + 2 = 0, \tag{6.3.28}$$

解得指数分别为 $m_1=2$ 和 $m_2=1$. 因此 $x=\infty$ 为方程(6.3.26)的正则奇点,指数是 2 和 1.

【例 6.2】　考察超几何方程

$$x(1-x)y'' + [c-(a+b+1)x]y' - aby = 0 \tag{6.3.29}$$

在无穷远点的性质.

解 为确定方程在无穷远点的性质,将式(6.3.23)和式(6.3.24)代入方程(6.3.29),可得

$$y'' + \frac{(1-a-b)-(2-c)t}{t(1-t)}y' + \frac{ab}{t^2(1-t)}y = 0. \quad (6.3.30)$$

易见 $t=0$ 是方程(6.3.30) 的正则奇点,其指数方程为

$$m(m-1) + (1-a-b)m + ab = 0, \quad (6.3.31)$$

即

$$(m-a)(m-b) = 0. \quad (6.3.32)$$

显然,方程(6.3.30) 在 $t=0$ 的指数分别为 a 和 b. 因此 $x=\infty$ 是方程(6.3.29) 的正则奇点,其指数是 a 和 b.

由此得出结论:超几何方程(6.3.29)恰好有三个正则奇点: $x=0$,其指数为 0 和 $1-c$; $x=1$,其指数为 0 和 $c-a-b$; $x=\infty$,其指数为 a 和 b. 可以证明,若规定了这三个正则奇点并要求在 $x=0$ 及 $x=1$ 处至少有一个指数必须等于 0 ,则超几何方程的形式就被完全确定.

另一个相当重要的古典微分方程是**合流超几何方程**,即

$$xy'' + (c-x)y' - ay = 0. \quad (6.3.33)$$

其出处及命名来由与超几何方程

$$s(1-s)\frac{\mathrm{d}^2 y}{\mathrm{d}s^2} + \left[c - (a+b+1)s\right]\frac{\mathrm{d}y}{\mathrm{d}s} - aby = 0 \quad (6.3.34)$$

密切相关. 对方程(6.3.34) 作变量替换 $x=bs$,则导数 $\mathrm{d}y/\mathrm{d}s$, $\mathrm{d}^2 y/\mathrm{d}s^2$ 变为

$$\frac{\mathrm{d}y}{\mathrm{d}s} = \frac{\mathrm{d}y}{\mathrm{d}x}\frac{\mathrm{d}x}{\mathrm{d}s} = b\frac{\mathrm{d}y}{\mathrm{d}x}, \quad \frac{\mathrm{d}^2 y}{\mathrm{d}s^2} = b^2\frac{\mathrm{d}^2 y}{\mathrm{d}x^2}, \quad (6.3.35)$$

于是方程(6.3.34)可化为

$$x\left(1-\frac{x}{b}\right)y'' + \left[(c-x) - \frac{(a+1)x}{b}\right]y' - ay = 0, \quad (6.3.36)$$

其中撇号表示对 x 的导数. $x=0$, $x=b$ 和 $x=\infty$ 是方程(6.3.36) 的正则奇点,与方程(6.3.34)的不同之处在于,奇点 $x=b$ 是可移动的. 若令 $b \to \infty$,方程(6.3.36) 就变为方程(6.3.33),于是奇点 $x=b$ 同无穷远点合流了.易见,两个正则奇点在 ∞ 处的合流,就在 $x=\infty$ 处产生了一个非正则奇点.

$x=0$ 是方程(6.3.33) 的正则奇点,指数为 0 和 $1-c$. 若 c 不等于 0 或负整数,则由 6.2 节的讨论可知方程(6.3.33)对应于指数 0 有如下形式的解:

$$F(a,c,x) = 1 + \sum_{n=1}^{\infty} \frac{a(a+1)\cdots(a+n-1)}{n!\,c(c+1)\cdots(c+n-1)} x^n$$

$$= 1 + \sum_{n=1}^{\infty} \frac{\Gamma(a+n)\Gamma(c)}{n!\,\Gamma(a)\Gamma(c+n)} x^n. \tag{6.3.37}$$

$F(a,c,x)$ 称为**合流超几何函数**. 不难证明, $F(a,c,x)$ 的收敛半径是 ∞, 且当 $x \to \infty$ 时, $F(a,c,x) \sim e^x \to \infty$.

当 c 不是正整数时, 另一个线性无关的解为 $x^{1-c}F(a+1-c,2-c,x)$, 因此方程 (6.3.33) 的通解可写为

$$y = C_1 F(a,c,x) + C_2 x^{1-c} F(a+1-c,2-c,x). \tag{6.3.38}$$

当 c 是正整数时, 另一个线性无关的解可由弗罗贝尼乌斯方法求出, 得到**第二类合流超几何函数 $G(a,c,x)$**, 且 $x=0$ 是 $G(a,c,x)$ 的奇点. 此时方程 (6.3.33) 的通解可表示为

$$y = C_1 F(a,c,x) + C_2 G(a,c,x). \tag{6.3.39}$$

若 c 等于 0 或负整数, 则按照 6.2 节的方法可得, 这种情形下的通解为

$$y = C_1 x^{1-c} F(a+1-c,2-c,x) + C_2 x^{1-c} G(a+1-c,2-c,x). \tag{6.3.40}$$

习题六

1. 用幂级数方法求方程

$$(1+x^2)y'' + 2xy' - 2y = 0$$

的通解.

2. 用幂级数方法求方程

$$y'' + xy' + y = 0$$

的通解.

3. 用幂级数方法求艾里 (Airy) 方程

$$y'' + xy = 0$$

的通解并直接写出 $y'' - xy = 0$ 的通解.

4. 用幂级数方法求切比雪夫 (Chebyshev) 方程

$$(1-x^2)y'' - xy' + p^2 y = 0$$

在 $|x| < 1$ 的通解, 其中 p 为常数, 并证明当 p 为自然数时, 有一个解为 p 次多项式.

5.用幂级数方法求埃尔米特(Hermite)方程

$$y'' - 2xy' + 2py = 0$$

的通解,其中 p 为常数,并证明当 p 为自然数时,有一个解为 p 次多项式.

6.求方程

$$4xy'' + 2y' + y = 0$$

的弗罗贝尼乌斯级数解.

7.求方程

$$2xy'' + (3 - x)y' - y = 0$$

的弗罗贝尼乌斯级数解.

8.求方程

$$2xy'' + (x + 1)y' + 3y = 0$$

的弗罗贝尼乌斯级数解.

9.求方程

$$2x^2 y'' + xy' - (x + 1)y = 0$$

的弗罗贝尼乌斯级数解.

10.求方程

$$x^2 y'' - 3xy' + (4x + 4)y = 0$$

的唯一弗罗贝尼乌斯级数解.

11.求方程

$$x^2 y'' + xy' + \left(x^2 - \frac{1}{4} \right) y = 0$$

的通解.

12.已知方程

$$4x^2 y'' - 8x^2 y' + (4x^2 + 1)y = 0.$$

(1) 求该方程的弗罗贝尼乌斯级数解;

(2) 求该方程的通解.

13.已知方程

$$x^2 y'' + xy' + x^2 y = 0.$$

(1) 求该方程的弗罗贝尼乌斯级数解 y_1,取 y_1 的首项系数 $a_0 = 1$;

(2) 验算第二个线性无关的解为

$$y_2 = y_1 \ln x + \sum_{n=1}^{\infty} \frac{(-1)^{n+1}}{2^{2n} (n!)^2} \left(1 + \frac{1}{2} + \cdots + \frac{1}{n} \right) x^{2n}.$$

14.令 $t = (1 - x)/2$,对切比雪夫方程

$$(1-x^2)y'' - xy' + p^2y = 0$$

作变量替换,将其化为超几何方程,并求其在 $x=1$ 附近的通解.

15.求拉盖尔(Laguerre)方程

$$xy'' + (1-x)y' + py = 0$$

在原点附近的弗罗贝尼乌斯级数解,证明其有界解为 $F(-p,1,x)$ 的倍数,并证明当 p 为自然数时,该解为 p 次多项式.

16.利用变换 $t=x^2$ 将埃尔米特方程

$$y'' - 2xy' + 2py = 0$$

化为合流超几何方程.

第七章　施图姆-刘维尔理论

§7.1　线性空间和线性变换

本节对线性代数部分内容做一个简短的复习,以利于后续知识的学习.

7.1.1　向量和内积

我们称由 n 个实数 $x_1, x_2, \cdots, x_n$ 所组成的向量为 n 维空间的一个向量,用 $\boldsymbol{x}$ 来表示,$x_i (i=1,2,\cdots,n)$ 叫作向量 $\boldsymbol{x}$ 的**分量**. 如果一个向量的所有分量均为零,则称该向量为**零向量**. 给定任意两个实数 a 和 b,则 $a\boldsymbol{x}+b\boldsymbol{y}=\boldsymbol{z}$ 为一个新的向量,其分量为 $z_i = ax_i + by_i$. 所有向量 $\boldsymbol{x}$ 的集合组成了 n 维线性空间 $\mathbf{R}^n$.

向量 $\boldsymbol{x}$ 和 $\boldsymbol{y}$ 的内积 $\boldsymbol{x} \cdot \boldsymbol{y}$ 是一个数,记作

$$\boldsymbol{x} \cdot \boldsymbol{y} = \boldsymbol{y} \cdot \boldsymbol{x} = x_1 y_1 + x_2 y_2 + \cdots + x_n y_n. \tag{7.1.1}$$

如果 $\boldsymbol{x} \cdot \boldsymbol{y} = 0$,则称 $\boldsymbol{x}$ 和 $\boldsymbol{y}$ 相互**正交**或**垂直**. 一个向量和它自己的内积的正平方根叫作该向量的**范数**或**模**,也称**长度**,记作

$$| \boldsymbol{x} | = \sqrt{\boldsymbol{x}^2}. \tag{7.1.2}$$

长度为 1 的向量叫作**单位向量**或**归一化向量**.

易知,下面关于 p 的二次函数非负:

$$\sum_{i=1}^{n}(x_i p + y_i)^2 = p^2 \sum_{i=1}^{n} x_i^2 + 2p \sum_{i=1}^{n} x_i y_i + \sum_{i=1}^{n} y_i^2 \geqslant 0.$$

考虑其判别式,容易证明向量的内积满足柯西不等式,即

$$\left(\sum_{i=1}^{n} x_i y_i\right)^2 \leqslant \left(\sum_{i=1}^{n} x_i^2\right)\left(\sum_{i=1}^{n} y_i^2\right), \tag{7.1.3}$$

或者表示为

$$(\boldsymbol{x} \cdot \boldsymbol{y})^2 \leqslant \boldsymbol{x}^2 \boldsymbol{y}^2. \tag{7.1.4}$$

其中等号当且仅当 x_i 和 y_i 成比例的时候才成立,这时候向量 $\boldsymbol{x}$ 和 $\boldsymbol{y}$ 线性相关,即存在不全为 0 的数 λ 和 μ,使得 $\lambda \boldsymbol{x} + \mu \boldsymbol{y} = \boldsymbol{0}$ 成立.

如果不可能找到一组不全为 0 的数 $\lambda_1, \lambda_2, \cdots, \lambda_m$,使得向量方程

$$\lambda_1 \boldsymbol{x}_1 + \lambda_2 \boldsymbol{x}_2 + \cdots + \lambda_m \boldsymbol{x}_m = \boldsymbol{0} \tag{7.1.5}$$

成立,则称向量 $\boldsymbol{x}_1, \boldsymbol{x}_2, \cdots, \boldsymbol{x}_m$ 彼此**线性无关**或**线性独立**;否则,就称这些向量**线性相关**.

7.1.2　标准正交基

给定 n 维空间中任意一组由 m 个互相正交的单位向量组成的向量组 $\boldsymbol{e}_1$, $\boldsymbol{e}_2, \cdots, \boldsymbol{e}_m$,即

$$\boldsymbol{e}_i \cdot \boldsymbol{e}_j = \delta_{ij} = \begin{cases} 0, & i \neq j, \\ 1, & i = j, \end{cases} \quad i, j = 1, 2, \cdots, m, \tag{7.1.6}$$

其中 δ_{ij} 是克罗内克记号. 我们用系数 c_i 表示向量 $\boldsymbol{x}$ 相对于向量组 $\boldsymbol{e}_1, \boldsymbol{e}_2, \cdots,$ $\boldsymbol{e}_m$ 的分量,其值为

$$c_i = \boldsymbol{x} \cdot \boldsymbol{e}_i, \tag{7.1.7}$$

则显然有关系式

$$(\boldsymbol{x} - c_1 \boldsymbol{e}_1 - c_2 \boldsymbol{e}_2 - \cdots - c_m \boldsymbol{e}_m)^2 \geqslant 0,$$

其中 $m \leqslant n$,展开后可得到

$$\boldsymbol{x}^2 \geqslant \sum_{i=1}^{m} c_i^2. \tag{7.1.8}$$

当 $m = n$ 时等号成立,即

$$\boldsymbol{x}^2 = \sum_{i=1}^{n} c_i^2. \tag{7.1.9}$$

我们称其为**完备性关系**. 完备性关系也可以用向量的内积表示为

$$\boldsymbol{x} \cdot \boldsymbol{x}' = \sum_{i=1}^{n} c_i c_i'. \tag{7.1.10}$$

任意一组由 n 维空间中的 n 个互相正交的单位向量组成的向量组 $\boldsymbol{e}_1, \boldsymbol{e}_2, \cdots,$ $\boldsymbol{e}_n$ 都是完备的,即 $\mathbf{R}^n$ 中任意一个向量 $\boldsymbol{x}$ 均可以表示为

$$\boldsymbol{x} = c_1 \boldsymbol{e}_1 + c_2 \boldsymbol{e}_2 + \cdots + c_n \boldsymbol{e}_n. \tag{7.1.11}$$

系数 c_i 的定义同上. 我们称向量组 $e_1, e_2, \cdots, e_n$ 构成 n 维空间的一组**标准正交基**.

7.1.3 线性变换

已知由 n^2 个实数排列成的 n 阶矩阵 A, 若将第 i 行第 j 列的矩阵元记为 a_{ij}, 则矩阵 A 可表示为

$$A = (a_{ij}) = \begin{pmatrix} a_{11} & a_{12} & \cdots & a_{1n} \\ a_{21} & a_{22} & \cdots & a_{2n} \\ \vdots & \vdots & & \vdots \\ a_{n1} & a_{n2} & \cdots & a_{nn} \end{pmatrix}. \tag{7.1.12}$$

我们称关系

$$\sum_{j=1}^{n} a_{ij} x_j = y_i, \quad i = 1, 2, \cdots, n \tag{7.1.13}$$

为由向量 x 到向量 y 的一个**线性变换**, 可用符号简写为

$$Ax = y. \tag{7.1.14}$$

已知矩阵 A 和 B 的乘积矩阵 $C = AB$, 则其矩阵元 c_{ij} 按照矩阵乘法的规则可由下式给出:

$$c_{ij} = \sum_{k=1}^{n} a_{ik} b_{kj}, \quad i, j = 1, 2, \cdots, n. \tag{7.1.15}$$

矩阵的乘法满足结合律, 即 $(AB)C = A(BC)$. 但是矩阵乘法的交换律一般不成立. 由于单位矩阵 E 的矩阵元 $(E)_{ij} = \delta_{ij}$, 因此单位矩阵 E 和任何矩阵 A 的乘积都是可交换的, 即

$$EA = AE = A. \tag{7.1.16}$$

如果 n 阶实矩阵 U 和其转置矩阵的乘积等于单位矩阵, 即 $UU^{\mathrm{T}} = E$, 则我们称 U 是**正交矩阵**. n 维欧式空间中保持向量内积不变的线性变换称为**正交变换**. 在任一组标准正交基下, 正交变换的矩阵都是正交矩阵. 正交矩阵的行列式等于 ± 1, 并且正交矩阵的行 (列) 向量是两两正交的单位向量, 反之亦然.

§7.2 规范正交基

7.2.1 规范正交系

类似于把 n 维空间中的任意一个向量表示为基向量的线性组合, 现在我

们要考虑的是把任意函数按照给定的函数集展开. 当然, 对于"任意函数", 我们还是要加一些适当的条件. 一般来说, 我们考虑的是有限区间上的分段连续函数, 并且往往要求它们有分段连续的一阶导数.

在给定区间上, 比如 $[a, b]$, 我们定义两个函数 $f(x)$ 和 $g(x)$ 的内积为

$$(f, g) = \int_a^b f(x) g(x) \mathrm{d}x. \tag{7.2.1}$$

和向量内积的情形一样, 函数的内积也满足柯西不等式, 即

$$(f, g)^2 \leqslant (f, f)(g, g), \tag{7.2.2}$$

其中等号当且仅当 f 和 g 成比例时成立, 并且此式的证明也与向量的内积如出一辙. 对于实数 p, 考虑积分

$$\int_a^b (pf + g)^2 \mathrm{d}x = p^2 \int_a^b f^2 \mathrm{d}x + 2p \int_a^b fg \mathrm{d}x + \int_a^b g^2 \mathrm{d}x \geqslant 0,$$

由判别式非正, 即得柯西不等式. 一般情况下, 我们处理的是实函数, 对实变数的复值函数而言, 内积的定义可推广为

$$(f, g) = \int_a^b f \overline{g} \mathrm{d}x. \tag{7.2.3}$$

如果函数 $f(x)$ 和 $g(x)$ 的内积 (f, g) 为零, 则称它们**正交**. 互相正交的一组函数称为**正交函数系**或**直交系**. 一个函数 $f(x)$ 和自己内积的正平方根称为该函数的**范数**, 也称模, 用符号 $\| f \|$ 表示, 即

$$\| f \| = \sqrt{(f, f)} = \sqrt{\int_a^b f^2(x) \mathrm{d}x}. \tag{7.2.4}$$

范数为 1 的函数称为**归一化函数**. 一组互相正交的归一化的函数组 $\varphi_1(x)$, $\varphi_2(x)$, $\cdots$ 称为**规范正交系**, 也称**就范直交系**, 且满足关系

$$(\varphi_\mu, \varphi_\nu) = \delta_{\mu\nu}. \tag{7.2.5}$$

例如, 在长度为 2π 的区间内, 比如 $0 \leqslant x \leqslant 2\pi$, 则以下函数列构成规范正交系:

$$\frac{1}{\sqrt{2\pi}}, \quad \frac{\cos x}{\sqrt{\pi}}, \quad \frac{\sin x}{\sqrt{\pi}}, \quad \frac{\cos 2x}{\sqrt{\pi}}, \quad \frac{\sin 2x}{\sqrt{\pi}}, \quad \cdots; \tag{7.2.6}$$

对于复值函数, 则有如下规范正交系:

$$\frac{1}{\sqrt{2\pi}}, \quad \frac{\mathrm{e}^{\mathrm{i}x}}{\sqrt{2\pi}}, \quad \frac{\mathrm{e}^{2\mathrm{i}x}}{\sqrt{2\pi}}, \quad \cdots, \tag{7.2.7}$$

其正交关系为

$$\frac{1}{2\pi} \int_0^{2\pi} \mathrm{e}^{\mathrm{i}(m-n)x} \mathrm{d}x = \delta_{mn}. \tag{7.2.8}$$

如果存在不全为 0 的一组常系数 $c_1, c_2, \cdots, c_r$,使得关系式

$$\sum_{i=1}^{r} c_i f_i = 0 \tag{7.2.9}$$

对所有 x 都成立,则我们称 $f_1, f_2, \cdots, f_r$ 这 r 个函数**线性相关**;否则,称这些函数**线性无关**. 易知,正交函数系中的各个函数都是线性无关的. 给定一组线性无关的函数,我们可以用类似于线性代数中的施密特正交化方法来得到规范正交系. 下一节将举例说明该问题.

7.2.2　贝塞尔不等式

如果任意函数 $f(x)$ 与规范正交系 $\varphi_1(x), \varphi_2(x), \cdots$ 中的函数 φ_i 的内积 c_i 为

$$c_i = (f, \varphi_i) = \int_a^b f(x) \varphi_i(x) \mathrm{d}x, \quad i = 1, 2, \cdots, \tag{7.2.10}$$

我们称 c_i 为函数 $f(x)$ 对所给规范正交系的**展开系数**或**分量**. 由关系式

$$\int_a^b \left(f - \sum_{i=1}^{n} c_i \varphi_i\right)^2 \mathrm{d}x \geqslant 0$$

逐项积分,可得

$$\int_a^b f^2 \mathrm{d}x - 2 \sum_{i=1}^{n} c_i \int_a^b f \varphi_i \mathrm{d}x + \sum_{i=1}^{n} c_i^2 \geqslant 0,$$

因此

$$\sum_{i=1}^{n} c_i^2 \leqslant (f, f). \tag{7.2.11}$$

这一关系对就范直交系所包含的函数个数没有限制,也不依赖于 n,于是有

$$\sum_{i=1}^{\infty} c_i^2 \leqslant (f, f). \tag{7.2.12}$$

上式称为**贝塞尔不等式**,它对任意的规范正交系都成立,并且不难推广到复值函数的情形.

7.2.3　帕塞瓦尔恒等式

易知,在给定 n 的条件下,对于任意的 n 个数 $r_i (i = 1, 2, \cdots, n)$,都有

$$S_n = \int_a^b \left(f - \sum_{i=1}^{n} r_i \varphi_i\right)^2 \mathrm{d}x$$

$$= \int_a^b f^2 \mathrm{d}x + \sum_{i=1}^{n} (r_i - c_i)^2 - \sum_{i=1}^{n} c_i^2 \geqslant 0. \tag{7.2.13}$$

如果我们要用线性组合 $\sum r_i \varphi_i (i = 1, 2, \cdots, n)$ 来逼近函数 $f(x)$,显然在 $r_i = c_i$

时平方误差 S_n 取最小值 $S_{n\min}$. 这种近似称为**平均近似**或**最小二乘法近似**. 若规范正交系 $\varphi_1, \varphi_2, \cdots$ 对任意分段连续的函数 f 均能以任意准确度进行平均近似, 即对于任意给定的 $\varepsilon > 0$, 可取充分大的 n 使得 $S_{n\min} < \varepsilon$, 则称规范正交系 $\varphi_1, \varphi_2, \cdots$ 是**完备**的. 应当指出的是, 完备性并不需要满足正交关系. 一般来说, 如果任一分段连续的函数均可由所给函数组中函数的线性组合以任意准确度逼近, 我们就称该函数组是**完备**的. 当然, 该函数组也可以通过正交化方法得到一组完备的归一化的正交函数系.

完备的规范正交系称为**规范正交基**, 此时贝塞尔不等式成为等式

$$\sum_{i=1}^{\infty} c_i^2 = (f, f). \tag{7.2.14}$$

上式称作**完备性关系**, 又称**帕塞瓦尔恒等式**. 任给函数 $f(x)$ 和 $g(x)$, 完备性关系可以更一般地表示为

$$\sum_{i=1}^{\infty} c_i d_i = (f, g), \quad c_i = (f, \varphi_i), \quad d_i = (g, \varphi_i). \tag{7.2.15}$$

如果级数 $\sum_{i=1}^{\infty} c_i \varphi_i$ 一致收敛, 则展开式

$$f(x) = \sum_{i=1}^{\infty} c_i \varphi_i(x) \tag{7.2.16}$$

成立. 若式 (7.2.14) 成立, 我们称 $\sum_{i=1}^{\infty} c_i \varphi_i$ **平均收敛于**函数 f, 且这样一组展开系数完全确定了一个分段连续的函数, 即两个分段连续的函数若有相同的展开系数, 则它们相等. 对于无界函数, 只要函数及其平方可积分, 则上述结论仍然成立.

于是, 同 n 维空间的情形相似, 我们把函数 f 看作无穷维函数空间的一个向量, 规范正交基 $\varphi_1, \varphi_2, \cdots$ 等同于标准正交基, 展开系数 $c_i = (f, \varphi_i)$ 则相当于坐标分量. 这个函数空间我们常称为**希尔伯特空间**, 严格的定义和相关理论可参阅泛函分析方面的书籍. 若 $\psi_1, \psi_2, \cdots$ 是另一组规范正交基, 则它们与 $\varphi_1, \varphi_2, \cdots$ 之间的展开系数决定了无穷维的希尔伯特空间的正交变换.

7.2.4　函数的聚点定理

为了使 n 维空间中的一些重要结论在当前考虑的函数空间中依然成立, 我们将对所讨论的函数集合加以限制. 为此我们引入**等度连续**的概念: 在给定的有界区域内, 若对任意正数 $\varepsilon > 0$, 存在一个只依赖于 ε 而不依赖于集合中个别 $f(x)$ 的正数 $\delta = \delta(\varepsilon)$, 使得当 $|x_1 - x_2| < \delta(\varepsilon)$ 时, 就有

$$| f(x_1) - f(x_2) | < \varepsilon.$$

现在,我们不仅要求函数是连续的,而且要求所讨论的函数集合是等度连续的. 对等度连续的函数集合而言,聚点定理成立:任给定义在有界区域 D 内的一致有界并等度连续的函数集合,从中可以选出一个序列 $h_1(x), h_2(x), \cdots$,该序列一致收敛于一个在 D 内连续的极限函数.

不难证明,等度连续的函数集合中,任一收敛子列必一致收敛;同时,若函数列 $g_1(x), g_2(x), \cdots$ 在 $n \to \infty$ 时有 $(g_n, g_n) \to 0$,则有 $g_n \to 0$.

§7.3　完备性举例

7.3.1　两个例子

下文将介绍的两个例子,实则为定理,了解它们有助于加深我们对本课程所要学习的以及之前已经掌握的一些方法的理解.

设 $\lambda_1, \lambda_2, \cdots, \lambda_n, \cdots$ 为随 n 增大而趋于无穷的正数,则函数组

$$\frac{1}{x + \lambda_1}, \quad \frac{1}{x + \lambda_2}, \quad \cdots, \quad \frac{1}{x + \lambda_n}, \quad \cdots \tag{7.3.1}$$

在任一有限区间内均构成一完备函数组.

设 $\lambda_1, \lambda_2, \cdots, \lambda_n, \cdots$ 为随 n 增大而趋于无穷的正数,则幂函数的无穷序列

$$1, \quad x^{\lambda_1}, \quad x^{\lambda_2}, \quad \cdots, \quad x^{\lambda_n}, \quad \cdots \tag{7.3.2}$$

在区间 $0 \leqslant x \leqslant 1$ 内完备的充要条件是 $\sum_{n=1}^{\infty} 1/\lambda_n$ 发散. 当 λ_i 取自然数时,该序列就成为我们熟悉的情形: $1, x, x^2, \cdots, x^n, \cdots$.

幂函数 $1, x, x^2, \cdots, x^n, \cdots$ 在任一闭区间 $a \leqslant x \leqslant b$ 上均构成一完备函数组,这是最简单的完备函数组的例子. 此外,我们还有**魏尔斯特拉斯(Weierstrass) 逼近定理**:在区间 $a \leqslant x \leqslant b$ 上的任意连续函数可用在此区间上的多项式一致逼近. 这一结论指出的是一致收敛,比完备性所要求的平均收敛要强,并且还可以推广到多元函数的情形.

7.3.2　勒让德多项式

上述函数组虽然是完备的,但不是正交的. 在 n 维向量空间中,从一组基向量出发,由施密特正交化方法可构造出一组正交归一的基向量. 与此相仿,

现在我们从 $1, x, x^2, \cdots, x^n, \cdots$ 出发构造在区间 $-1 \leqslant x \leqslant 1$ 上的规范正交基.

首先我们取 $\varphi_0 = 1$，然后将其归一化. 显然 $\|\varphi_0\|^2 = (\varphi_0, \varphi_0) = 2$，因此第一个归一化的函数 u_0 为

$$u_0 = \frac{\sqrt{2}}{2}. \tag{7.3.3}$$

继而我们由函数 x 来构造函数 φ_1，要求 φ_1 和 u_0 正交，即 $\varphi_1 = x - (x, u_0)u_0$. 由于 x 是奇函数，u_0 是偶函数，积分区间关于原点对称，故 $(x, u_0) = 0$，于是 $\varphi_1 = x$. 再将 φ_1 归一化可得到函数 u_1 为

$$u_1 = \frac{\varphi_1}{\|\varphi_1\|} = \frac{x}{\sqrt{\int_{-1}^{1} x^2 \mathrm{d}x}} = \sqrt{\frac{3}{2}}\, x. \tag{7.3.4}$$

接下来，由函数 x^2 来构造函数 φ_2，要求 φ_2 和 u_1 及 u_0 都正交，即 $\varphi_2 = x^2 - (x^2, u_1)u_1 - (x^2, u_0)u_0$. 同理，$(x^2, u_1) = 0$，而 (x^2, u_0) 则为

$$(x^2, u_0) = \int_{-1}^{1} \frac{\sqrt{2}}{2} x^2 \mathrm{d}x = \frac{\sqrt{2}}{3}. \tag{7.3.5}$$

因此归一化的函数 u_2 为

$$u_2 = \frac{\varphi_2}{\|\varphi_2\|} = \frac{x^2 - \dfrac{1}{3}}{\sqrt{\int_{-1}^{1}\left(x^2 - \dfrac{1}{3}\right)^2 \mathrm{d}x}} = \frac{\sqrt{10}}{4}(3x^2 - 1). \tag{7.3.6}$$

重复以上步骤，即可得到规范正交基 $u_0, u_1, \cdots, u_n, \cdots$ 然而，在区间 $-1 \leqslant x \leqslant 1$ 上使用更为广泛的正交函数基是所谓的**勒让德多项式 $\mathbf{P}_n(x)$**，可表示为

$$\mathrm{P}_n(x) = \frac{1}{2^n \cdot n!} \frac{\mathrm{d}^n}{\mathrm{d}x^n}(x^2 - 1)^n, \quad n = 0, 1, 2, \cdots, \tag{7.3.7}$$

其中 $\mathrm{P}_n(x)$ 是 n 次多项式，并且 $\mathrm{P}_n(x)$ 和 $u_n(x)$ 相差一个依赖于 n 的常数因子. 前几个勒让德多项式分别为

$$\mathrm{P}_0(x) = 1, \quad \mathrm{P}_1(x) = x, \quad \mathrm{P}_2(x) = \frac{1}{2}(3x^2 - 1),$$

$$\mathrm{P}_3(x) = \frac{1}{2}(5x^3 - 3x), \quad \mathrm{P}_4(x) = \frac{1}{8}(35x^4 - 30x^2 + 3),$$

$$\mathrm{P}_5(x) = \frac{1}{8}(63x^5 - 70x^3 + 15x).$$

§7.4 傅里叶(Fourier)级数

7.4.1 三角函数系

在 7.2 节,我们列举了在区间 $-\pi \leqslant x \leqslant \pi$ 上的规范正交系

$$\frac{1}{\sqrt{2\pi}}, \quad \frac{\cos x}{\sqrt{\pi}}, \quad \frac{\sin x}{\sqrt{\pi}}, \quad \frac{\cos 2x}{\sqrt{\pi}}, \quad \frac{\sin 2x}{\sqrt{\pi}}, \quad \cdots$$

实际上,这一函数系还是完备的,因此是规范正交基. 在实际应用中,通常使用的是如下完备正交函数系:

$$1, \quad \cos x, \quad \sin x, \quad \cos 2x, \quad \sin 2x, \quad \cdots. \tag{7.4.1}$$

当 $m, n = 1, 2, \cdots$ 时,其内积分别为

$$(\cos mx, \cos nx) = \int_{-\pi}^{\pi} \cos mx \cos nx \, \mathrm{d}x = \delta_{mn}\pi, \tag{7.4.2}$$

$$(\sin mx, \sin nx) = \int_{-\pi}^{\pi} \sin mx \sin nx \, \mathrm{d}x = \delta_{mn}\pi, \tag{7.4.3}$$

$$(\cos mx, \sin nx) = \int_{-\pi}^{\pi} \cos mx \sin nx \, \mathrm{d}x = 0, \tag{7.4.4}$$

$$(1, \cos mx) = (1, \sin mx) = 0, \quad (1, 1) = 2\pi. \tag{7.4.5}$$

7.4.2 傅里叶级数

在数学分析中,我们已经习得关于三角函数系的狄利克雷收敛条件:设 $f(x)$ 是周期为 2π 的周期函数,只有有限个第一类间断点和有限个极大值与极小值,则 $f(x)$ 的傅里叶级数收敛,并且

$$\frac{1}{2}a_0 + \sum_{n=1}^{\infty}(a_n \cos nx + b_n \sin nx) = \frac{f(x+0) + f(x-0)}{2}, \tag{7.4.6}$$

其中 $f(x-0)$ 和 $f(x+0)$ 分别为 $f(x)$ 的左、右极限,在不引起混淆时,我们往往直接写作 $f(x)$. 而展开系数 a_n 和 b_n 分别为

$$a_n = \frac{1}{\pi}\int_{-\pi}^{\pi} f(x)\cos nx \, \mathrm{d}x, \quad n = 0, 1, 2, \cdots, \tag{7.4.7}$$

$$b_n = \frac{1}{\pi}\int_{-\pi}^{\pi} f(x)\sin nx \, \mathrm{d}x, \quad n = 1, 2, \cdots. \tag{7.4.8}$$

如果 $f(x)$ 是奇函数,则展开式只有正弦项,称之为**正弦级数**;如果 $f(x)$

是偶函数,则展开式只有余弦项,称之为**余弦级数**.

当 $f(x)$ 的周期为 $2l$ 时,令 $x = lt/\pi$,则函数 $g(t) = f(lt/\pi)$ 以 2π 为周期,当 $g(t)$ 可以展开为傅里叶级数时,对于 $f(x)$,我们有

$$f(x) = \frac{1}{2}a_0 + \sum_{n=1}^{\infty}\left(a_n \cos\frac{n\pi x}{l} + b_n \sin\frac{n\pi x}{l}\right),\qquad(7.4.9)$$

其中系数 a_n 和 b_n 分别为

$$a_n = \frac{1}{l}\int_{-l}^{l} f(x)\cos\frac{n\pi x}{l}\mathrm{d}x,\quad n = 0,1,2,\cdots,\qquad(7.4.10)$$

$$b_n = \frac{1}{l}\int_{-l}^{l} f(x)\sin\frac{n\pi x}{l}\mathrm{d}x,\quad n = 1,2,\cdots.\qquad(7.4.11)$$

7.4.3　有限区间上函数的傅里叶级数

若 $f(x)$ 是定义在区间 $[-l, l]$ 上的函数,则我们以 $2l$ 为周期进行周期延拓,可得到一个定义在整个数轴上的以 $2l$ 为周期的函数 $F(x)$:

$$F(x) = f(x_1),\quad x = x_1 + 2nl,\quad -l \leqslant x_1 \leqslant l,\quad n \in \mathbf{Z}.\qquad(7.4.12)$$

将 $F(x)$ 的傅里叶级数局限于区间 $[-l, l]$ 上就可以给出函数 $f(x)$.

特别要指出的是,所谓奇延拓和偶延拓,分别对应的是正弦展开和余弦展开. 考虑定义在区间 $[0, l]$ 上的函数 $f(x)$,为了把它展开为傅里叶级数,我们首先将其延拓到区间 $[-l, 0]$ 上,然后再将定义在区间 $[-l, l]$ 上的新函数以 $2l$ 为周期延拓到整个数轴上求出其傅里叶级数. 作奇延拓时,令

$$f_{\mathrm{o}}(x) = \begin{cases} f(x), & 0 < x \leqslant l, \\ 0, & x = 0, \\ -f(-x), & -l \leqslant x < 0, \end{cases}\qquad(7.4.13)$$

则新函数 $f_{\mathrm{o}}(x)$ 是区间 $[-l, l]$ 上的奇函数,它的傅里叶级数只有正弦项,即

$$f_{\mathrm{o}}(x) = \sum_{n=1}^{\infty} b_n \sin\frac{n\pi x}{l},\qquad(7.4.14)$$

其中

$$b_n = \frac{2}{l}\int_0^l f(x)\sin\frac{n\pi x}{l}\mathrm{d}x,\quad n = 1,2,\cdots.\qquad(7.4.15)$$

式 (7.4.14) 限制在区间 $[0, l]$ 上就是函数 $f(x)$,因此称作 $f(x)$ 的**正弦展开**.

作偶延拓时,则令

$$f_{\mathrm{e}}(x) = \begin{cases} f(x), & 0 \leqslant x \leqslant l, \\ f(-x), & -l \leqslant x \leqslant 0. \end{cases}\qquad(7.4.16)$$

此时 $f_{\mathrm{e}}(x)$ 是区间 $[-l, l]$ 上的偶函数,它的傅里叶级数只有余弦项,即

$$f_e(x) = \frac{1}{2}a_0 + \sum_{n=1}^{\infty} a_n \cos\frac{n\pi x}{l}, \tag{7.4.17}$$

其中

$$a_n = \frac{2}{l}\int_0^l f(x)\cos\frac{n\pi x}{l}\mathrm{d}x, \quad n = 0,1,2,\cdots. \tag{7.4.18}$$

这种方式称作**余弦展开**.

7.4.4　多重傅里叶级数

上述方法可以推广到多元函数的情形,为简明起见,我们以定义在区域 $0 \leqslant x \leqslant a, 0 \leqslant y \leqslant b$ 上的函数 $f(x,y)$ 为例来说明.

为便于理解,我们按照如下方式来操作:首先对变量 x, y 均作奇延拓,得到定义在区域 $-a \leqslant x \leqslant a, -b \leqslant y \leqslant b$ 上的新函数 $F(x,y)$;然后再各自以 $2a, 2b$ 为周期将 x, y 的定义域延拓到整个数轴上,函数仍然以符号 $F(x,y)$ 来表示. 显然 $F(x,y)$ 对 x, y 而言均为奇函数.

如果我们视 y 为参量,将 $F(x,y)$ 对 x 作傅里叶展开,则

$$F(x,y) = \sum_{m=1}^{\infty} A_m(y)\sin\frac{m\pi}{a}x, \tag{7.4.19}$$

其中

$$A_m(y) = \frac{2}{a}\int_0^a f(x,y)\sin\frac{m\pi x}{a}\mathrm{d}x, \quad m = 1,2,\cdots. \tag{7.4.20}$$

由于 $A_m(y)$ 是 y 的奇函数,我们可以继续将其作傅里叶展开,则

$$A_m(y) = \sum_{n=1}^{\infty} B_{mn}\sin\frac{n\pi}{b}y, \tag{7.4.21}$$

其中

$$B_{mn} = \frac{2}{b}\int_0^b A_m(y)\sin\frac{n\pi}{b}y\mathrm{d}y. \tag{7.4.22}$$

代入 $A_m(y)$ 即得

$$B_{mn} = \frac{4}{ab}\int_0^a\int_0^b f(x,y)\sin\frac{m\pi}{a}x\sin\frac{n\pi}{b}y\mathrm{d}x\,\mathrm{d}y. \tag{7.4.23}$$

将变量 x, y 限制在区域 $0 \leqslant x \leqslant a, 0 \leqslant y \leqslant b$ 上,即得 $f(x,y)$ 的二重正弦展开为

$$f(x,y) = \sum_{m,n=1}^{\infty} B_{mn}\sin\frac{m\pi}{a}x\sin\frac{n\pi}{b}y. \tag{7.4.24}$$

§7.5　施图姆-刘维尔理论

7.5.1　施图姆-刘维尔型方程

对于二阶线性常微分方程

$$y'' + P(x)y' + Q(x)y = R(x) \tag{7.5.1}$$

的初值问题,我们有**解的存在唯一性定理**:设 $P(x),Q(x)$ 与 $R(x)$ 是闭区间 $[a,b]$ 上的连续函数,若 x_0 是区间 $[a,b]$ 上的任一点且 y_0 与 y_0' 是任何数,则方程(7.5.1) 在 $[a,b]$ 上有且只有一个解 $y(x)$,使 $y(x_0)=y_0, y'(x_0)=y_0'$.

与初值问题不同,一般来说,边值问题不一定有解,即使有,也不一定唯一. 下面我们考察区间 $[a,b]$ 上含有一个参数 λ 的特定的二阶线性常微分方程的边值问题. 将 λ 项单独写出,则方程形式为

$$y'' + P(x)y' - \tilde{Q}(x)y + \lambda\tilde{\rho}(x)y = 0, \tag{7.5.2}$$

两边同乘以 $k(x)$,其形式为

$$k(x) = e^{\int P(x)\mathrm{d}x}, \tag{7.5.3}$$

则方程化为

$$k(x)y'' + k(x)P(x)y' - k(x)\tilde{Q}(x)y + \lambda k(x)\tilde{\rho}(x)y = 0.$$

注意到 $k(x)P(x)=k'(x)$,并令 $q(x)=k(x)\tilde{Q}(x),\rho(x)=k(x)\tilde{\rho}(x)$,我们可以得到

$$\frac{\mathrm{d}}{\mathrm{d}x}\left[k(x)\frac{\mathrm{d}y}{\mathrm{d}x}\right] - q(x)y + \lambda\rho(x)y = 0. \tag{7.5.4}$$

方程(7.5.4) 称为**施图姆-刘维尔(Sturm-Liouville) 型方程(S-L 方程)** 或**自共轭型方程**,λ 称为**本征值**(或**特征值**),$\rho(x)$ 称为**权函数**. 对于一般形式的二阶齐次线性微分方程

$$b_0(x)y''(x) + b_1(x)y'(x) + b_2(x)y(x) + \lambda y(x) = 0, \tag{7.5.5}$$

仿照上述过程,不难将其转化为施图姆-刘维尔型方程. 先选取函数 $\rho(x)$,使得

$$[\rho(x)b_0]' = \rho(x)b_1,$$

即

$$\frac{\rho'}{\rho} = \frac{b_1 - b_0'}{b_0},$$

由此可解得

$$\rho(x) = \frac{1}{b_0} e^{\int \frac{b_1}{b_0} dx}. \tag{7.5.6}$$

将方程(7.5.5)两边同乘以 $\rho(x)$,可得

$$\rho(x)b_0(x)y''(x) + [\rho(x)b_0]'y'(x) + b_2(x)\rho(x)y(x)$$
$$+ \lambda\rho(x)y(x) = 0,$$

再令 $k(x) = \rho(x)b_0(x)$, $-q(x) = \rho(x)b_2(x)$,即得施图姆-刘维尔型方程.

7.5.2 施图姆-刘维尔型方程的本征值问题

在给施图姆-刘维尔型方程加上一定的边界条件后,能使其有非平凡解的 λ 值称为**本征值**,与此 λ 相对应的解 $y(x)$ 称为**本征函数**. 我们把求本征值和本征函数的边值问题称为施图姆-刘维尔型方程的**本征值问题**.

一般来说,施图姆-刘维尔型方程的本征值问题会涉及很多条件,包括区间 (a,b) 是否有界;对函数 $k(x)$,$q(x)$,$\rho(x)$ 的要求;边界条件的提法;等等. 因此,相关结论也就非常繁多而复杂. 继施图姆-刘维尔的开创性工作之后,施图姆-刘维尔理论被广泛研究,比如施图姆-刘维尔算子的谱理论、渐近分析方法、高阶施图姆-刘维尔型方程、非线性施图姆-刘维尔型方程等;同时,这些工作也对数学研究产生了深远的影响. 这里将避开专业的知识和方法,在比较强的条件下,阐述二阶线性微分方程的施图姆-刘维尔理论.

当区间 $[a,b]$ 无界,或者 $k(a)k(b) = 0$ 时(即 $k(x)$ 在区间 $[a,b]$ 的一个或两个端点处的取值为零),施图姆-刘维尔型方程称为**奇异**的,反之称为**非奇异**的. 此处主要讨论 $[a,b]$ 为有限区间的情形,并对方程(7.5.4)中的系数函数作下述假定:

(1) 在 $[a,b]$ 上 $k(x)$,$k'(x)$,$q(x)$,$\rho(x)$ 连续;当 $x \in (a,b)$ 时,$k(x) > 0$,$\rho(x) > 0$,$q(x) \geqslant 0$,而 a,b 至多是 $k(x)$ 的一阶零点.

(2) $q(x)$ 在端点至多有一阶极点,例如,就 a 点而言,有 $q(x) = q_1(x)/(x-a)$,而 $q_1(x)$ 在 $x = a$ 处可展开成幂级数.

在数学物理方程中遇到的本征值问题,常是对施图姆-刘维尔型方程附以下述边界条件之一:

(1) 当 $k(a) > 0$(或 $k(b) > 0$),且 $q(x)$ 在 a(或 b)点连续时,对方程(7.5.4)所加的齐次边界条件为

$$\alpha_1 y'(a) - \beta_1 y(a) = 0 \quad \text{或} \quad \alpha_2 y'(b) + \beta_2 y(b) = 0, \tag{7.5.7}$$

其中,α_i,β_i 都是非负常数,且 $\alpha_i + \beta_i \neq 0$ $(i = 1, 2)$.

(2) 当 $k(x)$ 在某端点为零时,例如 $k(a)=0$,这时施图姆-刘维尔型方程为奇异的. 如果 $y_1(x),y_2(x)$ 是方程(7.5.4)的两个线性无关的解,并且

$$\lim_{x \to a} y_1(x) = 有限值, \qquad (7.5.8)$$

则由于端点 a 是方程的正则奇点,$y_2(x)$ 在 a 点附近一般是无界的. 为了保证解的有界性,就要附以有界性条件:$y(a)$ 有界,即以

$$|y(a)| < +\infty$$

作为 a 端的边界条件,这种边界条件称为**自然边界条件**. 解的有界性要求不一定明确写出,因此,在解本征值问题时,是否加自然边界条件,就完全由方程(7.5.4)中的系数 $k(x)$ 在端点的值是否为零决定. 如果 $k(a)=0$,且 $k(b)=0$,则在两端点 a,b 处均要附加自然边界条件.

施图姆-刘维尔定理:在上述 $k(x),q(x),\rho(x)$ 和边界条件下,施图姆-刘维尔型方程

$$\frac{\mathrm{d}}{\mathrm{d}x}\left[k(x)\frac{\mathrm{d}y}{\mathrm{d}x}\right] - q(x)y + \lambda\rho(x)y = 0, \quad a < x < b$$

本征值问题的解具有如下性质:

(1)**可数性**:存在可数无穷多个本征值 $\lambda_1 < \lambda_2 < \cdots < \lambda_n < \cdots$ 且当 $n \to \infty$ 时,$\lambda_n \to +\infty$. 与每一个本征值相应的线性无关的本征函数有且只有一个.

(2)**非负性**:$\lambda_n \geqslant 0$. 有零本征值($\lambda=0$)的充要条件是 $q(x) \equiv 0$,且当取齐次边界条件时,在相应端点有 $\beta_i = 0 \, (i=1,2)$,这时相应的本征函数为常数.

(3)**正交性**:设 $\lambda_m \neq \lambda_n$ 是任意两个不同的本征值,则相应的本征函数 $y_m(x)$ 和 $y_n(x)$ 在 $[a,b]$ 上带权 $\rho(x)$ 正交,即有

$$\int_a^b \rho(x)y_m(x)y_n(x)\mathrm{d}x = 0. \qquad (7.5.9)$$

(4)**完备性**:本征函数系 $\{y_n(x)\}$ 是完备的. 对任意一个有一阶连续导数及分段二阶连续导数的函数 $f(x)$,只要它满足本征值问题的边界条件,就可将其按本征函数系 $\{y_n(x)\}$ 展开成绝对且一致收敛的广义傅里叶级数:

$$f(x) = \sum_{n=1}^{\infty} f_n y_n(x). \qquad (7.5.10)$$

上式两边同乘以 $\rho(x)y_k(x)$(k 任意固定),并在 $[a,b]$ 上积分,再经逐项积分且利用式(7.5.9),可得系数公式为

$$f_k = \frac{1}{\|y_k(x)\|^2}\int_a^b \rho(x)f(x)y_k(x)\mathrm{d}x, \quad k=1,2,\cdots, \qquad (7.5.11)$$

这里 $\|y_k(x)\|^2 = \int_a^b \rho(x)y_k^2(x)\mathrm{d}x$ 是函数 $y_k(x)$ 的模的平方. 条件放宽为

分段连续的平方可积的函数 $f(x)$ 时,式(7.5.10)在平均收敛的意义上成立,即在间断点收敛为左、右极限的平均值.

此外,当 $k(a)=k(b),q(a)=q(b),\rho(a)=\rho(b)$ 时,还可以有 $y(x)$ 的周期性条件:

$$y(a)=y(b), \quad y'(a)=y'(b). \tag{7.5.12}$$

在这种情形下,一般有两个本征函数,除了结论的第一条外,其他论断仍然适用.

由于可数性及完备性的证明已超出本课程的范围,因此下面只给出非负性及正交性的证明.

非负性的证明:由于本征函数 $y(x)$ 与本征值 λ 满足方程

$$-[k(x)y']'+q(x)y=\lambda\rho(x)y,$$

两边同乘以 y 后,再从 a 到 b 积分可得

$$\lambda\int_a^b\rho(x)y^2\mathrm{d}x=-\int_a^b y[k(x)y']'\mathrm{d}x+\int_a^b q(x)y^2\mathrm{d}x$$

$$=-k(x)yy'\big|_a^b+\int_a^b k(x)(y')^2\mathrm{d}x+\int_a^b q(x)y^2\mathrm{d}x$$

$$=k(a)y(a)y'(a)-k(b)y(b)y'(b)$$

$$+\int_a^b k(x)(y')^2\mathrm{d}x+\int_a^b q(x)y^2\mathrm{d}x. \tag{7.5.13}$$

因为 $k(x)\geqslant 0,q(x)\geqslant 0$,式(7.5.13)右端的最后两项显然是非负的. 现在分以下几种情况讨论前两项:

(1)在 a 端有齐次条件 $\alpha_1 y'(a)-\beta_1 y(a)=0$,由于 α_1,β_1 不全为0,不妨设 $\alpha_1\neq 0$,因此 $y'(a)=hy(a),h=\beta_1/\alpha_1\geqslant 0$. 于是由 $k(a)>0$,有

$$k(a)y(a)y'(a)=hk(a)y^2(a)\geqslant 0.$$

(2)在 a 端加自然边界条件 $|y(a)|<+\infty$,这时应有 $k(a)=0$,故

$$k(a)y(a)y'(a)=0.$$

同理可证在上述两种情形下式(7.5.13)中的第二项 $-k(b)y(b)y'(b)\geqslant 0$.

(3)在端点加周期性边界条件 $y(a)=y(b),y'(a)=y'(b)$,这时应有 $k(a)=k(b)$,因而

$$k(a)y(a)y'(a)-k(b)y(b)y'(b)=0,$$

这样就可证得式(7.5.13)右端是非负的. 故

$$\lambda\int_a^b\rho(x)y^2\mathrm{d}x\geqslant 0.$$

当 $x\in(a,b)$ 时,$\rho(x)>0$,因而 $\int_a^b\rho(x)y^2\mathrm{d}x>0$,所以 $\lambda\geqslant 0$.

下面证明非负性中关于零本征值的结论.

充分性：若 $q(x) \equiv 0$，则当 $\lambda = 0$ 时，$y(x) \equiv C$（非零常数）显然满足施图姆-刘维尔型方程. 又因为 $y(x) \equiv C$ 满足零本征值的边界条件，因而 $\lambda = 0$ 是施图姆-刘维尔型方程的本征值，$y(x) \equiv C$ 是相应的本征函数.

必要性：若 $\lambda = 0$ 是施图姆-刘维尔型方程的本征值，则式(7.5.13)的左端为零，由于前面已证得式(7.5.13)右端的每一项都是非负的，故该式的右端每项都应为零. 由第四项为零，得 $q(x) \equiv 0$；由第三项为零及在 (a,b) 上 $k(x) > 0$，可知 $y'(x) \equiv 0$，故相应的本征函数 $y(x) \equiv C$（非零常数），它显然不能满足 $y(a) = 0$ 或 $y(b) = 0$ 的边界条件. 又因为 α_i 和 β_i 都不为零时，$y(x) \equiv C$ 也不能满足

$$\alpha_1 y'(a) - \beta_1 y(a) = 0 \quad \text{或} \quad \alpha_2 y'(b) + \beta_2 y(b) = 0,$$

这就可证得当取齐次边界条件时，在相应端点有 $\beta_i = 0$ $(i = 1,2)$.

正交性的证明：由于本征函数 y_m 和 y_n 分别满足方程

$$[k(x) y_m']' - q(x) y_m + \lambda_m \rho(x) y_m = 0, \tag{7.5.14}$$

$$[k(x) y_n']' - q(x) y_n + \lambda_n \rho(x) y_n = 0, \tag{7.5.15}$$

在方程(7.5.14)两边同乘以 y_n，在方程(7.5.15)两边同乘以 y_m，再让两式相减，可得

$$y_n [k(x) y_m']' - y_m [k(x) y_n']' + (\lambda_m - \lambda_n) \rho(x) y_m y_n = 0.$$

从 a 到 b 积分，可得

$$0 = \int_a^b y_n [k(x) y_m']' \mathrm{d}x - \int_a^b y_m [k(x) y_n']' \mathrm{d}x + (\lambda_m - \lambda_n) \int_a^b \rho(x) y_m y_n \mathrm{d}x$$

$$= [k(x) y_n y_m' - k(x) y_m y_n'] \Big|_a^b - \int_a^b k(x) y_m' y_n' \mathrm{d}x$$

$$+ \int_a^b k(x) y_m' y_n' \mathrm{d}x + (\lambda_m - \lambda_n) \int_a^b \rho(x) y_m y_n \mathrm{d}x,$$

即

$$(\lambda_m - \lambda_n) \int_a^b \rho(x) y_m y_n \mathrm{d}x = k(a)[y_n(a) y_m'(a) - y_m(a) y_n'(a)]$$

$$- k(b)[y_n(b) y_m'(b) - y_m(b) y_n'(b)]. \tag{7.5.16}$$

仿照非负性证明中的讨论，可以证得式(7.5.16)的右端为零，故

$$(\lambda_m - \lambda_n) \int_a^b \rho(x) y_m y_n \mathrm{d}x = 0.$$

但因为 $\lambda_m - \lambda_n \neq 0$，所以

$$\int_a^b \rho(x) y_m y_n \mathrm{d}x = 0.$$

施图姆-刘维尔定理给求解本征值问题带来了很大方便，下面举例来说明.

【例 7.1】 解本征值问题 $\begin{cases} y'' + \lambda y = 0, \\ y'(-l) = y'(l) = 0, \end{cases}$ $-l < x < l.$

解 题中方程是令施图姆-刘维尔型方程中的 $k(x) \equiv 1, q(x) \equiv 0,$ $\rho(x) \equiv 1$ 而得. 这些函数满足施图姆-刘维尔定理的条件，且由题中的两端边界条件有 $\beta_i = 0 \, (i = 1, 2)$. 故 $\lambda \geqslant 0$，而且有零本征值，即 $\lambda = 0$，相应的本征函数为 $y(x) \equiv 1$（常数因子不计）.

当 $\lambda > 0$ 时，设 $\lambda = \mu^2 (\mu > 0)$，则方程的通解为

$$y(x) = A\cos \mu x + B\sin \mu x.$$

将此通解代入边界条件，并消去公因子 μ，可得

$$\begin{cases} A\sin \mu l + B\cos \mu l = 0, \\ -A\sin \mu l + B\cos \mu l = 0. \end{cases} \tag{7.5.17}$$

为使 A, B 不全为零，系数行列式必须满足的条件为

$$\begin{vmatrix} \sin \mu l & \cos \mu l \\ -\sin \mu l & \cos \mu l \end{vmatrix} = \sin 2\mu l = 0,$$

故

$$\mu_n = \frac{n\pi}{2l}, \quad \lambda_n = \mu_n^2 = \left(\frac{n\pi}{2l}\right)^2, \quad n = 1, 2, \cdots.$$

把 μ_n 代入式(7.5.17)，则有

$$A\sin \frac{n\pi}{2} + B\cos \frac{n\pi}{2} = 0,$$

这个方程的一个非零解是

$$A = \cos \frac{n\pi}{2}, \quad B = -\sin \frac{n\pi}{2}.$$

因 $\cos^2 \frac{n\pi}{2} + \sin^2 \frac{n\pi}{2} = 1$，故 A, B 不全为零. 因而与 λ_n 相应的本征函数是

$$y_n(x) = \cos \frac{n\pi}{2} \cos \frac{n\pi x}{2l} - \sin \frac{n\pi}{2} \sin \frac{n\pi x}{2l} = \cos \frac{n\pi(x+l)}{2l}.$$

【例 7.2】 解本征值问题 $\begin{cases} y'' + \lambda y = 0, \quad 0 < x < l, \\ y'(0) = 0, \quad y'(l) + hy(l) = 0. \end{cases}$

解 根据施图姆-刘维尔定理，本征值 $\lambda > 0$. 记 $\lambda = \mu^2$，把通解 $y(x) =$

$A\cos\mu x + B\sin\mu x$ 代入边界条件 $y'(0)=0$，可得 $B\mu=0$. 因 $\mu>0$，故 $B=0$.
再由 $y'(l)+hy(l)=0$，可得 $A(-\mu\sin\mu l+h\cos\mu l)=0$，因 A 不能再为零，
于是

$$-\mu\sin\mu l+h\cos\mu l=0 \quad 或 \quad \tan\mu l=h/\mu.$$

这个超越方程有无限多个根，我们只考虑正根即可〔因为 $\tan(-\mu l)=-\tan\mu l$〕.
为了了解这些根的分布情况，我们在 (μ,ν) 平面上考虑曲线

$$\nu=\tan\mu l \quad 和 \quad \nu=h/\mu,$$

它们交点的横坐标就是所要求的根.

若用 μ_n 表示第 n 个根，则第 n 个本征值为

$$\lambda_n=\mu_n^2, \quad n=1,2,\cdots,$$

而相应的本征函数为

$$X_n=\cos\mu_n x.$$

为了方便以后使用，下面给出这个函数系的模的平方：

$$\|\cos\mu_n x\|^2=\int_0^l\cos^2\mu_n x\,\mathrm{d}x=\frac{1}{2}\int_0^l(1+\cos 2\mu_n x)\,\mathrm{d}x$$

$$=\frac{1}{2}\left(l+\frac{1}{2\mu_n}\sin 2\mu_n l\right)$$

$$=\frac{1}{2}\left(l+\frac{1}{2\mu_n}\frac{2\tan\mu_n l}{1+\tan^2\mu_n l}\right)$$

$$=\frac{1}{2}\left(l+\frac{h}{\mu_n^2+h^2}\right). \tag{7.5.18}$$

【例 7.3】 解本征值问题 $\begin{cases} x^2y''+xy'+\lambda y=0, \quad 1\leqslant x\leqslant \mathrm{e}, \\ y(1)=y(\mathrm{e})=0. \end{cases}$

解 由于题中方程不是施图姆-刘维尔型的，利用前面的公式，先求出

$$\rho(x)=\frac{1}{x^2}\mathrm{e}^{\int\frac{1}{x}\mathrm{d}x}=\frac{1}{x},$$

再在题中方程两边同乘以 $\rho(x)$，即化成施图姆-刘维尔型方程

$$\frac{\mathrm{d}}{\mathrm{d}x}(xy')+\frac{\lambda}{x}y=0,$$

其中系数 $k(x)=x,q(x)=0,\rho(x)=1/x$ 在区间 $[1,\mathrm{e}]$ 上满足施图姆-刘维尔定理的条件，且有 $\lambda>0$. 记 $\lambda=\mu^2(\mu>0)$，由于题中的方程为欧拉方程，作替换 $x=\mathrm{e}^t$ 或 $t=\ln x$，可将其化为

$$\frac{\mathrm{d}^2y}{\mathrm{d}t^2}+\mu^2 y(t)=0,$$

因而
$$y(x) = A\cos \mu t + B\sin \mu t = A\cos(\mu\ln x) + B\sin(\mu\ln x).$$
由 $y(1) = 0$，有 $A = 0$；由 $y(e) = 0$，有 $B\sin \mu = 0$. 于是
$$\mu_n = n\pi, \quad \lambda_n = \mu_n^2 = n^2\pi^2, \quad n = 1, 2, \cdots,$$
相应的本征函数为
$$y_n = \sin(n\pi\ln x).$$

7.5.3 零点与施图姆比较定理

上文的施图姆-刘维尔定理还有一个关于本征函数零点的结论，即在上述定理中的 $k(x), q(x), \rho(x)$ 和边界条件下，相应于施图姆-刘维尔型方程
$$\frac{\mathrm{d}}{\mathrm{d}x}\left[k(x)\frac{\mathrm{d}y}{\mathrm{d}x}\right] - q(x)y + \lambda\rho(x)y = 0, \quad a < x < b \quad (7.5.19)$$
的第 n 个本征值 λ_n 的本征函数 $y_n(x)$ 在区间 (a, b) 内恰有 $n-1$ 个单零点. 借助于普吕弗（Prüfer）变换可以证明这一论断. 由于该内容超出本课程的要求，这里不做讨论.

下面我们从另一个角度来考察关于微分方程解的零点的性质. 为此，首先介绍**施图姆分离定理**：若 $y_1(x)$ 和 $y_2(x)$ 是
$$y'' + P(x)y' + Q(x)y = 0 \quad (7.5.20)$$
的两个线性无关的解，则这两个函数的零点互不重合且交替出现，即 $y_1(x)$ 在 $y_2(x)$ 的两个相邻零点之间恰好有一个零点，反之亦然.

证明 由于 y_1 和 y_2 线性无关，故其朗斯基行列式
$$W(y_1, y_2) = y_1(x)y_2'(x) - y_2(x)y_1'(x) \quad (7.5.21)$$
不等于零. 易见 $y_1(x)$ 和 $y_2(x)$ 无公共零点，否则 $W(y_1, y_2)$ 将在该处等于零. 在 $y_2(x)$ 的两个相邻零点 $x_i (i = 1, 2)$ 处，有
$$W(y_1, y_2)\big|_{x = x_i} = y_1(x_i)y_2'(x_i) \neq 0, \quad (7.5.22)$$
故 $y_1(x_i)$ 与 $y_2'(x_i)$ 都不等于零. 因为 $x_i (i = 1, 2)$ 是 $y_2(x)$ 的相邻零点，必有
$$y_2'(x_1)y_2'(x_2) < 0, \quad (7.5.23)$$
即 $y_2'(x_1)$ 和 $y_2'(x_2)$ 异号. 另外，由于 $W(y_1, y_2)$ 连续，因此 $W(y_1, y_2)$ 不变号，于是由式(7.5.22)和式(7.5.23)得到
$$y_1(x_1)y_1(x_2) < 0, \quad (7.5.24)$$
即 $y_1(x_1)$ 和 $y_1(x_2)$ 异号. 根据 $y_1(x)$ 的连续性可知，至少存在一点 $\xi \in (x_1, x_2)$，使得
$$y_1(\xi) = 0. \quad (7.5.25)$$

同理可证,在 $y_1(x)$ 的两个相邻零点之间至少有一个 $y_2(x)$ 的零点. 故 $y_1(x)$ 与 $y_2(x)$ 的零点互不重合且交替出现.

我们称形如

$$y'' + P(x)y' + Q(x)y = 0 \qquad (7.5.26)$$

的方程为二阶线性齐次微分方程的**标准形式**. 在讨论解的零点性质时,考察缺失一阶导数项的方程是方便的. 为此,我们作因变量代换,令

$$y(x) = u(x)v(x). \qquad (7.5.27)$$

于是有

$$y' = uv' + u'v, \quad y'' = uv'' + 2u'v' + u''v. \qquad (7.5.28)$$

将式(7.5.28)代入方程(7.5.26),可得

$$vu'' + (2v' + Pv)u' + (v'' + Pv' + Qv)u = 0. \qquad (7.5.29)$$

令 u' 的系数等于 0 并求解,得到

$$v = \mathrm{e}^{-\frac{1}{2}\int P \mathrm{d}x}. \qquad (7.5.30)$$

于是方程(7.5.26)可化为

$$u'' + t(x)u = 0, \qquad (7.5.31)$$

其中 $t(x)$ 为

$$t(x) = Q(x) - \frac{1}{4}P(x)^2 - \frac{1}{2}P'(x). \qquad (7.5.32)$$

我们称方程(7.5.31)是方程(7.5.26)的**正规形式**. 由于 $v(x) \neq 0$,因此 $y(x)$ 和 $u(x)$ 有相同的零点.

对方程(7.5.31),我们有如下定理:若 $t(x) < 0$,且 $u(x)$ 是 $u'' + t(x)u = 0$ 的非平凡解,则 $u(x)$ 至多有一个零点.

证明 设 x_0 是 $u(x)$ 的一个零点,即 $u(x_0) = 0$,于是必有 $u'(x_0) \neq 0$,否则 $u(x) \equiv 0$,与题设矛盾. 若 $u'(x_0) > 0$,则在 x_0 右边的某邻域内恒有 $u(x) > 0$. 由于 $t(x) < 0$,在该邻域内有 $u''(x) = -t(x)u(x) > 0$,因此 $u'(x)$ 递增. 故 $u(x)$ 在 x_0 右边无零点. 同样地,$u(x)$ 在 x_0 左边也无零点. 同理可证,当 $u'(x_0) < 0$ 时也无其他零点. 故 $u(x)$ 或者无零点,或者只有一个.

于是对于方程(7.5.31)只需要考察 $t(x) > 0$ 的情形. 此时,我们有如下定理:若 $u(x)$ 是 $u'' + t(x)u = 0$ 的任一非平凡解,且当 $x > 0$ 时有 $t(x) > 0$. 若

$$\int_1^{+\infty} t(x)\mathrm{d}x = \infty, \qquad (7.5.33)$$

则 $u(x)$ 在正 x 轴上有无穷多个零点.

证明 采用反证法证明. 假设 $u(x)$ 在 $0 < x < \infty$ 上至多有有限个零点,

因而存在一点 $x_0 > 1$，使得对于所有 $x \geqslant x_0$ 有 $u(x) \neq 0$. 因为 $-u(x)$ 和 $u(x)$ 都是方程(7.5.31)的解，且零点重合，不失一般性，可设当 $x \geqslant x_0$ 时有 $u(x) > 0$. 对 $x \geqslant x_0$，令

$$v(x) = -\frac{u'(x)}{u(x)}, \qquad (7.5.34)$$

则

$$v'(x) = t(x) + v^2(x). \qquad (7.5.35)$$

将式(7.5.35)从 x_0 积分到 $x (x > x_0)$，得到

$$v(x) - v(x_0) = \int_{x_0}^{x} t(x) \mathrm{d}x + \int_{x_0}^{x} v^2(x) \mathrm{d}x. \qquad (7.5.36)$$

由式(7.5.33)可知，存在点 $\eta > x_0$，使得当 $x > \eta$ 时有 $v(x) > 0$，从而 $u'(x) < 0$. 另外，由于

$$u''(x) = -t(x)u(x) < 0, \qquad (7.5.37)$$

即 $u'(x)$ 单调递减，因此对于足够大的 x，存在正数 $\varepsilon > 0$，使得 $u'(x) < -\varepsilon$. 故必存在点 $\xi > x_0$，使得 $u(\xi) = 0$，与假设矛盾.

上面的定理讨论了 $u(x)$ 在正 x 轴上有无穷多个零点的情形，而在闭区间上则不可能有无穷多个零点. 对此，我们有如下定理：若 $t(x) > 0, y(x)$ 是方程

$$y'' + t(x)y = 0 \qquad (7.5.38)$$

在闭区间 $[a,b]$ 上的一个非平凡解，则 $y(x)$ 在该区间上至多有有限个零点.

证明 仍然用反证法证明. 假定 $y(x)$ 在 $[a,b]$ 上有无穷多个零点，则有收敛于 $[a,b]$ 上某点 x_0 的点列 $\{x_n \mid x_n \neq x_0, n = 1, 2, \cdots\}$，使得 $y(x_n) = 0$ 且 $x_n \to x_0$. 因 $y(x)$ 在点 x_0 连续可微，于是有

$$y(x_0) = \lim_{x_n \to x_0} y(x_n) = 0, \qquad (7.5.39)$$

且

$$y'(x_0) = \lim_{x_n \to x_0} \frac{y(x_n) - y(x_0)}{x_n - x_0} = 0. \qquad (7.5.40)$$

由式(7.5.39)和式(7.5.40)得到 $y(x) \equiv 0$，矛盾.

虽然方程(7.5.38)的解 $y(x)$ 在闭区间上至多有有限个零点，但是显然在相同的区间上，方程

$$y'' + 4y = 0 \qquad (7.5.41)$$

的解比方程

$$y'' + y = 0$$

的解振荡得快，它们的零点间距不同．该现象和方程(7.5.38)中的 $t(x)$ 有关，对此我们有如下的**施图姆比较定理**：设 $y(x)$ 为方程

$$y'' + t(x)y = 0 \tag{7.5.42}$$

的非平凡解，$z(x)$ 为方程

$$z'' + r(x)z = 0 \tag{7.5.43}$$

的非平凡解，其中 $t(x) > r(x) > 0$，则在 $z(x)$ 的任何两个相邻零点之间，至少有一个 $y(x)$ 的零点．

证明　设 x_1 和 x_2 是 $z(x)$ 的相邻零点，即 $z(x_1) = z(x_2) = 0$，且 $z(x) \neq 0, x \in (x_1, x_2)$．采用反证法，假定 $y(x)$ 在 (x_1, x_2) 上也不等于 0，由此引出矛盾．不失一般性，我们假定 $y(x)$ 和 $z(x)$ 在 (x_1, x_2) 上都是正的．由于 $z(x_1) = z(x_2) = 0$，从而

$$z'(x_1) > 0, \quad z'(x_2) < 0. \tag{7.5.44}$$

为方便起见，我们用 $W(x)$ 表示朗斯基行列式，即

$$W(x) = W(y, z) = y(x)z'(x) - z(x)y'(x), \tag{7.5.45}$$

则在区间 (x_1, x_2) 上有

$$\frac{\mathrm{d}W(x)}{\mathrm{d}x} = y(x)z''(x) - z(x)y''(x)$$

$$= [t(x) - r(x)]y(x)z(x) > 0, \tag{7.5.46}$$

将式(7.5.45)两边从 x_1 到 x_2 积分可得

$$W(x_2) - W(x_1) > 0. \tag{7.5.47}$$

但在点 x_1 和 x_2，朗斯基行列式(7.5.45)变成 $y(x)z'(x)$，故有

$$W(x_1) \geqslant 0, \quad W(x_2) \leqslant 0. \tag{7.5.48}$$

因此矛盾．

若将施图姆-刘维尔型方程(7.5.19)化为微分方程的标准形式(7.5.20)，则其中的系数函数为

$$P(x) = \frac{k'(x)}{k(x)}, \quad Q(x) = \frac{\lambda \rho(x) - q(x)}{k(x)}. \tag{7.5.49}$$

由微分方程的正规形式(7.5.31)及其系数函数表示式(7.5.32)可知，在施图姆-刘维尔本征值问题中，本征值 λ 越大，方程(7.5.31)中的 $t(x)$ 也越大．而由施图姆比较定理可知，$t(x)$ 越大，解的零点间距越小，零点也就越多．这有助于理解上文未加证明的结论：相应于第 n 个本征值 λ_n 的本征函数 $y_n(x)$ 在区间 (a, b) 内恰有 $n - 1$ 个单零点．

7.5.4　无界区间的例子

求解区间是无界情形时,施图姆 - 刘维尔型方程为奇异的.这种情况比较复杂,我们不做讨论.虽然如此,下文将给出几个有重要应用的完备正交函数系的例子.

7.5.4.1　埃尔米特多项式

埃尔米特方程为

$$y'' - 2xy' + 2py = 0, \quad -\infty < x < +\infty. \tag{7.5.50}$$

用幂级数解法可以求得该方程解的系数递推公式为

$$a_{k+2} = \frac{2k - 2p}{(k+2)(k+1)} a_k, \quad k = 0, 1, 2, \cdots. \tag{7.5.51}$$

令 $a_0 = a_1 = 1$,可得两个线性无关的解分别为

$$
\begin{cases}
y_1(x) = \displaystyle\sum_{k=0}^{\infty} a_{2k} x^{2k} \\
\quad = 1 - \dfrac{2p}{2!} x^2 + \dfrac{2^2 p(p-2)}{4!} x^4 - \dfrac{2^3 p(p-2)(p-4)}{6!} x^6 + \cdots, \\
y_2(x) = \displaystyle\sum_{k=0}^{\infty} a_{2k+1} x^{2k+1} \\
\quad = x - \dfrac{2(p-1)}{3!} x^3 + \dfrac{2^2 (p-1)(p-3)}{5!} x^5 \\
\quad\quad - \dfrac{2^3 (p-1)(p-3)(p-5)}{7!} x^7 + \cdots.
\end{cases} \tag{7.5.52}
$$

易见 $y_1(x)$ 和 $y_2(x)$ 的收敛半径是 ∞.

若将方程(7.5.50)化为施图姆 - 刘维尔型方程(7.5.4)的形式,则有

$$\frac{\mathrm{d}}{\mathrm{d}x}(\mathrm{e}^{-x^2} y') + 2p \mathrm{e}^{-x^2} y = 0, \quad -\infty < x < +\infty. \tag{7.5.53}$$

对照方程(7.5.4),这里本征值 $\lambda = 2p$,权函数为 $\rho(x) = \mathrm{e}^{-x^2}$.物理上要求本征函数的模方可积,由此可以推出 p 为自然数,从而 $y_1(x)$ 和 $y_2(x)$ 当中有一个中断为多项式.此时本征值 λ_n 为

$$\lambda_n = 2n, \quad n = 0, 1, 2, \cdots, \tag{7.5.54}$$

而相应的本征函数可取为 n 次多项式 $y = \mathrm{H}_n(x)$. $\mathrm{H}_n(x)$ 称为**埃尔米特多项式**,可表示为

$$\mathrm{H}_n(x) = \sum_{k=0}^{[n/2]} \frac{(-1)^k n!}{k!(n-2k)!} (2x)^{n-2k}. \tag{7.5.55}$$

$H_n(x)$ 的模方为

$$\parallel H_n(x)\parallel^2 = \int_{-\infty}^{+\infty} e^{-x^2}[H_n(x)]^2 dx = 2^n n!\sqrt{\pi}. \tag{7.5.56}$$

因为属于不同本征值 λ_n 的本征函数相互正交，$H_n(x)$ 的正交性可以表示为

$$\int_{-\infty}^{+\infty} e^{-x^2} H_m(x)H_n(x)dx = 2^n n!\sqrt{\pi}\,\delta_{mn}, \tag{7.5.57}$$

其中 δ_{mn} 为克罗内克记号. $\{H_n(x)\}(n=0,1,2,\cdots)$ 构成区间 $(-\infty,+\infty)$ 上的一组完备正交的函数基，"任意"函数 $f(x)$ 可用 $H_n(x)$ 展开为

$$f(x) = \sum_{n=0}^{\infty} f_n H_n(x), \tag{7.5.58}$$

其中系数 f_n 为

$$f_n = \frac{1}{2^n n!\sqrt{\pi}} \int_{-\infty}^{+\infty} e^{-x^2} f(x)H_n(x)dx. \tag{7.5.59}$$

与 $H_n(x)$ 线性无关的另一个解 $G_n(x)$ 可用积分表示为

$$G_n(x) = H_n(x)\int \frac{e^{x^2}}{[H_n(x)]^2}dx. \tag{7.5.60}$$

$G_n(x)$ 称为**第二类埃尔米特函数**，并且 $G_n(x)$ 不是模方有限的.

n 次多项式 $H_n(x)$ 在 $(-\infty,+\infty)$ 上有 n 个单零点. 前几个埃尔米特多项式分别为

$$H_0(x)=1, \quad H_1(x)=2x, \quad H_2(x)=4x^2-2,$$
$$H_3(x)=8x^3-12x, \quad H_4(x)=16x^4-48x^2+12. \tag{7.5.61}$$

由式 $(7.5.55)$ 可知，根据 n 的奇偶，$H_n(x)$ 为奇函数或偶函数. 函数 e^{2xt-t^2} 称为 $H_n(x)$ 的**母函数**或**生成函数**，$H_n(x)$ 可由母函数的级数展开得到，

$$e^{2xt-t^2} = \sum_{n=0}^{\infty} \frac{H_n(x)}{n!}t^n. \tag{7.5.62}$$

$H_n(x)$ 还可用**罗德里格（Rodrigues）公式**表示为

$$H_n(x) = (-1)^n e^{x^2} \frac{d^n}{dx^n} e^{-x^2}. \tag{7.5.63}$$

应用母函数关系 $(7.5.62)$ 即可证明式 $(7.5.63)$.

7.5.4.2 拉盖尔多项式

拉盖尔方程为

$$xy'' + (1-x)y' + py = 0, \quad 0 \leqslant x < +\infty. \tag{7.5.64}$$

由方程 $(6.3.33)$ 可知，拉盖尔方程为合流超几何方程，并且有一个形如式 $(6.3.37)$ 的级数解 $F(-p,1,x)$，可表示为

$$F(-p,1,x) = 1 + \sum_{n=1}^{\infty} \frac{-p(1-p)\cdots(n-1-p)}{(n!)^2} x^n. \qquad (7.5.65)$$

易见合流超几何函数 $F(-p,1,x)$ 的收敛半径是 ∞.

若将方程(7.5.64)化为施图姆 - 刘维尔型方程(7.5.4)的形式,则有

$$\frac{\mathrm{d}}{\mathrm{d}x}(x\mathrm{e}^{-x}y') + p\mathrm{e}^{-x}y = 0, \quad 0 \leqslant x < +\infty. \qquad (7.5.66)$$

对照方程(7.5.4),这里本征值 $\lambda = p$,$k(x) = x\mathrm{e}^{-x}$,权函数为 $\rho(x) = \mathrm{e}^{-x}$. $F(-p,1,x)$ 在 $x=0$ 有界,但在一般情况下,当 $x \to \infty$ 时,$F(-p,1,x) \sim \mathrm{e}^x \to \infty$. 物理上要求本征函数的模方可积,由此可以推出 p 为自然数,从而 $F(-p,1,x)$ 中断为多项式. 此时本征值 λ_n 为

$$\lambda_n = n, \quad n = 0,1,2,\cdots, \qquad (7.5.67)$$

而相应的本征函数可取为 n 次多项式 $L_n(x)$. $L_n(x)$ 称为**拉盖尔多项式**,可表示为

$$L_n(x) = n!F(-n,1,x) = \sum_{k=0}^{n} \frac{(-1)^k (n!)^2}{(k!)^2 (n-k)!} x^k. \qquad (7.5.68)$$

$L_n(x)$ 的模方为

$$\| L_n(x) \|^2 = \int_0^{+\infty} \mathrm{e}^{-x} [L_n(x)]^2 \mathrm{d}x = (n!)^2. \qquad (7.5.69)$$

属于不同本征值 λ_n 的本征函数相互正交,$L_n(x)$ 的正交性可以表示为

$$\int_0^{+\infty} \mathrm{e}^{-x} L_m(x) L_n(x) \mathrm{d}x = (n!)^2 \delta_{mn}. \qquad (7.5.70)$$

$\{L_n(x)\}(n=0,1,2,\cdots)$ 构成区间 $[0,+\infty)$ 上的一组完备正交的函数基,"任意" 函数 $f(x)$ 可用 $L_n(x)$ 展开为

$$f(x) = \sum_{n=0}^{\infty} f_n L_n(x), \qquad (7.5.71)$$

其中系数 f_n 为

$$f_n = \frac{1}{(n!)^2} \int_0^{+\infty} \mathrm{e}^{-x} f(x) L_n(x) \mathrm{d}x. \qquad (7.5.72)$$

n 次多项式 $L_n(x)$ 在 $(0,+\infty)$ 上有 n 个单零点. 前几个拉盖尔多项式分别为

$L_0(x) = 1, \quad L_1(x) = -x + 1, \quad L_2(x) = x^2 - 4x + 2,$

$L_3(x) = -x^3 + 9x^2 - 18x + 6, \quad L_4(x) = x^4 - 16x^3 + 72x^2 - 96x + 24.$

$$(7.5.73)$$

函数 $\mathrm{e}^{-\frac{xt}{1-t}}/(1-t)$ 称为 $L_n(x)$ 的**母函数**或**生成函数**,$L_n(x)$ 的母函数关系为

$$\frac{e^{-\frac{xt}{1-t}}}{1-t} = \sum_{n=0}^{\infty} \frac{L_n(x)}{n!} t^n, \quad |t| < 1. \tag{7.5.74}$$

$L_n(x)$ 还可用**罗德里格公式**表示为

$$L_n(x) = e^x \frac{d^n}{dx^n}(x^n e^{-x}). \tag{7.5.75}$$

7.5.4.3　连带拉盖尔多项式

连带拉盖尔方程为

$$xy'' + (m+1-x)y' + (p-m)y = 0, \quad 0 \leqslant x < +\infty, \tag{7.5.76}$$

其中 $m = 0,1,2,\cdots$，当 $m = 0$ 时即退化为拉盖尔方程. 由方程(6.3.33)可知连带拉盖尔方程为合流超几何方程，并且有一个形如式(6.3.37)的级数解 $F(-(p-m), m+1, x)$，收敛半径是 ∞.

若将方程(7.5.76)化为施图姆-刘维尔型方程(7.5.4)的形式，则有

$$\frac{d}{dx}(x^{m+1} e^{-x} y') + (p-m) x^m e^{-x} y = 0, \quad 0 \leqslant x < +\infty. \tag{7.5.77}$$

对照方程(7.5.4)，这里本征值 $\lambda = p - m$，$k(x) = x^{m+1} e^{-x}$，权函数为 $\rho(x) = x^m e^{-x}$. 同样地，根据本征函数模方可积的要求，可以推出 p 为整数且 $p \geqslant m$，从而 $F(-(p-m), m+1, x)$ 中断为多项式. 此时本征值 λ_n 为

$$\lambda_n = n + m, \quad n = 0,1,2,\cdots, \tag{7.5.78}$$

而相应的本征函数可取为 $(n-m)$ 次多项式 $L_n^{(m)}(x)$. $L_n^{(m)}(x)$ 称为**连带拉盖尔多项式**，是 $L_n(x)$ 的 m 阶导数，可表示为

$$L_n^{(m)}(x) = \frac{d^m}{dx^m} L_n(x) = \sum_{k=0}^{n-m} \frac{(-1)^{m+k} (n!)^2}{k! (m+k!)(n-m-k)!} x^k$$

$$= (-1)^m \frac{(n!)^2}{m!(n-m)!} F(-n+m, m+1, x). \tag{7.5.79}$$

$L_n^{(m)}(x)$ 的模方为

$$\| L_n^{(m)}(x) \|^2 = \int_0^{+\infty} x^m e^{-x} [L_n^{(m)}(x)]^2 dx = \frac{(n!)^3}{(n-m)!}. \tag{7.5.80}$$

属于不同本征值 λ_n 的本征函数相互正交，$L_n^{(m)}(x)$ 的正交性可以表示为

$$\int_0^{+\infty} x^m e^{-x} L_n^{(m)}(x) L_k^{(m)}(x) dx = \frac{(n!)^3}{(n-m)!} \delta_{nk}. \tag{7.5.81}$$

$\{L_n^{(m)}(x)\}(n=0,1,2,\cdots)$ 构成区间 $[0, +\infty)$ 上的一组完备正交的函数基，"任意"函数 $f(x)$ 可用 $L_n^{(m)}(x)$ 展开为

$$f(x) = \sum_{n=0}^{\infty} f_n L_n^{(m)}(x), \tag{7.5.82}$$

其中系数 f_n 为

$$f_n = \frac{(n-m)!}{(n!)^3} \int_0^{+\infty} x^m e^{-x} f(x) L_n^{(m)}(x) dx. \qquad (7.5.83)$$

$(n-m)$ 次多项式 $L_n^{(m)}(x)$ 在 $(0, +\infty)$ 上有 $(n-m)$ 个单零点. 函数 $(-1)^m e^{-\frac{xt}{1-t}} / (1-t)^{-(m+1)}$ 称为 $L_n^{(m)}(x)$ 的**母函数**或**生成函数**，$L_n^{(m)}(x)$ 的母函数关系为

$$\frac{(-1)^m e^{-\frac{xt}{1-t}}}{(1-t)^{m+1}} = \sum_{n=m}^{\infty} \frac{L_n^{(m)}(x)}{n!} t^{n-m}, \qquad |t| < 1. \qquad (7.5.84)$$

$L_n^{(m)}(x)$ 还可用**罗德里格公式**表示为

$$L_n^{(m)}(x) = \frac{d^m}{dx^m} \left[e^x \frac{d^n}{dx^n} (x^n e^{-x}) \right]$$

$$= \frac{(-1)^m n!}{(n-m)!} x^{-m} e^x \frac{d^{n-m}}{dx^{n-m}} (x^n e^{-x}). \qquad (7.5.85)$$

习题七

1.将下列函数展开成正弦级数和余弦级数 $(0 \leqslant x \leqslant l)$：

(1) $f(x) = x$；

(2) $f(x) = x^2$；

(3) $f(x) = x \sin(x/l)$；

(4) $f(x) = \begin{cases} 2hx/l, & 0 \leqslant x \leqslant l/2, \\ 2h(l-x)/l, & l/2 \leqslant x \leqslant l. \end{cases}$

2.求方程 $y'' + \lambda y = 0 (0 < x < l)$ 在下列边界条件下的本征值和本征函数：

(1) $y'(0) = 0$，　$y(l) = 0$；

(2) $y'(0) = 0$，　$y'(l) + hy(l) = 0$；

(3) $y'(0) - ky(0) = 0$，　$y'(l) + hy(l) = 0$，　$k, h > 0$.

3.解下列本征值问题：

(1) $\begin{cases} y'' - 2ay' + \lambda y = 0, & 0 < x < 1, \\ y(0) = y(1) = 0, & a \text{ 为常数.} \end{cases}$

(2) $\begin{cases} (r^2 R')' + \lambda r^2 R = 0, & 0 < r < a, \\ |R(0)| < +\infty, & R(a) = 0. \end{cases}$

提示：令 $y = rR$.

4.将切比雪夫方程

$$(1-x^2)y'' - xy' + p^2y = 0, \quad -1 \leqslant x \leqslant 1$$

化为施图姆-刘维尔型方程,并给出本征函数为多项式的条件以及本征值和正交关系.

5.已知 m 为自然数,将连带切比雪夫方程

$$(1-x^2)y'' - (2m+1)xy' + (p^2 - m^2)y = 0, \quad -1 \leqslant x \leqslant 1$$

化为施图姆-刘维尔型方程,并给出本征函数为多项式的条件以及本征值和正交关系.

6.将超几何方程

$$x(1-x)y'' + [c - (a+b+1)x]y' - aby = 0, \quad 0 \leqslant x \leqslant 1$$

化为施图姆-刘维尔型方程,并在 $c = a+b = 1$ 时给出本征值和正交关系.

7.证明:若 $y_\nu(x)$ 是贝塞尔方程

$$x^2y'' + xy' + (x^2 - \nu^2)y = 0$$

在正 x 轴上的非平凡解. 若 $0 \leqslant \nu \leqslant 1/2$,则在长度为 π 的每个区间中至少含有 $y_\nu(x)$ 的一个零点;若 $\nu = 1/2$,则 $y_\nu(x)$ 的相邻两个零点的距离正好是 π;若 $\nu > 1/2$,则在长度为 π 的每个区间中至多含有 $y_\nu(x)$ 的一个零点.

8.将合流超几何方程

$$xy'' + (c-x)y' - ay = 0, \quad 0 \leqslant x < \infty$$

化为施图姆-刘维尔型方程,并尝试给出本征值和正交关系.

9.对埃尔米特多项式 $H_n(x)$,证明如下递推关系:

(1) $H_{n+1}(x) - 2xH_n(x) + 2nH_{n-1}(x) = 0$;

(2) $H_n'(x) = 2nH_{n-1}(x)$;

(3) $H_n(x) = 2xH_{n-1}(x) - H_{n-1}'$;

(4) $xH_n'(x) = nH_{n-1}'(x) + nH_n(x)$;

(5) $H_n''(x) - 2xH_n'(x) + 2nH_n(x) = 0$.

10.对埃尔米特多项式 $H_n(x)$,证明如下加法公式:

$$H_n(x+y) = \sum_{k=0}^{n} 2^{-n/2} \frac{n!}{k!(n-k)!} H_k(\sqrt{2}\,x)H_{n-k}(\sqrt{2}\,y).$$

11.对拉盖尔多项式 $L_n(x)$,证明如下递推关系:

(1) $L_{n+1}(x) + (x - 2n - 1)L_n(x) + n^2L_{n-1}(x) = 0$;

(2) $(n+1)L_n'(x) - L_{n+1}'(x) = (n+1)L_n(x)$;

(3) $xL_n'(x) = nL_n(x) - n^2L_{n-1}(x)$;

(4)$L'_{n+1}(x) + (x-n-1)L'_n(x) - L_{n+1}(x) + (2n+2-x)L_n(x) = 0$;

(5)$xL''_n(x) + (1-x)L'_n(x) + nL_n(x) = 0$.

12.对连带拉盖尔多项式 $L_n^{(m)}(x)$,证明如下递推关系:

(1)$(n+1-m)L_{n+1}^{(m)}(x) + (x+m-2n-1)(n+1)L_n^{(m)}(x)$
    $+ n^2(n+1)L_{n-1}^{(m)}(x) = 0$;

(2)$(n+1)(L_{n+1}^{(m)}(x))' - (L_{n+1}^{(m)}(x))' = (n+1)L_n^{(m)}(x)$;

(3)$xL_n^{(m+1)}(x) = (n-m)L_n^{(m)}(x) - n^2 L_{n-1}^{(m)}(x)$;

(4)$xL_{n+1}^{(m+1)}(x) = (n+1)(n-m-x)L_n^{(m)}(x) - n^2(n+1)L_{n-1}^{(m)}(x)$;

(5)$L_n^{(m)}(x) = nL_{n-1}^{(m)}(x) - nL_{n-1}^{(m-1)}(x)$.

第八章 三类方程的导出与分离变量法

§8.1 偏微分方程的一些基本概念

8.1.1 符号约定

本书中使用了大量的微分符号，为方便起见，对各种符号进行如下约定. 首先引入哈密顿算子，记为

$$\nabla = \frac{\partial}{\partial x}\boldsymbol{i} + \frac{\partial}{\partial y}\boldsymbol{j} + \frac{\partial}{\partial z}\boldsymbol{k},$$

其对标量函数的作用为梯度，即

$$\nabla\varphi(x,y,z) = \frac{\partial\varphi}{\partial x}\boldsymbol{i} + \frac{\partial\varphi}{\partial y}\boldsymbol{j} + \frac{\partial\varphi}{\partial z}\boldsymbol{k}.$$

向量场的散度可表示为

$$\nabla \cdot \boldsymbol{A}(x,y,z) = \frac{\partial A_x}{\partial x} + \frac{\partial A_y}{\partial y} + \frac{\partial A_z}{\partial z};$$

向量场的旋度可表示为

$$\nabla \times \boldsymbol{A}(x,y,z) = \left(\frac{\partial A_z}{\partial y} - \frac{\partial A_y}{\partial z}\right)\boldsymbol{i} + \left(\frac{\partial A_x}{\partial z} - \frac{\partial A_z}{\partial x}\right)\boldsymbol{j} + \left(\frac{\partial A_y}{\partial x} - \frac{\partial A_x}{\partial y}\right)\boldsymbol{k}.$$

哈密顿算子是具有向量特征的微分算子，可将拉普拉斯算子表示为

$$\Delta = \nabla \cdot \nabla = \nabla^2 = \frac{\partial^2}{\partial x^2} + \frac{\partial^2}{\partial y^2} + \frac{\partial^2}{\partial z^2};$$

而二维拉普拉斯算子则简记为

$$\Delta_2 = \frac{\partial^2}{\partial x^2} + \frac{\partial^2}{\partial y^2},$$

在不引起混淆的情况下,也可省略下标"2".

借助于上述记号,我们可将高斯定理写作

$$\oiint_S \boldsymbol{A}(x,y,z) \cdot \mathrm{d}\boldsymbol{S} = \iiint_V \nabla \cdot \boldsymbol{A}(x,y,z)\mathrm{d}V, \tag{8.1.1}$$

即向量场的通量等于其散度的体积分,其中闭合曲面 S 是区域 V 的边界. 如果向量场 $\boldsymbol{A}$ 可表示为某一标量场的梯度,即 $\boldsymbol{A} = \nabla\varphi$,在这种情形下高斯定理可表示为

$$\oiint_S \nabla\varphi(x,y,z) \cdot \mathrm{d}\boldsymbol{S} = \iiint_V \Delta\varphi(x,y,z)\mathrm{d}V. \tag{8.1.2}$$

斯托克斯定理可表示为

$$\oint_L \boldsymbol{A}(x,y,z) \cdot \mathrm{d}\boldsymbol{l} = \iint_S [\nabla \times \boldsymbol{A}(x,y,z)] \cdot \mathrm{d}\boldsymbol{S}, \tag{8.1.3}$$

即向量场的环流等于其旋度的通量,其中曲面 S 以 L 为边界,沿回路 L 的绕向与曲面 S 的法向呈右手螺旋关系.

我们还常采用如下写法来表示偏导数:

$$u_x = \partial_x u = \frac{\partial u}{\partial x}, \quad u_{xx} = \partial_{xx} u = \partial_x^2 u = \frac{\partial^2 u}{\partial x^2}.$$

除了直角坐标系,我们也常常会用到极坐标、柱坐标以及球坐标系. 尽管用正交曲线坐标系的拉梅系数计算梯度、旋度和拉普拉斯算子比较方便,但下文中我们还是采用虽然复杂却更为常用的复合函数求偏导的方法进行计算. 直角坐标系与极坐标系的变换关系为

$$x = \rho\cos\varphi, \quad y = \rho\sin\varphi,$$

其中

$$\rho = \sqrt{x^2 + y^2}, \quad \varphi = \arctan\frac{y}{x}.$$

一阶偏导数之间的变换关系为

$$\partial_x = \cos\varphi\,\partial_\rho - \frac{\sin\varphi}{\rho}\partial_\varphi, \quad \partial_y = \sin\varphi\,\partial_\rho + \frac{\cos\varphi}{\rho}\partial_\varphi,$$

其中

$$\partial_\rho = \frac{1}{\sqrt{x^2+y^2}}(x\partial_x + y\partial_y), \quad \partial_\varphi = -y\partial_x + x\partial_y.$$

由此可得二维拉普拉斯算子在极坐标系中的表示为

$$\Delta_2 = \frac{\partial^2}{\partial \rho^2} + \frac{1}{\rho} \frac{\partial}{\partial \rho} + \frac{1}{\rho^2} \frac{\partial^2}{\partial \varphi^2}. \tag{8.1.4}$$

计算过程如下：

$$\Delta_2 = \partial_x \partial_x + \partial_y \partial_y$$

$$= \left(\cos \varphi \partial_\rho - \frac{\sin \varphi}{\rho} \partial_\varphi \right)^2 + \left(\sin \varphi \partial_\rho + \frac{\cos \varphi}{\rho} \partial_\varphi \right)^2$$

$$= \cos^2 \varphi \partial_{\rho\rho} + \frac{\cos \varphi \sin \varphi}{\rho^2} \partial_\varphi - \frac{\cos \varphi \sin \varphi}{\rho} \partial_\rho \partial_\varphi$$

$$\quad - \frac{\cos \varphi \sin \varphi}{\rho} \partial_\rho \partial_\varphi + \frac{\sin^2 \varphi}{\rho} \partial_\rho + \frac{\cos \varphi \sin \varphi}{\rho^2} \partial_\varphi + \frac{\sin^2 \varphi}{\rho^2} \partial_{\varphi\varphi}$$

$$\quad + \sin^2 \varphi \partial_{\rho\rho} - \frac{\cos \varphi \sin \varphi}{\rho^2} \partial_\varphi + \frac{\cos \varphi \sin \varphi}{\rho} \partial_\rho \partial_\varphi$$

$$\quad + \frac{\cos \varphi \sin \varphi}{\rho} \partial_\rho \partial_\varphi + \frac{\cos^2 \varphi}{\rho} \partial_\rho - \frac{\cos \varphi \sin \varphi}{\rho^2} \partial_\varphi + \frac{\cos^2 \varphi}{\rho^2} \partial_{\varphi\varphi}$$

$$= \partial_{\rho\rho} + \rho^{-1} \partial_\rho + \rho^{-2} \partial_{\varphi\varphi}.$$

　　对于柱坐标系，我们可将其视为在极坐标系的基础上再加上一个 z 轴，相应的变换关系可完全参照极坐标系的情形，此处不再赘述.

　　球坐标系与直角坐标系的变换关系为

$$x = r \cos \varphi \sin \theta, \quad y = r \sin \varphi \sin \theta, \quad z = r \cos \theta,$$

其中

$$r = \sqrt{x^2 + y^2 + z^2}, \quad \theta = \arctan \frac{\sqrt{x^2 + y^2}}{z}, \quad \varphi = \arctan \frac{y}{x}.$$

一阶偏导数之间的变换关系为

$$\partial_x = \sin \theta \cos \varphi \partial_r + \frac{\cos \theta \cos \varphi}{r} \partial_\theta - \frac{\sin \varphi}{r \sin \theta} \partial_\varphi,$$

$$\partial_y = \sin \theta \sin \varphi \partial_r + \frac{\cos \theta \sin \varphi}{r} \partial_\theta + \frac{\cos \varphi}{r \sin \theta} \partial_\varphi,$$

$$\partial_z = \cos \theta \partial_r - \frac{\sin \theta}{r} \partial_\theta.$$

下面以变量 x 的偏导数为例阐明计算过程：

$$\partial_x = \frac{\partial r}{\partial x} \partial_r + \frac{\partial \theta}{\partial x} \partial_\theta + \frac{\partial \varphi}{\partial x} \partial_\varphi$$

$$= \sin\theta\cos\varphi\partial_r + \frac{\frac{x}{z\sqrt{x^2+y^2}}}{1+\frac{x^2+y^2}{z^2}}\partial_\theta + \frac{-\frac{y}{x^2}}{1+\frac{y^2}{x^2}}\partial_\varphi$$

$$= \sin\theta\cos\varphi\partial_r + \frac{\cos\theta\cos\varphi}{r}\partial_\theta - \frac{\sin\varphi}{r\sin\theta}\partial_\varphi.$$

由此可得拉普拉斯算子在球坐标系中的表示为

$$\Delta = \partial_{xx} + \partial_{yy} + \partial_{zz}$$

$$= \partial_{rr} + \frac{2}{r}\partial_r + \frac{1}{r^2}\partial_{\theta\theta} + \frac{\cot\theta}{r^2}\partial_\theta + \frac{1}{r^2\sin^2\theta}\partial_{\varphi\varphi}$$

$$= \frac{1}{r^2}\partial_r r^2 \partial_r + \frac{1}{r^2\sin\theta}\partial_\theta\sin\theta\partial_\theta + \frac{1}{r^2\sin^2\theta}\partial_{\varphi\varphi}. \tag{8.1.5}$$

其中各二阶偏导数的计算过程如下：

$$\partial_{xx} = \left(\sin\theta\cos\varphi\partial_r + \frac{\cos\theta\cos\varphi}{r}\partial_\theta - \frac{\sin\varphi}{r\sin\theta}\partial_\varphi\right)^2$$

$$= \sin^2\theta\cos^2\varphi\partial_{rr} + \frac{2\sin\theta\cos\theta\cos^2\varphi}{r}\partial_{r\theta} - \frac{2\sin\varphi\cos\varphi}{r}\partial_{r\varphi}$$

$$- \frac{\sin\theta\cos\theta\cos^2\varphi}{r^2}\partial_\theta + \frac{\sin\varphi\cos\varphi}{r^2}\partial_\varphi + \left(\frac{\cos^2\theta\cos^2\varphi}{r}\partial_r + \frac{\cos^2\theta\cos^2\varphi}{r^2}\partial_{\theta\theta}\right.$$

$$- \frac{\sin\theta\cos\theta\cos^2\varphi}{r^2}\partial_\theta - \frac{2\cos\theta\sin\varphi\cos\varphi}{r^2\sin\theta}\partial_{\theta\varphi} + \left.\frac{\cos^2\theta\sin\varphi\cos\varphi}{r^2\sin^2\theta}\partial_\varphi\right)$$

$$+ \frac{\sin^2\varphi}{r}\partial_r + \frac{\cos\theta\sin^2\varphi}{r^2\sin\theta}\partial_\theta + \frac{\sin\varphi\cos\varphi}{r^2\sin^2\theta}\partial_\varphi + \frac{\sin^2\varphi}{r^2\sin^2\theta}\partial_{\varphi\varphi}$$

$$= \sin^2\theta\cos^2\varphi\partial_{rr} + \frac{\sin 2\theta\cos^2\varphi}{r}\partial_{r\theta} - \frac{\sin 2\varphi}{r}\partial_{r\varphi} + \frac{\cos^2\theta\cos^2\varphi + \sin^2\varphi}{r}\partial_r$$

$$+ \frac{1}{r^2}\left(\cos^2\theta\cos^2\varphi\partial_{\theta\theta} - \sin 2\theta\cos^2\varphi\partial_\theta + \cot\theta\sin^2\varphi\partial_\theta + \frac{\sin^2\varphi}{\sin^2\theta}\partial_{\varphi\varphi}\right.$$

$$+ \left.\frac{\sin 2\varphi}{\sin^2\theta}\partial_\varphi - \cot\theta\sin 2\varphi\partial_{\theta\varphi}\right),$$

$$\partial_{yy} = \left(\sin\theta\sin\varphi\partial_r + \frac{\cos\theta\sin\varphi}{r}\partial_\theta + \frac{\cos\varphi}{r\sin\theta}\partial_\varphi\right)^2$$

$$= \sin^2\theta\sin^2\varphi\partial_{rr} + \frac{\sin 2\theta\sin^2\varphi}{r}\partial_{r\theta} + \frac{\sin 2\varphi}{r}\partial_{r\varphi}$$

$$- \frac{\sin\theta\cos\theta\sin^2\varphi}{r^2}\partial_\theta - \frac{\sin\varphi\cos\varphi}{r^2}\partial_\varphi + \frac{\cos^2\theta\sin^2\varphi}{r}\partial_r + \frac{\cos^2\varphi}{r}\partial_r$$

$$+ \frac{\cos^2\theta \sin^2\varphi}{r^2}\partial_{\theta\theta} - \frac{\sin\theta\cos\theta\sin^2\varphi}{r^2}\partial_\theta + \frac{\cos^2\varphi}{r^2\sin^2\theta}\partial_{\varphi\varphi} - \frac{\sin\varphi\cos\varphi}{r^2\sin^2\theta}\partial_\varphi$$

$$+ \frac{\cos\theta\sin 2\varphi}{r^2\sin\theta}\partial_{\theta\varphi} - \frac{\cos^2\theta\sin\varphi\cos\varphi}{r^2\sin^2\theta}\partial_\varphi + \frac{\cos\theta\cos^2\varphi}{r^2\sin\theta}\partial_\theta$$

$$= \sin^2\theta\sin^2\varphi\,\partial_{rr} + \frac{\sin 2\theta\sin^2\varphi}{r}\partial_{r\theta} + \frac{\sin 2\varphi}{r}\partial_{r\varphi} + \frac{\cos^2\theta\sin^2\varphi + \cos^2\varphi}{r}\partial_r$$

$$+ \frac{1}{r^2}\Big(\cos^2\theta\sin^2\varphi\,\partial_{\theta\theta} - \sin 2\theta\sin^2\varphi\,\partial_\theta + \cot\theta\cos^2\varphi\,\partial_\theta + \frac{\cos^2\varphi}{\sin^2\theta}\partial_{\varphi\varphi}$$

$$- \frac{\sin 2\varphi}{\sin^2\theta}\partial_\varphi + \cot\theta\sin 2\varphi\,\partial_{\theta\varphi}\Big),$$

$$\partial_{zz} = \Big(\cos\theta\,\partial_r - \frac{\sin\theta}{r}\partial_\theta\Big)^2$$

$$= \cos^2\theta\,\partial_{rr} - \frac{\sin 2\theta}{r}\partial_{r\theta} + \frac{\sin\theta\cos\theta}{r^2}\partial_\theta$$

$$+ \frac{\sin^2\theta}{r}\partial_r + \frac{\sin^2\theta}{r^2}\partial_{\theta\theta} + \frac{\sin\theta\cos\theta}{r^2}\partial_\theta$$

$$= \cos^2\theta\,\partial_{rr} - \frac{\sin 2\theta}{r}\partial_{r\theta} + \frac{\sin^2\theta}{r}\partial_r + \frac{\sin^2\theta}{r^2}\partial_{\theta\theta} + \frac{\sin 2\theta}{r^2}\partial_\theta.$$

8.1.2 偏微分方程的基本概念

许多物理规律、过程和状态都是用微分方程来描述的. 当我们研究一个自变量的演化过程时,如弹簧振子的振动、放射性元素的衰变等,常常会提出常微分方程的问题. 通过解常微分方程,就能求出这些运动所遵循的变化规律. 当我们研究多个自变量的运动过程时,则常常会遇到偏微分方程的问题. 所谓**偏微分方程**,是指含有某未知函数 u 的偏导数的关系式. 例如:

$$\frac{\partial u}{\partial t} = a(t,x)\frac{\partial^2 u}{\partial x^2} + b(t,x)\frac{\partial u}{\partial x} + c(t,x)u + f(t,x), \tag{8.1.6}$$

$$\frac{\partial^2 u}{\partial x^2} + \frac{\partial^2 u}{\partial y^2} + \frac{\partial^2 u}{\partial z^2} = 0(拉普拉斯方程), \tag{8.1.7}$$

$$\frac{\partial^2 u}{\partial t^2} = a^2\Delta_3 u + f(t,x,y,z)(波动方程), \tag{8.1.8}$$

$$u_t + uu_x = 0(冲击波方程), \tag{8.1.9}$$

$$u_t + \sigma uu_x + u_{xxx} = 0(\text{KdV 方程}) \tag{8.1.10}$$

等都是偏微分方程. 其中 a,σ 为常数,$a(t,x),b(t,x),c(t,x),f(t,x)$ 及 $f(t,x,y,z)$ 为已知函数,u 为未知函数.

一个偏微分方程中所含偏导数的最高阶数称为此方程的**阶**；如果一个偏微分方程对未知函数及其导数都是一次的，则称为**线性方程**；否则，称为**非线性方程**. 例如，上面所列的方程中，方程(8.1.6)至方程(8.1.8)是二阶线性方程，方程(8.1.9)是一阶非线性方程，方程(8.1.10)是三阶非线性方程.

数学物理方程通常是指从物理问题中导出的函数方程，特别是偏微分方程. 本书着重研究含有 $2 \sim 4$ 个自变量 $x_1, x_2, \cdots, x_n (n = 2, 3, 4)$ 的二阶常系数线性偏微分方程，它的一般形式是

$$\sum_{i,j=1}^{n} a_{ij} \frac{\partial^2 u}{\partial x_i \partial x_j} + 2 \sum_{i=1}^{n} b_i \frac{\partial u}{\partial x_i} + cu = f(x_1, x_2, \cdots, x_n), \quad (8.1.11)$$

其中 a_{ij}, b_i, c 是常数，且 $a_{ij} = a_{ji}, f(x_1, x_2, \cdots, x_n)$ 是已知函数. 若方程(8.1.11)中的自由项 $f \equiv 0$，则称方程是**齐次**的；反之，就称方程是**非齐次**的.

任何一个在自变量的某变化区域内满足方程(即代入方程后使方程成为恒等式)的函数，都称为方程的一个**解**. 我们把描写一个物理过程的方程称为**泛定方程**. 为了把一个过程的进展情况完全确定下来，还要知道这个过程发生的具体条件，这样的条件我们称之为**定解条件**；泛定方程加上适当的定解条件，就构成数学物理中的一个定解问题. 下面我们通过例子来了解一下偏微分方程的解的特点，并比较其和常微分方程的差异.

例如，可以直接验证，除了点 (x_0, y_0, z_0) 外，函数

$$u(x, y, z) = \frac{1}{\sqrt{(x - x_0)^2 + (y - y_0)^2 + (z - z_0)^2}}$$

满足三维拉普拉斯方程

$$\Delta_3 u = \frac{\partial^2 u}{\partial x^2} + \frac{\partial^2 u}{\partial y^2} + \frac{\partial^2 u}{\partial z^2} = 0,$$

并且显然，在同样的条件下，函数

$$u(x, y, z) = \frac{1}{\sqrt{(x - x_0)^2 + (y - y_0)^2 + (z - z_0)^2}} + ax + byz$$

也满足三维拉普拉斯方程，其中 a, b 为任意常数.

【例 8.1】 当 a, b 满足怎样的条件时，二维拉普拉斯方程

$$\Delta_2 u = \frac{\partial^2 u}{\partial x^2} + \frac{\partial^2 u}{\partial y^2} = 0$$

有指数解 $u = e^{ax+by}$？并把解求出.

解 把 $u = e^{ax+by}$ 代入所给方程，可得

$$(a^2 + b^2) e^{ax+by} = 0.$$

因为 $e^{ax+by} \neq 0$，所以 $a^2 + b^2 = 0$，即当 $a = \pm ib(i = \sqrt{-1})$ 或 $b = \pm ia$ 时，二维拉普拉斯方程有指数解。它的形式是

$$u = e^{\pm ibx + by} = e^{by}(\cos bx \pm i\sin bx)$$

及

$$u = e^{ax \pm iay} = e^{ax}(\cos ay \pm i\sin ay).$$

这里 a, b 是任意实数，若取实形式，则

$$e^{ax}\cos ay, \quad e^{ax}\sin ay; \quad e^{by}\cos bx, \quad e^{by}\sin bx$$

都是 $\Delta_2 u = 0$ 的解。

一个偏微分方程的解是多种多样的。以 $\Delta_2 u = 0$ 为例，仿照例 8.1 的方法可以确定：对于任何实数 a, d, e，当 $c = -3a, b = -3d$ 时，二元多项式

$$u = ax^3 + bx^2 y + cxy^2 + dy^3 + e$$

满足 $\Delta_2 u = 0$。

更一般地，由复变函数我们知道，任何一个解析函数的实部或虚部（即二维调和函数）都满足 $\Delta_2 u = 0$。例如：

$$u = \mathrm{Re} \ln z = \ln r, \quad r = \sqrt{x^2 + y^2} \neq 0,$$

$$u = \mathrm{Re}\, z^n = \mathrm{Re}\, r^n e^{in\theta} = r^n \cos n\theta, \quad u = \mathrm{Im}\, z^n = r^n \sin n\theta$$

都是它的解，这里 r, θ 是极坐标系中的变量。也可以直接将上述各解代入二维拉普拉斯方程的极坐标形式

$$\Delta_2 u = \frac{\partial^2 u}{\partial r^2} + \frac{1}{r} \frac{\partial u}{\partial r} + \frac{1}{r^2} \frac{\partial^2 u}{\partial \theta^2} = 0 \tag{8.1.12}$$

予以验证。

上面所举的例子告诉我们，一个偏微分方程的解有无穷多个。而且一般来说，一个一阶偏微分方程的解依赖于一个任意函数，一个二阶偏微分方程的解依赖于两个任意函数。例如，由于自变量为 x, y 的一阶线性方程

$$\frac{\partial u}{\partial y} = f(x)$$

只依赖于 x 的函数，对 y 的偏导数为零，所以把上式两边对 y 积分可得

$$u = \int \frac{\partial u}{\partial y} \mathrm{d}y = \int f(x)\mathrm{d}y + \varphi(x) = f(x) \cdot y + \varphi(x), \tag{8.1.13}$$

其中 $\varphi(x)$ 是任意函数。

【例 8.2】 设 $u = u(x, y)$，求二阶线性方程 $\dfrac{\partial^2 u}{\partial x \partial y} = 0$ 的一般解。

解 把所给方程改写为

$$\frac{\partial}{\partial x}\left(\frac{\partial u}{\partial y}\right) = 0,$$

两边对 x 积分,可得

$$\frac{\partial u}{\partial y} = \int \frac{\partial}{\partial x}\left(\frac{\partial u}{\partial y}\right) \mathrm{d}x = \int 0\mathrm{d}x + \varphi(y) = \varphi(y),$$

其中 $\varphi(y)$ 是任意函数. 然后两边再对 y 积分,可得方程的一般解为

$$\int \frac{\partial u}{\partial y}\mathrm{d}y = \int \varphi(y)\mathrm{d}y + f(x) = f(x) + g(y), \tag{8.1.14}$$

其中 $f(x), g(y)$ 是任意两个一次可微函数.

【例 8.3】 求方程 $\dfrac{\partial^2 u}{\partial t^2} = a^2 \dfrac{\partial^2 u}{\partial x^2}$ 的通解.

解 作变量代换 $\xi = x + at, \eta = x - at$,由复合函数的求导法则,有

$$\frac{\partial u}{\partial t} = a\left(\frac{\partial u}{\partial \xi} - \frac{\partial u}{\partial \eta}\right),$$

$$\frac{\partial^2 u}{\partial t^2} = a^2\left(\frac{\partial^2 u}{\partial \xi^2} - 2\frac{\partial^2 u}{\partial \xi \partial \eta} + \frac{\partial^2 u}{\partial \eta^2}\right),$$

$$\frac{\partial^2 u}{\partial x^2} = \frac{\partial^2 u}{\partial \xi^2} + 2\frac{\partial^2 u}{\partial \xi \partial \eta} + \frac{\partial^2 u}{\partial \eta^2}.$$

于是,所给方程可变形为 $\dfrac{\partial^2 u}{\partial \xi \partial \eta} = 0$. 由例 8.2 可得所求的通解为

$$u = f(\xi) + g(\eta) = f(x + at) + g(x - at), \tag{8.1.15}$$

其中 f, g 是任意两个二次可微函数.

【例 8.4】 求方程 $t \dfrac{\partial^2 u}{\partial x \partial t} + 2\dfrac{\partial u}{\partial x} = 2xt$ 的通解.

解 令 $\dfrac{\partial u}{\partial x} = v$,则原方程变为

$$t \frac{\partial v}{\partial t} + 2v = 2xt.$$

把 x 看作参数,这是一个一阶线性常微分方程,于是

$$v = \mathrm{e}^{-\int \frac{2}{t}\mathrm{d}t}\left[G(x) + \int 2x\,\mathrm{e}^{\int \frac{2}{t}\mathrm{d}t}\,\mathrm{d}t\right]$$

$$= t^{-2}\left[G(x) + \frac{2}{3}xt^3\right]\ (G(x)\ \text{是任意函数}).$$

再对 x 积分,可得

$$u = \frac{1}{3}x^2 t + t^{-2}F(x) + H(t),$$

这里 $F(x)$ 和 $H(t)$ 是任意两个一次可微函数.

§8.2　三类典型方程的导出

8.2.1　热传导方程

首先介绍一个预备知识——傅里叶定律. 1822 年, 法国数学家、物理学家傅里叶根据实验提出了热传导的基本定律, 即在导热过程中, 单位时间内通过给定截面的导热量, 正比于垂直于该截面方向上的温度变化率和截面面积, 而热量传递的方向则与温度升高的方向相反. 对于各向同性(材料的导热系数不随方向改变)的物体, 傅里叶定律可表述为: 热流密度向量与温度梯度成正比, 方向相反. 其数学表示式为

$$\boldsymbol{q} = -k(x, y, z)\, \nabla u. \tag{8.2.1}$$

式中, $\boldsymbol{q}$ 为热流密度向量, 它指向热量流失最快的方向, 其数值等于垂直于此方向的单位面积上单位时间内通过的热量; k 为导热系数, 依赖于具体材料; u 为温度, 而温度梯度的方向是温度增加最快的方向, 正好和热量流失的方向相反.

下面我们通过研究一个具体的热传导问题, 来导出热传导方程. 如图 8.1 所示, 体积 V 以封闭曲面 S 为边界, $\mathrm{d}\boldsymbol{S}$ 为 S 上任一有向面元, 方向为外法向, $\boldsymbol{q}$ 为该处的热流密度向量, $\mathrm{d}V$ 为 V 内部任一体积元. 假定在 V 内物质的密度分布为 $\rho(x, y, z)$, 比热为 $c(x, y, z)$, 热源密度分布为 $F(t, x, y, z)$, 我们来考察从时刻 t_1 到 t_2 区域 V 上的热量变化.

首先我们应明确, 傅里叶定律和能量守恒定律是这一过程所遵循的相关物理规律, 也是我们处理该问题的出发点.

此外, 密度、比热、热源密度是空间的函数, 欲了解区域 V 上的热量变化, 势必先要探察该区域每一点附近的情况. 因此, 数学分析手段当首选微元法.

区域 V 的内部和边界需要分别处理. 在边界面 S 上任取一有向面元 $\mathrm{d}\boldsymbol{S}$, 如图 8.1 所示, 由傅里叶定律, 在微元时间 $\mathrm{d}t$ 内通过 $\mathrm{d}\boldsymbol{S}$ 从区域 V 流出的热量 $\mathrm{d}Q_1$ 为

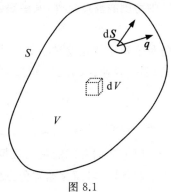

图 8.1

$$\mathrm{d}\boldsymbol{Q}_1 = \boldsymbol{q} \cdot \mathrm{d}\boldsymbol{S}\mathrm{d}t = -k(x,y,z)\nabla u \cdot \mathrm{d}\boldsymbol{S}\mathrm{d}t. \tag{8.2.2}$$

从时刻 t_1 到 t_2 对曲面 S 积分,可得到这段时间内从区域 V 中散失出去的总热量为

$$Q_1 = -\int_{t_1}^{t_2}\mathrm{d}t\oiint_S k(x,y,z)\nabla u \cdot \mathrm{d}\boldsymbol{S}.$$

积分结果大于 0 表示放热,反之为吸热. 利用高斯定理,我们可以将上式写成

$$Q_1 = -\int_{t_1}^{t_2}\mathrm{d}t\iiint_V \nabla\cdot[k(x,y,z)\nabla u]\mathrm{d}V. \tag{8.2.3}$$

在 V 内任取一体积元 $\mathrm{d}V$,其质量 $\mathrm{d}m = \rho\mathrm{d}V$,由于在 $\mathrm{d}t$ 时间内温度的变化为 $\mathrm{d}u$,因而在该微元时间内物质吸收的热量为

$$\mathrm{d}\boldsymbol{Q}_2 = c(x,y,z)\mathrm{d}u\mathrm{d}m = c(x,y,z)\rho(x,y,z)\frac{\partial u}{\partial t}\mathrm{d}t\mathrm{d}V. \tag{8.2.4}$$

将其对体积和时间积分可得到区域 V 内的物质因为温度变化而吸收的热量,即

$$Q_2 = \int_{t_1}^{t_2}\mathrm{d}t\iiint_V c(x,y,z)\rho(x,y,z)\frac{\partial u}{\partial t}\mathrm{d}V. \tag{8.2.5}$$

正值代表吸热,负值代表放热.

另外,由于体积元 $\mathrm{d}V$ 中的热源在 $\mathrm{d}t$ 时间内所释放的热量为

$$\mathrm{d}Q = F(t,x,y,z)\mathrm{d}V\mathrm{d}t,$$

故 $t_1 \sim t_2$ 时间段内区域 V 中热源释放的总热量为

$$Q = \int_{t_1}^{t_2}\mathrm{d}t\iiint_V F(t,x,y,z)\mathrm{d}V. \tag{8.2.6}$$

正值代表放热,负值代表吸热.

至此,我们已经分析了热量变化的所有可能方式. 回到出发点,由能量守恒定律可知,$t_1 \sim t_2$ 时间段内区域 V 中热源释放的总热量除了用来提升区域 V 中物质的温度之外,其余热量通过边界面散失到了外界,即

$$Q = Q_1 + Q_2. \tag{8.2.7}$$

能量守恒定律是物理学的普适定律,而 $t_1 \sim t_2$ 时间段和区域 V 均是任意选取的,因此要使式(8.2.7)恒成立,则该式两边的被积函数必须相等,即

$$F(t,x,y,z) = -\nabla\cdot[k(x,y,z)\nabla u] + c(x,y,z)\rho(x,y,z)\frac{\partial u}{\partial t}. \tag{8.2.8}$$

以上我们考虑的是一般情形下的热传导过程,没有额外的假设. 下面引入附加条件,以简化偏微分方程. 假定导热系数 k、密度 ρ、比热 c 都是常数,并

令 $a^2 = k/c\rho$，$f = F/c\rho$，代入式(8.2.8)，移项整理可得

$$\frac{\partial u}{\partial t} = a^2 \Delta u + f(t, x, y, z), \quad a = \sqrt{k/c\rho}. \tag{8.2.9}$$

这样我们就导出了三维热传导方程. 由上述讨论可见，它是热传导问题的动力学方程，$f(t, x, y, z)$ 表征了热源密度的大小，系数 a 表征了热交换速度的快慢. 导热系数 k 的值越大意味着物质散失热量的速度越快，而密度 ρ 和比热 c 的乘积值越大意味着物质的吸热本领越大，热交换的速度取决于二者博弈的结果，也就是系数 a.

在热传导方程(8.2.9)中，非齐次项的物理意义是热源. 在更一般的情形下，非齐次项往往也代表着该问题中的"源". 如果物体内部没有热源分布，则有

$$\frac{\partial u}{\partial t} = a^2 \Delta u. \tag{8.2.10}$$

在上一节我们已经了解到，偏微分方程的解是无穷多的. 对于一个特定的热传导过程，需要给出合适的定解条件，方能确定区域中每一点的温度随时间的演化关系. 借助于物理规律和直观认知可知，如果已知各点的初始温度以及从边界散失的热量的情况，热传导方程的解就应该是完全确定的. 也就是说，定解条件可以表示为

$$\begin{cases} u(0, x, y, z) = \varphi(x, y, z); \\ \left.\dfrac{\partial u}{\partial n}\right|_s = -\dfrac{q_n(t, x, y, z)}{k}, \quad (x, y, z) \in S, \quad t > 0. \end{cases} \tag{8.2.11}$$

式中，$q_n(t, x, y, z)$ 是热流密度向量的法向分量；$\partial/\partial n$ 是边界面 S 的外法向导数；k 为导热系数. 当然，定解条件不仅此一种，下文还将介绍其他形式.

如果考虑的是稳定温度场，这时温度只是空间坐标的函数，不依赖于时间，即 $u_t = 0$，就可得到三维拉普拉斯方程为

$$\Delta u = 0. \tag{8.2.12}$$

在有热源的情况下，可得到泊松方程为

$$\Delta u = g(x, y, z), \quad g(x, y, z) = -\frac{1}{a^2} f(x, y, z). \tag{8.2.13}$$

现在考虑各向同性的均匀细杆的热传导问题. 取细杆的方向为 x 轴，设在每一个垂直于 x 轴的断面上温度相同，细杆的侧表面与周围介质之间没有热交换，且在杆内没有热源. 这时温度 $u(t, x)$ 只是坐标 x 和时间 t 的函数，因而

$$u_y = u_z = 0.$$

这样就得到一维热传导方程为

$$u_t = a^2 u_{xx}. \tag{8.2.14}$$

正如平面场问题,出于某种对称性的考虑,用一平面上各点的场分布就能代表空间的场分布. 同样地,由一维热传导方程所描述的均匀细杆的热传导,也是一种特殊的空间场,用一条直线上的温度分布就可以代表整个空间的温度分布. 以后关于直线或平面上的问题的类似情况,均应这样理解.

扩散过程和热传导过程虽然是不同的物理过程,但是满足的方程是相似的. 溶液中的溶质从高浓度处扩散到低浓度处是液体扩散的例子. 比如,将墨水滴入一杯水中,扩散过程会持续到整杯水有相同的颜色为止. 固体中的杂质也同样会发生扩散,并且高温扩散是半导体掺杂的一项重要工艺,如制造半导体材料时的锑扩散、硼扩散及磷扩散等. 扩散现象服从与热传导定律相类似的菲克(Fick)扩散定律,用公式可表示为

$$\boldsymbol{j} = -D\nabla u(t,x,y,z). \tag{8.2.15}$$

式中,$u(t,x,y,z)$ 是物质的浓度;$D(>0)$ 是扩散系数;$\boldsymbol{j}$ 为物质流向量;负号表示物质流向量的方向与浓度梯度的方向相反.

类比热传导问题,可以导出扩散过程满足的方程. 将菲克扩散定律类比于傅里叶热传导定律,物质的量守恒类比于能量守恒,扩散系数类比于导热系数,则浓度的地位和温度相当. 根据通常情况,我们可加上没有化学反应或核反应等物质生成的条件,这样就不存在和热源密度对应的物质源密度,于是方程将是齐次的. 此外,常数 1 将替代比热与密度乘积的位置,因为浓度的变化直接决定了物质的量的变化. 在上述类比之下,我们可得到如下结果:

在 $t_1 \sim t_2$ 时间段内从区域 V 中散失出去的物质的量为

$$W_1 = -\int_{t_1}^{t_2} \mathrm{d}t \oiint_S D\nabla u \cdot \mathrm{d}\boldsymbol{S} = -\int_{t_1}^{t_2} \mathrm{d}t \iiint_V \nabla \cdot (D\nabla u)\mathrm{d}V, \tag{8.2.16}$$

而这段时间内区域 V 中物质的量的增量为

$$W_2 = \int_{t_1}^{t_2} \mathrm{d}t \iiint_V \frac{\partial u}{\partial t}\mathrm{d}V, \tag{8.2.17}$$

由于物质的总量保持不变,因此

$$W_1 + W_2 = 0. \tag{8.2.18}$$

再由时间和区域的任意性,则扩散过程须满足方程

$$\frac{\partial u}{\partial t} = \frac{\partial}{\partial x}(Du_x) + \frac{\partial}{\partial y}(Du_y) + \frac{\partial}{\partial z}(Du_z). \tag{8.2.19}$$

如果 D 为常数,可令 $a^2 = D$,则有

$$\frac{\partial u}{\partial t} = a^2 \Delta u. \tag{8.2.20}$$

由于没有生成物质的源,因而扩散方程中不含非齐次项. 虽然热传导问题和扩散问题源自不同的物理背景,满足不同的物理规律,然而描述它们的数学方程是相同的.

8.2.2　理想弦的横振动

现在我们来研究理想弦的微小横振动,首先需要说明问题的含义及所作的近似. 所谓理想弦,是一根细线,其横截面的直径远小于弦的长度,忽略横向尺度,我们可以将弦近似视为一维物体;"理想"还意味着弦是柔软而有弹性的,弦在松弛时可以被弯成任意形状并保持不变,而在张紧时弦上的张力总是沿着弦的切线方向. 设弦的线密度为 $\rho(x)$,弦上的张力为 T,当弦静止时,其平衡位置和 x 轴重合. 某时,弦受到小扰动而开始在平衡位置附近做微小横振动. 弦的运动完全位于某一包含 x 轴的 xOu 平面内,并且弦上每一点只在垂直于 x 轴的 u 轴方向上运动,在 x 轴方向上的位移可忽略. 我们用 $u(t,x)$ 来表示 t 时刻 x 点的位移. 微小振动不仅指位移 $u(t,x)$ 很小,而且 u_x 也很小,即 $u_x \sim 0$. 也就是说,弦的形状不存在陡峭的变化,其物理意义为邻近两点的位移差别很小. 此外,我们假定在 u 轴方向上有外力作用于弦,力的分布密度为 $g(t,x)$.

在上述前提下,我们来寻求弦运动所满足的方程. 因为弦上每一点的速度随时间不断变化,所以牛顿第二定律便成为了该物理问题的出发点. 同时,由于弦上各点的速度、加速度各不相同,因此应当选取任意一个微元来分析.

考虑一段弦 MN,在其上任取微元 $(x, x+\mathrm{d}x)$ 作为研究对象,受力分析如图 8.2 所示. 弦上的张力是作用于此微元的外力,我们令沿 x 轴增加方向的张力为 $\boldsymbol{T}(t,x+\mathrm{d}x)$,另一端的张力为 $-\boldsymbol{T}(t,x)$,由力密度可得 u 轴方向的微元力为 $\boldsymbol{g}\,\mathrm{d}x$. 由上文可知,微元只在 u 轴方向上运动,x 轴方向所受的合外力为 0,微元质量为 $\mathrm{d}m = \rho(x)\mathrm{d}x$.

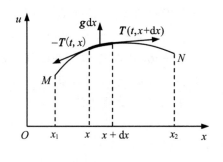

图 8.2

记 $\boldsymbol{T} = (T_1, T_2)$,可分别写出 x 轴方向和 u 轴方向的牛顿第二定律为

$$T_1(t, x+\mathrm{d}x) - T_1(t,x) = 0, \tag{8.2.21}$$

$$T_2(t, x+\mathrm{d}x) - T_2(t,x) + g(t,x)\mathrm{d}x = \frac{\partial^2 u}{\partial t^2}\rho(x)\mathrm{d}x. \tag{8.2.22}$$

式中,T_1 为张力 $\boldsymbol{T}$ 的 x 分量;T_2 为张力 $\boldsymbol{T}$ 的 u 分量.

由于 x 的取值是任意的,因此式(8.2.21)表明,张力的 x 分量与自变量 x 无关,仅依赖于时间,即

$$T_1 = T_1(t). \tag{8.2.23}$$

将式(8.2.22)两端同除以 $\mathrm{d}x$ 并取极限,由偏导数的定义可得

$$\frac{\partial T_2(t,x)}{\partial x} + g(t,x) = \rho(x)\frac{\partial^2 u}{\partial t^2}. \tag{8.2.24}$$

再根据前提条件,张力总是沿着弦的切线方向,由曲线导数的几何意义可知

$$\frac{T_2}{T_1} = \frac{\partial u}{\partial x} \longrightarrow T_2 = T_1\frac{\partial u}{\partial x}. \tag{8.2.25}$$

将式(8.2.25)代入式(8.2.24),注意到 T_1 不依赖于 x,于是

$$T_1\frac{\partial^2 u(t,x)}{\partial x^2} + g(t,x) = \rho(x)\frac{\partial^2 u}{\partial t^2}. \tag{8.2.26}$$

这是一个关于 u 的二阶偏微分方程,倘若能够进一步简化,将为方程的求解带来更多的方便. 我们可以合理地假设弦是由同样的材质构成的,并且粗细均匀,因而密度 ρ 是常数. 张力的大小和 T_1 有关,可表示为

$$T = \sqrt{T_1^2 + T_2^2} = T_1\sqrt{1 + u_x^2}. \tag{8.2.27}$$

由于弦是弹性的,也就是说满足胡克定律,则弦上的张力 T 和弦的伸长量成正比. 对于我们所处理的微元来说,其长度为

$$\mathrm{d}s = \mathrm{d}x\sqrt{1 + u_x^2}. \tag{8.2.28}$$

如果弦形状的变化比较平缓,即 $u_x \sim 0$,我们可以认为 $\mathrm{d}s \approx \mathrm{d}x$. 由微元的任意性或者直接积分弧长,可把这一近似推广到整个弦,即弦的总长度在运动中未发生变化. 换言之,我们在物理上忽略弦在运动中长度的微小变化,等价于在数学上取 $u_x \sim 0$ 的近似. 这就是上文作此假设的原因所在. 既然弦的长度不发生变化,那么张力的大小就保持不变,并且由于 $u_x \sim 0$,则

$$T_1 \approx T = 常量. \tag{8.2.29}$$

于是式(8.2.26)可化为

$$\frac{\partial^2 u}{\partial t^2} = a^2\frac{\partial^2 u}{\partial x^2} + f(t,x), \tag{8.2.30}$$

其中

$$a^2 = \frac{T}{\rho}, \quad f(t,x) = \frac{g(t,x)}{\rho}. \tag{8.2.31}$$

由于 x 的取值是任意的,因此式(8.2.30)适用于弦上的每一点. 该式即为弦的

微小振动方程，也称为**一维波动方程**. 通过量纲分析易知，a 具有速度的单位，其物理意义是波在弦上传播的速度.

由导出过程可见，牛顿第二定律是一维波动方程（8.2.30）的推导依据，从而再次证实，和力密度相关联的非齐次项代表了"源". 如果 $f(t,x) \equiv 0$，则方程为齐次的，在物理上对应弦受到一个初始小扰动后进行自由振动的情形.

直接将一维波动方程进行推广，即可得三维空间的波动方程为

$$\partial_{tt} u = a^2 \Delta u + f(t,x,y,z). \tag{8.2.32}$$

由质点所受的合外力，可以列出牛顿第二定律的方程. 如果还知道该质点初始时刻的位置和速度，则质点的运动就完全确定了. 同样地，为确定弦的运动，我们也要知道弦上每一点初始时刻的位置和速度，只不过有两个特殊点需要单独处理，即弦的端点. 这是由于我们使用微元法建立数学模型时，是在弦线内部任取一小段微元，所考虑的是区域的内点，并不包含区域的边界点 —— 弦的端点. 端点的作用留待后文讨论边界条件时处理.

8.2.3　电势

为简明起见，我们仅考虑真空静电场的情形，并且采用国际单位制. 根据静电场的高斯定理，通过闭合曲面 S 的电通量等于其所包围的电荷量除以真空介电常数 ε_0，用公式可表示为

$$\oiint_S \boldsymbol{E} \cdot \mathrm{d}\boldsymbol{S} = \frac{1}{\varepsilon_0} \sum_i q_i. \tag{8.2.33}$$

这一物理规律可由库仑定律导出，源自点电荷电场的平方反比特性，从直观上我们可借助于"电场线始于正电荷或无穷远处，终止于负电荷或无穷远处"的性质来理解. 而对于以闭合曲面 S 为边界的区域 V 而言，微积分中的高斯定理为

$$\oiint_S \boldsymbol{E}(x,y,z) \cdot \mathrm{d}\boldsymbol{S} = \iiint_V \nabla \cdot \boldsymbol{E}(x,y,z) \mathrm{d}V. \tag{8.2.34}$$

也就是说，电场强度的通量等于其散度的体积分. 另外，区域 V 内的电荷量等于电荷密度 ρ 的体积分，即

$$\sum_i q_i = \iiint_V \rho(x,y,z) \mathrm{d}V. \tag{8.2.35}$$

于是，我们可将物理学和数学中的高斯定理结合起来，从而有

$$\iiint_V \nabla \cdot \boldsymbol{E} \mathrm{d}V = \frac{1}{\varepsilon_0} \iiint_V \rho \mathrm{d}V. \tag{8.2.36}$$

由于微积分中的高斯定理和物理学中的库仑定律都是普适定律,对任意区域 V 都成立,被积函数应相等,因此电场强度的散度必须满足

$$\nabla \cdot \boldsymbol{E} = \frac{\rho}{\varepsilon_0}. \tag{8.2.37}$$

麦克斯韦方程组包含四个方程,式(8.2.37)是其中之一,并且是真空静电场情形下的特例.

由于静电场是保守场,因此我们常常用电势来描述场的分布,则负的电势梯度即为电场强度,即

$$\boldsymbol{E}(x,y,z) = -\nabla \varphi(x,y,z). \tag{8.2.38}$$

将这一关系代入场强的散度方程,可得

$$\Delta \varphi = -\frac{\rho}{\varepsilon_0}. \tag{8.2.39}$$

式(8.2.39)称为**泊松方程**,因为是泊松首先提出的而得名. 不过,泊松是借助于类比而提出此方程的,之后高斯在得到电场的高斯定理时才给出严格的证明. 电荷是电场的"源",于是我们在泊松方程中再次看到同电荷密度相关联的非齐次项的物理意义为"源". 泊松方程也称为**位势方程**,齐次的泊松方程又称为**拉普拉斯方程**,在二维情形下即为复变函数中的调和方程.

§8.3   定解问题与叠加原理

在数学物理方程中,最常见的就是前面讨论的三个二阶常系数线性偏微分方程,即热传导方程、波动方程和泊松方程. 许多问题的物理起源及所遵从的规律虽然不尽相同,但在经过模型的建立、合理假设与化简之后,所导出的数学方程却常常可用上述三个方程之一来描述. 例如,声波在空气中的传播、弹性体的振动、电磁波在真空中的传播等物理过程所导出的就是波动方程. 描述热量在物体内从温度较高处向较低处的传导,溶液中的溶质由浓度较大处向较小处的扩散等输运过程的就是热传导方程. 上述两种物理过程都是随时间而发展的过程,所以有时统称为**发展方程**. 如果它们进入稳定状态,即表征运动过程的物理量 u 不再随时间而改变,那么

$$u_t = 0, \quad u_{tt} = 0.$$

这样就得到了泊松方程,也称为**稳定方程**. 所以泊松方程描述的是一些稳定的物理现象,如某些稳定(定常)流场的分布、稳定温度场的分布、静电场的分

布,等等.

另外,实际中碰到的许多方程,或者只要经过简单的变换就可以化为以上三个方程之一;或者虽然不能直接化为这种形式,但可以仿效三者之一的有关问题来处理. 因此,这三个方程乃是三类方程的典型代表. 以波动方程为代表的那一类方程称为**双曲型方程**,以热传导方程为代表的称为**抛物型方程**,以泊松方程为代表的称为**椭圆型方程**.

在前文中,我们推导了描述某些物理过程的三个典型的偏微分方程. 这些微分关系式仅仅表明了在某个物理过程中,怎样由某一时刻和某一地点的状态连续变化到邻近时刻和邻近地点的状态这种一般的运动规律. 因此,仅仅知道了一个物理过程所满足的微分方程,还不足以把这个过程完全确定下来. 这个事实在数学上的表现,就是一个方程可能有许多不同的解. 为了把解确定下来,还要给泛定方程加上适当的定解条件.

8.3.1　初始条件和初始问题

所谓**初始条件**,是指过程发生的初始状态. 例如,考虑一条无限长的弦的自由振动,描述这一运动的方程是

$$u_{tt}=a^2u_{xx}, \quad -\infty<x<+\infty, t>0. \tag{8.3.1}$$

为了完全确定这条弦的运动规律,还必须知道开始时刻($t=0$)弦上各点的位移

$$u(0,x)=\varphi(x), \quad -\infty<x<+\infty \tag{8.3.2}$$

和初始速度

$$u_t(0,x)=\psi(x), \quad -\infty<x<+\infty. \tag{8.3.3}$$

这样,就得到了如下的定解问题:

$$\begin{cases} \textbf{泛定方程}:u_{tt}=a^2u_{xx}, \quad -\infty<x<+\infty, t>0, \\ \textbf{定解条件}:u(0,x)=\varphi(x), \quad u_t(0,x)=\psi(x). \end{cases} \tag{8.3.4}$$

这里的定解条件所给出的是某一初始时刻弦的状态,即初始条件. 具体地说,就是未知函数 u 及其对时间的偏导数在 $t=0$ 的值. 这个定解问题叫作**初始问题**(或**柯西问题**).

定解问题(8.3.4)的含义就是找出一个二元函数 $u(t,x)$,使它当 $-\infty<x<+\infty, t>0$ 时满足一维波动方程,而当 $t=0$ 时满足给定的初始条件.

对于全空间的三维波动方程,初始问题的提法是

$$\begin{cases} u_{tt}=a^2\Delta u+f(t,x,y,z), \quad -\infty<x,y,z<+\infty, t>0, \\ u(0,x,y,z)=\varphi(x,y,z), \quad u_t(0,x,y,z)=\psi(x,y,z). \end{cases} \tag{8.3.5}$$

这里 $\varphi(x,y,z),\psi(x,y,z)$ 是已知函数.

如果要研究一条无限长的均匀细杆的热传导,初始问题的提法就是开始时刻 $(t=0)$ 温度 u 的值. 这时

$$\begin{cases} u_t = a^2 u_{xx} + f(t,x), & -\infty < x < +\infty, t > 0, \\ u(0,x) = \varphi(x), & -\infty < x < +\infty. \end{cases} \tag{8.3.6}$$

对于全空间的三维热传导方程,初始问题的提法则是

$$\begin{cases} u_t = a^2 \Delta u + f(t,x,y,z), & -\infty < x,y,z < +\infty, t > 0, \\ u(0,x,y,z) = \varphi(x,y,z), & -\infty < x,y,z < +\infty. \end{cases} \tag{8.3.7}$$

从数学的角度看,就时间变量 t 而言,热传导方程中只出现了 t 的一阶导数,所以只需要一个初始条件就能把过程完全确定下来;而波动方程中出现了 t 的二阶导数,因而需要两个初始条件才能把过程完全确定下来.

8.3.2 边界条件和边值问题

上面讲的初始问题,是在整个空间中研究所发生的物理过程. 如果要考虑在空间某一区域 V 内发生的物理过程,就要涉及这个过程在 V 的边界面 S 上的约束状态,这就是所谓的**边界条件**. 下面以静电场为例,说明边界条件的提法. 已知体积 V 的边界面 S 上的电势,若 V 内无电荷分布,则电势 u 满足定解问题

$$\begin{cases} \Delta u = 0, & (x,y,z) \in V, \\ u|_S = \varphi(x,y,z), & (x,y,z) \in S. \end{cases} \tag{8.3.8}$$

即找一个函数 $u(x,y,z)$,它在区域 V 内满足三维调和方程,而在边界面 S 上取已知的值 $\varphi(x,y,z)$. 条件

$$u|_S = \varphi(x,y,z) \tag{8.3.9}$$

称为**第一类边界条件**或**狄利克雷条件**,上述定解问题称为拉普拉斯方程的**第一边值问题**或**狄利克雷问题**.

如果已知电势在边界面上的法向导数为

$$\frac{\partial u}{\partial n}\bigg|_S = \varphi(x,y,z), \tag{8.3.10}$$

其中 $\partial/\partial n$ 是区域 V 的边界面 S 的外法向导数,$\varphi(x,y,z)$ 是定义在 S 上的已知函数. 这种条件称为**第二类边界条件**或**诺依曼边界条件**. 相应的定解问题

$$\begin{cases} \Delta u = 0, & (x,y,z) \in V, \\ \dfrac{\partial u}{\partial n}\bigg|_S = \varphi(x,y,z), & (x,y,z) \in S \end{cases} \tag{8.3.11}$$

称为拉普拉斯方程的**第二边值问题**或**诺依曼问题**.

对于拉普拉斯方程,还有第三类边界条件或称洛平条件,它的形式是

$$\left(\alpha\,\frac{\partial u}{\partial n}+\beta u\right)\Big|_{S}=\varphi(x,y,z). \tag{8.3.12}$$

这里 α,β,φ 都是定义在 S 上的已知函数,且 $\alpha^2+\beta^2\neq0$,相应的定解问题

$$\begin{cases}\Delta u=0, & (x,y,z)\in V,\\ \left(\alpha\,\dfrac{\partial u}{\partial n}+\beta u\right)\Big|_{S}=\varphi(x,y,z), & (x,y,z)\in S\end{cases} \tag{8.3.13}$$

称为**第三边值问题**或**洛平问题**.

显然,当 $\alpha=0$ 时,洛平问题成为狄利克雷问题;当 $\beta=0$ 时,洛平问题成为诺依曼问题.

【例 8.5】　有一接地的槽形导体,上有电势为 $\varphi(x,y)$ 的盖子,盖子与导体相接触处绝缘. 试写出槽内电势分布的定解问题.

解　设导体的三边长分别是 a,b,c,取坐标系如图 8.3 所示,并设电势为 u,则依题意,u 满足定解问题

$$\begin{cases}\Delta u=0, & 0<x<a,0<y<b,0<z<c,\\ u\mid_{z=c}=\varphi(x,y), & 0<x<a,0<y<b,\\ u\mid_{z=0}=0, & 0\leqslant x\leqslant a,0\leqslant y\leqslant b,\\ u\mid_{x=0}=u\mid_{x=a}=0, & 0\leqslant y\leqslant b,0\leqslant z<c,\\ u\mid_{y=0}=u\mid_{y=b}=0, & 0\leqslant x\leqslant a,0\leqslant z<c.\end{cases}$$

如果将题中的槽形导体改为无限长的条形导体,条形导体的三面接地,且一面电势为 u_0,又设电势为 u_0 的一面与相邻的另外两面相接触处绝缘. 试写出条形导体内电势分布的定解问题.

设沿 z 轴方向导体的长度为无限长,由对称性显然可知条形导体内的电势不依赖于 z,问题简化为二维问题. 取坐标系如图 8.4 所示,则电势 u 满足定解问题

$$\begin{cases}\Delta_2 u=u_{xx}+u_{yy}=0, & 0<x<a,0<y<b,\\ u\mid_{y=b}=u_0, & 0<x<a,\\ u\mid_{y=0}=0, & 0\leqslant x\leqslant a,\\ u\mid_{x=0}=u\mid_{x=a}=0, & 0\leqslant y<b.\end{cases}$$

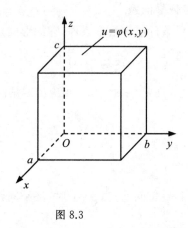

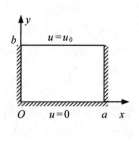

图 8.3   图 8.4

8.3.3 混合问题

如果在空间的某一有界区域 V 上讨论波动方程和热传导方程,它的定解条件中除了前面提到的初始条件外,还包括边界面 S 上的情况,和静电场的三类边界条件类似. 热传导方程的三类边界条件如下:

第一类边界条件:已知 S 上的物体温度

$$u\big|_S = \mu(t,x,y,z), \quad (x,y,z) \in S, t > 0. \quad (8.3.14)$$

第二类边界条件:已知沿 S 外法向流出的热量的热流密度 $q_n(t,x,y,z)$,由热传导定律,有

$$\frac{\partial u}{\partial n}\bigg|_S = -\frac{q_n(t,x,y,z)}{k}, \quad (x,y,z) \in S, t > 0. \quad (8.3.15)$$

这里 $\partial/\partial n$ 是边界面 S 的外法向导数,q_n 为前文中介绍的热流密度向量的法向分量. 若 $q_n \equiv 0$,则表示物体的表面 S 是绝热的.

第三类边界条件:温度高于周围环境的物体向周围媒质传递热量逐渐冷却时,在物体的边界面处,和外部介质有热交换. 热交换过程遵循牛顿冷却定律:单位时间从单位面积散失的热量与温度差成正比,即

$$q_n = h(u - \theta). \quad (8.3.16)$$

式中,u 和 $\theta = \theta(t,x,y,z)$ 分别表示物体和介质在表面处的温度;$h = h(x,y,z)$ 称为物质的**对流传热系数**,取正值. 把 q_n 代入式(8.3.15),可得第三类边界条件为

$$\left(k\frac{\partial u}{\partial n} + hu\right)\bigg|_S = h\theta. \quad (8.3.17)$$

如果以上三类边界条件的右端恒等于零(即 μ,q_n,θ 恒为零),则称为**齐次边界条件**;否则,称为**非齐次边界条件**.

对于一维的热传导问题,区域 $(0 \leqslant x \leqslant l)$ 的边界是两个端点,这时

$$\frac{\partial u}{\partial n}\bigg|_{x=0} = -\frac{\partial u}{\partial x}\bigg|_{x=0}, \qquad \frac{\partial u}{\partial n}\bigg|_{x=l} = \frac{\partial u}{\partial x}\bigg|_{x=l}, \tag{8.3.18}$$

所以第三类边界条件成为

$$\begin{cases} \left(-k\,\frac{\partial u}{\partial x} + hu\right)\bigg|_{x=0} = h(0)\theta(t,0), \\ \left(k\,\frac{\partial u}{\partial x} + hu\right)\bigg|_{x=l} = h(l)\theta(t,l). \end{cases} \tag{8.3.19}$$

对于定解问题的边界条件,有时还可能是在一部分边界上给出一类边界条件,而在另一部分边界上给出其他类边界条件.

热传导方程是发展方程,温度不仅依赖于空间变量,还随时间变化. 以一维热传导为例,设有一根长为 l 的均匀细杆,细杆的侧表面与周围介质没有热交换,其内部有密度为 $g(t,x)$ 的热源. 已知杆的初始温度为 $\varphi(x)$,杆的右端绝热,左端与周围介质有热交换,则杆内温度分布 $u(t,x)$ 的定解问题是

$$\begin{cases} u_t = a^2 u_{xx} + f(t,x), \quad f(t,x) = \dfrac{g(t,x)}{c\rho}, 0 < x < l, t > 0, \\ u(0,x) = \varphi(x), \\ \left(hu - k\,\dfrac{\partial u}{\partial x}\right)\bigg|_{x=0} = h(0)\theta(t,0), \quad \dfrac{\partial u}{\partial x}\bigg|_{x=l} = 0. \end{cases} \tag{8.3.20}$$

这种既附有初始条件又附有边界条件的定解问题称为**混合问题**.

关于弦振动方程的边界条件,最常见的是固定点边界条件. 例如,弦的两个端点($x=0$ 和 $x=l$)固定,则有

$$u(t,0) = 0, \quad u(t,l) = 0,$$

这是第一类齐次边界条件. 如果弦的两端按某种已知的规律运动,则有

$$u(t,0) = \mu(t), \quad u(t,l) = \nu(t),$$

这是第一类非齐次边界条件.

如果弦的两端分别受到与 x 轴方向垂直的外力 $\mu(t)$ 及 $\nu(t)$ 的作用,从前面建立弦振动方程的讨论中我们知道,弦的两端所受到的张力在 u 轴方向的分量分别是 $Tu_x(t,0)$ 和 $-Tu_x(t,l)$. 于是

$$Tu_x(t,0) + \mu(t) = 0, \quad -Tu_x(t,l) + \nu(t) = 0,$$

即

$$u_x(t,0) = \mu_1(t), \quad u_x(t,l) = \nu_1(t)$$

这里 $\mu_1(t)=-\mu(t)/T$,$\nu_1(t)=\nu(t)/T$ 是已知函数,这是第二类非齐次边界条件. 特别地,当

$$u_x(t,0)=0, \quad u_x(t,l)=0$$

时,表明弦的两端不受垂直方向的外力,弦的两端可以在垂直于 x 轴的直线上自由滑动,这种边界称为**自由端**.

现在设想把弦固定在弹簧的自由端,这时弦的两个端点除受到上文所说的张力及外力外,还分别受到弹性力 $-ku(t,0)$ 和 $-ku(t,l)$(k 为弹性系数),于是

$$Tu_x(t,0)-ku(t,0)+\mu(t)=0,$$
$$-Tu_x(t,l)-ku(t,l)+\nu(t)=0,$$

这时两端就是第三类边界条件

$$(Tu_x-ku)|_{x=0}=\mu_1(t),$$
$$(Tu_x+ku)|_{x=l}=\nu(t).$$

这里 $\mu_1(t)=-\mu(t)$ 和 $\nu(t)$ 都是已知函数.

8.3.4　定解问题的适定性概念

上面对三类方程从物理学的视角提出了定解问题,这些定解问题都是在一定的理想化假设下归纳出来的. 这自然会让人产生如下疑问:这样归纳出来的定解问题是否合适? 这些问题能否在一定程度上符合实际情况? 这是偏微分方程理论中的一个重要课题,从数学角度来看,它包括以下三个问题:

(1)**解的存在性问题**:研究在一定的定解条件下,方程是否有解.

(2)**解的唯一性问题**:研究在给定的定解条件下,方程的解是否唯一.

从物理意义上看,存在性和唯一性似乎不成问题,因为自然现象本身就回答了这个问题. 但是,我们从自然现象中归纳出数学模型时,总要作一些近似,并提出一些附加的要求. 特别是对于提出的定解条件,可能出现以下两种情况:一是定解条件过多,或者互相矛盾,不能同时满足,相应的定解问题的解不存在,这样的定解问题就不能用来描述任何物理过程;二是定解条件较少,使得定解问题的解不唯一,这样的定解问题也不能用来描述一个确定的物理过程. 总之,存在性和唯一性的研究,可以使我们恰到好处地提出泛定方程的定解条件.

另外,从数学角度来看,存在性的研究往往就是一个提供求解方法的过程;而唯一性则保证不论采用什么方法,只要能找出既满足方程又符合定解条件的解,就达到了求解定解问题的目的. 以求解平面静电场的边值问题为例,

有许多不同的求解方法,如分离变量法、格林函数方法、保角变换方法等. 同一边值问题用不同的方法,得到的解从形式上看可能很不一样. 如果从理论上证明了解的唯一性,则各种形式不同的解必相等. 而要用直接计算来验证这一点,有时却是很困难的.

(3) **解的稳定性问题**:研究在一定的意义下当定解条件做很小的变化时,问题的解是否也做很小的变化. 用数学语言来讲,就是研究解对定解条件的连续依赖性.

这个问题的重要性是显然的,因为测量总会有误差,所以实际问题中通过测量而给出的定解条件是近似的. 如果问题的解是稳定的,就能保证所得到的解近似地反映自然现象. 相反,当定解条件很接近时,对应的解却可以相差很大,这样就无法保证我们所获得的解的可靠性.

同时,解的存在性、唯一性和稳定性,也是当前大量使用数值方法求解偏微分方程的充分保证,而稳定性更是必要的基础.

定解问题的存在性、唯一性和稳定性统称为定解问题的**适定性**. 如果一个定解问题的解存在、唯一且稳定,我们就称这个定解问题在阿达马(Hadamard) 意义下是适定的,简称为**适定的**. 对于我们在前面所讲到的各种定解问题,在偏微分方程中已经证明了在一定条件下它们的提法都是适定的.

8.3.5　线性算子和叠加原理

解定解问题的一个重要方法是先设法求出一族带参数 λ 的特解 $\{u_\lambda\}$,然后把这一族特解线性叠加,即先设

$$u = \sum_\lambda c_\lambda u_\lambda,$$

再根据定解条件去确定常数 c_λ. 本书以下的大部分篇幅就是讲这个方法. 在这个方法中,叠加原理起着重要作用. 为此,下面先介绍一下叠加原理.

许多物理现象都具有叠加性:几种不同的因素同时出现时所产生的效果,等于各个因素单独出现时所产生的效果的总和(叠加). 例如,多个点电荷所产生的总电势,等于各个电荷单独产生的电势的叠加. 又如,我们熟知的力学中的力的独立作用原理,也是一种叠加性. 这种叠加性反映到数理方程中来,就是描述这种具有叠加性的物理现象的定解问题,不仅泛定方程是线性的,而且定解条件也是线性的. 这种定解问题称为**线性定解问题**.

我们通常把一个函数类(定义域)到另一个函数类(值域)的映射称为**算子或算符**,如二阶微分算子 —— 拉普拉斯算子 Δ. 如果我们用 L 代表一般的

二阶微分算子,即

$$L = \sum_{i,j=1}^{n} a_{ij} \frac{\partial^2}{\partial x_i \partial x_j} + 2 \sum_{i=1}^{n} b_i \frac{\partial}{\partial x_i} + c, \qquad (8.3.21)$$

则一般形式的二阶常系数线性偏微分方程可以表示为

$$Lu = f. \qquad (8.3.22)$$

最一般的线性边界条件(它包括了三类边界条件)为

$$\left(\alpha u + \beta \frac{\partial u}{\partial n} \right) \Big|_s = \varphi,$$

这里 α, β, φ 是已知函数. 该边界条件也可以写成算子的形式:

$$Mu \big|_s = \left(\alpha + \beta \frac{\partial}{\partial n} \right) u \big|_s = \varphi.$$

除了微分算子外,还有许多其他类型的算子,如拉普拉斯变换 $L[f]$ 和傅里叶变换 $F[f]$:

$$L[f] = \int_0^{+\infty} f(t) \mathrm{e}^{-pt} \mathrm{d}t, \quad F[f] = \int_{-\infty}^{+\infty} f(x) \mathrm{e}^{\mathrm{i}\lambda x} \mathrm{d}x.$$

我们定义具有下列性质的算子为**线性算子**:

(1) 常数 c 可以从算子中提取出来,即

$$L[cu] = cLu. \qquad (8.3.23)$$

(2) 算子作用于两个函数之和所得到的结果等于算子分别作用于两个函数所得到的结果的和,即

$$L[u_1 + u_2] = Lu_1 + Lu_2. \qquad (8.3.24)$$

性质(1)和(2)可以合写成

$$L[c_1 u_1 + c_2 u_2] = c_1 Lu_1 + c_2 Lu_2, \qquad (8.3.25)$$

这里 c_1, c_2 都是常数. 这个式子就是前面讲过的叠加原理. 常用的叠加原理有以下几种形式:

叠加原理 1:设 u_i 满足线性方程(或线性定解条件)

$$Lu_i = f_i, \quad i = 1, 2, \cdots, n, \qquad (8.3.26)$$

那么它们的线性组合 $u = \sum_{i=1}^{n} c_i u_i$ 必满足方程(或定解条件)

$$Lu = \sum_{i=1}^{n} c_i f_i. \qquad (8.3.27)$$

叠加原理 2:设 u_i 满足线性方程(或线性定解条件)

$$Lu_i = f_i, \quad i = 1, 2, \cdots, \qquad (8.3.28)$$

又设级数 $u = \sum_{i=1}^{\infty} c_i u_i$ 收敛,并且满足算子 L 中所出现的偏导数与求和记号交

换次序所需要的条件,一般可设 u_i 的这些偏导数连续,且相应的级数一致收敛.那么 u 满足线性方程(或定解条件)

$$Lu = \sum_{i=1}^{\infty} c_i f_i. \tag{8.3.29}$$

叠加原理 3:设 $u(M, M_0)$ 满足线性方程(或线性定解条件)

$$Lu = f(M, M_0), \tag{8.3.30}$$

其中 M 表示自变量组,M_0 表示参数组.又设在区域 V 内对参数组 M_0 的积分

$$U(M) = \int_V u(M, M_0) \mathrm{d} M_0 \tag{8.3.31}$$

收敛,并且满足 L 中出现的偏导数与积分交换次序所需要的条件.若 u 的这些偏导数连续,且相应积分一致收敛,则 $U(M)$ 满足方程(或定解条件)

$$LU(M) = \int_V f(M, M_0) \mathrm{d} M_0. \tag{8.3.32}$$

特别地,当 u 满足齐次方程(或齐次定解条件)时,U 也满足此齐次方程(或齐次定解条件).

叠加原理 $1 \sim 3$ 的证明很容易,只要把微分算子 L 与求和(或积分)运算交换次序即可.例如,对于叠加原理 3,证明过程如下:

$$LU(M) = L\left[\int_V u(M, M_0) \mathrm{d} M_0\right] = \int_V Lu(M, M_0) \mathrm{d} M_0 = \int_V f(M, M_0) \mathrm{d} M_0.$$

叠加原理的运用是常见的求解方法,它能够把复杂的定解问题分解成一些较简单的定解问题,从而使问题变得较容易处理.

【例 8.6】 求二维泊松方程 $\Delta_2 u = x^2 + 3xy + y^2$ 的一般解.

解 利用叠加原理 1 求解.先求出方程的一个特解 u_1,由于右端是一个二元二次齐次多项式,故可设 u_1 为四次多项式,即

$$u_1 = ax^4 + bx^3 y + cy^4.$$

代入方程,得

$$\Delta_2 u_1 = 12ax^2 + 6bxy + 12cy^2 = x^2 + 3xy + y^2,$$

比较两边系数,得

$$a = \frac{1}{12}, \quad b = \frac{1}{2}, \quad c = \frac{1}{12},$$

于是

$$u_1 = \frac{1}{12}(x^4 + 6x^3 y + y^4).$$

再令 $u = u_1 + v$,代入方程,得

$$v_{xx} + v_{yy} = 0,$$

作替换 $x = \xi, y = i\eta$,则

$$v_{\xi\xi} - v_{\eta\eta} = 0,$$

所以

$$v = f(\xi - \eta) + g(\xi + \eta) = f(x - iy) + g(x + iy),$$

其中 f, g 为任意两个二次可微函数. 这样可得到一般解为

$$u = f(x - iy) + g(x + iy) + \frac{1}{12}(x^4 + 6x^3y + y^4).$$

§8.4   无界弦的自由振动

一个定解问题提出后,就要求出它的解. 在常微分方程的初始问题中,可以先求出通解,然后把初始条件代入通解,以确定任意常数,从而求得初始问题的解. 这种由一般解求特解的方法,对于为数不多的偏微分方程的定解问题是可行的. 一个典型的例子是求解无界弦的自由振动问题:

$$\begin{cases} u_{tt} = a^2 u_{xx}, & -\infty < x < +\infty, t > 0, \\ u(0, x) = \varphi(x), & u_t(0, x) = \psi(x). \end{cases} \tag{8.4.1}$$

我们已经知道一维齐次波动方程的通解是

$$u = f(x - at) + g(x + at), \tag{8.4.2}$$

再由所给的初始条件,则有

$$u(0, x) = f(x) + g(x) = \varphi(x), \tag{8.4.3}$$

$$u_t(0, x) = -af'(x) + ag'(x) = \psi(x). \tag{8.4.4}$$

对式(8.4.4) 积分,可得

$$-f(x) + g(x) = \frac{1}{a} \int_0^x \psi(\xi) d\xi + c, \tag{8.4.5}$$

其中 c 为任意常数.

将式(8.4.3) 和式(8.4.5) 联立,解之则有

$$f(x) = \frac{\varphi(x)}{2} - \frac{1}{2a} \int_0^x \psi(\xi) d\xi - \frac{c}{2},$$

$$g(x) = \frac{\varphi(x)}{2} + \frac{1}{2a} \int_0^x \psi(\xi) d\xi + \frac{c}{2}.$$

于是可得到所求解为

$$u(t, x) = f(x - at) + g(x + at)$$

$$= \frac{\varphi(x-at)+\varphi(x+at)}{2} + \frac{1}{2a}\int_{x-at}^{x+at}\psi(\xi)\mathrm{d}\xi. \quad (8.4.6)$$

这就是一维波动方程柯西问题的解的表达式,这个公式叫作**达朗贝尔(d'Alembert)公式**.

解一个定解问题一般包括三个步骤,上述解题过程只是走完了第一步——分析,即从数学和物理角度出发,把所要求的解找出来. 这样做时,可以不必严格注意所进行的各种运算的合理性. 例如,对已知函数的可微性的要求;级数是否收敛,是否可以逐项微分;积分次序是否可以交换;等等. 第二个步骤是综合,就是在一定的条件下,严格论证所得到的函数确是问题的解,即满足泛定方程和定解条件. 不难验证,当$\varphi(x)$是二次可微函数,$\psi(x)$是连续可导函数时,由达朗贝尔公式所给出的函数确是上述定解问题的解. 今后我们在解定解问题时,一般直接省略这一步骤. 第三个步骤是解释,即对所得到的解进行物理解释.

下面来看看达朗贝尔公式的物理意义. 我们一般把波动方程的任何一个解都叫作一个**波**. 一维波动方程的一般解

$$u = f(x-at) + g(x+at)$$

中,包括如下两个部分:

$$u_1 = f(x-at), \quad u_2 = g(x+at).$$

这里u_1在初始时刻的波形为$u_1(0,x)=f(x)$,到$t=t_0$时刻,它的波形为

$$u_1(t_0,x) = f(x-at_0).$$

即在$t=0$时刻点x处的扰动状态在$t=t_0$时刻传到了$(x+at_0)$处,因此$u_1=f(x-at)$称为**右传播波**或**右行波**,它的传播速度为

$$v = \frac{at_0}{t_0} = a.$$

同理,$u_2=g(x+at)$也是一个单向波,不过它以速度a向左传播,称为**左传播波**或**左行波**. 综合上面的讨论可知:任何一个一维的波动,都可表示为两个速度为a的左、右单向传播波的叠加.

【**例 8.7**】 求下列初始问题的解:

$$\begin{cases} u_{tt} = a^2 u_{xx}, \\ u(0,x) = \sin x, \quad u_t(0,x) = \cos x. \end{cases}$$

解 由达朗贝尔公式,可得

$$u(t,x) = \frac{1}{2}\big[\sin(x+at)+\sin(x-at)\big] + \frac{1}{2a}\int_{x-at}^{x+at}\cos\xi\mathrm{d}\xi$$

$$= \sin x \cos at + \frac{1}{2a}[\sin(x + at) - \sin(x - at)]$$

$$= \sin x \cos at + \frac{1}{a}\cos x \sin at.$$

令人遗憾的是,上述由通解求定解问题的方法,对于大多数定解问题是不适用的. 这是因为,对许多方程来说,求通解这一步不易做到,即使通解已经求出,要按定解条件去确定通解中的任意函数,往往要解函数方程或函数方程组,这比求解常微分方程中的任意常数要困难得多. 因此,要解偏微分方程中的定解问题,只有另辟蹊径. 下面所讲的分离变量法就是一种行之有效的方法.

§8.5　有界弦的自由振动

分离变量法又称**傅里叶方法**,它是解偏微分方程中定解问题的常用方法之一,能够求解相当多的定解问题,特别是一些常见区域(如矩形、长方体、圆、球、圆柱体等)上的混合问题和边值问题. 分离变量法就是首先通过变量的分离把偏微分方程化为常微分方程,再由边界条件确定本征值和本征函数系;根据 S-L 定理,本征函数系构成完备正交系,因此可以将解表示成按照本征函数系展开的形式.

分离变量法是达朗贝尔于 1750 年在研究两端固定的弦的自由振动的混合问题时引入的. 下面以两端固定的有界弦的自由振动问题

$$\begin{cases} u_{tt} = a^2 u_{xx}, & 0 < x < l, t > 0, & \text{(A)} \\ u(t,0) = u(t,l) = 0, & & \text{(B)} \\ u(0,x) = \varphi(x), & u_t(0,x) = \psi(x) & \text{(C)} \end{cases} \qquad (8.5.1)$$

为例,来说明这个方法. 一般来说,用分离变量法解题主要包括以下四个步骤:

第一步:分离变量.

这一步的目的是通过变量的分离,把偏微分方程化为常微分方程. 即探求方程的一族形如

$$u = X(x)T(t) \qquad (8.5.2)$$

的非零(即不恒等于零)特解,并且暂时先不考虑初始条件,而只要求它满足边界条件. 由边界条件(B),有

$$u(t,0) = X(0)T(t) = 0, \quad u(t,l) = X(l)T(t) = 0,$$

所以

$$X(0) = X(l) = 0.$$

再将式(8.5.2)代入泛定方程(A),得

$$X(x)T''(t) = a^2 X''(x)T(t),$$

上式两边同除以 $a^2 X(x)T(t)$,得

$$\frac{T''(t)}{a^2 T(t)} = \frac{X''(x)}{X(x)}.$$

此式左端仅是 t 的函数,右端仅是 x 的函数,而 x,t 是两个相互独立的变量. 所以,只有两边都是常数时,等式才能成立. 令这个常数为 $-\lambda$,可得到以下两个常微分方程:

$$\begin{cases} T'' + \lambda a^2 T = 0, \\ X'' + \lambda X = 0, \quad X(0) = X(l) = 0. \end{cases} \tag{8.5.3}$$

第二步:解常微分方程的边值问题,求本征值 λ.

由于方程组(8.5.3)的第二个常微分方程中带有边值条件,这就限制了 λ 的取值,因此我们先求常微分方程的边值问题

$$\begin{cases} X'' + \lambda X = 0, \\ X(0) = X(l) = 0 \end{cases} \tag{8.5.4}$$

的非零解. 分以下三种情况讨论:

(1)若 $\lambda = 0$,这时方程成为 $X'' = 0$,其通解是

$$X = Ax + B.$$

由边界条件 $X(0) = X(l) = 0$,可得 $A = 0, B = 0$. 故此时的边值问题只有零解 $X(x) \equiv 0$. 这就是说,$\lambda = 0$ 是不可能的.

(2)若 $\lambda < 0$,不妨令 $\lambda = -k^2$,这时方程 $X'' - k^2 X = 0$ 的通解是

$$X = A e^{kx} + B e^{-kx}.$$

由边界条件 $X(0) = X(l) = 0$,可得

$$A + B = 0, \quad A e^{kl} + B e^{-kl} = 0.$$

用消去法不难得到 $A = 0, B = 0$,故此时方程也只有零解 $X(x) \equiv 0$,因而 λ 不能取负值.

(3)若 $\lambda > 0$,不妨令 $\lambda = k^2 (k > 0)$,这时方程 $X'' + k^2 X = 0$ 的通解是

$$X = A\cos kx + B\sin kx. \tag{8.5.5}$$

由边界条件 $X(0) = 0$,应有 $A = 0$;再由边界条件 $X(l) = 0$,有

$$B\sin kl = 0.$$

因 B 不能再为零,故必有

$$k = \frac{n\pi}{l}, \quad n = 1, 2, 3, \cdots \quad \text{或} \quad \lambda = \left(\frac{n\pi}{l}\right)^2, \quad n = 1, 2, 3, \cdots.$$

综上所述,为了使 $X(x)$ 的边值问题有非零解,必须有 $\lambda = (n\pi/l)^2 \, (n = 1, 2, \cdots)$. 我们把 $\lambda_n = (n\pi/l)^2$ 叫作**本征值**,与此本征值相应的非零解

$$X_n(x) = B_n \sin\frac{n\pi x}{l} \tag{8.5.6}$$

称为属于本征值 λ_n 的**本征函数**;B_n 是任意常数,可视求解问题的方便而选取. 而求本征值和本征函数的边值问题称为**本征值问题**.

把本征值 $\lambda_n = (n\pi/l)^2$ 代入确定 T 的常微分方程,即求得相应的函数

$$T_n(t) = C_n \cos\frac{n\pi a}{l}t + D_n \sin\frac{n\pi a}{l}t, \tag{8.5.7}$$

这里 C_n 和 D_n 都是任意常数. 这样就可求得泛定方程(A)满足边界条件的一族解

$$\begin{aligned} u_n &= X_n(x) T_n(t) \\ &= \left(C_n \cos\frac{n\pi at}{l} + D_n \sin\frac{n\pi at}{l}\right) \sin\frac{n\pi x}{l}, \quad n = 1, 2, 3, \cdots. \end{aligned} \tag{8.5.8}$$

这里已经把任意常数 B_n 并入任意常数 C_n 和 D_n 中了,也可以认为 B_n 的取值为 1.

第三步:$u_n(t, x)$ 的叠加.

求得满足泛定方程(A)和边界条件(B)的一族解 u_n 后,就要考虑初始条件了. 如果试图选择某一个 $u_n(t, x)$ 使它满足初始条件(C),一般是办不到的. 这是因为

$$u_n(0, x) = C_n \sin\frac{n\pi x}{l}, \quad \left.\frac{\partial u_n}{\partial t}\right|_{t=0} = D_n \frac{n\pi a}{l} \sin\frac{n\pi x}{l},$$

而初始函数 $\varphi(x)$ 和 $\psi(x)$ 是任意给定的. 但是,如果我们注意到泛定方程(A)和边界条件(B)都是线性齐次的,这样将所得的特解串 u_n 叠加起来,由叠加原理 2 可知,得到的函数

$$\begin{aligned} u(t, x) &= \sum_{n=1}^{\infty} u_n(t, x) \\ &= \sum_{n=1}^{\infty}\left(C_n \cos\frac{n\pi at}{l} + D_n \sin\frac{n\pi at}{l}\right) \sin\frac{n\pi x}{l} \end{aligned} \tag{8.5.9}$$

仍满足泛定方程(A)和边界条件(B). 又因为

$$u(0,x) = \sum_{n=1}^{\infty} C_n \sin \frac{n\pi x}{l}, \tag{8.5.10}$$

$$u_t(0,x) = \sum_{n=1}^{\infty} \frac{n\pi a}{l} D_n \sin \frac{n\pi x}{l}, \tag{8.5.11}$$

这就使得我们可能选择系数列 C_n 和 D_n，使得它们满足初始条件(C). 而这正是我们熟知的有限区间上函数的傅里叶级数展开问题.

第四步:确定系数 C_n 和 D_n.

把初始条件(C) 代入式(8.5.10) 和式(8.5.11),可得到

$$\varphi(x) = \sum_{n=1}^{\infty} C_n \sin \frac{n\pi x}{l}, \tag{8.5.12}$$

$$\psi(x) = \sum_{n=1}^{\infty} \frac{n\pi a}{l} D_n \sin \frac{n\pi x}{l}, \tag{8.5.13}$$

于是,由正弦级数的系数公式,可得

$$C_n = \frac{2}{l} \int_0^l \varphi(x) \sin \frac{n\pi x}{l} dx, \tag{8.5.14}$$

$$D_n = \frac{2}{n\pi a} \int_0^l \psi(x) \sin \frac{n\pi x}{l} dx. \tag{8.5.15}$$

把这样确定的系数 C_n 和 D_n 代入式(8.5.9),就可得到所求定解问题的解

$$u = \sum_{n=1}^{\infty} \left[\frac{2}{l} \int_0^l \varphi(\xi) \sin \frac{n\pi\xi}{l} d\xi \cdot \cos \frac{n\pi at}{l} \right.$$
$$\left. + \frac{2}{n\pi a} \int_0^l \psi(\xi) \sin \frac{n\pi\xi}{l} d\xi \cdot \sin \frac{n\pi at}{l} \right] \sin \frac{n\pi x}{l}. \tag{8.5.16}$$

当然,上面所求得的仍是形式解(即只进行了分析). 利用数学分析的知识,不难证明:当 $\varphi(x)$ 是四阶连续可导函数,$\psi(x)$ 是三阶连续可导函数,且满足条件

$$\varphi(0) = \varphi(l) = \psi(0) = \psi(l) = \varphi''(0) = \varphi''(l) = 0 \tag{8.5.17}$$

时,上面求得的级数解是收敛的,并且可以在积分号下分别对 x 和 t 求二次偏导,从而完成综合步骤.

顺便指出,当 $\varphi(x)$ 和 $\psi(x)$ 不满足上述条件时,一般来说,前面求得的级数所确定的函数 $u(t,x)$ 不具备古典解的要求,它只是所给定解问题的一个形式解. 但是,根据傅里叶级数理论,当 $\varphi(x)$ 和 $\psi(x)$ 都是 $[0,l]$ 上的可积且平方可积函数时,由它们的傅里叶级数展开的部分和所成函数列

$$\varphi_n(x) = \sum_{k=1}^{n} C_k \sin \frac{k\pi x}{l}, \quad \psi_n(x) = \sum_{k=1}^{n} \frac{k\pi a}{l} D_k \sin \frac{k\pi x}{l}$$

分别均方收敛于 $\varphi(x)$ 和 $\psi(x)$，其中 C_k 和 D_k 分别由式(8.5.14)与式(8.5.15)确定. 现在若把定解问题中的初始条件(C)换成

$$u(0,x)=\varphi_n(x), \quad u_t(0,x)=\psi_n(x),$$

则相应的定解问题的解是

$$S_n(t,x)=\sum_{k=1}^{n}\left(C_k\cos\frac{k\pi at}{l}+D_k\sin\frac{k\pi at}{l}\right)\sin\frac{k\pi x}{l}.$$

当 $n\to\infty$ 时，$S_n(t,x)$ 均方收敛于由式(8.5.9)所给出的形式解. 由于 $S_n(t,x)$ 既满足泛定方程(A)和边界条件(B)，又近似满足初始条件(C)，因此，当 n 充分大时，可以把 $S_n(t,x)$ 看作原来定解问题的近似解，把形式解 $u(t,x)$ 看作原来定解问题的广义解.

为了说明解的物理意义，下面利用三角函数的和差化积公式把级数(8.5.9)中的每一项均改写为

$$u_n=A_n\sin(\omega_n t+\theta_n)\sin\frac{n\pi x}{l}, \quad n=1,2,3,\cdots,$$

其中

$$A_n=\sqrt{C_n^2+D_n^2}, \quad \theta_n=\arctan\frac{C_n}{D_n}, \quad \omega_n=\frac{n\pi a}{l}.$$

当弦按照规律 $u_n(t,x)$ 振动时，其两个端点始终保持不动，而其余的点都在自己的平衡位置附近做简谐振动：振幅因点而异，等于 $A_n\mid\sin(n\pi x/l)\mid$；频率各点均相同，等于 $n\pi a/l$. 这样一种振动称为两端固定的有界弦的**本征振动**(或**驻波**). 因为其频率(ω_n)与初始条件无关，所以也将该频率称为弦的**本征频率**. 我们看到，对于两端固定的有界弦来说，本征频率不是任意的，而是形成了一个离散谱：$\pi a/l,2\pi a/l,3\pi a/l,\cdots$. 最低的本征频率 $\pi a/l=\pi(T/\rho)^{1/2}/l$，称为这条弦的**基频**，它与弦长 l 成反比，与张力 T 的平方根成正比. 其余的频率都是基频的整数倍，称为**倍频**.

在任何时刻，弦的形状都是一条正弦曲线. 当 $n\geqslant2$ 时，弦上除两个端点之外，还有 $(n-1)$ 个点是始终保持静止的，这些点分别是 $x=l/n,2l/n,\cdots,(n-1)l/n$. 这样的点称为**节点**. 相邻两个节点的中点振幅最大，称为**波腹**.

因为 $u(t,x)$ 是一系列频率不同(成倍增加)、相位(θ_n)不同、振幅不同的驻波的叠加，所以分离变量法又称**驻波法**. 各驻波的振幅和相位都依赖于初值，而频率则与初值无关.

如前所述，弦振动方程的一般解 $u=f(x-at)+g(x+at)$，是两个左、右行波的叠加. 对于本定解问题的级数解(8.5.9)也不例外，由以下推导即可看

出. 为方便起见,记 $k_n = n\pi/l$,并代入 $\omega_n = k_n a$,则有

$$
\begin{aligned}
u(t,x) &= \sum_{n=1}^{\infty} (C_n \cos \omega_n t + D_n \sin \omega_n t) \sin k_n x \\
&= \sum_{n=1}^{\infty} \left\{ \frac{C_n}{2} [\sin(k_n x - \omega_n t) + \sin(k_n x + \omega_n t)] \right. \\
&\qquad \left. + \frac{D_n}{2} [\cos(k_n x - \omega_n t) - \cos(k_n x + \omega_n t)] \right\} \\
&= \sum_{n=1}^{\infty} \left\{ \frac{C_n}{2} [\sin k_n(x - at) + \sin k_n(x + at)] \right. \\
&\qquad \left. + \frac{D_n}{2} [\cos k_n(x - at) - \cos k_n(x + at)] \right\} \\
&= \frac{1}{2} \sum_{n=1}^{\infty} [C_n \sin k_n(x - at) + C_n \sin k_n(x + at)] \\
&\qquad + \frac{1}{2} \sum_{n=1}^{\infty} D_n k_n \int_{x-at}^{x+at} \sin k_n \xi \, \mathrm{d}\xi,
\end{aligned}
$$

再把此式与 $\varphi(x)$ 和 $\psi(x)$ 的傅里叶展开式

$$
\varphi(x) = \sum_{n=1}^{\infty} C_n \sin \frac{n\pi}{l} x = \sum_{n=1}^{\infty} C_n \sin k_n x,
$$

$$
\psi(x) = \sum_{n=1}^{\infty} D_n \frac{n\pi a}{l} \sin \frac{n\pi}{l} x = \sum_{n=1}^{\infty} D_n k_n a \sin k_n x
$$

比较,即得

$$
u(t,x) = \frac{1}{2} [\varphi(x - at) + \varphi(x + at)] + \frac{1}{2a} \int_{x-at}^{x+at} \psi(\xi) \mathrm{d}\xi. \quad (8.5.18)
$$

这就将 $u(t,x)$ 化为了前文的达朗贝尔公式. 这里必须注意的是,由于初值 $\varphi(x)$ 和 $\psi(x)$ 都只定义在区间 $[0,l]$ 上,但当 t 充分大时,式(8.5.18)中的变量 $x - at$ 及 $x + at$ 都会超出这个区间,因此式(8.5.18)中的 $\varphi(x)$ 和 $\psi(x)$ 都必须理解为原来与其相应的初始函数经过开拓后的以 $2l$ 为周期的奇函数.

反过来,当对 $\varphi(x)$ 和 $\psi(x)$ 作上述理解时,式(8.5.18)所给出的函数确是两端固定的弦的自由振动问题的解. 事实上,由 $\varphi(x), \psi(x)$ 是周期为 $2l$ 的奇函数,可得

$$
u(t,0) = \frac{1}{2} [\varphi(-at) + \varphi(at)] + \frac{1}{2a} \int_{-at}^{at} \psi(\xi) \mathrm{d}\xi = 0,
$$

$$u(t,l) = \frac{1}{2}\left[\varphi(l-at) + \varphi(l+at)\right] + \frac{1}{2a}\int_{l-at}^{l+at}\psi(\xi)\mathrm{d}\xi$$

$$= \frac{1}{2}\left[\varphi(l-at) + \varphi(-l+at)\right] + \frac{1}{2a}\int_{-at}^{at}\psi(\eta+l)\mathrm{d}\eta$$

$$= \frac{1}{2a}\int_{-at}^{at}\psi(\eta+l)\mathrm{d}\eta,$$

再由 $\psi(x)$ 的周期性,有

$$\psi(\eta+l) = \psi(\eta-l) = -\psi(l-\eta) = -\psi(-\eta+l).$$

也就是说,$\psi(\eta+l)$ 也是关于 η 的奇函数,故得

$$u(t,l) = 0.$$

由于式(8.5.18)满足泛定方程(A)和初始条件(C),因此其是式(8.5.1)的解.

§8.6 圆内的电势分布

设有无限长的圆柱体 $x^2 + y^2 \leqslant R^2$,其内部无电荷分布,而圆柱表面的电势为 $F(x,y)$ $(x^2 + y^2 = R^2)$,求圆柱体内的电势分布.

由对称性可知,圆柱体内的电势不依赖于 z,设其为 $u(x,y)$. 于是,问题归结为二维拉普拉斯方程在圆内的狄利克雷问题

$$\begin{cases} \dfrac{\partial^2 u}{\partial x^2} + \dfrac{\partial^2 u}{\partial y^2} = 0, & r = \sqrt{x^2 + y^2} < R, \\ u\mid_{r=R} = F(x,y), \end{cases} \tag{8.6.1}$$

即求一个在圆 $x^2 + y^2 = R^2$ 内的调和函数,使它在圆周上取已知值.

采用分离变量法时,需要选取恰当的自变量,而这往往取决于区域的形状. 这里由于是在圆域内求解,所以用极坐标比较方便. 二维拉普拉斯方程在极坐标中可表示为

$$\frac{\partial^2 u}{\partial r^2} + \frac{1}{r}\frac{\partial u}{\partial r} + \frac{1}{r^2}\frac{\partial^2 u}{\partial \theta^2} = 0,$$

而整个定解问题则可以改写成如下的形式:

$$\begin{cases} r^2 \dfrac{\partial^2 u}{\partial r^2} + r\dfrac{\partial u}{\partial r} + \dfrac{\partial^2 u}{\partial \theta^2} = 0, & r < R, 0 \leqslant \theta \leqslant 2\pi, \\ u\mid_{r=R} = F(R\cos\theta, R\sin\theta) = f(\theta). \end{cases} \tag{8.6.2}$$

设 $u = R(r)\Phi(\theta)$,把它代入泛定方程,并完成分离变量的步骤,就可得到如下两个常微分方程:

$$\Phi''(\theta) + \lambda \Phi(\theta) = 0, \tag{8.6.3}$$

$$r^2 R''(r) + r R'(r) - \lambda R(r) = 0. \tag{8.6.4}$$

原来给定的边界条件不能再为确定本征值 λ 提供帮助,这就需要挖掘别的条件. 在一般物理问题中,$u(r,\theta)$ 是单值的,也就是对 θ 而言,其应以 2π 为周期,即

$$u(r,\theta) = u(r,\theta + 2\pi). \tag{8.6.5}$$

该条件称为**自然周期条件**或**周期性边界条件**. 由此可知,$\Phi(\theta)$ 也是以 2π 为周期的函数,即

$$\Phi(\theta) = \Phi(\theta + 2\pi), \tag{8.6.6}$$

而且这一条件也是线性条件,即任意多个满足这一条件的函数的线性组合仍满足这一条件. 这样,我们就可得到如下本征值问题:

$$\begin{cases} \Phi'' + \lambda \Phi = 0, \\ \Phi(\theta) = \Phi(\theta + 2\pi). \end{cases} \tag{8.6.7}$$

用与前面类似的方法可求出其本征值为

$$\lambda_k = k^2, \quad k = 0, 1, 2, \cdots. \tag{8.6.8}$$

相应的本征函数为

$$\begin{cases} \Phi_0(\theta) = \dfrac{C_0}{2}, \quad k = 0, \\ \Phi_k(\theta) = C_k \cos k\theta + D_k \sin k\theta, \quad k = 1, 2, \cdots. \end{cases} \tag{8.6.9}$$

于是我们看到,由周期性边界条件可导出三角函数的解. 与此同时,可确定 $R(r)$ 的方程为

$$r^2 R''(r) + r R'(r) - k^2 R(r) = 0. \tag{8.6.10}$$

这是一个欧拉方程,作变换 $t = \ln r$ 后,可求得它的解为

$$\begin{cases} R_0(r) = A_0 + B_0 t = A_0 + B_0 \ln r, \quad k = 0, \\ R_k(r) = A_k \mathrm{e}^{kt} + B_k \mathrm{e}^{-kt} = A_k r^k + B_k r^{-k}, \quad k = 1, 2, \cdots. \end{cases} \tag{8.6.11}$$

因为当 $r \to 0$ 时,$\ln r$ 与 $r^{-k} (k = 1, 2, \cdots)$ 都趋于无穷,为了保证解的有界性,必有

$$B_k = 0, \quad k = 0, 1, 2, \cdots. \tag{8.6.12}$$

这样就可得到一串满足定解问题 (8.6.2) 中的泛定方程和条件 $u(r,\theta) = u(r,\theta + 2\pi)$ 的解

$$\begin{cases} u_0 = \dfrac{C_0}{2}, \quad k = 0, \\ u_k = r^k (C_k \cos k\theta + D_k \sin k\theta), \quad k = 1, 2, \cdots, \end{cases} \tag{8.6.13}$$

这里已将常数 A_k 并到了 C_k 和 D_k 中.

将 u_k 叠加,可得到仍满足泛定方程和自然周期条件的解

$$u(r,\theta) = \frac{C_0}{2} + \sum_{k=1}^{\infty} r^k (C_k \cos k\theta + D_k \sin k\theta). \tag{8.6.14}$$

再由边界条件 $u(R,\theta) = f(\theta)$,就可得到

$$\frac{C_0}{2} + \sum_{k=1}^{\infty} R^k (C_k \cos k\theta + D_k \sin k\theta) = f(\theta). \tag{8.6.15}$$

由于三角函数系 $\{\cos k\theta, \sin k\theta\}$ 是区间 $[0,2\pi]$ 上的完备正交函数集,故由 $f(\theta)$ 的傅里叶展开式可得到

$$C_k = \frac{1}{R^k \pi} \int_0^{2\pi} f(\varphi) \cos k\varphi \, \mathrm{d}\varphi, \quad k = 0,1,2,\cdots, \tag{8.6.16}$$

$$D_k = \frac{1}{R^k \pi} \int_0^{2\pi} f(\varphi) \sin k\varphi \, \mathrm{d}\varphi, \quad k = 1,2,\cdots. \tag{8.6.17}$$

这样就可求得定解问题的解为

$$u(r,\theta) = \frac{1}{2\pi} \int_0^{2\pi} f(\varphi) \mathrm{d}\varphi + \frac{1}{\pi} \sum_{k=1}^{\infty} \left(\frac{r}{R}\right)^k \left\{ \left[\int_0^{2\pi} f(\varphi) \cos k\varphi \, \mathrm{d}\varphi \right] \cos k\theta \right.$$

$$\left. + \left[\int_0^{2\pi} f(\varphi) \sin k\varphi \, \mathrm{d}\varphi \right] \sin k\theta \right\}$$

$$= \frac{1}{2\pi} \int_0^{2\pi} f(\varphi) \left[1 + 2 \sum_{k=1}^{\infty} \left(\frac{r}{R}\right)^k \cos k(\varphi - \theta) \right] \mathrm{d}\varphi, \quad r < R. \tag{8.6.18}$$

为了使解的表达式更加简化,下面我们求出积分号内的无穷级数之和. 为此,令

$$z = \frac{r}{R} \mathrm{e}^{\mathrm{i}(\varphi - \theta)},$$

则

$$\left(\frac{r}{R}\right)^k \cos k(\varphi - \theta) = \mathrm{Re}\, z^k,$$

$$1 + 2 \sum_{k=1}^{\infty} \left(\frac{r}{R}\right)^k \cos k(\varphi - \theta) = -1 + 2 \sum_{k=0}^{\infty} \left(\frac{r}{R}\right)^k \cos k(\varphi - \theta)$$

$$= -1 + 2\mathrm{Re}\left\{ \sum_{k=0}^{\infty} z^k \right\} = -1 + 2\mathrm{Re}\, \frac{1}{1-z}$$

$$= \frac{R^2 - r^2}{R^2 - 2Rr\cos(\varphi - \theta) + r^2}.$$

这样,定解问题的解就可表示为

$$u(r,\theta)=\frac{1}{2\pi}\int_0^{2\pi}f(\varphi)\,\frac{R^2-r^2}{R^2-2Rr\cos(\varphi-\theta)+r^2}\mathrm{d}\varphi. \qquad (8.6.19)$$

这个公式称为**泊松公式**.

§8.7　非齐次问题

上文举例阐述的分离变量法,求解的是齐次的定解问题,即泛定方程和边界条件都是线性齐次的.本节我们讨论如何处理非齐次问题.

8.7.1　齐次边界条件情形

首先我们考察边界条件是齐次的非齐次发展方程的混合问题.设有一般的定解问题

$$\mathrm{I}:\begin{cases}L_t u+c(t)L_x u=f(t,x),\quad t>0,x_1<x<x_2,\\ \alpha_1 u_x(t,x_1)-\beta_1 u(t,x_1)=0, & \text{(A)}\\ \alpha_2 u_x(t,x_2)+\beta_2 u(t,x_2)=0, & \text{(B)}\\ u(0,x)=\varphi(x),\quad u_t(0,x)=\psi(x),\end{cases}\qquad (8.7.1)$$

其中 $\alpha_1,\alpha_2,\beta_1,\beta_2$ 都是非负常数,且 $|\alpha_i|+|\beta_i|\neq 0\ (i=1,2)$,而 L_t 和 L_x 是二阶线性偏微分算子:

$$L_t=a_0(t)\,\frac{\partial^2}{\partial t^2}+a_1(t)\,\frac{\partial}{\partial t}+a_2(t), \qquad (8.7.2)$$

$$L_x=b_0(x)\,\frac{\partial^2}{\partial x^2}+b_1(x)\,\frac{\partial}{\partial x}+b_2(x). \qquad (8.7.3)$$

我们已经知道,当 $f(t,x)\equiv 0$ 时,对定解问题 Ⅰ 用分离变量法求解,可得到本征值问题

$$\begin{cases}L_x X(x)+\lambda X(x)=0,\quad x_1<x<x_2,\\ \alpha_1 X'(x_1)-\beta_1 X(x_1)=0,\quad \alpha_2 X'(x_2)+\beta_2 X(x_2)=0.\end{cases}\qquad (8.7.4)$$

设它的本征值 λ_n 和本征函数 $X_n(x)\ (n=1,2,\cdots)$ 都已求出,现在用待定系数法求非齐次定解问题 Ⅰ 的解.由施图姆-刘维尔定理,$\{X_n(x)\}$ 是一个完备正交系,如果把 t 看作参数,$u(t,x)$ 可按函数系 $\{X_n(x)\}$ 展开成广义傅里叶级数:

$$u(t,x)=\sum T_n(t)X_n(x). \qquad (8.7.5)$$

它满足边界条件(A)和(B),其中 $T_n(t)\ (n=1,2,\cdots)$ 是待定系数.由于

$\{X_n(x)\}$ 是完备正交系,因此,$f(t,x)$,$\varphi(x)$,$\psi(x)$ 的展开式分别为

$$\begin{cases} f(t,x) = \sum f_n(t) X_n(x), \\ \varphi(x) = \sum \varphi_n X_n(x), \\ \psi(x) = \sum \psi_n X_n(x), \end{cases} \tag{8.7.6}$$

其中函数 $f_n(t)$ 和常数 φ_n,ψ_n 可根据施图姆-刘维尔定理计算得出. 将式 (8.7.5) 和式(8.7.6) 代入问题 Ⅰ 中的泛定方程和初始条件,可得到

$$\sum L_t T_n(t) X_n(x) + \sum c(t) T_n(t) L_x X_n(x)$$
$$= \sum [L_t T_n - c(t) \lambda_n T_n] X_n(x)$$
$$= \sum f_n(t) X_n(x),$$
$$\sum T_n(0) X_n(x) = \sum \varphi_n X_n(x),$$
$$\sum T'_n(0) X_n(x) = \sum \psi_n X_n(x).$$

由于本征函数线性无关,比较两边系数,可得到一族常微分方程的初值问题:

$$\begin{cases} L_t T_n - c(t) \lambda_n T_n = f_n(t), \\ T_n(0) = \varphi_n, \quad T'_n(0) = \psi_n, \end{cases} \quad n = 1, 2, \cdots. \tag{8.7.7}$$

解这些初值问题求出 $T_n(t)$,再代入式(8.7.5) 即可求得定解问题 Ⅰ 的解.

上述解法实质上是把方程中的自由项 $f(t,x)$ 和解都按相应的齐次方程在所给边界条件下的本征函数系展开成级数,然后再通过比较系数的方法求得所需的解.

【例 8.8】 解定解问题

$$\begin{cases} u_t = a^2 u_{xx} + A \sin \omega t, \quad 0 < x < l, t > 0, \\ u_x(t,0) = 0, \quad u_x(t,l) = 0, \\ u(0,x) = 0. \end{cases}$$

解 先用分离变量法处理相应的齐次方程 $u_t = a^2 u_{xx}$,其在所给边界条件 $u_x(t,0) = 0$,$u_x(t,l) = 0$ 下的本征值问题是

$$X'' + \lambda X = 0, \quad X'(0) = X'(l) = 0,$$

由此可得本征函数系为

$$\left\{ \cos \frac{n\pi}{l} x \right\}, \quad n = 0, 1, 2, \cdots.$$

这样,我们就设原问题的解是余弦级数,即

$$u(t,x) = \sum_{n=0}^{\infty} T_n(t) \cos \frac{n\pi}{l} x,$$

代入泛定方程,可得

$$\sum_{n=0}^{\infty} \left[T'_n + \left(\frac{n\pi a}{l} \right)^2 T_n \right] \cos \frac{n\pi}{l} x = A \sin \omega t.$$

把 t 看作参数,右边 $A \sin \omega t$ 已是余弦级数,不过它只是相应于 $n=0$ 的一项.
比较上式两边的系数,即得 $\qquad T'_0 = A \sin \omega t,$

$$T'_n + \left(\frac{n\pi a}{l} \right)^2 T_n = 0, \quad n = 1, 2, \cdots.$$

再考虑到初始条件

$$u(0,x) = \sum_{n=0}^{\infty} T_n(0) \cos \frac{n\pi}{l} x = 0,$$

则有 $T_n(0) = 0 (n = 0, 1, 2, \cdots)$,于是解一阶常微分方程,可得

$$T_0 = \frac{A}{\omega}(1 - \cos \omega t),$$

$$T_n(t) \equiv 0, \quad n = 1, 2, \cdots,$$

所以

$$u(t,x) = \frac{A}{\omega}(1 - \cos \omega t).$$

8.7.2　一般的非齐次混合问题

下面我们来考察泛定方程是非齐次的,而且边界条件也是非齐次的情形.
设有定解问题

$$\mathrm{II}: \begin{cases} L_t u + c(t) L_x u = f(t,x), & t > 0, x_1 < x < x_2, \\ \alpha_1 u_x(t,x_1) - \beta_1 u(t,x_1) = g_1(t), \\ \alpha_2 u_x(t,x_2) + \beta_2 u(t,x_2) = g_2(t), \\ u(0,x) = \varphi(x), \quad u_t(0,x) = \psi(x). \end{cases} \qquad (8.7.8)$$

由叠加原理,只要将式(8.7.8)稍加变通,我们就可以利用齐次边界条件的处
理方法求解.

具体方案如下:令 $u(t,x) = v(t,x) + w(t,x)$,并使 $v(t,x)$ 满足边界条
件. 由叠加原理,$w(t,x)$ 的边界条件就是齐次的,因而可以按照上文的方法
求解. 在该方案中,除了要求 $v(t,x)$ 满足边界条件外,没有提出别的条件. 于
是,为了方便计算,我们可以取简单易求的 $v(t,x)$. 比如,取 v 为 x 的线性函
数,即设

$$v(t,x) = A(t)x + B(t), \tag{8.7.9}$$

代入边界条件,有

$$\begin{cases} (\alpha_1 - \beta_1 x_1)A - \beta_1 B = g_1(t) \\ (\alpha_2 + \beta_2 x_2)A + \beta_2 B = g_2(t). \end{cases} \tag{8.7.10}$$

当 β_1,β_2 不全为零时,由 α_i,β_i 的非负性及 $\alpha_i + \beta_i \neq 0$ $(i=1,2)$ 可知,上面线性方程组的系数行列式

$$\Delta = (\alpha_1\beta_2 + \beta_1\alpha_2) + \beta_1\beta_2(x_2 - x_1) \neq 0, \tag{8.7.11}$$

因而可解得

$$A(t) = \frac{1}{\Delta}(\beta_2 g_1 + \beta_1 g_2), \tag{8.7.12}$$

$$B(t) = \frac{1}{\Delta}[(\alpha_1 - \beta_1 x_1)g_2 - (\alpha_2 + \beta_2 x_2)g_1]. \tag{8.7.13}$$

再将 $u(t,x) = w(t,x) + v(t,x)$ 代入定解问题 Ⅱ,就可把非齐次边界条件化为齐次边界条件,从而可得到 $w(t,x)$ 的定解问题

$$\begin{cases} L_t w + c(t)L_x w = f_1(t,x), \quad t > 0, x_1 < x < x_2, \\ (\alpha_1 w_x - \beta_1 w)|_{x=x_1} = 0, \quad (\alpha_2 w_x + \beta_2 w)|_{x=x_2} = 0, \tag{8.7.14} \\ w(0,x) = \varphi_1(x), \quad w_t(0,x) = \psi_1(x). \end{cases}$$

这里

$$\begin{cases} f_1(t,x) = f(t,x) - [L_t v + c(t)L_x v], \\ \varphi_1(x) = \varphi(x) - v(0,x), \\ \psi_1(x) = \psi(x) - v_t(0,x). \end{cases}$$

【例 8.9】 设弦的一端 $(x=0)$ 固定,另一端 $(x=l)$ 以 $\sin \omega t$ $(\omega \neq n\pi a/l, n=1,2,\cdots)$ 为周期进行振动,且初值为零,试研究弦的自由振动.

解 依题意,可得定解问题

$$\begin{cases} u_{tt} = a^2 u_{xx}, \quad 0 < x < l, t > 0, \tag{C} \\ u(t,0) = 0, \quad u(t,l) = \sin \omega t, \quad \omega \neq \dfrac{n\pi a}{l}, \tag{D} \\ u(0,x) = 0, \quad u_t(0,x) = 0. \end{cases}$$

由于边界条件是非齐次的,因此首先应把边界条件齐次化.按上述的一般方法,求出满足边界条件(D)的函数

$$v(t,x) = \frac{x}{l}\sin \omega t,$$

再令

$$u(t,x) = w(t,x) + \frac{x}{l}\sin \omega t,$$

可得

$$\begin{cases} w_{tt} = a^2 w_{xx} + \dfrac{\omega^2 x}{l}\sin \omega t, \\ w(t,0) = 0, \quad w(t,l) = 0, \\ w(0,x) = 0, \quad w_t(0,x) = -\dfrac{\omega x}{l}. \end{cases}$$

接下来就可以按照齐次边界条件的方法求解 $w(t,x)$,这就是上述一般方法的步骤. 不过对于这个具体问题而言,通过利用其中特殊的非齐次边界条件,可以简化计算. 我们尝试选取既满足泛定方程(C)又满足边界条件(D)的 $v(t,x)$,令 $u(t,x) = v(t,x) + w(t,x)$,得到的关于 $w(t,x)$ 的泛定方程也是齐次的,计算就会变得相对简单.

为此,令

$$v(t,x) = X(x)\sin \omega t,$$

由边界条件(D),可知 $X(0) = 0, X(l) = 1$,把 $v(t,x)$ 代入泛定方程(C),且消去 $\sin \omega t$,可得

$$X''(x) + \frac{\omega^2}{a^2}X(x) = 0,$$

所以

$$X(x) = C_1 \cos \frac{\omega x}{a} + C_2 \sin \frac{\omega x}{a}.$$

由 $X(0) = 0$,得 $C_1 = 0$;再由 $X(l) = 1$,得

$$C_2 = \frac{1}{\sin(\omega l/a)}, \quad X(x) = \frac{1}{\sin(\omega l/a)}\sin \frac{\omega x}{a}.$$

从而

$$v(t,x) = \frac{\sin(\omega x/a)}{\sin(\omega l/a)}\sin \omega t.$$

再令 $u(t,x) = w(t,x) + v(t,x)$,代入原定解问题,就可得到关于 w 的定解问题

$$\begin{cases} w_{tt} = a^2 w_{xx}, \\ w(t,0) = 0, \quad w(t,l) = 0, \\ w(0,x) = 0, \quad w_t(0,x) = -\omega \dfrac{\sin(\omega x/a)}{\sin(\omega l/a)}, \end{cases}$$

易得

$$w(t,x)=2\omega al\sum_{n=1}^{\infty}\frac{(-1)^{n+1}}{(\omega l)^2-(n\pi a)^2}\sin\frac{n\pi at}{l}\sin\frac{n\pi x}{l}.$$

最后,把 $v(t,x)$ 和 $w(t,x)$ 加起来,即得到原定解问题的解.

8.7.3　泊松方程的边值问题

设有空间区域 V 内的泊松方程第一边值问题

$$\begin{cases}\dfrac{\partial^2 u}{\partial x^2}+\dfrac{\partial^2 u}{\partial y^2}+\dfrac{\partial^2 u}{\partial z^2}=f(x,y,z),\quad (x,y,z)\in V,\\ u\mid_S=\varphi(x,y,z),\end{cases}\tag{8.7.15}$$

这里 S 是区域 V 的边界.当 $f(x,y,z)$ 和区域 V 比较特殊时,可以用特解法求解.即先求出方程的一个特解 $v(x,y,z)$,然后利用叠加原理求解.令

$$u(x,y,z)=w(x,y,z)+v(x,y,z),$$

把它代入原定解问题,便得拉普拉斯方程的第一边值问题

$$\begin{cases}\Delta_3 w=0,\quad (x,y,z)\in V,\\ w\mid_S=\varphi(x,y,z)-v(x,y,z).\end{cases}$$

【例 8.10】　解环形域 $a^2\leqslant x^2+y^2\leqslant b^2$ 内的定解问题

$$\begin{cases}\dfrac{\partial^2 u}{\partial x^2}+\dfrac{\partial^2 u}{\partial y^2}=12(x^2-y^2),\\ u\mid_{x^2+y^2=a^2}=1,\quad \dfrac{\partial u}{\partial n}\Big|_{x^2+y^2=b^2}=0.\end{cases}$$

解　由于方程右端是关于 x,y 的二次齐次多项式 $12(x^2-y^2)$,故可设方程有特解

$$v(x,y)=ax^4+by^4,$$

代入方程并比较两边系数,即可求得 $a=1,b=-1$. 因而

$$v=x^4-y^4=(x^2+y^2)(x^2-y^2)=r^4\cos 2\theta,$$

这里 r,θ 是极坐标系中的变量.

由于是环形区域,故采用极坐标比较方便.令 $u=v+w$,可得到定解问题

$$\begin{cases}\Delta_2 w=0,\quad a<r<b,\\ w(a,\theta)=u(a,\theta)-v(a,\theta)=1-a^4\cos 2\theta,\\ w_r\mid_{r=b}=(u_r-v_r)\mid_{r=b}=-4b^3\cos 2\theta.\end{cases}$$

由 8.6 节的结论,极坐标系下拉普拉斯方程的一般解为

$$w=\frac{A_0}{2}+B_0\ln r+\sum_{n=1}^{\infty}(A_n\cos n\theta+B_n\sin n\theta)(C_n r^n+D_n r^{-n}).$$

根据边界条件的形式,可设

$$w = \frac{A_0}{2} + B_0 \ln r + (C_2 r^2 + D_2 r^{-2}) \cos 2\theta,$$

将边界条件代入,则有

$$1 - a^4 \cos 2\theta = \frac{A_0}{2} + B_0 \ln a + (C_2 a^2 + D_2 a^{-2}) \cos 2\theta,$$

$$-4b^3 \cos 2\theta = B_0 \frac{1}{b} + (2C_2 b - 2D_2 b^{-3}) \cos 2\theta.$$

比较两边的系数,可得

$$\begin{cases} \dfrac{B_0}{b} = 0, \\ \dfrac{A_0}{2} + B_0 \ln a = 1, \end{cases} \qquad \begin{cases} C_2 a^2 + D_2 a^{-2} = -a^4, \\ C_2 b - D_2 b^{-3} = -2b^3, \end{cases}$$

解之得

$$B_0 = 0, \quad A_0 = 2, \quad C_2 = -\frac{a^6 + 2b^6}{a^4 + b^4}, \quad D_2 = \frac{-a^4 b^4 (a^2 - 2b^2)}{a^4 + b^4}.$$

所以所求定解问题的解为

$$u = v + w = 1 + \left[r^4 - \frac{a^6 + 2b^6}{a^4 + b^4} r^2 - \frac{a^4 b^4 (a^2 - 2b^2)}{a^4 + b^4} \right] \cos 2\theta.$$

习题八

1.用所要求的两种方法,证明

$$u = \frac{1}{r}, \quad r = \sqrt{x^2 + y^2 + z^2}, \quad r \neq 0$$

满足三维拉普拉斯方程 $\Delta_3 u = 0$.

(1)用直角坐标方程;

(2)用球坐标方程

$$\Delta_3 u = \frac{1}{r^2} \frac{\partial}{\partial r} \left(r^2 \frac{\partial u}{\partial r} \right) + \frac{1}{r^2 \sin \theta} \frac{\partial}{\partial \theta} \left(\sin \theta \frac{\partial u}{\partial \theta} \right) + \frac{1}{r^2 \sin^2 \theta} \frac{\partial^2 u}{\partial \varphi^2} = 0.$$

2.求二维拉普拉斯方程 $\Delta_2 u = \dfrac{\partial^2 u}{\partial x^2} + \dfrac{\partial^2 u}{\partial y^2} = 0$ 的形如 $u = u(r)$ $(r = \sqrt{x^2 + y^2} \neq 0)$ 的解.

提示：把所给方程写成极坐标形式，则方程将变成常微分方程.

3.设 $F(\xi)$，$G(\xi)$ 是任意二次可微函数，λ_1，λ_2 为常数，且 $\lambda_1 \neq \lambda_2$，验证

$$u = F(x + \lambda_1 y) + G(x + \lambda_2 y)$$

满足方程

$$u_{yy} - (\lambda_1 + \lambda_2) u_{xy} + \lambda_1 \lambda_2 u_{xx} = 0.$$

4.验证 $u = \dfrac{1}{\sqrt{t}} e^{-\frac{(x-\xi)^2}{4a^2 t}}$ $(t > 0)$ 满足方程 $u_t = a^2 u_{xx}$ 和 $\lim\limits_{t \to 0} u(t, x) = 0$ $(x \neq \xi)$.

5.求方程 $u_{xx} - 4u_{yy} = e^{2x+y}$ 的形如 $u = \alpha x\, e^{2x+y}$ 的特解.

6.证明 $u = f(xy)$ 满足方程 $xu_x - yu_y = 0$.

7.设 $u = u(x, y, z)$，求方程

$$u_{xy} + u_x = 0$$

的通解.

8.设有一根绝对柔软而均匀的弦线，其长为 l，且上端 $(x = 0)$ 固定. 在本身重力的作用下，此弦处于铅直的平衡位置. 试推导出此弦相对于竖直线做微小横振动的方程式.

9.设有一根具有绝热的侧表面的均匀细杆，它的初始温度为 $\varphi(x)$，且两端满足下列边界条件之一：

(1) 一端 $(x = 0)$ 绝热，另一端 $(x = l)$ 保持常温 u_0；

(2) 两端分别有恒定的热流密度 q_1 和 q_2 进入；

(3) 一端 $(x = 0)$ 的温度为 $\mu(t)$，另一端 $(x = l)$ 与温度为 $\theta(t)$ 的介质有热交换.

试分别写出上述三种热过程的定解问题.

10.已知一根长为 l 且两端 $(x = 0$ 和 $x = l)$ 固定的弦，用手把它的中点朝横向拨开距离 h，然后放手任其自由振动，试写出此弦振动的定解问题.

11.求解下列定解问题：

$(1) \begin{cases} \dfrac{\partial u}{\partial t} = x^2, \\[2mm] u(0, x) = x^2. \end{cases}$

$(2) \begin{cases} \dfrac{\partial u}{\partial t} = a\dfrac{\partial u}{\partial x}, \\[2mm] u(0, x) = x^2. \end{cases}$

提示：先作变量代换 $\xi = x + at$，$\eta = t$.

$(3)\begin{cases}u_{tt}=a^2u_{xx}, \\ u(0,x)=\sin x,\quad u_t(0,x)=kx,\end{cases}$　　　　k 为常数.

$(4)\begin{cases}u_{tt}=a^2u_{xx}+kx, \\ u(0,x)=\cos x,\quad u_t(0,x)=0.\end{cases}$

提示:先求出一个函数 $v(x)$,使其满足 $a^2v_{xx}+kx=0$,然后令 $u=v+w$,再解关于 $w(t,x)$ 的定解问题.

(5) 球对称的三维波动方程的初始问题 $\begin{cases}u_{tt}=a^2\Delta_3u, \\ u\mid_{t=0}=\varphi(r),\quad u_t\mid_{t=0}=\psi(r).\end{cases}$

提示:先利用球坐标将方程化为 $u_{tt}=a^2\left(u_{rr}+\dfrac{2}{r}u_r\right)$,再令 $v=ru$ 就可将方程化成弦振动方程.

$(6)\begin{cases}\Delta_3u=0,\quad x^2+y^2+z^2<1, \\ u\mid_{x^2+y^2+z^2=1}=(5+4y)^{-1/2}.\end{cases}$

提示:当 $x_0^2+y_0^2+z_0^2>1$ 时,$u=\left[(x-x_0)^2+(y-y_0)^2+(z-z_0)^2\right]^{-1/2}$ 满足方程.

12.已知一条均匀的弦固定于 $x=0$ 及 $x=l$,在开始的一瞬间它的形状是一条以 $(l/2,h)$ 为顶点的抛物线,初速度为零,且没有外力作用,求弦做横振动的位移函数.

13.利用圆内狄利克雷问题的一般解式,解边值问题

$$\begin{cases}\Delta_2u=0,\quad r<a, \\ u\mid_{r=a}=f.\end{cases}$$

其中函数 f 的形式如下:

(1)$f=c$(c 为常数);

(2)$f=A\cos\theta$;

(3)$f=Axy$;

(4)$f=\cos\theta\sin2\theta$;

(5)$f=A\sin2\theta+B\cos2\theta$.

14.解下列定解问题:

$(1)\begin{cases}u_{tt}=a^2u_{xx},\quad 0<x<l,t>0, \\ u(t,0)=u_x(t,l)=0, \\ u(0,x)=0,\quad u_t(0,x)=x.\end{cases}$

$(2)\begin{cases}u_t = a^2 u_{xx}, & 0 < x < l, t > 0,\\ u(t,0) = u(t,l) = 0,\\ u(0,x) = x(l-x).\end{cases}$

$(3)\begin{cases}u_{tt} = a^2 u_{xx} - 2h u_t, & 0 < x < l, t > 0, h \text{ 为常数}, 0 < h < \pi a/l,\\ u(t,0) = u(t,l) = 0,\\ u(0,x) = \varphi(x), \quad u_t(0,x) = \psi(x).\end{cases}$

$(4)\begin{cases}u_{tt} = a^2 u_{xx}, & 0 < x < l, t > 0,\\ u_x(t,0) = 0, \quad u_x(t,l) + h u(t,l) = 0, \quad h > 0 \text{ 且为常数},\\ u(0,x) = \varphi(x), \quad u_t(0,x) = \psi(x).\end{cases}$

$(5)\begin{cases}\Delta_2 u = 0, & r < a,\\ u_r(a,\theta) - h u(a,\theta) = f(\theta), & h > 0,\end{cases}$

特别地,计算当 $f(\theta) = \cos^2\theta$ 时 u 的解.

(6)环形域内的狄利克雷问题: $\begin{cases}\Delta_2 u = 0, & a < r < b,\\ u(a,\theta) = 1, \quad u(b,\theta) = 0.\end{cases}$

(7)扇形域内的狄利克雷问题: $\begin{cases}\Delta_2 u = 0, & r < a, 0 < \theta < \alpha,\\ u(r,0) = u(r,\alpha) = 0, \quad u(a,\theta) = f(\theta).\end{cases}$

15.已知一根长为 $2l$ 的均匀杆,两端与侧面均绝热.若其初始温度为

$$\varphi(x) = \begin{cases}1/2A, & |x-l| < A < l,\\ 0, & \text{其他}.\end{cases}$$

求温度 $u(x,t)$ 和 $t \to \infty$ 时 $u(x,t)$ 的极限,以及 $A \to 0$ 时解的极限.

16.解如下定解问题:

$$\begin{cases}u_t = a^2 \Delta_3 u,\\ u\big|_{r=R} = 0, \quad u(t,0) \text{ 有限},\\ u\big|_{t=0} = f(r).\end{cases}$$

提示:采用球坐标,由定解条件可知 $u = u(t,r)$.

17.已知一半径为 a 的半圆形平板,其圆周边界上的温度保持 $u(a,\theta) = T\theta(\pi - \theta)$,而直径边界上的温度为 0 ℃,板的侧面绝热,试求板内的稳定温度分布.

第九章　　贝塞尔函数

§9.1　　贝塞尔方程及其解

9.1.1　贝塞尔方程的导出

对于圆柱形区域内的定解问题,常把泛定方程在柱坐标系下写出,这样可使区域的边界方程变得比较简单,便于求解.

下面考虑圆柱体的冷却问题:设有一个两端无限长的直圆柱体,其半径为 r_0,且初始温度为 $\varphi(x,y)$,表面温度为零,求圆柱体内温度的变化规律.

以 u 表示圆柱体内温度,由于其初始温度不依赖于 z,因此,问题可归结为二维定解问题

$$\begin{cases} u_t = a^2(u_{xx} + u_{yy}), & x^2 + y^2 < r_0^2, t > 0, \\ u \big|_{t=0} = \varphi(x,y), \\ u \big|_{x^2+y^2=r_0^2} = 0. \end{cases} \tag{9.1.1}$$

由于所求区域是圆形,因此采用极坐标比较方便. 于是式(9.1.1) 可化为

$$\begin{cases} \dfrac{\partial u}{\partial t} = a^2 \left(\dfrac{\partial^2 u}{\partial r^2} + \dfrac{1}{r} \dfrac{\partial u}{\partial r} + \dfrac{1}{r^2} \dfrac{\partial^2 u}{\partial \theta^2} \right), & r < r_0, 0 \leqslant \theta < 2\pi, t > 0, \\ u \big|_{t=0} = \varphi(x,y) = \varphi_1(r,\theta), \\ u \big|_{r=r_0} = 0. \end{cases} \tag{9.1.2}$$

为将空间变量 r,θ 和时间变量 t 分离,设

$$u = V(r,\theta)T(t),$$

代入泛定方程后两边同除以 VT,可得

$$\frac{T'}{a^2 T} = \frac{V''_r + \frac{1}{r}V'_r + \frac{1}{r^2}V''_\theta}{V} = -\lambda.$$

为方便起见，记 $\lambda = k^2$. 若 $\lambda \geqslant 0$，则 k 为实数；若 $\lambda < 0$，则 k 为纯虚数. 于是可得到

$$T' + a^2 k^2 T = 0, \tag{9.1.3}$$

$$V''_r + \frac{1}{r}V'_r + \frac{1}{r^2}V''_\theta + k^2 V = \Delta_2 V + k^2 V = 0. \tag{9.1.4}$$

方程 (9.1.4) 称为**亥姆霍兹 (Helmholtz) 方程**. 对亥姆霍兹方程分离变量，设

$$V = R(r)\Theta(\theta),$$

代入方程 (9.1.4) 可得

$$\Theta'' + \mu\Theta = 0, \tag{9.1.5}$$

$$r^2 R'' + rR' + (k^2 r^2 - \mu)R = 0. \tag{9.1.6}$$

由于 Θ 需满足周期边界条件，故 μ 的取值为

$$\mu_n = n^2, \quad n = 0, 1, 2, \cdots,$$

因而

$$\Theta(\theta) = a_n \cos n\theta + b_n \sin n\theta.$$

若把方程 (9.1.6) 写成施图姆-刘维尔型，并注意到 $k(r) = r$，$k(0) = 0$ 及 u 的边界条件，就可得到如下本征值问题：

$$\begin{cases} (rR')' + \left(k^2 r - \dfrac{n^2}{r}\right)R = 0, & 0 < r < r_0, \\ |R(0)| < +\infty, & R(r_0) = 0. \end{cases}$$

作替换 $x = kr$，则方程 (9.1.6) 变为

$$x^2 y'' + xy' + (x^2 - n^2)y = 0, \tag{9.1.7}$$

其中 $y(x) = R(x/k)$. 方程 (9.1.7) 称为 **n 阶贝塞尔方程**或 **n 阶柱函数方程**. 下面用广义幂级数方法来求贝塞尔方程的解.

9.1.2　贝塞尔函数

贝塞尔方程

$$x^2 y'' + xy' + (x^2 - \nu^2)y = 0, \quad \nu \geqslant 0 \tag{9.1.8}$$

的解称为 **ν 阶贝塞尔函数**或 **ν 阶柱函数**.

由 6.2 节可知，$x = 0$ 是贝塞尔方程的正则奇点，且方程 (9.1.8) 至少有一个如下形式的广义幂级数解：

$$y = x^\rho \sum_{n=0}^{\infty} a_n x^n = \sum_{n=0}^{\infty} a_n x^{n+\rho}. \tag{9.1.9}$$

对式(9.1.9)两边逐项求导,则有

$$xy' = \sum_{n=0}^{\infty} (n+\rho) a_n x^{n+\rho},$$

$$x^2 y'' = \sum_{n=0}^{\infty} (n+\rho)(n+\rho-1) a_n x^{n+\rho},$$

代入方程(9.1.8),可得

$$\sum_{n=0}^{\infty} [(n+\rho)^2 - \nu^2] a_n x^{n+\rho} + \sum_{n=0}^{\infty} a_n x^{n+\rho+2}$$

$$= \sum_{n=0}^{\infty} [(n+\rho)^2 - \nu^2] a_n x^{n+\rho} + \sum_{n=2}^{\infty} a_{n-2} x^{n+\rho} = 0.$$

由此可得

$$\begin{cases} (\rho^2 - \nu^2) a_0 = 0, \\ [(1+\rho)^2 - \nu^2] a_1 = 0, \\ [(n+\rho)^2 - \nu^2] a_n + a_{n-2} = 0, \quad n = 2, 3, \cdots, \end{cases} \tag{9.1.10}$$

取 a_0 为无穷级数

$$y(x) = a_0 x^\rho + a_1 x^{1+\rho} + a_2 x^{2+\rho} + \cdots$$

中第一项的系数,则 $a_0 \neq 0$,由式(9.1.10)可得

$$\rho = \pm\nu, \quad \nu \geqslant 0,$$

且

$$a_1(1+2\rho) = 0, \tag{9.1.11}$$

$$a_n n(n+2\rho) + a_{n-2} = 0, \quad n = 2, 3, \cdots. \tag{9.1.12}$$

下面分几种情况进行讨论:

(1)取 $\rho = \nu (\geqslant 0)$. 这时 $n + 2\rho = n + 2\nu \neq 0$,于是由式(9.1.11)可知 $a_1 = 0$,再由递推关系

$$a_n = -\frac{a_{n-2}}{n(n+2\rho)}, \quad n = 2, 3, \cdots,$$

可得 $a_3 = 0, a_5 = 0, \cdots, a_{2k+1} = 0(k=0,1,2,\cdots)$. 再依次对 $n = 2k, 2(k-1)$, $\cdots, 4, 2$ 应用这个递推关系,可得

$$a_{2k} = -\frac{a_{2(k-1)}}{2^2 k(k+\rho)} = \frac{a_{2(k-2)}}{2^4 k(k-1)(k+\rho)(k+\rho-1)}$$

$$= \cdots = (-1)^k \frac{a_0}{2^{2k} \cdot k! \, (1+\rho)(2+\rho)\cdots(k+\rho)}$$

$$= (-1)^k \frac{a_0 \Gamma(\rho+1)}{2^{2k} \cdot k! \, \Gamma(k+\rho+1)},$$

这里 a_0 可以取任意常数. 特别地,取

$$a_0 = \frac{1}{2^\rho \, \Gamma(\rho + 1)},$$

则

$$a_{2k} = \frac{(-1)^k}{2^{2k+\rho} k! \; \Gamma(k + \rho + 1)}, \quad k = 0,1,2,\cdots.$$

将所求得的系数代入式(9.1.9),可得贝塞尔方程的一个形式解为

$$y(x) = \left(\frac{x}{2}\right)^\rho \sum_{k=0}^{\infty} \frac{(-1)^k}{k! \; \Gamma(k + \rho + 1)} \left(\frac{x}{2}\right)^{2k}, \quad \rho = \nu. \quad (9.1.13)$$

因为

$$\lim_{k \to \infty} \left| \frac{a_{2k}}{a_{2k-2}} \right| = \lim_{k \to \infty} \frac{1}{4k(k + \rho)} = 0,$$

所以式(9.1.13)右端的幂级数对所有的 x 值都收敛.同时由于我们在求解过程中所用的逐项求导是合理的,则式(9.1.13)右端所表示的函数确实是贝塞尔方程的解.这个函数定义在区间$(-\infty, +\infty)$上,可用$J_\nu(x)$表示,称为**第一类 ν 阶贝塞尔函数**.

(2)当 $\rho = -\nu$ 时,又可分为以下三种情况:

①$2\nu \neq \mathbf{Z}, \mathbf{Z}$ 为整数.这时 $n + 2\rho = n - 2\nu \neq 0$,(1)中的讨论完全有效,又可求得贝塞尔方程的一特解为

$$J_{-\nu}(x) = \sum_{k=0}^{\infty} (-1)^k \frac{1}{k! \; \Gamma(k - \nu + 1)} \left(\frac{x}{2}\right)^{2k-\nu}, \quad x \neq 0. \quad (9.1.14)$$

②$2\nu = m, m$ 为奇数.若 n 为偶数,则 $n + 2\rho = n - 2\nu \neq 0$,因而(1)中关于偶数指标系数的讨论完全有效,但关于奇数指标系数的讨论要稍作修改.因为式(9.1.12)中的方程当 $n = m$ 时变为

$$a_m m(m - 2\nu) + a_{m-2} = a_m \cdot 0 + a_{m-2} = 0,$$

由 $a_{m-2} = 0$ 推不出 a_m 必为零,但由于我们只需要求特解,因此不妨取 $a_m = 0$.再由式(9.1.12)中 $n \geq m+2$ 以后的方程即可推出 $a_{m+2} = a_{m+4} = \cdots = 0$,即一切奇数指标系数仍都为零,于是仍有式(9.1.14)形式的特解 $J_{-\nu}(x)$.这属于 6.2 节中讨论弗罗贝尼乌斯方法时的情况 C,存在广义幂级数形式的第二个解.

③$2\nu = 2m, 2\nu$ 为偶数,即 $\nu = m$(正整数或零).当 n 为奇数时,$n + 2\rho = n - 2m \neq 0$,所以如(1)的讨论,所有奇数指标系数 a_{2k+1} 都为零,但偶数指标系数的计算发生了问题.因为当 $n = 2m$ 时,式(9.1.12)中的方程变为

$$a_{2m} \cdot 2m(2m - 2\nu) + a_{2m-2} = a_{2m} \cdot 0 + a_{2m-2} = 0,$$

这属于 6.2 节中讨论的情况 A 或 B,结论是不存在广义幂级数形式的第二个

解. 如果还要继续这个过程,为了不产生矛盾,就要放弃 $a_0 \neq 0$ 的前提,改为取 $a_0 = 0$,从而 $a_2 = a_4 = \cdots = a_{2m-2} = 0$,再由式(9.1.12)中的方程

$$a_{2m+2}(2m+2)(2m+2+2\rho) + a_{2m} = 0,$$

可得

$$a_{2m+2} = -\frac{a_{2m}}{2^2(m+1)\cdot 1}.$$

一般地,由

$$a_{2m+2k}(2m+2k)(2m+2k+2\rho) + a_{2m+2(k-1)} = 0, \quad \rho = -m,$$

可得

$$a_{2m+2k} = -\frac{a_{2m+2(k-1)}}{2^2(m+k)\cdot k} = \cdots = (-1)^k \frac{a_{2m}}{2^{2k}\cdot k!\ (m+1)(m+2)\cdots(m+k)}.$$

特别地,取

$$a_{2m} = (-1)^m \frac{1}{m!}\left(\frac{1}{2}\right)^m,$$

则有

$$a_{2m+2k} = (-1)^{m+k} \frac{1}{k!\ (m+k)!}\left(\frac{1}{2}\right)^{2k+m}.$$

于是可得到方程的一个特解 $J_{-m}(x)\ (m>0)$,它是负整阶贝塞尔函数:

$$J_{-m}(x) = \sum_{k=0}^{\infty}(-1)^{m+k}\frac{1}{k!\ (m+k)!}\left(\frac{x}{2}\right)^{2k+m}. \qquad (9.1.15)$$

然而,这并不是一个新的解,因为由式(9.1.13)可得

$$J_{-m}(x) = (-1)^m \sum_{k=0}^{\infty}(-1)^k \frac{1}{k!\ (m+k)!}\left(\frac{x}{2}\right)^{2k+m} = (-1)^m J_m(x),$$

$$(9.1.16)$$

即 $J_{-m}(x)$ 和 $J_m(x)$ 线性相关. 所以在这种情形下,还需要找到一个与 $J_m(x)$ 线性无关的特解,这可以采用 6.2 节中的方法.

通过引入第二类贝塞尔函数 $N_\nu(x)$ 可以方便地表示贝塞尔方程的通解. $N_\nu(x)$ 也称为**诺依曼函数**,当 ν 不是整数时,其定义为

$$N_\nu(x) = \cot \nu\pi \cdot J_\nu(x) - \csc \nu\pi \cdot J_{-\nu}(x)$$

$$= \frac{J_\nu(x)\cos \nu\pi - J_{-\nu}(x)}{\sin \nu\pi}, \qquad (9.1.17)$$

而由式(9.1.13)和式(9.1.14)可知,当 $x \to 0$ 时,有

$$J_\nu(x) \approx \frac{1}{\Gamma(\nu+1)}\left(\frac{x}{2}\right)^\nu \to 0, \quad J_{-\nu}(x) \approx \frac{1}{\Gamma(-\nu+1)}\left(\frac{x}{2}\right)^{-\nu} \to \infty.$$

因此,$J_\nu(x)$ 和 $J_{-\nu}(x)$ 是线性无关的,贝塞尔方程的通解可表示为

$$y = C_1 J_\nu(x) + C_2 J_{-\nu}(x). \tag{9.1.18}$$

其中 C_1,C_2 为任意常数. 显然,$N_\nu(x)$ 和 $J_\nu(x)$ 也是贝塞尔方程的两个线性无关的解. 所以,贝塞尔方程的通解也可以表示为

$$y = C_1 J_\nu(x) + C_2 N_\nu(x). \tag{9.1.19}$$

当 ν 是整数时,定义整阶诺依曼函数为

$$N_n(x) = \lim_{\nu \to n} N_\nu(x) = \lim_{\nu \to n} \frac{J_\nu(x)\cos\nu\pi - J_{-\nu}(x)}{\sin\nu\pi}. \tag{9.1.20}$$

因为 $N_\nu(x)$ 是 ν 阶贝塞尔方程的解,所以 $N_n(x)$ 是 n 阶贝塞尔方程的解. 求极限可得

$$N_n(x) = \frac{2}{\pi}J_n(x)\left(\ln\frac{x}{2} + \gamma\right) - \frac{1}{\pi}\sum_{k=0}^{n-1}\frac{(n-k-1)!}{k!}\left(\frac{x}{2}\right)^{2k-n}$$
$$- \frac{1}{\pi}\sum_{k=0}^{\infty}\frac{(-1)^k}{k!\,(k+n)!}\left(\frac{x}{2}\right)^{2k+n}\left(\sum_{m=0}^{n+k-1}\frac{1}{m+1} + \sum_{m=0}^{k-1}\frac{1}{m+1}\right), \tag{9.1.21}$$

其中 $\gamma = \lim_{k\to\infty}\left[1 + \frac{1}{2} + \cdots + \frac{1}{k} - \ln(k+1)\right] = 0.5772\cdots$ 称为**欧拉常数**. 特别地,有

$$N_0(x) = \frac{2}{\pi}J_0(x)\left(\ln\frac{x}{2} + \gamma\right) - \frac{2}{\pi}\sum_{k=0}^{\infty}\left[\frac{(-1)^k}{(k!)^2}\left(\frac{x}{2}\right)^{2k}\cdot\sum_{m=0}^{k-1}\frac{1}{m+1}\right],$$

由这些展开式可以看出,当 $x \to 0$ 时,$N_n(x) \to \infty$,而 $J_n(0)$ 是有界的. 因此,$N_n(x)$ 与 $J_n(x)$ 是线性无关的,它们的线性组合

$$y = C_1 J_n(x) + C_2 N_n(x) \tag{9.1.22}$$

是 n 阶贝塞尔方程的通解.

因此,对任何实数 ν,ν 阶贝塞尔方程的通解可写为

$$y = C_1 J_\nu(x) + C_2 N_\nu(x). \tag{9.1.23}$$

§9.2 贝塞尔函数的性质

9.2.1 母函数与积分表示

利用洛朗级数展式可证明如下关系式成立:

$$e^{\frac{x}{2}(\zeta - \zeta^{-1})} = \sum_{n=-\infty}^{+\infty} J_n(x)\zeta^n, \quad 0 < |\zeta| < +\infty. \tag{9.2.1}$$

上式左端的函数称为整阶贝塞尔函数 $J_n(x)$ 的**母函数**或**生成函数**. 利用式 (9.2.1) 可得 $J_n(x)$ 的积分表示为

$$J_n(x) = \frac{1}{2\pi} \int_0^{2\pi} \cos(x\sin\theta - n\theta)\,d\theta,$$

或写成

$$J_n(x) = \frac{1}{2\pi} \int_{-\pi}^{\pi} e^{i(x\sin\theta - n\theta)}\,d\theta.$$

利用母函数可以证明许多关于整阶贝塞尔函数的性质. 例如,加法公式

$$J_n(x+y) = \sum_{k=-\infty}^{+\infty} J_k(x)J_{n-k}(y).$$

事实上,把式(9.2.1) 中的 x 换成 $x+y$,则有

$$\sum_{n=-\infty}^{+\infty} J_n(x+y)\zeta^n = e^{\frac{x+y}{2}(\zeta-\zeta^{-1})}$$

$$= e^{\frac{x}{2}(\zeta-\zeta^{-1})} \cdot e^{\frac{y}{2}(\zeta-\zeta^{-1})}$$

$$= \sum_{k=-\infty}^{+\infty} J_k(x)\zeta^k \cdot \sum_{m=-\infty}^{+\infty} J_m(y)\zeta^m$$

$$= \sum_{k=-\infty}^{+\infty}\sum_{m=-\infty}^{+\infty} J_k(x)J_m(y)\zeta^{k+m}$$

$$\xlongequal{\text{令 } m+k=n} \sum_{n=-\infty}^{+\infty}\left[\sum_{k=-\infty}^{+\infty} J_k(x)J_{n-k}(y)\right]\zeta^n,$$

再比较上式两边的系数,即得加法公式.

9.2.2　微分关系和递推公式

对于贝塞尔函数,下列微分关系成立:

$$\frac{d}{dx}\left[x^\nu J_\nu(x)\right] = x^\nu J_{\nu-1}(x), \tag{9.2.2}$$

$$\frac{d}{dx}\left[\frac{J_\nu(x)}{x^\nu}\right] = -\frac{J_{\nu+1}(x)}{x^\nu}, \tag{9.2.3}$$

或

$$J_\nu'(x) = J_{\nu-1}(x) - \frac{\nu}{x}J_\nu(x), \tag{9.2.4}$$

$$J_\nu'(x) = \frac{\nu}{x}J_\nu(x) - J_{\nu+1}(x). \tag{9.2.5}$$

下面给出第一式的证明,第二式的证明可仿照第一式给出. 由定义,可得

$$J_\nu(x) = \sum_{k=0}^{\infty} (-1)^k \frac{1}{k!\Gamma(k+\nu+1)} \left(\frac{x}{2}\right)^{2k+\nu},$$

所以

$$\frac{\mathrm{d}}{\mathrm{d}x}[x^\nu J_\nu(x)] = \frac{\mathrm{d}}{\mathrm{d}x}\left[\sum_{k=0}^{\infty} (-1)^k \frac{1}{k!\Gamma(\nu+k+1)} \cdot \frac{1}{2^{2k+\nu}} \cdot x^{2k+2\nu}\right]$$

$$= \sum_{k=0}^{\infty} (-1)^k \frac{1}{k!\Gamma(\nu+k+1)} \cdot \frac{2(k+\nu)}{2^{2k+\nu}} \cdot x^{2k+2\nu-1}$$

$$= x^\nu \sum_{k=0}^{\infty} (-1)^k \frac{1}{k!\Gamma(\nu-1+k+1)} \cdot \left(\frac{x}{2}\right)^{2k+\nu-1}$$

$$= x^\nu J_{\nu-1}(x).$$

这两个公式表明,通过 ν 阶贝塞尔函数,可以求出低一阶或高一阶的贝塞尔函数.

特别地,当 $\nu=0$ 时,我们有

$$J_0'(x) = J_{-1}(x) = -J_1(x).$$

由此可以断言,$J_0(x)$ 的极值点就是 $J_1(x)$ 的零点.

式(9.2.2)和式(9.2.3)还可以写成另一种形式. 先把式(9.2.2)和式(9.2.3)两边同除以 x,即得

$$\frac{\mathrm{d}}{x\,\mathrm{d}x}[x^\nu J_\nu(x)] = x^{\nu-1} J_{\nu-1}(x),$$

$$\frac{\mathrm{d}}{x\,\mathrm{d}x}[x^{-\nu} J_\nu(x)] = -x^{-(\nu+1)} J_{\nu+1}(x).$$

把 $\dfrac{\mathrm{d}}{x\,\mathrm{d}x}$ 看成一个算子(求导后除以 x),并使这个算子对上式再作用一次,可得

$$\left(\frac{\mathrm{d}}{x\,\mathrm{d}x}\right)^2 [x^\nu J_\nu(x)] = x^{\nu-2} J_{\nu-2}(x),$$

$$\left(\frac{\mathrm{d}}{x\,\mathrm{d}x}\right)^2 [x^{-\nu} J_\nu(x)] = x^{-(\nu+2)} J_{\nu+2}(x),$$

其中 $\left(\dfrac{\mathrm{d}}{x\,\mathrm{d}x}\right)^2 = \dfrac{\mathrm{d}}{x\,\mathrm{d}x}\dfrac{\mathrm{d}}{x\,\mathrm{d}x} \neq \dfrac{\mathrm{d}^2}{x^2\,\mathrm{d}x^2}$. 一般地,有

$$\left(\frac{\mathrm{d}}{x\,\mathrm{d}x}\right)^n [x^\nu J_\nu(x)] = x^{\nu-n} J_{\nu-n}(x), \tag{9.2.6}$$

$$\left(\frac{\mathrm{d}}{x\,\mathrm{d}x}\right)^n [x^{-\nu} J_\nu(x)] = (-1)^n x^{-(\nu+n)} J_{\nu+n}(x). \tag{9.2.7}$$

将式(9.2.4)和式(9.2.5)分别相加、相减,可得到

$$\begin{cases} J_{\nu-1}(x) + J_{\nu+1}(x) = \dfrac{2\nu}{x}J_\nu(x), \\[2mm] J_{\nu-1}(x) - J_{\nu+1}(x) = 2J'_\nu(x). \end{cases} \quad (9.2.8)$$

式(9.2.8)表明,由两个相邻阶的贝塞尔函数就可以求出更高一阶的贝塞尔函数,如

$$J_2(x) = \frac{2}{x}J_1(x) - J_0(x) = \frac{-2}{x}J'_0(x) - J_0(x),$$

$$J_3(x) = \frac{4}{x}J_2(x) - J_1(x) = \left(\frac{8}{x^2} - 1\right)J_1(x) - \frac{4}{x}J_0(x).$$

再注意到$J_{-n}(x) = (-1)^n J_n(x)$,可知所有整数阶的贝塞尔函数$J_n(x)$($n$为整数)都可用$J_0(x)$和$J_1(x)$来表示. 这样,只要有了关于$J_0(x)$,$J_1(x)$的函数表,我们就可以求出$J_2(x)$,$J_3(x)$等在相应点处的函数值.

当ν不是整数时,由于$N_\nu(x)$是$J_\nu(x)$和$J_{-\nu}(x)$的线性组合,故微分关系和递推公式对非整阶诺依曼函数仍成立. 可以证明,它们对整阶诺依曼函数也成立.

【例 9.1】 求证下列等式:

(1) $\cos(x\sin\theta) = J_0(x) + 2[J_2(x)\cos 2\theta + J_4(x)\cos 4\theta + \cdots]$;

(2) $\sin(x\sin\theta) = 2[J_1(x)\sin\theta + J_3(x)\sin 3\theta + \cdots]$.

证明 在生成函数公式(9.2.1)中,令$\zeta = e^{i\theta}$,并由$J_{-n}(x) = (-1)^n J_n(x)$,可得

$$e^{\frac{x}{2}(e^{i\theta} - e^{-i\theta})} = e^{ix\sin\theta} = \sum_{n=-\infty}^{+\infty} J_n(x)e^{in\theta} = \sum_{n=-\infty}^{+\infty} J_n(x)(\cos n\theta + i\sin n\theta)$$

$$= J_0(x) + \sum_{n=1}^{\infty}[J_n(x) + J_{-n}(x)]\cos n\theta$$

$$+ i\sum_{n=1}^{\infty}[J_n(x) - J_{-n}(x)]\sin n\theta$$

$$= J_0(x) + 2\sum_{k=1}^{\infty}J_{2k}(x)\cos 2k\theta + 2i\sum_{k=1}^{\infty}J_{2k-1}(x)\sin(2k-1)\theta.$$

令上式两边的实部与虚部分别相等,即可得要证的等式.

从傅里叶级数的视角看,例 9.1 中的两个等式分别是函数(将x看作参数)$\cos(x\sin\theta)$的余弦展开及$\sin(x\sin\theta)$的正弦展开.

利用积分表达式、微分关系及递推公式,可以计算某些含贝塞尔函数的积分.

【例 9.2】 计算积分 $\int x^3 J_{-2}(x) \mathrm{d}x$.

解 由分部积分法及微分关系 $(x^\nu J_\nu)' = x^\nu J_{\nu-1}$,有

$$\int x^3 J_{-2} \mathrm{d}x = \int x^4 (x^{-1} J_{-2}) \mathrm{d}x = x^4 (x^{-1} J_{-1}) - 4 \int x^3 (x^{-1} J_{-1}) \mathrm{d}x$$

$$= x^3 J_{-1} - 4 \int x^2 J_{-1} \mathrm{d}x = -x^3 J_1 - 4 \int x^2 J_0' \mathrm{d}x$$

$$= -x^3 J_1 - 4x^2 J_0 + 8 \int x J_0 \mathrm{d}x$$

$$= (-x^3 + 8x) J_1(x) - 4x^2 J_0(x) + C.$$

【例 9.3】 求证: $\int x^2 J_2(x) \mathrm{d}x = -x^2 J_1(x) - 3x J_0(x) + 3 \int J_0(x) \mathrm{d}x$.

证明 由分部积分法及微分关系 $(x^{-\nu} J_\nu)' = -x^{-\nu} J_{\nu+1}$,有

$$\int x^2 J_2 \mathrm{d}x = \int x^3 (x^{-1} J_2) \mathrm{d}x = x^3 (-x^{-1} J_1) + 3 \int x^2 (x^{-1} J_1) \mathrm{d}x$$

$$= -x^2 J_1 - 3 \int x J_0'(x) \mathrm{d}x = -x^2 J_1 - 3 \left(x J_0 - \int J_0 \mathrm{d}x \right).$$

一般来说,对于形如 $\int x^p J_q(x) \mathrm{d}x$ 的积分,若 p,q 为整数,$p+q \geqslant 0$ 且为奇数,则这个积分可利用 $J_0(x)$ 和 $J_1(x)$ 直接表示出来;若 $p+q$ 为偶数,则结果只能用 $\int J_0(x) \mathrm{d}x$ 来表示.

9.2.3 半阶函数

贝塞尔函数和诺依曼函数一般都不是初等函数. 但半奇数阶贝塞尔函数 $J_\nu(x)$ ($\nu = n + 1/2, n \in \mathbf{Z}$) 和 $N_\nu(x)$ 都是初等函数. 下面先计算 $J_{1/2}(x)$ 和 $J_{-1/2}(x)$. 由定义,可知

$$J_{-1/2}(x) = \sum_{k=0}^\infty \frac{(-1)^k}{k! \Gamma\left(k + \frac{1}{2}\right)} \left(\frac{x}{2}\right)^{2k-\frac{1}{2}} = \sqrt{\frac{2}{x}} \sum_{k=0}^\infty \frac{(-1)^k}{k! \Gamma\left(k + \frac{1}{2}\right)} \left(\frac{x}{2}\right)^{2k}.$$

根据 Γ 函数的性质,我们有

$$\Gamma\left(k + \frac{1}{2}\right) = \Gamma\left(k - \frac{1}{2} + 1\right) = \left(k - \frac{1}{2}\right) \Gamma\left(k - \frac{1}{2}\right)$$

$$= \left(k - \frac{1}{2}\right) \left(k - \frac{3}{2}\right) \Gamma\left(\frac{2k-3}{2}\right)$$

$$= \frac{2k-1}{2} \cdot \frac{2k-3}{2} \cdot \frac{2k-5}{2} \cdot \Gamma\left(\frac{2k-5}{2}\right)$$

$$= \cdots$$

$$= \frac{2k-1}{2} \cdot \frac{2k-3}{2} \cdot \cdots \cdot \frac{1}{2} \cdot \Gamma\left(\frac{1}{2}\right)$$

$$= \frac{(2k)!}{2^{2k} \cdot k!} \sqrt{\pi},$$

于是

$$J_{-1/2}(x) = \sqrt{\frac{2}{\pi x}} \sum_{k=0}^{\infty} \frac{(-1)^k}{(2k)!} x^{2k} = \sqrt{\frac{2}{\pi}} \frac{\cos x}{\sqrt{x}}. \tag{9.2.9}$$

同理

$$J_{1/2}(x) = \sqrt{\frac{2}{\pi}} \frac{\sin x}{\sqrt{x}}. \tag{9.2.10}$$

在式(9.2.6)和式(9.2.7)中分别令 $\nu = -1/2$ 和 $\nu = 1/2$,可得

$$J_{-(n+1/2)}(x) = \sqrt{\frac{2}{\pi}} x^{n+1/2} \left(\frac{1}{x} \frac{\mathrm{d}}{\mathrm{d}x}\right)^n \left(\frac{\cos x}{x}\right), \tag{9.2.11}$$

$$J_{n+1/2}(x) = (-1)^n \sqrt{\frac{2}{\pi}} x^{n+1/2} \left(\frac{1}{x} \frac{\mathrm{d}}{\mathrm{d}x}\right)^n \left(\frac{\sin x}{x}\right). \tag{9.2.12}$$

因为

$$N_{n+1/2}(x) = \frac{J_{n+1/2}(x) \cos(n\pi + \pi/2) - J_{-(n+1/2)}(x)}{\sin(n\pi + \pi/2)}$$

$$= (-1)^{n+1} J_{-(n+1/2)}(x), \tag{9.2.13}$$

同样地,

$$N_{-(n+1/2)}(x) = (-1)^{n+1} J_{n+1/2}(x), \tag{9.2.14}$$

所以,$N_{n+1/2}(x)$ 和 $N_{-(n+1/2)}(x)$ 也是初等函数.

9.2.4 渐近公式

在贝塞尔函数的应用中,常常需要求出当自变量 x 取很大的值时的函数值,如果利用级数展开式来计算这些值,显然是很麻烦的.下面将列举当自变量 x 很大时,贝塞尔函数的渐近公式.推导过程从略.

当 x 很大($x \to +\infty$)时,有

$$J_{\nu}(x) \approx \sqrt{\frac{2}{\pi x}} \cos\left(x - \frac{\nu\pi}{2} - \frac{\pi}{4}\right), \tag{9.2.15}$$

$$N_\nu(x) \approx \sqrt{\frac{2}{\pi x}} \sin\left(x - \frac{\nu\pi}{2} - \frac{\pi}{4}\right). \tag{9.2.16}$$

严格地说,应为

$$J_\nu(x) \approx \sqrt{\frac{2}{\pi x}} \cos\left(x - \frac{\nu\pi}{2} - \frac{\pi}{4}\right) + O(x^{-3/2}), \tag{9.2.17}$$

$$N_\nu(x) \approx \sqrt{\frac{2}{\pi x}} \sin\left(x - \frac{\nu\pi}{2} - \frac{\pi}{4}\right) + O(x^{-3/2}). \tag{9.2.18}$$

因此

$$\lim_{x\to+\infty} J_\nu(x) = \lim_{x\to+\infty} N_\nu(x) = 0.$$

由于余弦函数和正弦函数在$-1\sim 1$之间振动了无限多次,所以从这些渐近公式中可以看出,$J_\nu(x)$和$N_\nu(x)$应有无限多个实零点.下面将详细地讨论贝塞尔函数的零点.

9.2.5 贝塞尔函数的零点和衰减振荡性

(1)函数$J_\nu(x)$有无穷多个实零点,而且可以证明:当$\nu > -1$时,$J_\nu(x)$只有实零点.

由$J_\nu(x)$的级数表示,不难得到

$$J_\nu(-x) = (-1)^\nu J_\nu(x).$$

特别地,$J_0(x)$是偶函数,$J_1(x)$是奇函数.由上式可见,$J_\nu(x)$的无穷多个实零点是关于原点对称分布的,因而$J_\nu(x)$必有无穷多个正零点.

(2)当$n \geqslant 1$时,由展开式(9.1.13)可以直接看出,$x=0$是$J_n(x)$的n阶零点,而其他的零点都是一阶的.

事实上,若$x_0 \neq 0$是$J_n(x)$的二阶或更高阶零点,则有$J_n(x_0)=0$,$J_n'(x_0)=0$.而$J_n(x)$满足一个二阶线性齐次微分方程,于是由微分方程解的唯一性定理,必有$J_n(x)\equiv 0$,而这是不可能的.这就证得$J_n(x)$的非零零点都是一阶的.

(3)$J_\nu(x)$与$J_{\nu+1}(x)$无非零公共零点.事实上,由

$$(x^{-\nu}J_\nu)' = -x^{-\nu}J_{\nu+1},$$

可得

$$-\nu x^{-\nu-1}J_\nu + x^{-\nu}J_\nu' = -x^{-\nu}J_{\nu+1}.$$

于是,若在$x_0 \neq 0$处有$J_\nu(x_0)=J_{\nu+1}(x_0)=0$,则$J_\nu'(x_0)=0$,从而$J_\nu(x)\equiv 0$,矛盾.即证得$J_\nu(x)$与$J_{\nu+1}(x)$无非零公共零点.

(4)在$J_\nu(x)$的两个相邻零点之间有且只有一个$J_{\nu+1}(x)$的零点,反之

亦然.

由公式$(x^{-\nu}J_\nu)'=-x^{-\nu}J_{\nu+1}$,并应用罗尔定理,可知在$J_\nu(x)$的两个相邻零点之间至少有一个$J_{\nu+1}(x)$的零点. 再由公式

$$(x^{\nu+1}J_{\nu+1})'=x^{\nu+1}J_\nu, \tag{9.2.19}$$

可知在$J_{\nu+1}(x)$的两个相邻零点之间至少有一个$J_\nu(x)$的零点. 合并这两个结果可知,$J_\nu(x)$与$J_{\nu+1}(x)$的正零点两两相间.

(5)$J_\nu(x)$的最小正零点比$J_{\nu+1}(x)$的最小正零点更接近于原点.

设a,b分别是$J_\nu(x)$和$J_{\nu+1}(x)$的最小正零点. 因为$x^{\nu+1}J_{\nu+1}(x)$以$x=0$为零点,对式(9.2.19)应用罗尔定理,于是$J_\nu(x)$有一个零点在$(0,b)$内,由此知$a<b$.

(6)方程$J_\nu'(x)=0$有无穷多个实根,根据(1)的结论并利用罗尔定理就可以得出这一论断. 更一般地,可以证明,方程

$$J_\nu(x)+hxJ_\nu'(x)=0, \quad h \text{ 为常数} \tag{9.2.20}$$

有无穷多个实根.

从上面所述的贝塞尔函数的零点性质,可见$J_\nu(x)$的零点和三角函数类似,由渐近公式也可看出这一点. 在渐近公式中,有一衰减因子$x^{-1/2}$,因此$J_\nu(x)$是一个衰减振荡函数,它在x轴上下来回摆动而且逐渐靠近x轴.

§9.3　贝塞尔方程的本征值问题

在一般的施图姆-刘维尔型方程

$$\frac{d}{dx}\left[k(x)\frac{dy}{dx}\right]-q(x)y+\lambda\rho(x)y=0$$

中,令$k(x)=x$,$q(x)=\nu^2/x$,$\rho(x)=x$,两边同乘以x后就可得到贝塞尔方程

$$x^2y''+xy'+(\lambda x^2-\nu^2)y=0, \quad 0<x<a,\nu\geqslant0. \tag{9.3.1}$$

由于这里的$k(x),q(x),\rho(x)$在$[0,a]$上均满足施图姆-刘维尔定理的条件,从而我们可以用施图姆-刘维尔定理研究方程(9.3.1)的本征值问题.

设$y(x)$在a端满足下列三种边界条件之一:

$$y(a)=0, \quad y'(a)=0, \quad y(a)+hy'(a)=0.$$

记$\lambda=\omega^2$,则方程(9.3.1)的通解是

$$y(x)=AJ_\nu(\omega x)+BN_\nu(\omega x).$$

由于 $k(0)=0$，在 $x=0$ 处有自然边界条件 $|y(0)|<+\infty$，因此 $B=0$，于是 $y(x)=J_\nu(\omega x)$. 而三种边界条件则分别变为

$$J_\nu(a\omega)=0, \quad J_\nu'(a\omega)=0, \quad J_\nu(a\omega)+\omega h J_\nu'(a\omega)=0.$$

由前节所述，这些方程都有无限多个正实零点，将它们分别记为 $\omega_1,\omega_2,\cdots$，于是本征值为

$$\lambda_n=\omega_n^2, \quad n=1,2,\cdots.$$

根据施图姆-刘维尔定理，若 ω_1,ω_2 是

$$J_\nu(ax)=0, \quad J_\nu'(ax)=0, \quad J_\nu(ax)+xh J_\nu'(ax)=0 \qquad (9.3.2)$$

三个方程中任一方程的两个不同的根，则 $J_\nu(\omega_1 x)=0$ 和 $J_\nu(\omega_2 x)=0$ 加权 $\rho(x)=x$ 正交，即

$$\int_0^a x J_\nu(\omega_1 x)J_\nu(\omega_2 x)\mathrm{d}x=0.$$

下面计算贝塞尔函数的模的平方：

$$N_\nu^2=\int_0^a x J_\nu^2(\omega x)\mathrm{d}x.$$

记 $y(x)=J_\nu(\omega x)$，它满足方程(9.3.1)，则

$$x(xy')'+(\omega^2 x^2-\nu^2)y=0.$$

上式两边同乘以 $2y'$，可得

$$2xy'(xy')'+2(\omega^2 x^2-\nu^2)yy'=0 \quad 或 \quad \mathrm{d}(xy')^2+(\omega^2 x^2-\nu^2)\mathrm{d}y^2=0,$$

把上式从 0 到 a 积分，并对第二项进行分部积分，可得

$$(xy')^2\big|_0^a+(\omega^2 x^2-\nu^2)y^2\big|_0^a=2\omega^2\int_0^a xy^2\mathrm{d}x=2\omega^2 N_\nu^2.$$

由于 $\nu\neq 0$ 时，$y(0)=J_\nu(0)=0$，故上式(包括 $\nu=0$ 时) 即

$$a^2\omega^2 J_\nu'^2(\omega a)+(\omega^2 a^2-\nu^2)J_\nu^2(\omega a)=2\omega^2 N_\nu^2. \qquad (9.3.3)$$

(1)对于第一种边界条件——$J_\nu(\omega a)=0$：由微分关系

$$J_\nu'(x)=\frac{\nu}{x}J_\nu(x)-J_{\nu+1}(x),$$

可得

$$J_\nu'(\omega a)=-J_{\nu+1}(\omega a).$$

这样由式(9.3.3)，可得

$$N_{\nu 1}^2=\frac{a^2}{2}J_{\nu+1}^2(\omega a).$$

这里为了说明是第一种边界条件下的模，所以特意加了下标 1. 后面下标 2,3 的含义与此相同.

(2)对于第二种边界条件——$J'_\nu(\omega a)=0$：由式(9.3.3)，可得

$$N^2_{\nu2}=\frac{1}{2}\left(a^2-\frac{\nu^2}{\omega^2}\right)J^2_\nu(\omega a).$$

(3)对于第三种边界条件——$J'_\nu(\omega a)=-J_\nu(\omega a)/(\omega h)$：由式(9.3.3)，可得

$$N^2_{\nu3}=\frac{1}{2}\left(a^2-\frac{\nu^2}{\omega^2}+\frac{a^2}{\omega^2h^2}\right)J^2_\nu(\omega a).$$

设 $\omega_1,\omega_2,\cdots$ 是式(9.3.2)中三个方程之一的所有非负零点，由施图姆-刘维尔定理，函数系 $\{J_\nu(\omega_n x)\}$ 是完备正交系。因此，可把满足定理条件的函数 $f(x)$ 展开成傅里叶-贝塞尔级数：

$$f(x)=\sum_{n=1}^{\infty}f_n J_\nu(\omega_n x), \tag{9.3.4}$$

这里

$$f_n=\frac{1}{N^2_\nu}\int_0^a xf(x)J_\nu(\omega_n x)\mathrm{d}x. \tag{9.3.5}$$

而 N^2_ν 则由边界条件来确定。适当放宽条件后，可以证明如下定理也是成立的。

设 $f(x)$ 是定义在 $(0,a)$ 内的逐段光滑的函数，积分 $\int_0^a\sqrt{x}\,|f(x)|\mathrm{d}x$ 具有有限值，且 $f(x)$ 满足相应本征值的边界条件。那么傅里叶-贝塞尔级数 (9.3.4) 收敛于 $[f(x+0)+f(x-0)]/2$，且级数(9.3.4)中的 ω_n 是式(9.3.2)中三个方程之一的根。

【例 9.4】 设 $\omega_n(n=1,2,\cdots)$ 是方程 $J_0(x)=0$ 的所有正根，试将函数 $f(x)=1-x^2(0<x<1)$ 展开成贝塞尔函数 $J_0(\omega_n x)$ 的级数。

解 由式(9.3.4)和式(9.3.5)，设 $1-x^2=\sum_{n=1}^{\infty}C_n J_0(\omega_n x)$，则

$$C_n=\frac{1}{N^2_{01}}\int_0^1(1-x^2)xJ_0(\omega_n x)\mathrm{d}x$$

$$\xlongequal{\diamondsuit\ t=\omega_n x}\frac{1}{N^2_{01}\omega^2_n}\int_0^{\omega_n}t\left(1-\frac{t^2}{\omega^2_n}\right)J_0(t)\mathrm{d}t$$

$$=\frac{1}{N^2_{01}\omega^2_n}\left[\left(1-\frac{t^2}{\omega^2_n}\right)tJ_1(t)\,\bigg|_0^{\omega_n}+\frac{2}{\omega^2_n}\int_0^{\omega_n}t^2 J_1(t)\mathrm{d}t\right]$$

$$=\frac{2}{\omega^2_n J^2_1(\omega_n)}\cdot\frac{2}{\omega^2_n}t^2 J_2(t)\,\bigg|_0^{\omega_n}=\frac{4J_2(\omega_n)}{\omega^2_n J^2_1(\omega_n)}.$$

又由递推关系

$$J_2(x) = \frac{2}{x}J_1(x) - J_0(x)$$

及 $J_0(\omega_n) = 0$，有

$$J_2(\omega_n) = \frac{2J_1(\omega_n)}{\omega_n}.$$

因而

$$C_n = \frac{8}{\omega_n^3 J_1(\omega_n)},$$

所以

$$1 - x^2 = \sum_{n=1}^{\infty} \frac{8}{\omega_n^3 J_1(\omega_n)} J_0(\omega_n x).$$

根据收敛定理，这个级数在 $[0,1]$ 上绝对一致收敛于 $1 - x^2$.

【例 9.5】 设有一个两端无限长的直圆柱体，其半径为 r_0. 已知其初始温度可用极坐标表示为 $\varphi_1(r,\theta)$，表面温度为零，求圆柱体内温度的变化规律.

解 这是 9.1 节中提出的圆柱体冷却问题，可将定解问题写为

$$\begin{cases} \frac{\partial u}{\partial t} = a^2 \left(\frac{\partial^2 u}{\partial r^2} + \frac{1}{r}\frac{\partial u}{\partial r} + \frac{1}{r^2}\frac{\partial^2 u}{\partial \theta^2} \right), & r < r_0, 0 \leqslant \theta < 2\pi, t > 0, \\ u(t,r_0,\theta) = 0, \quad u(0,r,\theta) = \varphi_1(r,\theta). \end{cases}$$

设 $u = R(r)\Theta(\theta)T(t)$，由分离变量法，有

$$\begin{cases} \Theta(\theta) = a_n \cos n\theta + b_n \sin n\theta, & n = 0,1,2,\cdots, \\ (rR')' + \left(\lambda r - \frac{n^2}{r} \right) R = 0, \\ |R(0)| < +\infty, \quad R(r_0) = 0, \end{cases} \tag{9.3.6}$$

$$T' + a^2 \lambda T = 0. \tag{9.3.7}$$

由前面的讨论，本征值问题 $(9.3.6)$ 中的本征值是 $\lambda_m = \omega_{mn}^2 (m=1,2,\cdots)$，其中 ω_{mn} 是 $J_n(\omega r_0) = 0$ 的所有正实根，相应的本征函数为 $J_n(\omega_{mn} r)$. 再由 T 的方程得

$$T(t) = e^{-a^2 \omega_{mn}^2 t},$$

这样就可得到满足方程和边界条件的特解为

$$u_{mn} = J_n(\omega_{mn} r)(A_{mn} \cos n\theta + B_{mn} \sin n\theta) e^{-a^2 \omega_{mn}^2 t}.$$

把特解叠加，可得

$$u = \sum_{m=1}^{\infty} \sum_{n=0}^{\infty} J_n(\omega_{mn} r)(A_{mn} \cos n\theta + B_{mn} \sin n\theta) e^{-a^2 \omega_{mn}^2 t}. \tag{9.3.8}$$

由初始条件,得

$$\varphi_1(r,\theta) = \sum_{m=1}^{\infty} \sum_{n=0}^{\infty} J_n(\omega_{mn}r)(A_{mn}\cos n\theta + B_{mn}\sin n\theta).$$

这是二元函数 $\varphi_1(r,\theta)$ 按函数系 $\{J_n(\omega_{mn}r)\cos n\theta, J_n(\omega_{mn}r)\sin n\theta\}$ 展开的二重傅里叶-贝塞尔级数,其中

$$A_{mn} = \frac{\delta_n}{\pi r_0^2 J_{n+1}^2(\omega_{mn}r_0)} \int_0^{r_0} \int_0^{2\pi} r\varphi_1(r,\theta) J_n(\omega_{mn}r)\cos n\theta \, dr \, d\theta,$$

$$\delta_n = \begin{cases} 1, & n=0, \\ 2, & n \neq 0, \end{cases}$$

$$B_{mn} = \frac{2}{\pi r_0^2 J_{n+1}^2(\omega_{mn}r_0)} \int_0^{r_0} \int_0^{2\pi} r\varphi_1(r,\theta) J_n(\omega_{mn}r)\sin n\theta \, dr \, d\theta.$$

把 A_{mn}, B_{mn} 代入式(9.3.8),即可得所求的解.

【例9.6】 有一均匀圆柱,其半径为 a,高为 l,侧面绝热而上、下底温度分别保持为 $f_2(r)$ 和 $f_1(r)$,试求柱内的稳定温度分布.

解 采用柱坐标系求解. 设柱内的稳定温度分布为 $u(r,\varphi,z)$,则问题归结为定解问题

$$\begin{cases} \Delta u(r,\varphi,z) = \dfrac{\partial^2 u}{\partial r^2} + \dfrac{1}{r}\dfrac{\partial u}{\partial r} + \dfrac{1}{r^2}\dfrac{\partial^2 u}{\partial \varphi^2} + \dfrac{\partial^2 u}{\partial z^2} = 0 \,(\text{稳定温度}), \\ \dfrac{\partial u}{\partial r}\bigg|_{r=a} = 0\,(\text{侧面绝热}), \quad u(r,\varphi,0) = f_1(r), \quad u(r,\varphi,l) = f_2(r). \end{cases}$$

考虑到圆柱关于 φ 的对称性及上、下底与侧面的定解条件不依赖于 φ,所以问题的解也不依赖于 φ,即 $u=u(r,z)$. 设 $u=R(r)Z(z)$,经变量分离后可得

$$r^2 R'' + r R' + \lambda r^2 R = 0, \tag{9.3.9}$$

$$Z'' - \lambda Z = 0. \tag{9.3.10}$$

记 $\lambda = \omega^2$,则方程(9.3.9)的有界解是

$$R(r) = J_0(\omega r).$$

再由边界条件 $u_r|_{r=a} = 0$,可知 $R'(a) = 0$,即

$$J_1(\omega a) = 0.$$

记此方程的所有非负根分别为 $\omega_0 = 0, \omega_1, \omega_2, \cdots$,则其本征值为

$$\lambda_0 = 0, \quad \lambda_n = \omega_n^2, \quad n = 1, 2, \cdots,$$

相应的本征函数为

$$J_0(\omega_0 r) = 1, \quad J_0(\omega_n r), \quad n = 1, 2, \cdots.$$

将 $\lambda_n = \omega_n^2 (n = 0, 1, 2, \cdots)$ 代入式(9.3.10),可得

$$Z_0(z) = C_0 + D_0 z, \quad Z_n(z) = C_n \cosh \omega_n z + D_n \sinh \omega_n z, \quad n = 1, 2, \cdots.$$

根据叠加原理,可得到满足方程和侧面边界条件的解是

$$u(r,z) = C_0 + D_0 z + \sum_{n=1}^{\infty} (C_n \cosh \omega_n z + D_n \sinh \omega_n z) J_0(\omega_n r).$$

$$(9.3.11)$$

再由圆柱底面的边界条件,有

$$f_1(r) = u(r,0) = C_0 + \sum_{n=1}^{\infty} C_n J_0(\omega_n r) \qquad (9.3.12)$$

及

$$f_2(r) = u(r,l)$$

$$= C_0 + D_0 l + \sum_{n=1}^{\infty} (C_n \cosh \omega_n l + D_n \sinh \omega_n l) J_0(\omega_n r). \quad (9.3.13)$$

将 $f_1(r)$ 和 $f_2(r)$ 分别按 $\{J_0(\omega_n r)\}(n=0,1,2,\cdots)$ 展开,并将各展开式的系数相应地记为 f_{1n} 和 $f_{2n}(n=0,1,2,\cdots)$,则由式(9.3.12),可得(注意:这里要取第二种边界条件下的模)

$$C_0 = \frac{2}{a^2} \int_0^a f_1(r) r \, \mathrm{d}r = f_{10},$$

$$C_n = \frac{2}{a^2 J_0^2(\omega_n a)} \int_0^a J_0(\omega_n r) f_1(r) r \, \mathrm{d}r = f_{1n}, \quad n=1,2,\cdots.$$

由式(9.3.13),可得

$$C_0 + D_0 l = \frac{2}{a^2} \int_0^a f_2(r) r \, \mathrm{d}r = f_{20},$$

$$C_n \cosh \omega_n l + D_n \sinh \omega_n l = \frac{2}{a^2 J_0^2(\omega_n a)} \int_0^a J_0(\omega_n r) f_2(r) r \, \mathrm{d}r$$

$$= f_{2n}, \quad n=1,2,\cdots,$$

解之得

$$D_0 = \frac{f_{20} - f_{10}}{l},$$

$$D_n = \frac{f_{2n} - f_{1n} \cosh \omega_n l}{\sinh \omega_n l}, \quad n=1,2,\cdots,$$

将以上求得的 C_n 和 D_n 代入式(9.3.11),即可得到所求的解.

§9.4 和贝塞尔方程相关的问题

9.4.1 可化为贝塞尔方程的微分方程

在数学物理问题中,常有一些微分方程,可以化为贝塞尔方程来求解.下面用相反的方法,从贝塞尔方程出发,通过自变量和因变量的代换,得到一种较为一般的可化为贝塞尔方程的微分方程,以便于应用.设有 ν 阶贝塞尔方程

$$x^2 \frac{\mathrm{d}^2 y}{\mathrm{d}x^2} + x \frac{\mathrm{d}y}{\mathrm{d}x} + (x^2 - \nu^2)y = 0, \quad \nu \geqslant 0, \tag{9.4.1}$$

作自变量代换 $x = \lambda t^\beta (\lambda, \beta$ 为常数),可得

$$t^2 \frac{\mathrm{d}^2 y}{\mathrm{d}t^2} + t \frac{\mathrm{d}y}{\mathrm{d}t} + (\lambda^2 \beta^2 t^{2\beta} - \nu^2 \beta^2)y = 0.$$

再作因变量代换 $y(t) = t^{-\alpha} u(t)(\alpha$ 为常数),可得

$$t^2 \frac{\mathrm{d}^2 u}{\mathrm{d}t^2} + (1 - 2\alpha)t \frac{\mathrm{d}u}{\mathrm{d}t} + [\lambda^2 \beta^2 t^{2\beta} + (\alpha^2 - \nu^2 \beta^2)]u = 0. \tag{9.4.2}$$

于是,由方程(9.4.1)的通解 $y(x) = C_1 \mathrm{J}_\nu(x) + C_2 \mathrm{N}_\nu(x)$,可得方程(9.4.2)的通解为

$$u(t) = t^\alpha [C_1 \mathrm{J}_\nu(\lambda t^\beta) + C_2 \mathrm{N}_\nu(\lambda t^\beta)]. \tag{9.4.3}$$

【例 9.7】 求方程 $xy'' + y' + 5x^3 y = 0$ 的通解.

解 把所给方程改写为 $x^2 y'' + xy' + 5x^4 y = 0$,并将其与方程(9.4.2)比较,则有

$$\begin{cases} 1 - 2\alpha = 1, \\ 2\beta = 4, \\ \lambda^2 \beta^2 = 5, \\ \alpha^2 - \nu^2 \beta^2 = 0, \end{cases}$$

解得

$$\alpha = 0, \quad \beta = 2, \quad \lambda = \frac{\sqrt{5}}{2}, \quad \nu = 0,$$

故所求方程的通解为

$$y = C_1 \mathrm{J}_0 \left(\frac{\sqrt{5}}{2} x^2 \right) + C_2 \mathrm{N}_0 \left(\frac{\sqrt{5}}{2} x^2 \right).$$

【例 9.8】 解定解问题

$$\begin{cases} u_{tt} = a^2 \partial_x(x \partial_x u) + \omega^2 u, & 0 < x < l, t > 0, \\ |u(t,0)| < +\infty, & u(t,l) = 0, \\ u(0,x) = f(r), & u_t(0,x) = g(x), \end{cases}$$

其中 a, ω 是正常数,且 ω 很小.

解 设 $u = X(x)T(t)$,经变量分离后可得

$$\begin{cases} (xX')' + (\omega^2/a^2 + \lambda)X = 0, & \text{(A)} \\ |X(0)| < +\infty, \quad X(l) = 0, & \text{(B)} \\ T'' + a^2\lambda T = 0. & \text{(C)} \end{cases}$$

由施图姆-刘维尔定理,可知本征值 $\lambda + \omega^2/a^2 \geqslant 0$. 又因为当 $\lambda + \omega^2/a^2 = 0$ 时,方程(A)的通解为 $X(x) = C_1 + C_2 \ln x$;再由条件(B),得 $X(x) \equiv 0$. 因而 $\lambda + \omega^2/a^2 > 0$. 记 $\lambda + \omega^2/a^2 = b^2, b > 0$,则方程(A)变为 $(xX')' + b^2 X = 0$,即

$$x^2 X'' + x X' + b^2 x X = 0.$$

它是方程(9.4.2)当 $\alpha = 0, \beta = 1/2, \lambda = 2b, \nu = 0$ 时的特例,所以其通解为

$$X(x) = C_1 J_0(2b\sqrt{x}) + C_2 N_0(2b\sqrt{x}).$$

由条件(B),有

$$C_2 = 0, \quad J_0(2b\sqrt{l}) = 0.$$

若 $\mu_n (n = 1, 2, \cdots)$ 为 $J_0(x) = 0$ 的所有正根,则 $2b\sqrt{l} = \mu_n$. 所以

$$b_n = \frac{\mu_n}{2\sqrt{l}}, \quad X_n = J_0\left(\mu_n \sqrt{\frac{x}{l}}\right).$$

而

$$\lambda_n = \frac{\mu_n^2}{4l^2} - \frac{\omega^2}{a^2},$$

因 ω 很小,故 $\lambda_n > 0$. 记 $\lambda_n = \omega_n^2 (\omega_n > 0)$,由方程(C),可得

$$T_n(t) = (A_n \sin a\omega_n t + B_n \cos a\omega_n t).$$

于是满足方程和边界条件的一般解为

$$u(t,x) = \sum_{n=1}^{\infty} (A_n \sin a\omega_n t + B_n \cos a\omega_n t) J_0\left(\mu_n \sqrt{\frac{x}{l}}\right).$$

由初始条件,可得

$$u(0,x) = \sum_{n=1}^{\infty} B_n J_0\left(\mu_n \sqrt{\frac{x}{l}}\right) = f(x), \quad 0 < x < l,$$

$$u_t(0,x) = \sum_{n=1}^{\infty} A_n a\omega_n J_0\left(\mu_n \sqrt{\frac{x}{l}}\right) = g(x).$$

令 $\sqrt{x/l} = \xi$，可得

$$\sum_{n=1}^{\infty} B_n J_0(\mu_n \xi) = f(l\xi^2), \quad 0 < \xi < 1,$$

$$\sum_{n=1}^{\infty} A_n a\omega_n J_0(\mu_n \xi) = g(l\xi^2),$$

故

$$B_n = \frac{2}{J_1^2(\mu_n)} \int_0^1 f(l\xi^2) \xi J_0(\mu_n \xi) \mathrm{d}\xi = \frac{1}{l J_1^2(\mu_n)} \int_0^l f(x) J_0\left(\mu_n \sqrt{\frac{x}{l}}\right) \mathrm{d}x.$$

同理

$$A_n = \frac{1}{a\omega_n l J_1^2(\mu_n)} \int_0^l g(x) J_0\left(\mu_n \sqrt{\frac{x}{l}}\right) \mathrm{d}x.$$

将 A_n, B_n 代入，即可得到所求的解.

9.4.2 其他形式的贝塞尔函数

在实际应用中，还常常会遇到其他形式的贝塞尔函数. 这里介绍较常见的三种.

9.4.2.1 球贝塞尔函数

球贝塞尔方程

$$x^2 y'' + 2xy' + [x^2 - l(l+1)]y = 0 \tag{9.4.4}$$

的解称为**球贝塞尔函数**. 方程(9.4.4)是方程(9.4.2)当 $\alpha = -1/2, \lambda = 1, \beta = 1$，$\nu = (2l+1)/2$ 时的特例，因此，其通解是

$$y = \sqrt{\frac{\pi}{2x}} \left[C_1 J_{l+1/2}(x) + C_2 N_{l+1/2}(x)\right].$$

这样，与第一类和第二类贝塞尔函数相对应，就有以下两种球贝塞尔函数：

$$j_l(x) = \sqrt{\frac{\pi}{2x}} J_{l+1/2}(x) \quad \text{及} \quad n_l(x) = \sqrt{\frac{\pi}{2x}} N_{l+1/2}(x). \tag{9.4.5}$$

这里添加常数因子 $\sqrt{\pi/2}$ 是为了计算方便. 特别地，有

$$j_0(x) = \sqrt{\frac{\pi}{2x}} J_{1/2}(x) = \frac{\sin x}{x} \quad \text{及} \quad j_{-1}(x) = \sqrt{\frac{\pi}{2x}} J_{-1/2}(x) = \frac{\cos x}{x}.$$

于是，球贝塞尔方程(9.4.4)的通解是

$$y(x) = C_1 j_l(x) + C_2 n_l(x). \tag{9.4.6}$$

当 $l \geqslant 0$ 时，方程(9.4.4)在 $x = 0$ 处的有界解是

$$y = C_1 j_l(x).$$

由贝塞尔函数和诺依曼函数的递推关系,容易得到球贝塞尔函数的递推关系为

$$j_{l-1}(x) + j_{l+1}(x) = \frac{2l+1}{x} j_l(x), \tag{9.4.7}$$

$$n_{l-1}(x) + n_{l+1}(x) = \frac{2l+1}{x} n_l(x). \tag{9.4.8}$$

下面讨论球贝塞尔方程的本征值问题. 设有施图姆-刘维尔型方程

$$\frac{\mathrm{d}}{\mathrm{d}r}\left(r^2 \frac{\mathrm{d}R}{\mathrm{d}r}\right) - l(l+1)R + k^2 r^2 R = 0, \quad 0 < r < r_0. \tag{9.4.9}$$

$R(r)$ 在 $r=0$ 处有自然边界条件,在 $r=r_0$ 处满足第一类、第二类或第三类齐次边界条件. 由方程(9.4.2)[取 $\alpha = -1/2, \lambda = k, \beta = 1, \nu = (2l+1)/2$],可得方程(9.4.9)的通解为

$$R(r) = C_1 j_l(kr) + C_2 n_l(kr).$$

因 $R(0) < +\infty$,可得 $C_2 = 0$,故

$$R(r) = C_1 j_l(kr).$$

再由所给边界条件,就能确定本征值 k_n^2,而相应的本征函数系 $\{ j_l(k_n r) \}$ 则构成 $(0, r_0)$ 上的带权 r^2 的完备正交函数系. 函数 $j_l(k_n r)$ 的模的平方为

$$N_l^2 = \int_0^{r_0} j_l^2(k_n r) r^2 \mathrm{d}r = \frac{\pi}{2k_n} \int_0^{r_0} \frac{1}{r} J_{l+1/2}^2(k_n r) r^2 \mathrm{d}r = \frac{\pi}{2k_n} \int_0^{r_0} J_{l+1/2}^2(k_n r) r \mathrm{d}r.$$

这实际上已化成贝塞尔函数的模的计算.

于是可将一个二次可微函数 $f(r)$(在 $r=0$ 处有限,在 $r=r_0$ 处满足边界条件)按相应的球贝塞尔函数展开:

$$f(r) = \sum_{n=1}^{\infty} f_n j_l(k_n r), \tag{9.4.10}$$

其中系数

$$f_n = \frac{1}{N_l^2} \int_0^{r_0} f(r) j_l(k_n r) r^2 \mathrm{d}r. \tag{9.4.11}$$

【例 9.9】 设有一个均匀球,其半径为 l. 开始时,球体内各处温度均为零,现将球面保持定温 u_0,试求解此加热问题.

解 在球坐标系下求解. 设球内的温度分布为 $u(t, r, \theta, \varphi)$,则由题设可得

$$\begin{cases} u_t - a^2 \Delta u = 0, \\ u(0, r, \theta, \varphi) = 0, \\ u(t, l, \theta, \varphi) = u_0. \end{cases}$$

考虑到球关于 θ,φ 的对称性以及定解条件不依赖于 θ,φ,于是 u 也不依赖于 θ,φ,即 $u=u(t,r)$. 由于边界条件是非齐次的,因此需要先把它齐次化. 令 $u=u_0+w(t,r)$,则 w 满足定解问题

$$\begin{cases} \dfrac{\partial w}{\partial t}-a^2\left(\dfrac{\partial^2 w}{\partial r^2}+\dfrac{2}{r}\dfrac{\partial w}{\partial r}\right)=0, \\ w(0,r)=-u_0, \quad w(t,l)=0. \end{cases}$$

令 $w(t,r)=T(t)R(r)$,经变量分离后可得

$$T''+a^2\lambda T=0,$$

$$\begin{cases} \dfrac{\mathrm{d}}{\mathrm{d}r}\left(r^2\dfrac{\mathrm{d}R}{\mathrm{d}r}\right)+\lambda r^2 R=0, \\ R(l)=0. \end{cases}$$

记 $\lambda=k^2$,则

$$R(r)=C\mathrm{j}_0(kr)=C\,\frac{\sin kr}{kr}.$$

由 $R(l)=0$,可得 $\sin kl=0$,所以

$$k_n=\frac{n\pi}{l}, \quad n=1,2,\cdots.$$

再将 $\lambda=k_n^2$ 代入 T 的方程,可得

$$T(t)=A\mathrm{e}^{-(\frac{n\pi a}{l})^2 t},$$

因此

$$w=\sum_{n=1}^{\infty}C_n l\,\frac{1}{n\pi r}\sin\frac{n\pi r}{l}\mathrm{e}^{-(\frac{n\pi a}{l})^2 t}.$$

再由初始条件,可得

$$\sum_{n=1}^{\infty}C_n l\,\frac{1}{n\pi r}\sin\frac{n\pi r}{l}=-u_0.$$

将右端按球贝塞尔函数展开,比较两边系数,可得

$$C_n=\frac{-\displaystyle\int_0^1 u_0 l\,\frac{1}{n\pi r}\sin\frac{n\pi r}{l}r^2\,\mathrm{d}r}{\displaystyle\int_0^1\left(\frac{1}{n\pi r}\sin\frac{n\pi r}{l}\right)^2 r^2\,\mathrm{d}r}=2\,(-1)^n u_0,$$

于是所求结果为

$$u(t,r)=u_0+\frac{2u_0 l}{\pi r}\sum_{n=1}^{\infty}\frac{(-1)^n}{n}\sin\frac{n\pi r}{l}\mathrm{e}^{-(\frac{n\pi a}{l})^2 t}.$$

9.4.2.2　第三类贝塞尔函数

第三类贝塞尔函数又称**汉克尔函数**,它由下列等式定义:

$$H_\nu^{(1)}(x) = J_\nu(x) + iN_\nu(x), \tag{9.4.12}$$

$$H_\nu^{(2)}(x) = J_\nu(x) - iN_\nu(x). \tag{9.4.13}$$

由于汉克尔函数是 $J_\nu(x)$ 与 $N_\nu(x)$ 的线性组合,所以它也有与第一类和第二类贝塞尔函数类似的微分关系和递推公式:

$$\frac{d}{dx}\left[x^\nu H_\nu^{(k)}(x)\right] = x^\nu H_{\nu-1}^{(k)}(x), \tag{9.4.14}$$

$$\frac{d}{dx}\left[x^{-\nu} H_\nu^{(k)}(x)\right] = -x^{-\nu} H_{\nu-1}^{(k)}(x), \quad k=1,2, \tag{9.4.15}$$

$$H_{\nu-1}^{(k)}(x) + H_{\nu+1}^{(k)}(x) = \frac{2\nu}{x} H_\nu^{(k)}(x), \tag{9.4.16}$$

$$H_{\nu-1}^{(k)}(x) - H_{\nu+1}^{(k)}(x) = 2\frac{d}{dx} H_\nu^{(k)}(x). \tag{9.4.17}$$

当 $x \to \infty$ 时,由 $J_\nu(x)$ 与 $N_\nu(x)$ 的渐近公式,可得汉克尔函数的渐近公式为

$$H_\nu^{(1)}(x) \approx \sqrt{\frac{2}{\pi x}} e^{i(x-\frac{\pi}{4}-\frac{\nu\pi}{2})}, \tag{9.4.18}$$

$$H_\nu^{(2)}(x) \approx \sqrt{\frac{2}{\pi x}} e^{-i(x-\frac{\pi}{4}-\frac{\nu\pi}{2})}. \tag{9.4.19}$$

9.4.2.3　虚宗量的贝塞尔函数

当我们求解圆柱域上的定解问题时,如果圆柱上下两底的边界条件是齐次的,而侧面的边界条件是非齐次的,就会遇到形如

$$x^2 y'' + x y' - (x^2 + \nu^2) y = 0, \quad \nu \geqslant 0 \tag{9.4.20}$$

的方程,它与贝塞尔方程只有一项的符号有差别,是方程(9.4.2)当 $\alpha=0, \beta=1, \lambda=i=\sqrt{-1}$ 时的特例. 因此,方程(9.4.20)的通解为

$$y = C_1 J_\nu(ix) + C_2 N_\nu(ix), \tag{9.4.21}$$

其中

$$J_\nu(ix) = i^\nu \sum_{k=0}^{\infty} \frac{1}{k!\,\Gamma(k+\nu+1)} \left(\frac{x}{2}\right)^{2k+\nu}. \tag{9.4.22}$$

将上式乘以 $i^{-\nu}$ 后,可得

$$I_\nu(x) = \sum_{k=0}^{\infty} \frac{1}{k!\,\Gamma(k+\nu+1)} \left(\frac{x}{2}\right)^{2k+\nu}. \tag{9.4.23}$$

$I_\nu(x)$ 称为**第一类虚宗量的贝塞尔函数**或**第一类修正贝塞尔函数**.

由于 $N_\nu(ix)$ 在 $x=0$ 处有奇异性,因此,当仅考虑有界解时,方程(9.4.20)的通解是

$$y = C_1 I_\nu(x).$$

因为 $I_\nu(x)$ 不存在非零实零点,所以它的图形不是振荡型曲线,这一点与 $J_\nu(x)$ 不同.

【例9.10】 有一均匀圆柱,其半径为 r_0,高为 l,侧面有均匀分布的稳定热流流入,热流强度为 q,而圆柱上、下底的温度分别保持为 $f_2(r)$ 和 $f_1(r)$,求柱内的稳定温度分布.

解 在柱坐标系下求解.设柱内的温度分布为 $u(r,\varphi,z)$,由题设可得定解问题

$$\begin{cases} \Delta u(r,\varphi,z)=0, \\ ku_r(r_0,\varphi,z)=q, \\ u(r,\varphi,0)=f_1(r), \quad u(r,\varphi,l)=f_2(r). \end{cases}$$

令 $u=v+w$,则该定解问题可分解成定解问题

$$\begin{cases} \Delta v(r,\varphi,z)=0, \\ kv_r(r_0,\varphi,z)=q, \\ v(r,\varphi,0)=0, \quad v(r,\varphi,l)=0 \end{cases}$$

和

$$\begin{cases} \Delta w(r,\varphi,z)=0, \\ kw_r(r_0,\varphi,z)=0, \\ w(r,\varphi,0)=f_1(r), \quad w(r,\varphi,l)=f_2(r). \end{cases}$$

其中第二个定解问题已在9.3节的例9.6中解出,现在来求解第一个定解问题.由于对称性,v 显然不依赖于 φ.设

$$v=R(r)Z(z),$$

代入方程,并经变量分离后可得

$$\begin{cases} Z''+\lambda Z=0, \\ Z(0)=0, \quad Z(l)=0 \end{cases}$$

和

$$r^2R''+rR'-\lambda r^2R=0. \tag{9.4.24}$$

由于函数 $Z(z)$ 的本征值和相应的本征函数分别是

$$\lambda_n=\left(\frac{n\pi}{l}\right)^2, \quad Z_n(z)=\sin\frac{n\pi}{l}z, \quad n=1,2,\cdots,$$

将本征值代入式(9.4.24),可得

$$r^2R''+rR'-\omega_n^2r^2R=0, \tag{9.4.25}$$

其中 $\omega_n=n\pi/l$.再令 $\xi=\omega_n r$,式(9.4.25)即为当 $\nu=0$ 时的方程(9.4.20).因而

式(9.4.25) 的有界解是

$$R_n(r) = J_0(i\omega_n r) = I_0(\omega_n r).$$

总结以上所述,我们可得到问题的一般解为

$$v(r,z) = \sum_{n=1}^{\infty} a_n I_0\left(\frac{n\pi}{l}r\right) \sin\frac{n\pi}{l}z. \tag{9.4.26}$$

由圆柱侧面非齐次的边界条件,有

$$\frac{q}{k} = \sum_{n=1}^{\infty} a_n \frac{n\pi}{l} I_0'\left(\frac{n\pi}{l}r_0\right) \sin\frac{n\pi}{l}z,$$

所以

$$a_n = \frac{l}{n\pi I_0'(n\pi r_0/l)} \cdot \frac{2}{l}\int_0^l \frac{q}{k}\sin\frac{n\pi}{l}z\,dz$$

$$= \begin{cases} 0, & n = 2m, \\ \dfrac{4lq}{kn^2\pi^2 I_1(n\pi r_0/l)}, & n = 2m+1. \end{cases}$$

代入式(9.4.26),可得

$$v = \sum_{m=0}^{\infty} \frac{4lq}{k\,(2m+1)^2\pi^2 I_1\left[\dfrac{(2m+1)\pi}{l}r_0\right]} \cdot I_0\left[\frac{(2m+1)\pi}{l}r\right] \sin\frac{(2m+1)\pi}{l}z.$$

最后再把 v 和 9.3 节中例 9.6 求得的解 w 叠加,即可得到所求定解问题的解.

【例9.11】 求柱坐标系下三维拉普拉斯方程 $\Delta u = 0$ 的所有满足 $u(r,\varphi,z) = u(r,\varphi+2\pi,z)$ 的可分离变量解.

解 在柱坐标系下,三维拉普拉斯方程是

$$\frac{1}{r}\frac{\partial}{\partial r}\left(r\frac{\partial u}{\partial r}\right) + \frac{1}{r^2}\frac{\partial^2 u}{\partial\varphi^2} + \frac{\partial^2 u}{\partial z^2} = 0.$$

设 $u = R(r)\Phi(\varphi)Z(z)$,代入拉普拉斯方程并在方程两边同除以 $R\Phi Z$,可得

$$\frac{1}{rR}(rR')' + \frac{1}{r^2}\frac{\Phi''}{\Phi} + \frac{Z''}{Z} = 0.$$

令 $\dfrac{\Phi''}{\Phi} = -\mu$,$\dfrac{Z''}{Z} = \lambda$,可得本征值问题

$$\Phi'' + \mu\Phi = 0, \quad \Phi(\varphi+2\pi) = \Phi(\varphi)$$

及常微分方程

$$Z'' + \lambda Z = 0 \tag{9.4.27}$$

和

$$r^2 R'' + r R' + (\lambda r^2 - \mu)R = 0. \qquad (9.4.28)$$

关于 Φ 的本征值和本征函数分别是

$$\mu = m^2, \quad m = 0, 1, 2, \cdots$$

和

$$\Phi_m(\varphi) = C_m \cos m\varphi + D_m \sin m\varphi, \quad C_m, D_m \text{ 是任意常数.}$$

下面分三种情况考虑：

（1）若 $\lambda > 0$，记 $\lambda = \omega^2$，则方程（9.4.27）和方程（9.4.28）的通解分别是

$$Z_\omega(z) = a_1 \cosh \omega z + a_2 \sinh \omega z, \quad R_{\omega m}(r) = b_1 J_m(\omega r) + b_2 N_m(\omega r),$$

其中 a_1, a_2, b_1, b_2 是任意常数. 所以

$$u = R_{\omega m}(r) \Phi_m(\varphi) Z_\omega(z).$$

（2）若 $\lambda = 0$，则方程（9.4.27）和方程（9.4.28）的通解分别是

$$Z_0 = C + Dz,$$

$$R_0 = A_0 + B_0 \ln r, \quad m = 0,$$

$$R_m = A_m r^m + B_m r^{-m}, \quad m = 1, 2, \cdots,$$

其中 C, D, A_0, B_0 和 A_m, B_m 都是任意常数. 所以

$$u = R_0(r) Z_0(z), \quad m = 0,$$

$$u = R_m(r) \Phi_m(\varphi) Z_\omega(z), \quad m = 1, 2, \cdots.$$

（3）若 $\lambda < 0$，记 $\lambda = -\omega^2$，则方程（9.4.27）和方程（9.4.28）的通解分别是

$$Z_{-\omega}(z) = c_1 \cos \omega z + c_2 \sin \omega z, \quad R_{-\omega m}(r) = d_1 I_m(\omega r) + d_2 N_m(i\omega r),$$

其中 c_1, c_2, d_1, d_2 是任意常数. 所以

$$u = R_{-\omega m}(r) \Phi_m(\varphi) Z_{-\omega}(z), \quad m = 0, 1, 2, \cdots.$$

习题九

1.计算下列微分：

(1) $\dfrac{\mathrm{d}}{\mathrm{d}x} J_0(ax)$;

(2) $\dfrac{\mathrm{d}}{\mathrm{d}x}[x J_1(ax)]$.

2.用 $J_0(x)$ 的级数表示证明: $\displaystyle\int_0^{\frac{\pi}{2}} J_0(x\cos\theta)\cos\theta\,d\theta = \frac{\sin x}{x}$.

3.证明: $x^{1/2}J_{3/2}(x)$ 是方程 $x^2 y'' + (x^2-2)y = 0$ 的一个解.

4.证明下列等式:

$(1)\, 1 = J_0(x) + 2\displaystyle\sum_{k=1}^{\infty} J_{2k}(x)$;

$(2)\, \sin x = 2\displaystyle\sum_{k=0}^{\infty} (-1)^k J_{2k+1}(x)$;

$(3)\, \cos x = J_0(x) + 2\displaystyle\sum_{k=1}^{\infty} (-1)^k J_{2k}(x)$.

5.证明下列等式:

$(1)\, \dfrac{d}{dx}J_\nu^2(x) = \dfrac{x}{2\nu}\left[J_{\nu-1}^2(x) - J_{\nu+1}^2(x)\right]$;

$(2)\, \dfrac{d}{dx}\left[xJ_0(x)J_1(x)\right] = x\left[J_0^2(x) - J_1^2(x)\right]$.

6.证明下列等式:

$(1)\, J_2(x) = J_0''(x) - \dfrac{1}{x}J_0'(x)$;

$(2)\, J_3(x) + 3J_0'(x) + 4J_0^{(3)}(x) = 0$.

7.证明: $\displaystyle\int_0^x x^n J_0(x)dx = x^n J_1(x) + (n-1)x^{n-1}J_0(x) - (n-1)^2\int_0^x x^{n-2}J_0(x)dx$.

8.计算下列积分:

$(1)\, \displaystyle\int_0^x x^3 J_0(x)dx$;

$(2)\, \displaystyle\int_0^x x^4 J_1(x)dx$.

9.计算: $\displaystyle\int J_3(x)dx$.

10.证明下列等式:

$(1)\, \displaystyle\int x^2 J_2(x)dx = -x^2 J_1(x) + 3\int x J_1(x)dx$;

$(2)\, \displaystyle\int x J_1(x)dx = -x J_0(x) + \int J_0(x)dx$.

11.证明下列等式:

$(1)\, \displaystyle\int J_0 \sin x\,dx = x J_0 \sin x - x J_1 \cos x + C$;

(2) $\int J_0 \cos x \, dx = x J_0 \cos x + x J_1 \sin x + C.$

12. 设 ω_n 是 $J_1(x) = 0$ 的正根, 把 $f(x) = x \ (0 < x < 1)$ 展开成贝塞尔函数 $J_1(\omega_n x)$ 的级数.

13. 若 $f(x) = \sum_{n=1}^{\infty} A_n J_0(\omega_n x)$, 其中 $J_0(\omega_n) = 0, n = 1, 2, \cdots$, 证明下列等式:

(1) $\int_0^1 x f^2(x) \, dx = \frac{1}{2} \sum_{n=1}^{\infty} A_n^2 J_1^2(\omega_n);$

(2) $1 = \sum_{n=1}^{\infty} \frac{2}{\omega_n J_1(\omega_n)} J_0(\omega_n x);$

(3) $\frac{1}{4} = \sum_{n=1}^{\infty} \frac{1}{\omega_n^2}.$

14. 已知半径为 R 的无限长圆柱体的侧表面保持恒定温度 u_0, 柱内的初始温度为 0, 求柱内的温度分布.

第十章　　勒让德函数

§10.1　勒让德方程及其解

10.1.1　勒让德方程的导出

在解球形域上的三维稳态问题时,常把拉普拉斯方程写成球坐标形式:

$$\Delta u = \frac{1}{r^2}\frac{\partial}{\partial r}\left(r^2\frac{\partial u}{\partial r}\right) + \frac{1}{r^2\sin\theta}\frac{\partial}{\partial\theta}\left(\sin\theta\frac{\partial u}{\partial\theta}\right) + \frac{1}{r^2\sin^2\theta}\frac{\partial^2 u}{\partial\varphi^2}$$
$$= 0. \tag{10.1.1}$$

设

$$u = R(r)\Theta(\theta)\Phi(\varphi),$$

代入式(10.1.1)并在方程两边同乘以 $\dfrac{r^2}{R\Theta\Phi}$,可得

$$\frac{1}{R}\frac{\mathrm{d}}{\mathrm{d}r}\left(r^2\frac{\mathrm{d}R}{\mathrm{d}r}\right) + \frac{1}{\Theta\sin\theta}\frac{\mathrm{d}}{\mathrm{d}\theta}\left(\sin\theta\frac{\mathrm{d}\Theta}{\mathrm{d}\theta}\right) + \frac{1}{\Phi\sin^2\theta}\frac{\mathrm{d}^2\Phi}{\mathrm{d}\varphi^2} = 0.$$

上式中第一项只与 r 有关,而后两项与 r 无关,因此它们都只能是常数且符号相反,可设

$$\frac{1}{R}\frac{\mathrm{d}}{\mathrm{d}r}\left(r^2\frac{\mathrm{d}R}{\mathrm{d}r}\right) = \lambda, \tag{10.1.2}$$

$$\frac{1}{\Theta\sin\theta}\frac{\mathrm{d}}{\mathrm{d}\theta}\left(\sin\theta\frac{\mathrm{d}\Theta}{\mathrm{d}\theta}\right) + \frac{1}{\Phi\sin^2\theta}\frac{\mathrm{d}^2\Phi}{\mathrm{d}\varphi^2} = -\lambda. \tag{10.1.3}$$

为了方便计算,习惯把 λ 写成 $l(l+1)$,则式(10.1.2)为欧拉方程

$$r^2 \frac{d^2 R}{dr^2} + 2r \frac{dR}{dr} - l(l+1)R = 0,$$

不难求出其解为

$$R = A_1 r^l + A_2 \frac{1}{r^{l+1}}.$$

在式(10.1.3)两边同乘以 $\sin^2\theta$,可得

$$\frac{\sin\theta}{\Theta} \frac{d}{d\theta}\left(\sin\theta \frac{d\Theta}{d\theta}\right) + l(l+1)\sin^2\theta + \frac{1}{\Phi} \frac{d^2\Phi}{d\varphi^2} = 0.$$

此式的前两项只与 θ 有关,后一项只与 φ 有关,因而它们都只能是常数,而且由于 $\Phi(\varphi)$ 应是以 2π 为周期的函数,故必有

$$\frac{1}{\Phi} \frac{d^2\Phi}{d\varphi^2} = -m^2, \quad m = 0, 1, 2, \cdots, \tag{10.1.4}$$

$$\frac{\sin\theta}{\Theta} \frac{d}{d\theta}\left(\sin\theta \frac{d\Theta}{d\theta}\right) + l(l+1)\sin^2\theta = m^2, \tag{10.1.5}$$

则式(10.1.4)的解为

$$\Phi = B_1 \sin m\varphi + B_2 \cos m\varphi.$$

将式(10.1.5)第一项中的导数计算出来,并化简可得

$$\frac{d^2\Theta}{d\theta^2} + \cot\theta \frac{d\Theta}{d\theta} + \left[l(l+1) - \frac{m^2}{\sin^2\theta}\right]\Theta = 0.$$

令 $x = \cos\theta$,并令 $P(x) = \Theta(\theta(x))$,则上式变为

$$(1-x^2) \frac{d^2 P}{dx^2} - 2x \frac{dP}{dx} + \left[l(l+1) - \frac{m^2}{1-x^2}\right]P = 0. \tag{10.1.6}$$

由于 $0 \leqslant \theta \leqslant \pi$,所以 $-1 \leqslant x \leqslant 1$. 方程(10.1.6)称为**伴随(或连带)勒让德方程**. 如果定解问题与 φ 无关,则 Φ 亦与 φ 无关,故 $m = 0$,这时方程(10.1.6)成为

$$(1-x^2) \frac{d^2 P}{dx^2} - 2x \frac{dP}{dx} + l(l+1)P = 0.$$

这个方程称为**勒让德方程**. 一些定解问题的解决可归结为求勒让德方程的本征值和本征函数.

10.1.2　勒让德多项式

勒让德方程

$$(1-x^2)y'' - 2xy' + l(l+1)y = 0, \quad |x| < 1 \tag{10.1.7}$$

可以改写成施图姆-刘维尔型方程

$$\frac{\mathrm{d}}{\mathrm{d}x}\left[(1-x^2)\frac{\mathrm{d}y}{\mathrm{d}x}\right]+l(l+1)y=0. \tag{10.1.8}$$

由于方程(10.1.7)或方程(10.1.8)在 $x=\pm1$ 处有奇异性,即 $k(x)=1-x^2$ 在 $x=\pm1$ 处为零. 所以,在 $(-1,1)$ 内讨论方程的本征值时,应在两端点 $x=\pm1$ 处加上自然边界条件,即

$$|y(\pm1)|<+\infty.$$

可以证明(证明从略):当 l 不为整数时,方程(10.1.7)在 $[-1,1]$ 上没有非零有界解. 这样,我们只研究方程(10.1.7)在 l 等于整数时的情况. 首先,我们注意到,当 $l=-n$(n 为正整数)时,由于 $-n(-n+1)=n(n-1)=(n-1)n$,故当 $l=-n$ 和 $n-1$ 时,方程(10.1.7)完全相同. 所以,我们只需讨论 $l=0,1,2,\cdots$.

当 $n=0,1,2,\cdots$ 时,不难证明:多项式

$$P(x)=\frac{\mathrm{d}^n}{\mathrm{d}x^n}(x^2-1)^n$$

满足方程

$$(1-x^2)y''-2xy'+n(n+1)y=0. \tag{10.1.9}$$

事实上,令 $y=(x^2-1)^n$,则

$$y'=2nx(x^2-1)^{n-1},$$

因而

$$(x^2-1)y'=2nx(x^2-1)^n=2nxy.$$

在上式两端各取 $(n+1)$ 阶导数,由计算高阶导数的莱布尼茨公式,可得

$$(x^2-1)y^{(n+2)}+(n+1)\cdot2xy^{(n+1)}+\frac{n(n+1)}{2}\cdot2y^{(n)}$$
$$=2nxy^{(n+1)}+(n+1)\cdot2ny^{(n)},$$

即

$$(x^2-1)y^{(n+2)}+2xy^{(n+1)}-n(n+1)y^{(n)}=0,$$

亦即

$$(1-x^2)\frac{\mathrm{d}^2P}{\mathrm{d}x^2}-2x\frac{\mathrm{d}P}{\mathrm{d}x}+n(n+1)P=0.$$

通常在 $P(x)$ 前面添加一个常数因子 $\frac{1}{2^n\cdot n!}$,则

$$P_n(x)=\frac{1}{2^n\cdot n!}\frac{\mathrm{d}^n}{\mathrm{d}x^n}(x^2-1)^n. \tag{10.1.10}$$

它乃是方程(10.1.7)在 $[-1,1]$ 上的一个有界解. $P_n(x)$ 是一个 n 次多项式,称

为**勒让德多项式**，式(10.1.10)称为**罗德里格公式**.

由二项式公式，有

$$(x^2-1)^n = \sum_{k=0}^{n} \frac{(-1)^k n!}{k!(n-k)!} x^{2n-2k},$$

代入式(10.1.9)，可得

$$P_n(x) = \sum_{k=0}^{M} \frac{(-1)^k (2n-2k)!}{2^n \cdot k!(n-k)!(n-2k)!} x^{n-2k}. \qquad (10.1.11)$$

这里

$$M = \begin{cases} \dfrac{n}{2}, & n \text{ 为偶数时}, \\[3mm] \dfrac{n-1}{2}, & n \text{ 为奇数时}. \end{cases}$$

由式(10.1.11)，可得

$$P_n(-x) = (-1)^n P_n(x).$$

于是，当 n 为偶数时，$P_n(x)$ 是偶函数；当 n 为奇数时，$P_n(x)$ 是奇函数.

前几个勒让德多项式分别为

$$P_0(x) = 1, \quad P_1(x) = x, \quad P_2(x) = \frac{1}{2}(3x^2-1), \quad P_3(x) = \frac{1}{2}(5x^3-3x),$$

$$P_4(x) = \frac{1}{8}(35x^4-30x^2+3), \quad P_5(x) = \frac{1}{8}(63x^5-70x^3+15x).$$

10.1.3 第二类勒让德函数

我们已经知道，勒让德多项式 $P_n(x)$ 是方程 $(1-x^2)y'' - 2xy' + n(n+1)y = 0(n=0,1,\cdots)$ 的一个特解，根据常微分方程中的刘维尔公式，可以求出它的另一个与 $P_n(x)$ 线性无关的特解为

$$Q_n(x) = P_n(x) \int \frac{1}{P_n^2(x)} e^{-\int \frac{-2x}{1-x^2} dx} dx,$$

$$= P_n(x) \int \frac{dx}{(1-x^2)P_n^2(x)}, \qquad (10.1.12)$$

其中 $Q_n(x)$ 称为**第二类勒让德函数**. 于是，方程(10.1.7)的通解为

$$y(x) = C_1 P_n(x) + C_2 Q_n(x), \quad C_1, C_2 \text{ 是任意常数}.$$

当 $n=0(|x|<1)$ 时，由式(10.1.12)，有

$$Q_0(x) = P_0(x) \int \frac{dx}{1-x^2} = \frac{1}{2} P_0(x) \ln \frac{1+x}{1-x}, \quad |x|<1;$$

当 $n=1(\,|\,x\,|<1)$ 时,有

$$Q_1(x) = P_1(x) \int \frac{\mathrm{d}x}{(1-x^2)x^2} = P_1(x)\left(\frac{1}{2}\ln\frac{1+x}{1-x} - \frac{1}{x}\right)$$

$$= \frac{1}{2}P_1(x)\ln\frac{1+x}{1-x} - P_0(x).$$

一般地,可以得到

$$Q_n(x) = \frac{1}{2}P_n(x)\ln\frac{1+x}{1-x} - \sum_{k=1}^{N}\frac{2n-4k+3}{(2k-1)(n-k+1)}P_{n-2k+1}(x),$$

其中

$$N = \begin{cases} \dfrac{n}{2}, & n\ \text{为偶数时}, \\[3mm] \dfrac{n-1}{2}, & n\ \text{为奇数时}. \end{cases}$$

由此可见,当 $x \to \pm 1$ 时,$Q_n(x) \to \infty$,即 $Q_n(x)$ 在 $[-1,1]$ 上无界.

§10.2　勒让德多项式的性质

10.2.1　积分表示

首先,由复变函数中的柯西积分公式,有

$$P_n(z) = \frac{1}{2^n \cdot n!}\frac{\mathrm{d}^n}{\mathrm{d}z^n}(z^2-1)^n = \frac{1}{2\pi\mathrm{i}2^n}\int_C \frac{(\zeta^2-1)^n}{(\zeta-z)^{n+1}}\mathrm{d}\zeta, \quad (10.2.1)$$

这里 C 是包围点 z 的任一闭合路径.

特别地,在式(10.2.1)中,令 $z=x$ $(\,|\,x\,|<1)$,并取以 x 为圆心、$\sqrt{1-x^2}$ 为半径的圆周作为闭合路径 C,于是

$$\zeta = x + \sqrt{1-x^2}\,\mathrm{e}^{\mathrm{i}\varphi}, \quad \mathrm{d}\zeta = \sqrt{1-x^2}\,\mathrm{i}\mathrm{e}^{\mathrm{i}\varphi}\mathrm{d}\varphi,$$

$$\zeta^2 - 1 = 2\sqrt{1-x^2}\,\mathrm{e}^{\mathrm{i}\varphi}(x + \sqrt{1-x^2}\,\mathrm{i}\sin\varphi),$$

$$(\zeta-x)^{n+1} = (\sqrt{1-x^2})^{n+1}\mathrm{e}^{\mathrm{i}(n+1)\varphi},$$

从而式(10.2.1)可化为

$$P_n(x) = \frac{1}{2\pi}\int_{-\pi}^{\pi}(x + \sqrt{1-x^2}\,\mathrm{i}\sin\varphi)^n\mathrm{d}\varphi \quad (10.2.2)$$

或者

$$P_n(x) = \frac{1}{\pi} \int_0^\pi \left(x + \sqrt{1-x^2}\, \mathrm{i}\cos\varphi \right)^n \mathrm{d}\varphi. \tag{10.2.3}$$

式(10.2.3)称为**拉普拉斯公式**. 顺便指出,式(10.2.2)和式(10.2.3)虽然是在 $|x| < 1$ 的条件下导出来的,但是由于它们的左右两端都是 x 的解析函数,于是,由解析开拓原理,式(10.2.2)和式(10.2.3)对任何复数 x 都成立.

特别地,取 $x = 1$,由式(10.2.3),有

$$P_n(1) = \frac{1}{\pi} \int_0^\pi \mathrm{d}\varphi = 1. \tag{10.2.4}$$

同理

$$P_n(-1) = \frac{1}{\pi} \int_0^\pi (-1)^n \mathrm{d}\varphi = (-1)^n. \tag{10.2.5}$$

当 $|x| \leqslant 1$ 时,由式(10.2.3),有

$$|P_n(x)| \leqslant \frac{1}{\pi} \int_0^\pi \left| x + \sqrt{1-x^2}\, \mathrm{i}\cos\varphi \right|^n \mathrm{d}\varphi \leqslant \frac{1}{\pi} \int_0^\pi \mathrm{d}\varphi = 1.$$

另外,利用罗德里格公式及罗尔定理不难证明,n 次多项式 $P_n(x)$ 的 n 个零点都是 $(-1,1)$ 内的相异实数.

10.2.2　母函数

设 t 是复数,考虑复变函数($|x| < 1$)

$$w(x,t) = (1 - 2tx + t^2)^{-1/2}.$$

若 $t = 0$,则根式的值为 1. 当 $|t| < 1$ 时,将上式展开成如下级数形式:

$$w(x,t) = (1 - 2xt + t^2)^{-1/2} = \sum_{n=0}^\infty C_n(x) t^n.$$

由于把 $w(x,t)$ 看成 t 的函数时,其在 $|t| < 1$ 内是解析的,因此有

$$C_n(x) = \frac{1}{2\pi \mathrm{i}} \int_C \frac{(1 - 2xt + t^2)^{-1/2}}{t^{n+1}} \mathrm{d}t, \tag{10.2.6}$$

其中 C 是 $|t| < 1$ 内包含原点的任何闭合路径. 利用变换

$$(1 - 2xt + t^2)^{1/2} = 1 - tu, \tag{10.2.7}$$

则上述积分化成有理函数的积分为

$$C_n(x) = \frac{1}{2\pi \mathrm{i}} \int_{C'} \frac{(u^2 - 1)^n}{2^n (u - x)^{n+1}} \mathrm{d}u. \tag{10.2.8}$$

这里 C' 是 C 在上述变换下的象,它是一个包含点 $u = x$ 的闭合路径. 根据柯西积分公式,可得

$$C_n(x) = \frac{1}{2^n \cdot n!} \left[\frac{\mathrm{d}^n}{\mathrm{d}u^n} (u^2 - 1)^n \right] \Bigg|_{u=x} = P_n(x),$$

因此有

$$w(x,t) = (1 - 2xt + t^2)^{-1/2} = \sum_{n=0}^{\infty} P_n(x) t^n. \tag{10.2.9}$$

函数 $w(x,t)$ 称为勒让德多项式的**母函数**或**生成函数**. 式(10.2.8) 是勒让德多项式的积分表达式, 称为**施勒夫利(Schlafli) 公式**.

平方反比力的势与距离成反比, 因而与母函数有着密切的关系. 设两点分别位于 $\boldsymbol{r}$ 和 $\boldsymbol{r}_0$, $\boldsymbol{r}$ 和 $\boldsymbol{r}_0$ 的夹角为 θ, 用 $r_>$ 表示 $|\boldsymbol{r}|$ 与 $|\boldsymbol{r}_0|$ 中的较大值, $r_<$ 表示两者中的较小值. 由余弦定理, 两点间距离的倒数可用母函数展开式表示为

$$
\begin{aligned}
\frac{1}{|\boldsymbol{r} - \boldsymbol{r}_0|} &= \frac{1}{\sqrt{r^2 - 2rr_0 \cos\theta + r_0^2}} \\
&= \frac{1}{r_> \sqrt{1 - 2\dfrac{r_<}{r_>} \cos\theta + \left(\dfrac{r_<}{r_>}\right)^2}} \\
&= \frac{1}{r_>} \sum_{n=0}^{\infty} \left(\frac{r_<}{r_>}\right)^n P_n(\cos\theta).
\end{aligned}
\tag{10.2.10}
$$

10.2.3　递推公式

关于勒让德多项式, 有以下四个递推公式($n \geqslant 1$):

$$(n+1)P_{n+1}(x) - x(2n+1)P_n(x) + nP_{n-1}(x) = 0, \tag{10.2.11}$$

$$nP_n(x) - xP_n'(x) + P_{n-1}'(x) = 0, \tag{10.2.12}$$

$$nP_{n-1}(x) - P_n'(x) + xP_{n-1}'(x) = 0, \tag{10.2.13}$$

$$P_{n+1}'(x) - P_{n-1}'(x) = (2n+1)P_n(x). \tag{10.2.14}$$

先证式(10.2.12), 为此在等式

$$(1 - 2xt + t^2)^{-1/2} = \sum_{n=0}^{\infty} P_n(x) t^n \tag{10.2.15}$$

两边对 t 求导, 得

$$(x - t)(1 - 2xt + t^2)^{-3/2} = \sum_{n=0}^{\infty} nP_n(x) t^{n-1}. \tag{10.2.16}$$

再在式(10.2.15) 两边对 x 求导, 得

$$t(1 - 2xt + t^2)^{-3/2} = \sum_{n=0}^{\infty} P_n'(x) t^n. \tag{10.2.17}$$

然后在式(10.2.16) 两边同乘以 t, 在式(10.2.17) 两边同乘以 $(x-t)$, 则两个等式的左边完全一样, 所以

$$t \sum_{n=0}^{\infty} n \mathrm{P}_n(x) t^{n-1} = (x-t) \sum_{n=0}^{\infty} \mathrm{P}'_n(x) t^n.$$

因 $\mathrm{P}'_0(x) \equiv 0$，则上式可改写为

$$\sum_{n=0}^{\infty} n \mathrm{P}_n(x) t^n = \sum_{n=1}^{\infty} x \mathrm{P}'_n(x) t^n - \sum_{n=1}^{\infty} \mathrm{P}'_n(x) t^{n+1}$$

$$= \sum_{n=1}^{\infty} \left[x \mathrm{P}'_n(x) - \mathrm{P}'_{n-1}(x) \right] t^n.$$

再比较两边的系数，即得式(10.2.12).

如果用 $(1-2xt+t^2)$ 乘以式(10.2.16)，再利用式(10.2.15)，可得

$$(x-t) \sum_{n=0}^{\infty} \mathrm{P}_n(x) t^n = (1-2xt+t^2) \sum_{n=0}^{\infty} n \mathrm{P}_n(x) t^{n-1}.$$

把上式两边的级数整理一下，然后比较 t^n 的系数，就可以得到式(10.2.11).

为了证明式(10.2.13)，先把式(10.2.11) 微分，可得

$$(n+1) \mathrm{P}'_{n+1}(x) - (2n+1) \mathrm{P}_n(x) - x(2n+1) \mathrm{P}'_n(x) + n \mathrm{P}'_{n-1}(x) = 0.$$

$$\tag{10.2.18}$$

再用 n 乘以式(10.2.12)，可得

$$n^2 \mathrm{P}_n(x) - nx \mathrm{P}'_n(x) + n \mathrm{P}'_{n-1}(x) = 0. \tag{10.2.19}$$

将式(10.2.19) 减去式(10.2.18)，并约去因子，可得

$$(n+1) \mathrm{P}_n(x) - \mathrm{P}'_{n+1}(x) + x \mathrm{P}'_n(x) = 0. \tag{10.2.20}$$

将式(10.2.20) 中的 n 换为 $n-1$，即得式(10.2.13). 最后，再把式(10.2.20) 和式(10.2.12) 相加，即可得到式(10.2.14).

【例 10.1】　设 $m \geqslant 1, n \geqslant 1$，试求证：

$$(m+n+1) \int_0^1 x^m \mathrm{P}_n(x) \mathrm{d}x = m \int_0^1 x^{m-1} \mathrm{P}_{n-1}(x) \mathrm{d}x.$$

证明　由递推公式(10.2.12)，可得

$$n \int_0^1 x^m \mathrm{P}_n(x) \mathrm{d}x = \int_0^1 x^m \left[x \mathrm{P}'_n(x) - \mathrm{P}'_{n-1}(x) \right] \mathrm{d}x$$

$$= x^{m+1} \mathrm{P}_n(x) \Big|_0^1 - \int_0^1 (m+1) x^m \mathrm{P}_n(x) \mathrm{d}x - x^m \mathrm{P}_{n-1}(x) \Big|_0^1$$

$$+ \int_0^1 m x^{m-1} \mathrm{P}_{n-1}(x) \mathrm{d}x$$

$$= -(m+1) \int_0^1 x^m \mathrm{P}_n(x) \mathrm{d}x + m \int_0^1 x^{m-1} \mathrm{P}_{n-1}(x) \mathrm{d}x.$$

移项即可得要证的等式.

【例 10.2】　计算积分 $\int_0^1 \mathrm{P}_n(x) \mathrm{d}x$，其中 n 为偶数.

解　由递推公式(10.2.14),可得

$$\int_0^1 P_n(x)\,dx = \frac{1}{2n+1}\int_0^1 \left[P'_{n+1}(x) - P'_{n-1}(x)\right]dx$$

$$= \frac{1}{2n+1}\left[P_{n+1}(x) - P_{n-1}(x)\right]\Big|_0^1$$

$$= \frac{1}{2n+1}\left[P_{n-1}(0) - P_{n+1}(0)\right].$$

由于 n 为偶数,则 $n-1$ 和 $n+1$ 均为奇数,$P_{n-1}(x)$ 和 $P_{n+1}(x)$ 都是奇函数,因而

$$P_{n-1}(0) = P_{n+1}(0) = 0,$$

故

$$\int_0^1 P_n(x)\,dx = 0.$$

§10.3　勒让德方程的本征值问题

本节考察勒让德方程的本征值问题

$$\left[(1-x^2)y'\right]' + \lambda y = 0, \quad -1 \leqslant x \leqslant 1. \tag{10.3.1}$$

由于端点 $x = \pm 1$ 均为正则奇点,应附加自然边界条件,即 $|y(\pm 1)| < +\infty$,用广义幂级数方法求解可知,只有当 $\lambda_n = n(n+1)$ $(n = 0, 1, 2, \cdots)$ 时,方程 (10.3.1) 有有界解,因而其通解是

$$y = C_1 P_n(x) + C_2 Q_n(x).$$

由于 $x \to \pm 1$ 时,$Q_n(x) \to \infty$,故 $C_2 = 0$. 于是和 λ_n 相应的本征函数为

$$y_n = P_n(x), \quad n = 0, 1, 2, \cdots.$$

根据施图姆-刘维尔理论,勒让德多项式族

$$\{P_n(x)\}, \quad n = 0, 1, 2, \cdots$$

是 $[-1,1]$ 上的完备正交函数系. 为了计算这个函数系的模,将母函数

$$(1 - 2tx + t^2)^{-1/2} = \sum_{n=0}^{\infty} P_n(x)t^n$$

两边平方后,再对 x 从 -1 到 1 积分,可得

$$\int_{-1}^1 \frac{dx}{1 - 2tx + t^2} = \sum_{m=0}^{\infty}\sum_{n=0}^{\infty}\left[\int_{-1}^1 P_m(x)P_n(x)\,dx\right]t^{m+n}.$$

由正交性,有

$$\sum_{n=0}^{\infty}\left[\int_{-1}^{1}P_{n}^{2}(x)dx\right]t^{2n}=-\frac{1}{2t}\ln(1-2tx+t^{2})\big|_{-1}^{1}$$

$$=\frac{1}{t}\big[\ln(1+t)-\ln(1-t)\big]$$

$$=\sum_{n=0}^{\infty}\frac{2}{2n+1}t^{2n}.$$

比较两边系数,可得

$$\parallel P_{n}(x)\parallel^{2}=\int_{-1}^{1}P_{n}^{2}(x)dx=\frac{2}{2n+1}.$$

定理 10.1　设 $f(x)$ 是 $(-1,1)$ 内的任何实值函数,且满足:

(1) $f(x)$ 在 $(-1,1)$ 内是分段光滑的;

(2) 积分 $\int_{-1}^{1}f^{2}(x)dx$ 具有有限值,

则 $f(x)$ 可以按勒让德多项式展开成无穷级数

$$f(x)=\sum_{n=0}^{\infty}C_{n}P_{n}(x),$$

其中

$$C_{n}=\frac{1}{\parallel P_{n}(x)\parallel^{2}}\int_{-1}^{1}f(x)P_{n}(x)dx=\frac{2n+1}{2}\int_{-1}^{1}f(x)P_{n}(x)dx.$$

对于 $(-1,1)$ 内的每一个点 x,此级数收敛于 $f(x)$ 在点 x 的左、右极限的平均值,特别地,在 $f(x)$ 的连续点,该级数收敛于本身.

根据定理 10.1,我们可以换一个角度看母函数. 将 10.2 节的式(10.2.15) 改写成

$$(1-2xt+t^{2})^{-1/2}=\sum_{n=0}^{\infty}t^{n}P_{n}(x), \tag{10.3.2}$$

把 $t(\mid t\mid<1)$ 看作参数,则式(10.3.2) 可看成 $(1-2xt+t^{2})^{-1/2}$ 按函数系 $\{P_{n}(x)\}$ 的展开式. 于是,由系数公式,有

$$t^{n}=\frac{2n+1}{2}\int_{-1}^{1}(1-2xt+t^{2})^{-1/2}P_{n}(x)dx, \quad \mid t\mid<1, n=0,1,2,\cdots.$$

$$\tag{10.3.3}$$

当 $\mid t\mid>1$ 时,由于 $\mid 1/t\mid<1$,故式(10.3.2) 变为

$$\left(1-2x\frac{1}{t}+\frac{1}{t^{2}}\right)^{-1/2}=\sum_{n=0}^{\infty}\frac{1}{t^{n}}P_{n}(x),$$

即

$$(1 - 2xt + t^2)^{-1/2} = \sum_{n=0}^{\infty} \frac{1}{t^{n+1}} \mathrm{P}_n(x),$$

所以

$$\frac{1}{t^{n+1}} = \frac{2n+1}{2} \int_{-1}^{1} (1 - 2xt + t^2)^{-1/2} \mathrm{P}_n(x) \mathrm{d}x, \quad |t| > 1, n = 0, 1, 2, \cdots.$$

【例 10.3】 将函数

$$f(x) = \begin{cases} 0, & -1 < x < \alpha, \\ \dfrac{1}{2}, & x = \alpha, \\ 1, & \alpha < x < 1 \end{cases}$$

按勒让德多项式展开.

解 先计算系数,有

$$C_0 = \frac{1}{2} \int_{-1}^{1} f(x) \mathrm{P}_0(x) \mathrm{d}x = \frac{1}{2} \int_{\alpha}^{1} \mathrm{d}x = \frac{1}{2}(1 - \alpha),$$

$$C_n = \frac{2n+1}{2} \int_{-1}^{1} f(x) \mathrm{P}_n(x) \mathrm{d}x = \frac{2n+1}{2} \int_{\alpha}^{1} \mathrm{P}_n(x) \mathrm{d}x$$

$$= \frac{1}{2} \int_{\alpha}^{1} [\mathrm{P}'_{n+1}(x) - \mathrm{P}'_{n-1}(x)] \mathrm{d}x = \frac{1}{2} [\mathrm{P}_{n-1}(\alpha) - \mathrm{P}_{n+1}(\alpha)], \quad n \geqslant 1,$$

所以

$$f(x) = \frac{1}{2}(1 - \alpha) + \frac{1}{2} \sum_{n=1}^{\infty} [\mathrm{P}_{n-1}(\alpha) - \mathrm{P}_{n+1}(\alpha)] \mathrm{P}_n(x).$$

【例 10.4】 将 $f(x) = x^2$ 按勒让德多项式展开.

解 由于当 $n > 2$ 时有

$$\int_{-1}^{1} x^2 \mathrm{P}_n(x) \mathrm{d}x = 0,$$

所以我们可设

$$x^2 = C_0 \mathrm{P}_0(x) + C_1 \mathrm{P}_1(x) + C_2 \mathrm{P}_2(x).$$

利用 $\mathrm{P}_n(x)$ 的奇偶性,还可以更简单地设

$$x^2 = C_0 \mathrm{P}_0(x) + C_2 \mathrm{P}_2(x),$$

即

$$x^2 = C_0 + C_2 \frac{3x^2 - 1}{2}.$$

比较上式两边的系数,可得

$$
\begin{cases}
\dfrac{3}{2}C_2 = 1, \\[2mm]
C_0 - \dfrac{1}{2}C_2 = 0,
\end{cases}
$$

解得

$$
C_0 = \frac{1}{3}, \quad C_2 = \frac{2}{3},
$$

所以

$$
x^2 = \frac{1}{3}P_0(x) + \frac{2}{3}P_2(x).
$$

回到 10.1 节的讨论,由勒让德方程本征值问题的解,可以断定:在球坐标系下,$\Delta u = 0$ 的不依赖于 φ 的可分离变量的解的一般形式是

$$
u(r,\theta) = \sum_{n=0}^{\infty}\left[A_n r^n + B_n r^{-(n+1)}\right]P_n(\cos\theta). \tag{10.3.4}
$$

对于具体的定解问题,可从这个级数形式出发解题,根据定解条件确定系数 A_n 和 B_n。

【例 10.5】　在半径为 a 的接地金属球面内,设置一点电荷 $4\pi\varepsilon_0 q$(ε_0 为真空介电常数),它与球心的距离为 b,求球内的电势。

解　由于该问题具有轴对称性,故可采用球坐标系求解。选取球心为坐标原点,并使 z 轴通过电荷所在的点 A。由静电感应,金属球面内的点电荷 $4\pi\varepsilon_0 q$ 会使球面内侧感应有一定分布密度的负电荷,其总电量为 $-4\pi\varepsilon_0 q$。由于球面接地,球面外侧的感应正电荷将消失,因此这个静电场可以看成两个电场的合成,即球内任一点 $M(r,\theta,\varphi)$ 的电势为

$$
\Phi(r,\theta,\varphi) = \frac{q}{\rho} + u(r,\theta,\varphi).
$$

这里 q/ρ 是 M 点由点电荷 $4\pi\varepsilon_0 q$ 所产生的电势,u 为球面内侧感应电荷所产生的电势,且

$$
\rho = r(A,M) = \sqrt{r^2 - 2br\cos\theta + b^2}.
$$

因球面接地,故 $\Phi(a,\theta,\varphi) = 0$,所以

$$
u(a,\theta,\varphi) = \frac{-q}{\sqrt{a^2 - 2ab\cos\theta + b^2}} = f(\theta).
$$

于是,所求问题可归结为解定解问题

$$
\begin{cases}
\Delta u = 0, \quad 0 \leqslant r < a,\, 0 \leqslant \theta < \pi,\, 0 \leqslant \varphi < 2\pi, \\
u(a,\theta,\varphi) = f(\theta).
\end{cases}
$$

由于边界条件与 φ 无关,所以问题的解也与 φ 无关,因而可将其代入级数解 (10.3.4). 又因为求解区域为球体内部,应有 $u\mid_{r=0}$ 有界,由此可知级数解 (10.3.4) 中 $B_n=0$. 为方便起见,把解式写成

$$u(r,\theta)=\sum_{n=0}^{\infty}A_n\left(\frac{r}{a}\right)^n\mathrm{P}_n(\cos\theta),$$

由边界条件,可得

$$f(\theta)=\sum_{n=0}^{\infty}A_n\mathrm{P}_n(\cos\theta). \tag{10.3.5}$$

令 $x=\cos\theta$,当 $m\neq n$ 时,有

$$\int_0^{\pi}\mathrm{P}_m(\cos\theta)\mathrm{P}_n(\cos\theta)\sin\theta\,\mathrm{d}\theta=\int_{-1}^{1}\mathrm{P}_m(x)\mathrm{P}_n(x)\,\mathrm{d}x=0,$$

即函数系 $\{\mathrm{P}_n(\cos\theta)\}$ $(n=0,1,2,\cdots)$ 是 $[0,\pi]$ 上带权 $\sin\theta$ 的正交函数系,且

$$\parallel\mathrm{P}_n(\cos\theta)\parallel^2=\int_0^{\pi}\mathrm{P}_n^2(\cos\theta)\sin\theta\,\mathrm{d}\theta=\int_{-1}^{1}\mathrm{P}_n^2(x)\,\mathrm{d}x=\frac{2}{2n+1}.$$

于是,由式(10.3.5) 可得

$$A_n=\frac{2n+1}{2}\int_0^{\pi}\frac{-q}{\sqrt{a^2-2ab\cos\theta+b^2}}\mathrm{P}_n(\cos\theta)\sin\theta\,\mathrm{d}\theta$$

$$=\frac{2n+1}{2}\int_{-1}^{1}\frac{-q}{\sqrt{a^2-2abx+b^2}}\mathrm{P}_n(x)\,\mathrm{d}x$$

$$=-q\,\frac{2n+1}{2a}\int_{-1}^{1}\left[1-2\frac{b}{a}x+\left(\frac{b}{a}\right)^2\right]^{-1/2}\mathrm{P}_n(x)\,\mathrm{d}x.$$

由于 $0<b/a<1$,故由式(10.3.3),可得

$$A_n=-\frac{q}{a}\left(\frac{b}{a}\right)^n.$$

把 A_n 代入级数解(10.3.4),并利用式(10.3.2)(令 $x=\cos\theta$),可得

$$u(r,\theta)=-\frac{q}{a}\sum_{n=0}^{\infty}\left(\frac{br}{a^2}\right)^n\mathrm{P}_n(\cos\theta)=-\frac{q}{a}\left[1-\frac{2br}{a^2}\cos\theta+\left(\frac{br}{a^2}\right)^2\right]^{-1/2}$$

$$=-\frac{aq}{b}\left[\left(\frac{a^2}{b}\right)^2-2\frac{a^2}{b}r\cos\theta+r^2\right]^{-1/2}=\frac{q'}{\rho'},$$

其中

$$q'=-\frac{a}{b}q,$$

$$\rho'=\sqrt{\left(\frac{a^2}{b}\right)^2-2\frac{a^2}{b}r\cos\theta+r^2},$$

所以

$$\Phi = \frac{q}{\rho} + \frac{q'}{r}.$$

【例 10.6】　在均匀静电场中放一个带有电量 Q 的导体球,设球心在原点,球的半径为 a,求球外的电势.

解　由于该问题具有轴对称性,故可采用球坐标系求解. 取球心为坐标原点,并把 z 轴取在原来的均匀电场的场强方向. 将导体球放入均匀电场后,球外电场的电势 U 是匀强电场的电势 u_1 和球面电荷分布所产生的电势 u 之和,即

$$U = u + u_1.$$

因为电场为匀强电场,所以不能取无穷远为电势零点. 匀强电场的场强可表示为

$$\boldsymbol{E}_0 = E_0 \boldsymbol{k} = -\nabla u_1,$$

其中

$$E_0 = -\frac{\partial u_1}{\partial z}.$$

故

$$u_1 = -E_0 z + C = -E_0 r \cos\theta + C,$$

其中 C 为待定常数. 由于球外无电荷,故 u 满足拉普拉斯方程

$$\Delta u = 0, \quad r > a. \tag{10.3.6}$$

又由于导体表面是个等位面,可令其电势为零,即 $U(r, \theta, \varphi) = 0$,从而

$$u(a, \theta, \varphi) = -u_1(a, \theta, \varphi) = E_0 a \cos\theta - C. \tag{10.3.7}$$

因为电量分布在空间的有界区域内,故

$$\lim_{r \to \infty} u = 0. \tag{10.3.8}$$

式(10.3.7) 和式(10.3.8) 即为 u 的定解条件,式(10.3.6) 为 u 的泛定方程. 注意到式(10.3.7) 和式(10.3.8) 不依赖于 φ,因此可设

$$u(r, \theta) = \sum_{n=0}^{\infty} [A_n r^n + B_n r^{-(n+1)}] P_n(\cos\theta).$$

由式(10.3.8),有 $A_n = 0$ $(n = 0, 1, 2, \cdots)$;由式(10.3.7),有

$$\frac{B_0}{a} + \frac{B_1}{a^2}\cos\theta + \frac{B_2}{a^3}P_2(\cos\theta) + \cdots = E_0\cos\theta - C.$$

比较两边系数,可得

$$B_0 = -aC, \quad B_1 = E_0 a^3, \quad B_2 = B_3 = \cdots = 0,$$

故

$$u = \frac{E_0 a^3}{r^2} \cos\theta - \frac{Ca}{r},$$

所以

$$U = E_0 \left(\frac{a^3}{r^2} - r \right) \cos\theta - C \left(1 - \frac{a}{r} \right). \tag{10.3.9}$$

为了确定常数 C,先计算电场强度:

$$\boldsymbol{E} = -\nabla U = -\left(\frac{\partial U}{\partial r} \boldsymbol{e}_r + \frac{1}{r} \frac{\partial U}{\partial \theta} \boldsymbol{e}_\theta + \frac{1}{r\sin\theta} \frac{\partial U}{\partial \varphi} \boldsymbol{e}_\varphi \right).$$

即

$$E_r = -\frac{\partial U}{\partial r} = E_0 \cos\theta \left[1 + 2 \left(\frac{a}{r} \right)^3 \right] - \frac{Ca}{r^2},$$

$$E_\theta = -\frac{1}{r} \frac{\partial U}{\partial \theta} = E_0 \left[\left(\frac{a}{r} \right)^3 - 1 \right] \sin\theta,$$

$$E_\varphi = -\frac{1}{r\sin\theta} \frac{\partial U}{\partial \varphi} = 0,$$

因而在 $r = a$ 的球面 S 上,有

$$\boldsymbol{E} = \left(3E_0 \cos\theta - \frac{C}{a} \right) \boldsymbol{e}_r.$$

由静电学中的高斯定理,可得导体表面的总电量为

$$Q = \oiint_S \varepsilon_0 \boldsymbol{E} \cdot \mathrm{d}\boldsymbol{S} = a^2 \varepsilon_0 \int_0^{2\pi} \mathrm{d}\varphi \int_0^\pi \left(3E_0 \cos\theta - \frac{C}{a} \right) \sin\theta \, \mathrm{d}\theta = -4\pi a \varepsilon_0 C,$$

所以

$$C = -\frac{Q}{4\pi a \varepsilon_0}.$$

把 C 代入式(10.3.9),可得

$$U = E_0 \left(\frac{a^3}{r^2} - r \right) \cos\theta + \frac{Q}{4\pi a \varepsilon_0} \left(1 - \frac{a}{r} \right).$$

§10.4 球谐函数

10.4.1 伴随勒让德函数

在 10.1 节的讨论中,通过对拉普拉斯方程进行变量分离,当 u 与 φ 有关

时,得到了伴随勒让德方程,即

$$(1-x^2)y'' - 2xy' + \left[l(l+1) - \frac{m^2}{1-x^2}\right]y = 0, \quad m = 1, 2, \cdots.$$

$$(10.4.1)$$

方程(10.4.1)可写成施图姆-刘维尔型方程

$$\frac{\mathrm{d}}{\mathrm{d}x}\left[(1-x^2)\frac{\mathrm{d}y}{\mathrm{d}x}\right] - \frac{m^2}{1-x^2}y + l(l+1)y = 0,$$

其中 m 是正整数. 下面寻找这个方程的解.

为此,在勒让德方程

$$(1-x^2)\frac{\mathrm{d}^2 v}{\mathrm{d}x^2} - 2x\frac{\mathrm{d}v}{\mathrm{d}x} + l(l+1)v = 0$$

两端对 x 微分 m 次,可得

$$\frac{\mathrm{d}^m}{\mathrm{d}x^m}\left[(1-x^2)\frac{\mathrm{d}^2 v}{\mathrm{d}x^2}\right] - \frac{\mathrm{d}^m}{\mathrm{d}x^m}\left(2x\frac{\mathrm{d}v}{\mathrm{d}x}\right) + l(l+1)\frac{\mathrm{d}^m v}{\mathrm{d}x^m} = 0. \quad (10.4.2)$$

由计算高阶导数的莱布尼茨公式,有

$$\frac{\mathrm{d}^m}{\mathrm{d}x^m}\left[(1-x^2)\frac{\mathrm{d}^2 v}{\mathrm{d}x^2}\right] = \frac{\mathrm{d}^{m+2} v}{\mathrm{d}x^{m+2}}(1-x^2) - m\frac{\mathrm{d}^{m+1} v}{\mathrm{d}x^{m+1}} \cdot 2x - \frac{m(m-1)}{2}\frac{\mathrm{d}^m v}{\mathrm{d}x^m} \cdot 2,$$

$$\frac{\mathrm{d}^m}{\mathrm{d}x^m}\left(2x\frac{\mathrm{d}v}{\mathrm{d}x}\right) = \frac{\mathrm{d}^{m+1} v}{\mathrm{d}x^{m+1}} \cdot 2x + m\frac{\mathrm{d}^m v}{\mathrm{d}x^m} \cdot 2.$$

令 $u = v^{(m)}$,则式(10.4.2)变为

$$(1-x^2)\frac{\mathrm{d}^2 u}{\mathrm{d}x^2} - 2x(m+1)\frac{\mathrm{d}u}{\mathrm{d}x} + \left[l(l+1) - m(m+1)\right]u = 0. \quad (10.4.3)$$

再作变换 $y = (1-x^2)^{m/2}u$,就可以得到伴随勒让德方程(10.4.1). 由上面的讨论可知,若 v 是勒让德方程的解,则

$$y = (1-x^2)^{m/2}u = (1-x^2)^{m/2}\frac{\mathrm{d}^m v}{\mathrm{d}x^m}$$

是伴随勒让德方程(10.4.1)的解. 特别地,当 $l = n = 0, 1, 2, \cdots$ 时,方程(10.4.1)的有界解是

$$y = \mathrm{P}_n^m(x) = (1-x^2)^{m/2}\frac{\mathrm{d}^m}{\mathrm{d}x^m}\mathrm{P}_n(x), \quad m \leqslant n, |x| < 1. \quad (10.4.4)$$

$\mathrm{P}_n^m(x)$ 称为**伴随(或连带) 勒让德函数**. 这时,方程(10.4.1)的另一个线性无关的特解是

$$y_1 = (1-x^2)^{m/2}\frac{\mathrm{d}^m}{\mathrm{d}x^m}\mathrm{Q}_n(x). \quad (10.4.5)$$

由于 $Q_n(x)$ 中含有 $\ln(1\pm x)$，因而 $Q_n^{(m)}(x)$ 中含有 $(1\pm x)^{-m}$. 所以，当 $x\to\pm 1$ 时，$y_1(x)$ 是无界的.

根据施图姆-刘维尔理论，函数系 $\{P_n^m(x)\}(n=0,1,2,\cdots;m=0,1,2,\cdots,n)$ 构成 $(-1,1)$ 上的完备正交系，即

$$\int_{-1}^1 P_n^m(x)P_l^m(x)\mathrm{d}x=0,\quad n\neq l. \tag{10.4.6}$$

下面计算这个函数系的范数：

$$N_{nm}^2=\int_{-1}^1\left[P_n^m(x)\right]^2\mathrm{d}x$$

$$=\frac{1}{2^{2n}(n!)^2}\int_{-1}^1(1-x^2)^m\left[\frac{\mathrm{d}^{m+n}}{\mathrm{d}x^{m+n}}(x^2-1)^n\right]^2\mathrm{d}x. \tag{10.4.7}$$

令

$$G(x)=(1-x^2)^m\frac{\mathrm{d}^{m+n}}{\mathrm{d}x^{m+n}}(x^2-1)^n, \tag{10.4.8}$$

则 $G(x)$ 是一个 $(m+n)$ 次多项式，于是

$$N_{nm}^2=\frac{1}{2^{2n}(n!)^2}\int_{-1}^1 G(x)\frac{\mathrm{d}^{m+n}}{\mathrm{d}x^{m+n}}(x^2-1)^n\mathrm{d}x. \tag{10.4.9}$$

分部积分 m 次，因 $G(x)$ 中含有因子 $(1-x^2)^m$，故

$$G^{(k)}(\pm 1)=0,\quad k=0,1,2,\cdots,m-1, \tag{10.4.10}$$

因此，有

$$N_{nm}^2=\frac{(-1)^m}{2^{2n}(n!)^2}\int_{-1}^1 G^{(m)}(x)\frac{\mathrm{d}^n}{\mathrm{d}x^n}(x^2-1)^n\mathrm{d}x. \tag{10.4.11}$$

再分部积分 n 次，由于

$$\left[\frac{\mathrm{d}^k}{\mathrm{d}x^k}(x^2-1)^n\right]\Bigg|_{x=\pm 1}=0,\quad k=0,1,2,\cdots,n-1,$$

且 $G^{(m+n)}(x)=$ 常数，则

$$N_{nm}^2=\frac{(-1)^{m+n}}{2^{2n}(n!)^2}G^{(m+n)}(x)\int_{-1}^1(x^2-1)^n\mathrm{d}x. \tag{10.4.12}$$

由于多项式 $G(x)$ 的最高次方是 $(-1)^m x^{2m}\dfrac{\mathrm{d}^{m+n}}{\mathrm{d}x^{m+n}}x^{2n}$，故

$$G^{(m+n)}(x)=\frac{\mathrm{d}^{m+n}}{\mathrm{d}x^{m+n}}\left[(-1)^m x^{2m}\cdot 2n(2n-1)\cdots(n-m+1)x^{n-m}\right]$$

$$=(-1)^m\frac{(2n)!}{(n-m)!}\frac{\mathrm{d}^{m+n}}{\mathrm{d}x^{m+n}}x^{n+m}=(-1)^m\frac{(2n)!\,(n+m)!}{(n-m)!}.$$

再令 $x=1-2t$，则

$$\int_{-1}^{1} (x^2-1)^n \, \mathrm{d}x = (-1)^n 2^{2n+1} \int_0^1 t^n (1-t)^n \, \mathrm{d}t = (-1)^n 2^{2n+1} \mathrm{B}(n+1, n+1)$$

$$= (-1)^n 2^{2n+1} \frac{\Gamma^2(n+1)}{\Gamma(2n+2)} = (-1)^n 2^{2n+1} \frac{(n!)^2}{(2n+1)!}.$$

将以上结果代入式(10.4.12),可得

$$N_{nm}^2 = \frac{2}{2n+1} \cdot \frac{(n+m)!}{(n-m)!}. \tag{10.4.13}$$

特别地,当 $m=0$ 时, $N_{n0}^2 = \dfrac{2}{2n+1}$,这正是勒让德多项式的范数的平方.

如果利用罗德里格公式表示勒让德多项式,则可得到对 $\pm m$ 都有效的伴随勒让德函数的定义:

$$\mathrm{P}_l^m(x) = \frac{(-1)^m}{2^l l!} (1-x^2)^{m/2} \frac{\mathrm{d}^{l+m}}{\mathrm{d}x^{l+m}} (x^2-1)^l, \tag{10.4.14}$$

并且可以证明

$$\mathrm{P}_l^{-m}(x) = (-1)^m \frac{(l-m)!}{(l+m)!} \mathrm{P}_l^m(x). \tag{10.4.15}$$

由式(10.4.14)和式(10.4.15),易知在端点 ± 1 处有

$$\mathrm{P}_l^{\pm m}(\pm 1) = 0, \quad m \neq 0. \tag{10.4.16}$$

10.4.2　球谐函数

回到 10.1 节的讨论,可以得知,在球坐标系下, $\Delta u = 0$ 的级数解为

$$u(r,\theta,\varphi) = \sum_{n=0}^{\infty} \sum_{m=0}^{n} [A_n r^n + B_n r^{-(n+1)}] \mathrm{P}_n^m(\cos\theta)(C_{nm}\cos m\varphi + D_{nm}\sin m\varphi),$$

$$\tag{10.4.17}$$

这里对 m 的求和只取 $0 \sim n$,是因为当 $m > n$ 时, $\mathrm{P}_n^m(x) \equiv 0$.

由式(10.4.17)可见,拉普拉斯方程的解是函数族

$$r^n \mathrm{P}_n^m(\cos\theta) \begin{cases} \cos m\varphi, \\ \sin m\varphi \end{cases} \tag{10.4.18}$$

和

$$\frac{1}{r^{n+1}} \mathrm{P}_n^m(\cos\theta) \begin{cases} \cos m\varphi, \\ \sin m\varphi, \end{cases} \quad n = 0,1,2,\cdots; m = 0,1,2,\cdots,n \tag{10.4.19}$$

的线性组合,其中记号 $\begin{cases} \cos m\varphi, \\ \sin m\varphi \end{cases}$ 表示或取 $\cos m\varphi$,或取 $\sin m\varphi$. 上述函数族称为**球体函数**,其中只与角度 θ, φ 有关的因式为

$$S_n^m(\theta,\varphi) = \mathrm{P}_n^m(\cos\theta) \begin{cases} \cos m\varphi, \\ \sin m\varphi. \end{cases} \tag{10.4.20}$$

将式(10.4.20)中的函数用复数形式写出,即可得到在物理学科和工程技术中广泛使用的**球谐函数**.

球谐函数的定义如下:

$$Y_{lm}(\theta,\varphi) = \sqrt{\frac{2l+1}{4\pi}\frac{(l-m)!}{(l+m)!}}\, P_l^m(\cos\theta)\, e^{im\varphi}. \tag{10.4.21}$$

由式(10.4.15)可知

$$Y_{l,-m}(\theta,\varphi) = (-1)^m Y_{lm}^*(\theta,\varphi). \tag{10.4.22}$$

由伴随勒让德函数以及三角函数的范数与正交关系,可得球谐函数的内积为

$$(Y_{lm},Y_{pq}) = \int_0^{2\pi} d\varphi \int_0^\pi \sin\theta\, d\theta\, Y_{pq}^*(\theta,\varphi) Y_{lm}(\theta,\varphi) = \delta_{lp}\delta_{mq}. \tag{10.4.23}$$

即球谐函数两两正交,并且是归一化的. l 称为球谐函数 Y_{lm} 的**阶**,独立的 l 阶球谐函数共有 $(2l+1)$ 个. 几个低阶的球谐函数如下:

$$l=0 \text{ 时}, \quad Y_{00} = \frac{1}{\sqrt{4\pi}}; \tag{10.4.24}$$

$$l=1 \text{ 时}, \quad \begin{cases} Y_{11} = -\sqrt{\dfrac{3}{8\pi}}\sin\theta\, e^{i\varphi}, \\[2mm] Y_{10} = \sqrt{\dfrac{3}{4\pi}}\cos\theta; \end{cases} \tag{10.4.25}$$

$$l=2 \text{ 时}, \quad \begin{cases} Y_{22} = \dfrac{1}{4}\sqrt{\dfrac{15}{2\pi}}\sin^2\theta\, e^{2i\varphi}, \\[2mm] Y_{21} = -\sqrt{\dfrac{15}{8\pi}}\sin\theta\cos\theta\, e^{i\varphi}, \\[2mm] Y_{20} = \sqrt{\dfrac{5}{4\pi}}\left(\dfrac{3}{2}\cos^2\theta - \dfrac{1}{2}\right); \end{cases} \tag{10.4.26}$$

$$l=3 \text{ 时}, \quad \begin{cases} Y_{33} = -\dfrac{1}{4}\sqrt{\dfrac{35}{4\pi}}\sin^3\theta\, e^{3i\varphi}, \\[2mm] Y_{32} = \dfrac{1}{4}\sqrt{\dfrac{105}{2\pi}}\sin^2\theta\cos\theta\, e^{2i\varphi}, \\[2mm] Y_{31} = -\dfrac{1}{4}\sqrt{\dfrac{21}{2\pi}}\sin\theta(5\cos^2\theta-1)e^{i\varphi}, \\[2mm] Y_{30} = \sqrt{\dfrac{7}{4\pi}}\left(\dfrac{5}{2}\cos^3\theta - \dfrac{3}{2}\cos\theta\right). \end{cases} \tag{10.4.27}$$

由以上各式可得出,当 $m=0$ 时,

$$Y_{l0}(\theta,\varphi) = \sqrt{\frac{2l+1}{4\pi}}\, P_l(\cos\theta). \tag{10.4.28}$$

球谐函数的重要性在于它们构成了规范正交基,任意函数 $f(\theta,\varphi)$ 都可以按照球谐函数展开,即

$$f(\theta,\varphi) = \sum_{l=0}^{\infty} \sum_{m=-l}^{l} A_{lm} Y_{lm}(\theta,\varphi), \tag{10.4.29}$$

其中

$$A_{lm} = \int Y_{lm}^*(\theta,\varphi) f(\theta,\varphi) \mathrm{d}\Omega$$

$$= \int_0^{2\pi} \mathrm{d}\varphi \int_0^{\pi} Y_{lm}^*(\theta,\varphi) f(\theta,\varphi) \sin\theta \mathrm{d}\theta, \tag{10.4.30}$$

而 $\mathrm{d}\Omega = \sin\theta \mathrm{d}\theta \mathrm{d}\varphi$ 是立体角元. 如果我们仅限于用实值函数的形式来讨论任意函数 $f(\theta,\varphi)$ 的展开式,则有

$$f(\theta,\varphi) = \sum_{n=0}^{\infty} \sum_{m=0}^{n} (C_{nm} \cos m\varphi + D_{nm} \sin m\varphi) \mathrm{P}_n^m(\cos\theta), \tag{10.4.31}$$

其中

$$C_{nm} = \frac{2n+1}{2\delta_m \pi} \frac{(n-m)!}{(n+m)!} \int_0^{2\pi} \mathrm{d}\varphi \int_0^{\pi} f(\theta,\varphi) \mathrm{P}_n^m(\cos\theta) \cos m\varphi \sin\theta \mathrm{d}\theta, \tag{10.4.32}$$

$$\delta_m = \begin{cases} 1, & m \neq 0, \\ 2, & m = 0, \end{cases}$$

$$D_{nm} = \frac{2n+1}{2\pi} \frac{(n-m)!}{(n+m)!} \int_0^{2\pi} \mathrm{d}\varphi \int_0^{\pi} f(\theta,\varphi) \mathrm{P}_n^m(\cos\theta) \sin m\varphi \sin\theta \mathrm{d}\theta. \tag{10.4.33}$$

【例 10.7】　解球内第一边值问题

$$\begin{cases} \Delta u = 0, & 0 \leqslant r < a, 0 \leqslant \theta < \pi, 0 \leqslant \varphi < 2\pi, \\ u\mid_{r=a} = f(\theta,\varphi). \end{cases}$$

特别地,当 $f(\theta,\varphi) = 3\sin^2\theta\cos^2\varphi - 1$ 时,u 的值为多少?

解　因为是在球内求解,故由 $|u(0,\theta,\varphi)| < +\infty$,可知在一般的级数解式(10.4.17)中,$B_n = 0$. 设

$$u = \sum_{n=0}^{\infty} \sum_{m=0}^{n} \left(\frac{r}{a}\right)^n (C_{nm} \cos m\varphi + D_{nm} \sin m\varphi) \mathrm{P}_n^m(\cos\theta), \tag{10.4.34}$$

由边界条件,可得

$$f(\theta,\varphi) = \sum_{n=0}^{\infty} \sum_{m=0}^{n} (C_{nm} \cos m\varphi + D_{nm} \sin m\varphi) \mathrm{P}_n^m(\cos\theta),$$

其中系数 C_{nm} 和 D_{nm} 由式(10.4.32)和式(10.4.33)确定. 特别地,当

$$f(\theta,\varphi)=3\sin^2\theta\cos^2\varphi-1 \qquad (10.4.35)$$

时，用待定系数法确定 C_{nm} 和 D_{nm} 比较方便. 先把 $f(\theta,\varphi)$ 改写成

$$f(\theta,\varphi)=\frac{3}{4}(1-\cos 2\theta)(1+\cos 2\varphi)-1,$$

由于前面几个伴随勒让德多项式分别为（$x=\cos\theta$）

$$P_0^0(\cos\theta)=1,$$

$$P_1^0(x)=P_1(x)=x=\cos\theta,$$

$$P_1^1(x)=(1-x^2)^{1/2}=\sin\theta,$$

$$P_2^0(x)=P_2(x)=\frac{1}{2}(3x^2-1)=\frac{1}{4}(3\cos 2\theta+1),$$

$$P_2^1(x)=3x(1-x^2)^{1/2}=\frac{3}{2}\sin 2\theta,$$

$$P_2^2(x)=3(1-x^2)=\frac{3}{2}(1-\cos 2\theta),$$

$$\cdots$$

因而，可设

$$f(\theta,\varphi)=C_{00}P_0^0(\cos\theta)+C_{20}P_2^0(\cos\theta)+C_{22}P_2^2(\cos\theta)\cos 2\varphi$$

$$=C_{00}+\frac{1}{4}C_{20}(3\cos 2\theta+1)+\frac{3}{2}C_{22}(1-\cos 2\theta)\cos 2\varphi.$$

与式（10.4.35）中的系数相比较，可得

$$C_{00}=0, \quad C_{20}=-1, \quad C_{22}=\frac{1}{2},$$

代入式（10.4.34），可得

$$u=-\left(\frac{r}{a}\right)^2 P_2^0(\cos\theta)+\frac{1}{2}\left(\frac{r}{a}\right)^2 P_2^2(\cos\theta)\cos 2\varphi.$$

10.4.3　球谐函数的加法公式

球谐函数的加法公式是一个相当有趣而且有用的数学公式. 如图 10.1 所示，已知两个坐标向量 r 和 r_0 的球坐标分别为（r,θ,φ）和（r_0,θ_0,φ_0），r 和 r_0 的夹角为 γ. 加法公式把角 γ 的 l 阶勒让德多项式表示为（θ,φ）和（θ_0,φ_0）的 l 阶球谐函数乘积的和式，即

$$P_l(\cos\gamma)=\frac{4\pi}{2l+1}\sum_{m=-l}^{l}Y_{lm}^*(\theta_0,\varphi_0)Y_{lm}(\theta,\varphi), \qquad (10.4.36)$$

其中

$$\cos \gamma = \cos \theta \cos \theta_0 + \sin \theta \sin \theta_0 \cos(\varphi - \varphi_0). \qquad (10.4.37)$$

为了证明这一定理,我们将向量 $\boldsymbol{r}_0$ 视作
常向量,于是 $P_l(\cos \gamma)$ 是 (θ,φ) 的函数,而
(θ_0,φ_0) 则为参数. 用级数 $(10.4.29)$ 把
$P_l(\cos \gamma)$ 展开,可得

$$P_l(\cos \gamma) = \sum_{n=0}^{\infty} \sum_{m=-n}^{n} A_{nm}(\theta_0,\varphi_0) Y_{nm}(\theta,\varphi).$$
$$(10.4.38)$$

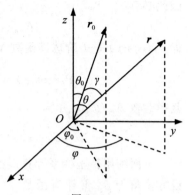

图 10.1

与式 $(10.4.36)$ 比较可知,式 $(10.4.38)$ 中应当
只包含 $n = l$ 的项,$n \neq l$ 的项均应为 0. 为得
出这一结论,选取新坐标系使得 $\boldsymbol{r}_0$ 位于 z 轴
正方向,则 γ 成为新坐标系的极角. 由不依赖于 φ 的 $\Delta u = 0$ 的解式 $(10.3.4)$ 可
得,若

$$u(r,\theta) = [A_n r^n + B_n r^{-(n+1)}] P_n(\cos \theta), \qquad (10.3.39)$$

则

$$\Delta u(r,\theta) = 0. \qquad (10.3.40)$$

因而 $P_l(\cos \gamma)$ 满足方程

$$\Delta_0 P_l(\cos \gamma) + \frac{l(l+1)}{r^2} P_l(\cos \gamma) = 0, \qquad (10.4.41)$$

式中,Δ_0 是新坐标系中的拉普拉斯算子.

如果在图 10.1 所示的原坐标系中重新写方程 $(10.4.41)$,则由于拉普拉斯算
子是旋转不变算子,即 $\Delta_0 = \Delta$,并且 r 也是旋转不变的,因而 $P_l(\cos \gamma(\theta,\varphi))$ 仍
满足方程 $(10.4.41)$,即在原坐标系中有

$$\Delta P_l(\cos \gamma(\theta,\varphi)) + \frac{l(l+1)}{r^2} P_l(\cos \gamma(\theta,\varphi)) = 0. \qquad (10.4.42)$$

另外,由球谐函数的定义 $(10.4.21)$ 和拉普拉斯方程的解式 $(10.4.17)$ 至式
$(10.4.19)$,可知

$$\Delta Y_{lm}(\theta,\varphi) + \frac{l(l+1)}{r^2} Y_{lm}(\theta,\varphi) = 0. \qquad (10.4.43)$$

将算子

$$L = \Delta + \frac{l(l+1)}{r^2} \qquad (10.4.44)$$

作用于式 $(10.4.38)$ 的两边,则其左端由于式 $(10.4.42)$ 等于 0,而对于右端 $n \neq l$
的项则有

$$L Y_{nm}(\theta, \varphi) \neq 0, \quad n \neq l. \tag{10.4.45}$$

因此必有

$$A_{nm}(\theta_0, \varphi_0) = 0, \quad n \neq l. \tag{10.4.46}$$

即 $P_l(\cos \gamma)$ 是 l 阶球谐函数 $Y_{lm}(\theta, \varphi)$ 的线性组合：

$$P_l(\cos \gamma) = \sum_{m=-l}^{l} A_m(\theta_0, \varphi_0) Y_{lm}(\theta, \varphi), \tag{10.4.47}$$

其中系数 $A_m(\theta_0, \varphi_0)$ 为

$$A_m(\theta_0, \varphi_0) = \int Y_{lm}^*(\theta, \varphi) P_l(\cos \gamma) \mathrm{d}\Omega. \tag{10.4.48}$$

下面利用新坐标系计算系数 $A_m(\theta_0, \varphi_0)$ 的值. 在新坐标系中, 极角为 γ, 设方位角为 δ, 将任意函数 $f(\gamma, \delta)$ 用球谐函数展开. 由式(10.4.16)和式(10.4.29), 可得

$$f(\gamma, \delta)\big|_{\gamma=0} = \sum_{l=0}^{\infty} \sum_{m=-l}^{l} A_{lm} Y_{lm}(0, \delta) = \sum_{l=0}^{\infty} A_{l0} Y_{l0}(0, \delta), \tag{10.4.49}$$

其中 A_{l0} 可由系数公式(10.4.30)表示为

$$A_{l0} = \sqrt{\frac{2l+1}{4\pi}} \int P_l(\cos \gamma) f(\gamma, \delta) \mathrm{d}\Omega. \tag{10.4.50}$$

将式(10.4.28)代入式(10.4.49), 则有

$$\begin{aligned} f(\gamma, \delta)\big|_{\gamma=0} &= \sum_{l=0}^{\infty} A_{l0} Y_{l0}(0, \delta) \\ &= \sum_{l=0}^{\infty} A_{l0} \sqrt{\frac{2l+1}{4\pi}} P_l(1) \\ &= \sum_{l=0}^{\infty} \sqrt{\frac{2l+1}{4\pi}} A_{l0}. \end{aligned} \tag{10.4.51}$$

若用 (γ, δ) 表示 (θ, φ), 取

$$f(\gamma, \delta) = \sqrt{\frac{4\pi}{2l+1}} Y_{lm}^*(\theta(\gamma, \delta), \varphi(\gamma, \delta)), \tag{10.4.52}$$

并将其代入式(10.4.51), 则有

$$\sqrt{\frac{4\pi}{2l+1}} Y_{lm}^*(\theta, \varphi)\big|_{\gamma=0} = \sum_{p=0}^{\infty} \sqrt{\frac{2p+1}{4\pi}} A_{p0}. \tag{10.4.53}$$

和式(10.4.46)同理, 因为 $Y_{lm}^*(\theta, \varphi)$ 满足方程(10.4.41), 故它只能是 l 阶球谐函数 $Y_{lq}(\gamma, \delta)$ 的线性组合, 即

$$\sqrt{\frac{4\pi}{2l+1}} Y_{lm}^*(\theta, \varphi) = \sum_{q=-l}^{l} A_{lq} Y_{lq}(\gamma, \delta). \tag{10.4.54}$$

于是式(10.4.53)右端的和式只有一项,可简化为

$$\sqrt{\frac{4\pi}{2l+1}}\mathrm{Y}_{lm}^*(\theta,\varphi)\big|_{\gamma=0}=\sqrt{\frac{2l+1}{4\pi}}A_{l0}. \tag{10.4.55}$$

将式(10.4.52)代入式(10.4.50),可得

$$A_{l0}=\int \mathrm{P}_l(\cos\gamma)\mathrm{Y}_{lm}^*(\theta,\varphi)\mathrm{d}\Omega=A_m(\theta_0,\varphi_0). \tag{10.4.56}$$

对于式(10.4.55)的左端,由图 10.1 和式(10.4.37)可知,当 $\gamma\to0$ 时,有 $(\theta,\varphi)\to(\theta_0,\varphi_0)$,故

$$\mathrm{Y}_{lm}^*(\theta,\varphi)\big|_{\gamma=0}=\mathrm{Y}_{lm}^*(\theta_0,\varphi_0). \tag{10.4.57}$$

将式(10.4.55)至式(10.4.57)的结果代入式(10.4.47),就可得到球谐函数的加法公式.

如果用 $\mathrm{P}_l^m(\cos\theta)$ 表示加法公式,则有如下形式:

$$\mathrm{P}_l(\cos\gamma)=\mathrm{P}_l(\cos\theta)\mathrm{P}_l(\cos\theta_0)$$

$$+2\sum_{m=1}^{l}\frac{(l-m)!}{(l+m)!}\mathrm{P}_l^m(\cos\theta)\mathrm{P}_l^m(\cos\theta_0)\cos[m(\varphi-\varphi_0)]. \tag{10.4.58}$$

在式(10.4.36)中,若将 $\gamma=0$ 代入,就可得到球谐函数 Y_{lm} 模的平方的"求和规则":

$$\sum_{m=-l}^{l}|\mathrm{Y}_{lm}(\theta,\varphi)|^2=\frac{2l+1}{4\pi}, \tag{10.4.59}$$

加法公式还可以用来把两点间距离的倒数的展开式(10.2.10)化成最一般的形式. 将式(10.4.36)代入式(10.2.10),则

$$\frac{1}{|\boldsymbol{r}-\boldsymbol{r}_0|}=4\pi\sum_{l=0}^{\infty}\sum_{m=-l}^{l}\frac{1}{2l+1}\frac{r_<^l}{r_>^{l+1}}\mathrm{Y}_{lm}^*(\theta_0,\varphi_0)\mathrm{Y}_{lm}(\theta,\varphi). \tag{10.4.60}$$

习题十

1.证明: $\mathrm{P}_n(x)=\sum_{k=0}^{n}\dfrac{(n+k)!}{2^k(k!)^2(n-k)!}(x-1)^k.$

2.证明: $\mathrm{P}_n(x)$ 在区间 $(-1,1)$ 内有 n 个单零点.

3.证明: $\mathrm{P}_n'(x)=(2n-1)\mathrm{P}_{n-1}(x)+(2n-5)\mathrm{P}_{n-3}(x)+(2n-9)\mathrm{P}_{n-5}(x)+\cdots.$

4.证明: $\sum_{k=0}^{n}(2k+1)\mathrm{P}_k(x)=\mathrm{P}_n'(x)+\mathrm{P}_{n+1}'(x),\quad n=0,1,2,\cdots.$

5.证明：$\displaystyle\int_{-1}^{1} P_n(x)dx = 0, \quad n = 1, 2, \cdots$.

6.证明：$\displaystyle\int_{-1}^{1} [P_n'(x)]^2(1-x^2)dx = \frac{2n(n+1)}{2n+1}, \quad n = 0, 1, 2, \cdots$.

7.计算：$\displaystyle\int_{-1}^{1} x^m P_n(x)dx$,分别考虑 $m > n$ 及 $m \leqslant n$ 的情形.

8.计算：$\displaystyle\int_{-1}^{1} x P_m(x) P_n(x)dx$.

9.计算：$\displaystyle\int_{-1}^{1} x^2 P_n(x) P_{n+2}(x)dx$.

10.计算：$\displaystyle\int_{-1}^{1} [x P_n(x)]^2 dx$.

11.将函数 $f(x) = x^3$ 按照勒让德多项式展开.

12.已知某一半径为 R 的球体,若其球面上的温度分布恒为 $u(R,\theta) = u_0\cos\theta$,试求球体的稳定温度分布.

13.在半径为 1 的球外求调和函数,使 $u\mid_{r=1} = \cos^2\theta$.

14.用球谐函数展开下列函数：

(1)$\sin\theta\cos\varphi$；

(2)$\sin^2\theta\cos^2\varphi$；

(3)$\cos^2\theta\sin\theta\cos\varphi$.

第十一章　　格林函数

§11.1　δ 函数

11.1.1　傅里叶变换简介

为了更好地学习 δ 函数的性质,本节首先对傅里叶变换作一简略复习.

设 $f(x)$ 为在任何有限区间上至多有第一类间断点的逐段光滑函数,且在 $(-\infty,+\infty)$ 内绝对可积,即积分

$$\int_{-\infty}^{+\infty}|f(x)|\,\mathrm{d}x$$

存在,则称函数

$$F(\lambda)=\int_{-\infty}^{+\infty}f(x)\mathrm{e}^{\mathrm{i}\lambda x}\,\mathrm{d}x \tag{11.1.1}$$

为函数 $f(x)$ 的**傅里叶变换**,简记为 $F[f]$;而 $f(x)$ 则称为 $F(\lambda)$ 的**反傅里叶变换**,记为 $f(x)=F^{-1}[F(\lambda)]$. 而且,在前述条件下,有反演公式

$$\frac{1}{2}[f(x+0)+f(x-0)]=\frac{1}{2\pi}\int_{-\infty}^{+\infty}F(\lambda)\mathrm{e}^{-\mathrm{i}\lambda x}\,\mathrm{d}\lambda. \tag{11.1.2}$$

特别地,若 $f(x)$ 在 $(-\infty,+\infty)$ 内连续,则式(11.1.2)成为

$$f(x)=\frac{1}{2\pi}\int_{-\infty}^{+\infty}F(\lambda)\mathrm{e}^{-\mathrm{i}\lambda x}\,\mathrm{d}\lambda. \tag{11.1.3}$$

傅里叶变换具有下列重要性质:

(1)**线性性质**:若 $F[f]$ 和 $F[g]$ 都存在,则对任意常数 C_1,C_2,有

$$F[C_1 f+C_2 g]=C_1 F[f]+C_2 F[g]. \tag{11.1.4}$$

(2) **频移特性**:若 $F[f]$ 存在,则对任意实数 λ_0,有

$$F[f(x)\mathrm{e}^{\mathrm{i}\lambda_0 x}] = F(\lambda + \lambda_0), \qquad (11.1.5)$$

这里 $F(\lambda) = F[f]$.

(3) **微分关系**:若 $f(\pm\infty) = 0$ 且 $F[f'(x)]$ 存在,则

$$F[f'(x)] = -\mathrm{i}\lambda F[f]. \qquad (11.1.6)$$

更一般地,若 $f(\pm\infty) = f'(\pm\infty) = \cdots = f^{(k-1)}(\pm\infty) = 0$,且 $F[f^{(k)}(x)]$ 存在,则

$$F[f^{(k)}(x)] = (-\mathrm{i}\lambda)^k F[f], \qquad (11.1.7)$$

即 k 阶导数的傅里叶变换等于原来函数的傅里叶变换乘以因子 $(-\mathrm{i}\lambda)^k$.

(4) **卷积性质**:若 $f(x)$ 和 $g(x)$ 都在 $(-\infty, +\infty)$ 上绝对可积,则卷积函数

$$f * g = \int_{-\infty}^{+\infty} f(x - \xi)g(\xi)\mathrm{d}\xi \qquad (11.1.8)$$

的傅里叶变换存在,且

$$F[f * g] = F[f] \cdot F[g]. \qquad (11.1.9)$$

这个公式的逆形式为

$$F^{-1}[F(\lambda)G(\lambda)] = F^{-1}[F(\lambda)] * F^{-1}[G(\lambda)], \qquad (11.1.10)$$

即两个函数的乘积的反傅里叶变换等于它们各自的反傅里叶变换的卷积.

将式(11.1.1)直接推广就可得到高维傅里叶变换. 对于三维情形,我们称函数

$$F(\lambda, \mu, \nu) = \iiint_{-\infty}^{+\infty} f(x, y, z)\mathrm{e}^{\mathrm{i}(\lambda x + \mu y + \nu z)} \mathrm{d}x\,\mathrm{d}y\,\mathrm{d}z \qquad (11.1.11)$$

为函数 $f(x, y, z)$ 的傅里叶变换,仍记为 $F[f]$. 它有类似的反演公式:

$$f(x, y, z) = \frac{1}{(2\pi)^3} \iiint_{-\infty}^{+\infty} F(\lambda, \mu, \nu)\mathrm{e}^{-\mathrm{i}(\lambda x + \mu y + \nu z)} \mathrm{d}\lambda\,\mathrm{d}\mu\,\mathrm{d}\nu. \qquad (11.1.12)$$

类似地,它有下列微分性质:

$$F\left[\frac{\partial f}{\partial x}\right] = -\mathrm{i}\lambda F[f], \qquad 若 f(\pm\infty, y, z) = 0;$$

$$F\left[\frac{\partial f}{\partial y}\right] = -\mathrm{i}\mu F[f], \qquad 若 f(x, \pm\infty, z) = 0;$$

$$F\left[\frac{\partial f}{\partial z}\right] = -\mathrm{i}\nu F[f], \qquad 若 f(x, y, \pm\infty) = 0;$$

$$F\left[\frac{\partial^2 f}{\partial x^2}\right] = (-\mathrm{i}\lambda)^2 F[f], \qquad 若 f(\pm\infty, y, z) = f_x(\pm\infty, y, z) = 0.$$

$F\left[\dfrac{\partial^2 f}{\partial y^2}\right]$，$F\left[\dfrac{\partial^2 f}{\partial z^2}\right]$ 的公式类似. 特别地, 有

$$F[\Delta_3 f] = -(\lambda^2 + \mu^2 + \nu^2)F[f]. \tag{11.1.13}$$

11.1.2　狄拉克 δ 函数

为了更方便地表述量子力学问题, 英国物理学家狄拉克发明了 **δ 函数**. δ 函数起初并不为数学家所认可, 但其由于使用后所带来的巨大便利, 而得到了广泛应用. 后来, 为使 δ 函数"安身立命", 数学家建立了广义函数理论, 也称 **分布理论**, 从此 δ 函数就具有了明确的数学意义.

这里我们不打算引入广义函数和弱收敛等概念, 而仅仅从实用的角度出发来介绍 δ 函数. 对数学上的严格性感兴趣的读者, 可以参阅有关广义函数的著述. 虽然有失严格性, 但是只要知道 δ 函数总是作用于性质足够好的函数上并且出现在积分当中, 就不会妨碍我们对 δ 函数的应用. 我们往往要求这些被 δ 函数作用的函数是无穷可微的, 并且在有界区间外恒等于 0. 下文有关 δ 函数的性质、导数和极限都是在这种特定意义下给出的. 在遇到有关 δ 函数的问题时, 我们默认所需要的条件都能够满足.

δ 函数的定义如下:

$$\int_{-\infty}^{+\infty} \delta(x)\mathrm{d}x = 1, \quad \delta(x) = \begin{cases} 0, & x \neq 0, \\ \infty, & x = 0. \end{cases} \tag{11.1.14}$$

式(11.1.14)也可以表示为

$$\int_a^b \delta(x)\mathrm{d}x = \begin{cases} 1, & 0 \in (a,b), \\ 0, & 0 \notin (a,b). \end{cases} \tag{11.1.15}$$

由式(11.1.14)和式(11.1.15), 对于任意连续函数 $f(x)$, 有

$$\int_{-\infty}^{+\infty} f(x)\delta(x)\mathrm{d}x = f(0),$$

$$\int_a^b f(x)\delta(x)\mathrm{d}x = \begin{cases} f(0), & 0 \in (a,b), \\ 0, & 0 \notin (a,b), \end{cases} \tag{11.1.16}$$

更常用的形式为

$$\int_{-\infty}^{+\infty} f(x)\delta(x-\xi)\mathrm{d}x = f(\xi),$$

$$\int_a^b f(x)\delta(x-\xi)\mathrm{d}x = \begin{cases} f(\xi), & \xi \in (a,b), \\ 0, & \xi \notin (a,b). \end{cases} \tag{11.1.17}$$

由式(11.1.14)至式(11.1.16)知, δ 函数是偶函数, 即

$$\delta(x) = \delta(-x). \tag{11.1.18}$$

更一般地,有

$$\delta(x - x_0) = \delta(x_0 - x). \tag{11.1.19}$$

由式(11.1.1),对 δ 函数进行傅里叶变换,结果为

$$1 = \int_{-\infty}^{+\infty} \delta(x) e^{i\lambda x} dx; \tag{11.1.20}$$

而由逆变换(11.1.3)可得到 δ 函数的另一种表示,即

$$\delta(x) = \frac{1}{2\pi} \int_{-\infty}^{+\infty} e^{-i\lambda x} d\lambda = \frac{1}{2\pi} \int_{-\infty}^{+\infty} \cos \lambda x \, d\lambda. \tag{11.1.21}$$

其中后一个等号成立是因为 $\sin \lambda x$ 的积分主值为 0. 在量子力学的本征函数中,会遇到类似式(11.1.20)和式(11.1.21)的表示形式,因此本节首先介绍 δ 函数的傅里叶变换.

δ 函数还可以用来描述点电荷这样的点源以及脉冲类的瞬时源. 以一维分布的点电荷为例,首先考虑电荷 q 均匀分布在以点 x_0 为中心、宽度为 ε 的范围内,即电荷密度 $\rho_\varepsilon(x)$ 为

$$\rho_\varepsilon(x) = \begin{cases} \dfrac{q}{\varepsilon}, & |x - x_0| < \dfrac{\varepsilon}{2}, \\ 0, & |x - x_0| > \dfrac{\varepsilon}{2}, \end{cases} \tag{11.1.22}$$

显然有

$$\int_{-\infty}^{+\infty} \rho_\varepsilon(x) dx = q. \tag{11.1.23}$$

然后再令 $\varepsilon \to 0$,就可得到当 q 为点电荷时用 δ 函数来表示的电荷密度的公式:

$$\rho(x) = \lim_{\varepsilon \to 0} \rho_\varepsilon(x) = q\delta(x - x_0). \tag{11.1.24}$$

从阶跃函数

$$H(x) = \begin{cases} 0, & x < 0, \\ \dfrac{1}{2}, & x = 0, \\ 1, & x > 0 \end{cases} \tag{11.1.25}$$

出发,也可以将 δ 函数定义为阶跃函数的导数:

$$\delta(x) = H'(x). \tag{11.1.26}$$

由于 δ 函数是广义函数,因此其与其他函数的乘积具有如下性质:

$$g(x)\delta(x - x_0) = g(x_0)\delta(x - x_0). \tag{11.1.27}$$

这是因为,对于任意满足要求的函数 $f(x)$ 来说:

$$\int_{-\infty}^{+\infty} f(x)g(x)\delta(x-x_0)\mathrm{d}x = \int_{-\infty}^{+\infty} f(x)g(x_0)\delta(x-x_0)\mathrm{d}x$$
$$= f(x_0)g(x_0). \tag{11.1.28}$$

本节中有关 δ 函数的等式往往就是如同式(11.1.28)这样的积分意义下的相等. 由式(11.1.27),可得

$$x\delta(x) = 0. \tag{11.1.29}$$

对于复合函数 $\delta[\varphi(x)]$,如果 $\varphi(x)$ 连续可微,并且 $\varphi(x)=0$ 只有单根 $x_i(i=1,2,\cdots,N)$,则

$$\delta[\varphi(x)] = \sum_{i=1}^{N} \frac{\delta(x-x_i)}{|\varphi'(x_i)|}. \tag{11.1.30}$$

由式(11.1.30),可得如下几个重要特例:

$$\delta(ax) = \frac{\delta(x)}{|a|}, \tag{11.1.31}$$

$$\delta(x^2-a^2) = \frac{\delta(x-a)+\delta(x+a)}{2|a|}. \tag{11.1.32}$$

从形式上取式(11.1.32)当 $a \to 0$ 时的极限,又可得

$$\delta(x^2) = \frac{\delta(x)}{|x|}. \tag{11.1.33}$$

δ 函数可以直接推广到多元函数的情形,其中比较常见的三维 δ 函数记作 $\delta(\boldsymbol{r}-\boldsymbol{r}_0)$,其表示形式为

$$\delta(\boldsymbol{r}-\boldsymbol{r}_0) = \delta(x-x_0)\delta(y-y_0)\delta(z-z_0). \tag{11.1.34}$$

如果用球坐标 (r,θ,φ) 表示 $\delta(\boldsymbol{r}-\boldsymbol{r}_0)$,则其形式为

$$\delta(\boldsymbol{r}-\boldsymbol{r}_0) = \frac{1}{r^2\sin\theta}\delta(r-r_0)\delta(\theta-\theta_0)\delta(\varphi-\varphi_0); \tag{11.1.35}$$

若用柱坐标 (r,φ,z) 表示,则有

$$\delta(\boldsymbol{r}-\boldsymbol{r}_0) = \frac{1}{r}\delta(r-r_0)\delta(\varphi-\varphi_0)\delta(z-z_0). \tag{11.1.36}$$

易见,式(11.1.35) 和式(11.1.36) 右边的分母是**雅可比(Jacobi) 行列式**的绝对值.

11.1.3　相关极限和 δ 函数的导数

对一些含参量的函数取特定的极限就会得到 δ 函数. 下面列举几个典型例子.

$$\lim_{N\to+\infty} \frac{\sin Nx}{\pi x} = \delta(x). \tag{11.1.37}$$

式(11.1.21) 从形式上取主值积分就可得到式(11.1.37)，即

$$\delta(x) = \lim_{N\to+\infty} \frac{1}{2\pi} \int_{-N}^{N} \cos \lambda x \, \mathrm{d}\lambda = \lim_{N\to+\infty} \frac{\sin Nx}{\pi x}.$$

考虑 δ 函数的傅里叶级数：

$$\delta(x) = \frac{1}{2\pi} + \frac{1}{\pi} \sum_{m=1}^{\infty} \cos mx.$$

由于

$$\frac{1}{2\pi} + \frac{1}{\pi} \sum_{m=1}^{N} \cos mx = \frac{1}{2\pi} \frac{\sin\left(N+\frac{1}{2}\right)x}{\sin \frac{x}{2}},$$

对上式两边取极限就可得到

$$\lim_{N\to+\infty} \frac{1}{2\pi} \frac{\sin\left(N+\frac{1}{2}\right)x}{\sin \frac{x}{2}} = \delta(x). \tag{11.1.38}$$

利用函数积分为定值的性质，还可以得到

$$\lim_{\sigma\to 0^+} \frac{1}{\sqrt{\pi\sigma}} \mathrm{e}^{-\frac{x^2}{\sigma}} = \delta(x), \tag{11.1.39}$$

$$\lim_{\varepsilon\to 0^+} \frac{\varepsilon}{\pi(x^2+\varepsilon^2)} = \delta(x), \tag{11.1.40}$$

$$\lim_{|t|\to 1^-} \frac{1}{2\pi} \frac{1-t^2}{1-2t\cos x+t^2} = \delta(x), \tag{11.1.41}$$

$$\lim_{t\to\infty} \frac{\sin^2(tx)}{\pi tx^2} = \delta(x). \tag{11.1.42}$$

此外，通过考虑复平面上的积分路径，并在取积分主值的意义下，有

$$\lim_{\varepsilon\to 0^+} \frac{1}{x \pm \mathrm{i}\varepsilon} = \frac{1}{x} \mp \mathrm{i}\pi\delta(x). \tag{11.1.43}$$

由于 δ 函数最终以积分的形式作用在满足条件的函数 $f(x)$ 上，因此，可以通过分部积分定义 δ 函数的各阶导数. 一阶导数 $\delta'(x)$ 的意义为

$$\int_{-\infty}^{+\infty} f(x)\delta'(x)\mathrm{d}x = f(x)\delta(x)\Big|_{-\infty}^{+\infty} - \int_{-\infty}^{+\infty} f'(x)\delta(x)\mathrm{d}x = -f'(0).$$

$$\tag{11.1.44}$$

因为 $f(x)$ 无穷可微，所以 δ 函数也是无穷可微的. δ 函数的 n 阶导数 $\delta^{(n)}(x)$ 的定义如下：

$$\int_{-\infty}^{+\infty} f(x)\delta^{(n)}(x)\mathrm{d}x = (-1)^n f^{(n)}(0). \tag{11.1.45}$$

§11.2　格林函数与常微分方程边值问题

11.2.1　常微分方程边值问题的格林函数

考虑区间$[a,b]$上的二阶线性非齐次常微分方程

$$[k(x)y'(x)]' - q(x)y(x) = \varphi(x), \tag{11.2.1}$$

其中$k(x),k'(x)$和$q(x)$是x的连续函数,$k(x)>0,\varphi(x)$为分段连续函数,而$y(x)$满足齐次边界条件或自然边界条件. 与此相关的二阶线性齐次常微分方程问题为

$$[k(x)y'(x)]' - q(x)y(x) = 0. \tag{11.2.2}$$

如果函数$G(x,\xi)$满足方程(11.2.1)所给的边界条件,并且是方程

$$\frac{\mathrm{d}}{\mathrm{d}x}\left[k(x)\frac{\mathrm{d}G(x,\xi)}{\mathrm{d}x}\right] - q(x)G(x,\xi) = \delta(x-\xi) \tag{11.2.3}$$

的解,那么就称$G(x,\xi)$是与方程(11.2.1)相对应的格林函数,或简称**格林函数**. 利用δ函数的性质不难证明,方程(11.2.1)的解$y(x)$可用格林函数$G(x,\xi)$表示为

$$y(x) = \int_a^b G(x,\xi)\varphi(\xi)\mathrm{d}\xi. \tag{11.2.4}$$

除了$x=\xi$之外,$G(x,\xi)$关于x的一阶和二阶微商在$[a,b]$上处处连续,在点$x=\xi$,一阶微商有一跳跃:

$$\frac{\mathrm{d}G(x,\xi)}{\mathrm{d}x}\bigg|_{x=\xi-0}^{x=\xi+0} = \frac{1}{k(\xi)}; \tag{11.2.5}$$

在点$x=\xi$以外,$G(x,\xi)$满足方程

$$\frac{\mathrm{d}}{\mathrm{d}x}\left[k(x)\frac{\mathrm{d}G(x,\xi)}{\mathrm{d}x}\right] - q(x)G(x,\xi) = 0. \tag{11.2.6}$$

如果只要求满足式(11.2.5)和式(11.2.6)而不要求满足边界条件,我们称这样的$G(x,\xi)$为**基本解**. 显然,基本解加上微分方程(11.2.2)的任意一个解仍然为基本解.

11.2.2　格林函数的构造

如果求出方程(11.2.2)的两个线性无关的解分别为$y_1(x)$和$y_2(x)$,并

且 $y_1(x)$ 在点 a 满足所给的齐次边界条件，$y_2(x)$ 在点 b 满足所给的齐次边界条件，就可以通过 $y_1(x)$ 和 $y_2(x)$ 构造出格林函数 $G(x,\xi)$，方法如下：

$$G(x,\xi)=\frac{1}{k(\xi)W(\xi)}\begin{cases}y_2(\xi)y_1(x), & x\leqslant\xi,\\ y_1(\xi)y_2(x), & x>\xi,\end{cases} \qquad (11.2.7)$$

其中 $W(\xi)$ 为 $y_1(x)$ 和 $y_2(x)$ 的朗斯基行列式在点 ξ 的值，即

$$W(\xi)=y_1(\xi)y_2'(\xi)-y_1'(\xi)y_2(\xi). \qquad (11.2.8)$$

由于 $y_1(x)$ 和 $y_2(x)$ 线性无关，故 $W(\xi)\neq0$. 我们也可以借助式(11.1.25)的阶跃函数 $H(x)$ 将式(11.2.7)重新写为

$$G(x,\xi)=\frac{1}{k(\xi)W(\xi)}[H(\xi-x)y_2(\xi)y_1(x)+H(x-\xi)y_1(\xi)y_2(x)].$$
$$\qquad (11.2.9)$$

易见，朗斯基行列式 $W(x)$ 的导数为

$$W'(x)=y_1(x)y_2''(x)-y_1''(x)y_2(x). \qquad (11.2.10)$$

对 $k(x)W(x)$ 求导，再应用式(11.2.2)，不难得到

$$[k(x)W(x)]'=k'(x)W(x)+k(x)W'(x)=0. \qquad (11.2.11)$$

式(11.2.11)表明，$k(x)W(x)$ 为一非零常数，即

$$k(\xi)W(\xi)=C. \qquad (11.2.12)$$

将式(11.2.12)的结果代入 $G(x,\xi)$ 的表示式(11.2.7)或式(11.2.9)，并交换 x 和 ξ 的位置，这样就证明了格林函数 $G(x,\xi)$ 的一个重要性质，即 $G(x,\xi)$ 是 x 和 ξ 的对称函数：

$$G(x,\xi)=G(\xi,x). \qquad (11.2.13)$$

当零是在所给边界条件下方程(11.2.2)的本征值时，$y_1(x)$ 和 $y_2(x)$ 线性相关，上述方法失效. 这种情况的处理有些复杂，这里就不讨论了. 下面举例说明格林函数的构造.

【例 11.1】 已知在区间 $[0,1]$ 上，$G(0,\xi)=G(1,\xi)=0$，$G(x,\xi)$ 满足方程

$$G_{xx}(x,\xi)=\delta(x-\xi),$$

求格林函数 $G(x,\xi)$.

解 易知方程

$$y''=0$$

有两个线性无关的解

$$y_1=x, \quad y_2=1-x,$$

并且分别满足一个端点的边界条件，即 $y_1(0)=y_2(1)=0$. 由式(11.2.7)可得

$$G(x,\xi) = \begin{cases} (\xi-1)x, & x \leqslant \xi, \\ (x-1)\xi, & x > \xi. \end{cases}$$

【例 11.2】 已知在区间 $[0,1]$ 上，$|G(0,\xi)| < +\infty$，$G(1,\xi) = 0$，$G(x,\xi)$ 满足方程

$$\frac{\mathrm{d}}{\mathrm{d}x}\left[x\,\frac{\mathrm{d}G(x,\xi)}{\mathrm{d}x} \right] - \frac{n^2}{x}G(x,\xi) = \delta(x-\xi),$$

其中 $n > 0$，求格林函数 $G(x,\xi)$.

解　问题所对应的是欧拉方程

$$x^2 y'' + x y' - n^2 y = 0.$$

该方程适合边界条件的两个线性无关的解分别为

$$y_1 = x^n, \quad y_2 = \frac{1}{x^n} - x^n.$$

由式 (11.2.7) 可得

$$G(x,\xi) = \begin{cases} \dfrac{1}{2n}\left(x^n\xi^n - \dfrac{x^n}{\xi^n} \right), & x \leqslant \xi, \\[3mm] \dfrac{1}{2n}\left(x^n\xi^n - \dfrac{\xi^n}{x^n} \right), & x > \xi. \end{cases}$$

11.2.3　格林函数的展开定理

我们已经知道，区间 $[a,b]$ 上给定齐次边界条件的施图姆-刘维尔型方程

$$\frac{\mathrm{d}}{\mathrm{d}x}\left[k(x)\,\frac{\mathrm{d}y}{\mathrm{d}x} \right] - q(x)y + \lambda\rho(x)y = 0 \tag{11.2.14}$$

的归一化本征函数组 $\{y_i, i = 1,2,\cdots\}$ 构成 $[a,b]$ 上的完备正交基. 因而有

$$\int_a^b \rho(x)y_m(x)y_n(x)\mathrm{d}x = \delta_{mn}, \tag{11.2.15}$$

其中 δ_{mn} 为克罗内克记号. 这里不加证明地给出如下结论: 式 (11.2.3) 的格林函数 $G(x,\xi)$ 可用 $\{y_i, i = 1,2,\cdots\}$ 展开为绝对且一致收敛的级数

$$G(x,\xi) = -\sum_{n=1}^{\infty} \frac{y_n(x)y_n(\xi)}{\lambda_n}. \tag{11.2.16}$$

式 (11.2.16) 再次表明了格林函数 $G(x,\xi)$ 是 x 和 ξ 的对称函数，同时也蕴含了狄拉克 δ 函数的本征函数展开，即

$$\delta(x-\xi) = \sum_{n=1}^{\infty} \rho(x)y_n(x)y_n(\xi). \tag{11.2.17}$$

§11.3　泊松方程与格林函数

11.3.1　无界空间中泊松方程的格林函数

泊松方程在全空间的格林函数 $G_0(r, r_0)$ 满足如下方程：

$$\Delta G_0(r, r_0) = \delta(r - r_0). \tag{11.3.1}$$

其中,在三维空间时, $r = (x, y, z)$, $r_0 = (x_0, y_0, z_0)$ ；而在二维平面上时, $r = (x, y)$, $r_0 = (x_0, y_0)$. 由叠加原理, $G_0(r, r_0)$ 加上拉普拉斯方程的解仍然满足式(11.3.1),而由于拉普拉斯方程的解对 δ 函数没有贡献,因此通常所说的格林函数 $G_0(r, r_0)$ 特指能够产生奇异性的解. 三维无界空间中泊松方程的格林函数 $G_0(r, r_0)$ 取为

$$G_0(r, r_0) = -\frac{1}{4\pi \mid r - r_0 \mid}, \tag{11.3.2}$$

其中 $\mid r - r_0 \mid$ 为

$$\mid r - r_0 \mid = \sqrt{(x - x_0)^2 + (y - y_0)^2 + (z - z_0)^2};$$

二维情形下的格林函数 $G_0(r, r_0)$ 为

$$G_0(r, r_0) = \frac{1}{2\pi} \ln \mid r - r_0 \mid, \tag{11.3.3}$$

其中 $\mid r - r_0 \mid$ 为

$$\mid r - r_0 \mid = \sqrt{(x - x_0)^2 + (y - y_0)^2}.$$

由式(11.3.2)和式(11.3.3)易见, $G_0(r, r_0)$ 有对称性,即

$$G_0(r, r_0) = G_0(r_0, r). \tag{11.3.4}$$

按照通常函数的定义, $G_0(r, r_0)$ 在 $r = r_0$ 时是没有意义的,而正是基于此式(11.3.1)给出了 δ 函数的奇异性,因此 $G_0(r, r_0)$ 是广义函数. 下面用常规的方法分别阐明式(11.3.2)和式(11.3.3)是相应维数的式(11.3.1)的解.

首先注意到,在 $r \neq r_0$ 时,式(11.3.2)和式(11.3.3)中的 $G_0(r, r_0)$ 都满足相应维数的拉普拉斯方程,即

$$\Delta G_0(r, r_0) = 0, \quad r \neq r_0, \tag{11.3.5}$$

于是只要讨论 $r = r_0$ 邻域的情况即可. 为方便起见,在三维情形下取 $r_0 = (0, 0, 0)$,对二维情形取 $r_0 = (0, 0)$,并且在不引起混淆的情况下,我们将相应的格林函数分别简记为 $G_0(x, y, z)$ 和 $G_0(x, y)$. 对于三维情形,此时式

(11.3.1) 可化为

$$\Delta_3 G_0(x,y,z) = \delta(x)\delta(y)\delta(z); \tag{11.3.6}$$

对于二维情形,式(11.3.1) 则为

$$\Delta_2 G_0(x,y) = \delta(x)\delta(y). \tag{11.3.7}$$

以原点为球心,以 $r = \sqrt{x^2 + y^2 + z^2}$ 为半径作一小球,应用高斯定理并以球坐标(r,θ,φ) 表示,则有

$$
\begin{aligned}
-\iiint_V \nabla \cdot \nabla \frac{1}{4\pi r} dV &= \oiint_S \frac{\boldsymbol{r}}{4\pi r^3} \cdot d\boldsymbol{S} \\
&= \frac{1}{4\pi} \int_0^{2\pi} d\varphi \int_0^{\pi} \sin\theta \, d\theta \\
&= 1, \tag{11.3.8}
\end{aligned}
$$

其中,V 为球体,S 为球面. 当 $r \to 0$ 时,V 成为原点的一个无限小邻域,而式(11.3.8) 仍然成立;另外,由于式(11.3.5),对于不包括原点的任何区域积分结果都为 0,即

$$-\iiint_V \Delta \frac{1}{4\pi r} dV = 0, \quad (0,0,0) \notin V,$$

因此

$$-\Delta \frac{1}{4\pi r} = \delta(x)\delta(y)\delta(z). \tag{11.3.9}$$

通过对方程(11.3.1) 的两边作三维傅里叶变换,再求反变换,可以直接计算出 $G_0(x,y,z)$,这里留作练习.

顺便指出,式(10.4.60) 实际上给出了球坐标中格林函数 $G_0(\boldsymbol{r},\boldsymbol{r}_0)$ 的本征函数展开,因此式(11.3.2) 可表示为

$$-\frac{1}{4\pi \mid \boldsymbol{r} - \boldsymbol{r}_0 \mid} = -\sum_{l=0}^{\infty} \sum_{m=-l}^{l} \frac{1}{2l+1} \frac{r_<^l}{r_>^{l+1}} Y_{lm}^*(\theta_0,\varphi_0) Y_{lm}(\theta,\varphi). \tag{11.3.10}$$

此外,球谐函数的完备性还给出了

$$\sum_{l=0}^{\infty} \sum_{m=-l}^{l} Y_{lm}^*(\theta_0,\varphi_0) Y_{lm}(\theta,\varphi) = \delta(\varphi - \varphi_0)\delta(\cos\theta - \cos\theta_0). \tag{11.3.11}$$

这里不对本征函数展开进行进一步的讨论,对该内容感兴趣的读者可以参阅其他著作.

对于二维情形,如图 11.1 所示,以原点为圆心,以 $r = \sqrt{x^2 + y^2}$ 为半径作

一小圆 C. 圆周 C 的绕向为逆时针,圆域 S 的法向量为单位向量 $\boldsymbol{k}$,圆周 C 的绕向与 $\boldsymbol{k}$ 呈右手螺旋关系,$\boldsymbol{\tau}$ 为圆周上一点的单位切向量,由图可见

$$\boldsymbol{\tau} = \boldsymbol{k} \times \frac{\boldsymbol{r}}{r}. \qquad (11.3.12)$$

应用斯托克斯定理并以极坐标 (r, θ) 表示,则有

$$\begin{aligned}
\frac{1}{2\pi}\iint_S \Delta\ln r\,\mathrm{d}S &= \frac{1}{2\pi}\iint_S \nabla\times(\boldsymbol{k}\times\nabla\ln r)\cdot\boldsymbol{k}\,\mathrm{d}S \\
&= \frac{1}{2\pi}\iint_S \nabla\times\left(\boldsymbol{k}\times\frac{\boldsymbol{r}}{r^2}\right)\cdot\boldsymbol{k}\,\mathrm{d}S \\
&= \frac{1}{2\pi}\oint_C\left(\boldsymbol{k}\times\frac{\boldsymbol{r}}{r^2}\right)\cdot\boldsymbol{\tau}\,\mathrm{d}l \\
&= \frac{1}{2\pi}\int_0^{2\pi}\mathrm{d}\theta \\
&= 1,
\end{aligned}$$

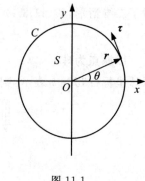

图 11.1

其中用到了式(11.3.12)和关系式 $\mathrm{d}l = r\mathrm{d}\theta$. 当 $r \to 0$ 时,S 成为原点的一个无限小邻域,而上式仍然成立;另外,由于对于不包括原点的任何区域积分结果都为 0,因此

$$\frac{1}{2\pi}\Delta\ln r = \delta(x)\delta(y). \qquad (11.3.13)$$

式(11.3.9)最常见的应用就是处理平方反比力的势场问题,尤其体现在静电学的电势叠加原理中:已知电荷分布在有界区域 V 中,给定电荷密度 $\rho(\boldsymbol{r}_0)$,取无穷远处为电势零点,则空间任意一点的电势 $\Phi(\boldsymbol{r})$ 为

$$\Phi(\boldsymbol{r}) = \iiint_V \frac{\rho(\boldsymbol{r}_0)}{4\pi\varepsilon_0\,|\,\boldsymbol{r}-\boldsymbol{r}_0\,|}\mathrm{d}x_0\mathrm{d}y_0\mathrm{d}z_0. \qquad (11.3.14)$$

而式(11.3.13)与无限长均匀带电直线的电势相关联. 在这种情形下,以均匀带电直线为轴的圆柱面是等势面,因而问题退化为二维轴对称的电势分布问题. 取直线的投影点为坐标原点,到原点距离为 1 的点为电势零点,若电荷线密度为 λ,则与原点相距 r 处的电势 $\Phi(r)$ 为

$$\Phi(r) = -\frac{\lambda}{2\pi\varepsilon_0}\ln r. \qquad (11.3.15)$$

11.3.2 有界空间中泊松方程的格林函数

为避免过于抽象,我们用电势来讨论有界区域内泊松方程的解和格林函数的关系. 为此,要用到格林第二公式

$$\iiint\limits_{V}[u(\boldsymbol{r})\Delta v(\boldsymbol{r})-v(\boldsymbol{r})\Delta u(\boldsymbol{r})]\mathrm{d}V=\oiint\limits_{S}(u\ \nabla v-v\ \nabla u)\cdot\mathrm{d}\boldsymbol{S}$$

$$=\oiint\limits_{S}\left(u\ \frac{\partial v}{\partial n}-v\ \frac{\partial u}{\partial n}\right)\mathrm{d}S,\qquad(11.3.16)$$

其中,曲面 S 是区域 V 的边界; $\partial/\partial n$ 是曲面 S 上的外法向导数. 所要求的电势 $\Phi(\boldsymbol{r})$ 满足给定的边界条件,并且满足泊松方程

$$\Delta\Phi(\boldsymbol{r})=-\frac{\rho(\boldsymbol{r})}{\varepsilon_0}.\qquad(11.3.17)$$

而格林函数 $G(\boldsymbol{r},\boldsymbol{r}_0)$ 需要附加适当的边界条件,因此 $G(\boldsymbol{r},\boldsymbol{r}_0)$ 具有如下形式:

$$G(\boldsymbol{r},\boldsymbol{r}_0)=-\frac{1}{4\pi\mid\boldsymbol{r}-\boldsymbol{r}_0\mid}+F(\boldsymbol{r},\boldsymbol{r}_0),\qquad(11.3.18)$$

其中未知函数 $F(\boldsymbol{r},\boldsymbol{r}_0)$ 满足拉普拉斯方程

$$\Delta_0F(\boldsymbol{r},\boldsymbol{r}_0)=\left(\frac{\partial^2}{\partial x_0^2}+\frac{\partial^2}{\partial y_0^2}+\frac{\partial^2}{\partial z_0^2}\right)F(\boldsymbol{r},\boldsymbol{r}_0)=0,\qquad(11.3.19)$$

从而格林函数 $G(\boldsymbol{r},\boldsymbol{r}_0)$ 满足方程

$$\Delta_0G(\boldsymbol{r},\boldsymbol{r}_0)=\delta(\boldsymbol{r}-\boldsymbol{r}_0).\qquad(11.3.20)$$

由格林第二公式(11.3.16),取 $u(\boldsymbol{r}_0)=\Phi(\boldsymbol{r}_0),v(\boldsymbol{r}_0)=G(\boldsymbol{r},\boldsymbol{r}_0)$,则

$$\iiint\limits_{V}[\Phi(\boldsymbol{r}_0)\Delta_0G(\boldsymbol{r},\boldsymbol{r}_0)-G(\boldsymbol{r},\boldsymbol{r}_0)\Delta_0\Phi(\boldsymbol{r}_0)]\mathrm{d}V=\oiint\limits_{S}\left(\Phi\ \frac{\partial G}{\partial n_0}-G\ \frac{\partial\Phi}{\partial n_0}\right)\mathrm{d}S.$$

$$(11.3.21)$$

将式(11.3.17) 和式(11.3.20) 代入上式,则有

$$\iiint\limits_{V}\left[\Phi(\boldsymbol{r}_0)\delta(\boldsymbol{r}-\boldsymbol{r}_0)+\frac{1}{\varepsilon_0}G(\boldsymbol{r},\boldsymbol{r}_0)\rho(\boldsymbol{r}_0)\right]\mathrm{d}V=\oiint\limits_{S}\left(\Phi\ \frac{\partial G}{\partial n_0}-G\ \frac{\partial\Phi}{\partial n_0}\right)\mathrm{d}S.$$

$$(11.3.22)$$

对于区域 V 内的点,含 δ 函数项的积分给出了电势 $\Phi(\boldsymbol{r})$,整理可得

$$\Phi(\boldsymbol{r})=\oiint\limits_{S}\left(\Phi\ \frac{\partial G}{\partial n_0}-G\ \frac{\partial\Phi}{\partial n_0}\right)\mathrm{d}S-\frac{1}{\varepsilon_0}\iiint\limits_{V}G(\boldsymbol{r},\boldsymbol{r}_0)\rho(\boldsymbol{r}_0)\mathrm{d}V.\ (11.3.23)$$

一般来说,式(11.3.23) 并不是解,而至多是一个关于 $\Phi(\boldsymbol{r})$ 的积分方程. 因为等式右边的面积分既要用到 $\Phi(\boldsymbol{r})$ 在边界面的值,又要用到其法向导数值,由解的适定性可知,这是做了过多的规定. 不过由于 $G(\boldsymbol{r},\boldsymbol{r}_0)$ 中自由项 $F(\boldsymbol{r},\boldsymbol{r}_0)$

的存在,我们就有可能选取合适的 $F(\boldsymbol{r},\boldsymbol{r}_0)$,消去过多的条件,在 $\Phi(\boldsymbol{r})$ 的定解条件下导出解.

对于第一类边界条件,即已知 $\Phi(\boldsymbol{r})$ 在边界面的值,求解 $F(\boldsymbol{r},\boldsymbol{r}_0)$ 使得格林函数 $G_D(\boldsymbol{r},\boldsymbol{r}_0)$ 满足第一类齐次边界条件,即

$$G_D(\boldsymbol{r},\boldsymbol{r}_0)\big|_{(x_0,y_0,z_0)\in S}=0, \tag{11.3.24}$$

则有

$$\Phi(\boldsymbol{r})=\oiint_S \Phi\,\frac{\partial G_D}{\partial n_0}\mathrm{d}S-\frac{1}{\varepsilon_0}\iiint_V G_D(\boldsymbol{r},\boldsymbol{r}_0)\rho(\boldsymbol{r}_0)\mathrm{d}V. \tag{11.3.25}$$

因此,解得格林函数满足式(11.3.20)和式(11.3.24)的定解问题就可求得 $\Phi(\boldsymbol{r})$. 类似地,在 $\Phi(\boldsymbol{r})$ 的第三类边界条件下,相应的格林函数满足第三类齐次边界条件. 解的表示方法留作练习.

需要注意的是,当 $\Phi(\boldsymbol{r})$ 取第二类边界条件时,相应的格林函数 $G_N(\boldsymbol{r},\boldsymbol{r}_0)$ 不能取第二类齐次边界条件. 这是因为,由式(11.3.20)和高斯定理,有

$$\begin{aligned}
\oiint_S \frac{\partial G_N}{\partial n_0}\mathrm{d}S &=\iiint_V \Delta_0 G_N(\boldsymbol{r},\boldsymbol{r}_0)\mathrm{d}V\\
&=\iiint_V \delta(\boldsymbol{r}-\boldsymbol{r}_0)\mathrm{d}V\\
&=1.
\end{aligned} \tag{11.3.26}$$

此时可以对 $G_N(\boldsymbol{r},\boldsymbol{r}_0)$ 加上许可而又简单的边界条件

$$\frac{\partial G_N}{\partial n_0}\bigg|_{(x_0,y_0,z_0)\in S}=\frac{1}{A}, \tag{11.3.27}$$

其中 A 为曲面 S 的面积. 由式(11.3.23),可得 $\Phi(\boldsymbol{r})$ 为

$$\Phi(\boldsymbol{r})=\overline{\Phi}_S-\oiint_S G\,\frac{\partial \Phi}{\partial n_0}\mathrm{d}S-\frac{1}{\varepsilon_0}\iiint_V G(\boldsymbol{r},\boldsymbol{r}_0)\rho(\boldsymbol{r}_0)\mathrm{d}V, \tag{11.3.28}$$

其中 $\overline{\Phi}_S$ 为 $\Phi(\boldsymbol{r})$ 在曲面 S 上的平均值.

由于 $F(\boldsymbol{r},\boldsymbol{r}_0)$ 在区域 V 内满足拉普拉斯方程,因此 $F(\boldsymbol{r},\boldsymbol{r}_0)$ 的物理意义为区域 V 之外的电荷分布对电势的贡献,其结果使得 $G(\boldsymbol{r},\boldsymbol{r}_0)$ 恰好满足所需要的边界条件.

在有界的情形下,格林函数 $G(\boldsymbol{r},\boldsymbol{r}_0)$ 仍然可以具有对称性,即

$$G(\boldsymbol{r},\boldsymbol{r}_0)=G(\boldsymbol{r}_0,\boldsymbol{r}). \tag{11.3.29}$$

不过式(11.3.29)并非显然成立,而是需要按照边界条件分别讨论. 对于第一类和第三类齐次边界条件,很容易直接证明. 下面以第一类齐次边界条件为例,在格林第二公式(11.3.16)中取 $u(\boldsymbol{r}_0)=G_D(\boldsymbol{r},\boldsymbol{r}_0),v(\boldsymbol{r}_0)=G_D(\boldsymbol{r}',\boldsymbol{r}_0)$,则

$$\iiint\limits_{V}[G_D(\boldsymbol{r},\boldsymbol{r}_0)\Delta_0 G_D(\boldsymbol{r}',\boldsymbol{r}_0)-G_D(\boldsymbol{r}',\boldsymbol{r}_0)\Delta_0 G_D(\boldsymbol{r},\boldsymbol{r}_0)]\mathrm{d}V$$

$$=\iiint\limits_{V}[G_D(\boldsymbol{r},\boldsymbol{r}_0)\delta(\boldsymbol{r}'-\boldsymbol{r}_0)-G_D(\boldsymbol{r}',\boldsymbol{r}_0)\delta(\boldsymbol{r}-\boldsymbol{r}_0)]\mathrm{d}V$$

$$=G_D(\boldsymbol{r},\boldsymbol{r}')-G_D(\boldsymbol{r}',\boldsymbol{r})$$

$$=\oiint\limits_{S}[G_D(\boldsymbol{r},\boldsymbol{r}_0)\nabla_0 G_D(\boldsymbol{r}',\boldsymbol{r}_0)-G_D(\boldsymbol{r}',\boldsymbol{r})\nabla_0 G_D(\boldsymbol{r},\boldsymbol{r}_0)]\cdot\mathrm{d}\boldsymbol{S}$$

$$=0. \tag{11.3.30}$$

最后一个等号成立是因为 $G_D(\boldsymbol{r},\boldsymbol{r}_0)$ 和 $G_D(\boldsymbol{r}',\boldsymbol{r}_0)$ 都满足第一类齐次边界条件. 因此,式(11.3.29)成立. 同理可得,在第三类齐次边界条件下,式(11.3.29)也成立. 对于第二类边界条件,由于上文已经证明 $G_N(\boldsymbol{r},\boldsymbol{r}_0)$ 不能取第二类齐次边界条件,因此式(11.3.30)的方法失效. 此时可以将式(11.3.29)作为一个独立条件强加于 $G_N(\boldsymbol{r},\boldsymbol{r}_0)$,这样就使得格林函数 $G(\boldsymbol{r},\boldsymbol{r}_0)$ 仍然具有对称性.

11.3.3 电像法求格林函数

虽然可以用格林函数 $G(\boldsymbol{r},\boldsymbol{r}_0)$ 表示电势 $\Phi(\boldsymbol{r})$,但是在一般情况下,由于边界形状的任意性,格林函数 $G(\boldsymbol{r},\boldsymbol{r}_0)$ 并不容易求解. 对于某些具有高度对称性的区域,我们可以借助于对称性求得格林函数. 这里以静电学问题为例,阐述在第一类齐次边界条件下求解球形区域格林函数的电像法.

图 11.2 为 xOy 平面上球的剖面图,该球形区域 V 的表面 S 上的电势为零. 其中 O 为球心,R 为半径,球内任一点 M 的坐标为 (x,y,z),球内一点 P 位于 x 轴正半轴,其坐标为 $(r_1,0,0)$,P 点放置有一电量为 $-\varepsilon_0$ 的点电荷,求球内任一点的电势. 在第十章的例 10.5 中,我们用电势叠加原理求解了类似问题,现在我们将其表述为格林函数 $G(\boldsymbol{r},\boldsymbol{r}_0)$ 的如下定解问题:

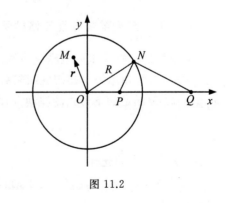

图 11.2

$$\begin{cases} \Delta G_D(x,y,z;r_1,0,0)=\delta(x-r_1)\delta(y)\delta(z), & (x,y,z)\in V, \\ G_D(x,y,z;r_1,0,0)|_S=0. \end{cases} \tag{11.3.31}$$

由式(11.3.18)知，$G_D(x,y,z;r_1,0,0)$ 具有如下形式：

$$G_D(x,y,z;r_1,0,0) = -\frac{1}{4\pi\sqrt{(x-r_1)^2 + y^2 + z^2}} + F(x,y,z;r_1,0,0).$$

$$(11.3.32)$$

其中 $F(x,y,z;r_1,0,0)$ 在球内满足拉普拉斯方程. 下面利用对称性将其解出. 如图 11.2 所示，令 Q 为点 P 关于圆周的对称点，或者说"像点"，其坐标为 $(r_2,0,0)$，则有

$$r_1 r_2 = R^2.$$

$$(11.3.33)$$

即对圆周上的任一点 N，$\triangle OPN$ 和 $\triangle OQN$ 相似. 因此，只要在 Q 点放置一个电量为 $\varepsilon_0 R/r_1$ 的点电荷，球面上的电势就为零. 并且由于电荷源 $\varepsilon_0 R/r_1$ 在球外，因此该点电荷的电势在球内满足拉普拉斯方程，这正是所寻求的 $F(x,y,z;r_1,0,0)$. 于是

$$G_D = -\frac{1}{4\pi\sqrt{(x-r_1)^2 + y^2 + z^2}} + \frac{R/r_1}{4\pi\sqrt{(x-R^2/r_1)^2 + y^2 + z^2}}.$$

$$(11.3.34)$$

二维圆形区域的处理方法与此类似. 这里留作练习.

§11.4　波动方程、亥姆霍兹方程与格林函数

11.4.1　亥姆霍兹方程与格林函数

本节我们以真空中的电磁波为例讨论三维无界空间中的波动方程. 在电动力学中，矢势和标势一起构成四矢势. 在洛伦兹规范下，四矢势的任一个分量 $\psi(\boldsymbol{r},t)$ 都满足如下形式的波动方程：

$$\Delta \psi(\boldsymbol{r},t) - \frac{1}{c^2}\frac{\partial^2 \psi(\boldsymbol{r},t)}{\partial t^2} = f(\boldsymbol{r},t), \qquad (11.4.1)$$

其中 c 为真空中的光速.

假设 $\psi(\boldsymbol{r},t)$ 和 $f(\boldsymbol{r},t)$ 关于时间 t 的傅里叶变换分别为 $\Psi(\boldsymbol{r},\omega)$ 和 $F(\boldsymbol{r},\omega)$，即

$$\begin{cases} \Psi(\boldsymbol{r},\omega) = \displaystyle\int_{-\infty}^{+\infty} \psi(\boldsymbol{r},t)\mathrm{e}^{\mathrm{i}\omega t}\,\mathrm{d}t, \\[2mm] F(\boldsymbol{r},\omega) = \displaystyle\int_{-\infty}^{+\infty} f(\boldsymbol{r},t)\mathrm{e}^{\mathrm{i}\omega t}\,\mathrm{d}t; \end{cases} \qquad (11.4.2)$$

逆变换为

$$\begin{cases} \psi(\boldsymbol{r},t) = \dfrac{1}{2\pi} \displaystyle\int_{-\infty}^{+\infty} \boldsymbol{\Psi}(\boldsymbol{r},\omega)\,\mathrm{e}^{-\mathrm{i}\omega t}\,\mathrm{d}\omega, \\[2mm] f(\boldsymbol{r},t) = \dfrac{1}{2\pi} \displaystyle\int_{-\infty}^{+\infty} F(\boldsymbol{r},\omega)\,\mathrm{e}^{-\mathrm{i}\omega t}\,\mathrm{d}\omega. \end{cases} \tag{11.4.3}$$

将式(11.4.3)代入式(11.4.1),可推出 $\boldsymbol{\Psi}(\boldsymbol{r},\omega)$ 满足非齐次亥姆霍兹方程,即

$$\Delta\boldsymbol{\Psi}(\boldsymbol{r},\omega) + k^2\boldsymbol{\Psi}(\boldsymbol{r},\omega) = F(\boldsymbol{r},\omega), \tag{11.4.4}$$

其中波数 $k = \omega/c$.

同方程(11.4.4)相关联的格林函数 $G_k(\boldsymbol{r},\boldsymbol{r}_0)$ 满足方程

$$\Delta G_k(\boldsymbol{r},\boldsymbol{r}_0) + k^2 G_k(\boldsymbol{r},\boldsymbol{r}_0) = \delta(\boldsymbol{r}-\boldsymbol{r}_0). \tag{11.4.5}$$

由于是无界空间,因此 $G_k(\boldsymbol{r},\boldsymbol{r}_0)$ 必定是 $\boldsymbol{r}-\boldsymbol{r}_0$ 的函数. 又因为拉普拉斯算子 Δ 和常数 k^2 是各向同性的,或者说是球对称的,故 $G_k(\boldsymbol{r},\boldsymbol{r}_0)$ 只可能依赖于 $|\boldsymbol{r}-\boldsymbol{r}_0|$. 为方便起见,我们再次取 $\boldsymbol{r}_0 = (0,0,0)$,于是可将 $G_k(\boldsymbol{r},\boldsymbol{r}_0)$ 简记为 $G_k(r)$,$r = \sqrt{x^2+y^2+z^2}$. 在球坐标系中重新写出方程(11.4.5),则有

$$\frac{1}{r}\frac{\mathrm{d}^2[rG_k(r)]}{\mathrm{d}r^2} + k^2 G_k(r) = \delta(\boldsymbol{r}). \tag{11.4.6}$$

除原点以外,$G_k(r)$ 处处满足齐次方程

$$\frac{\mathrm{d}^2(rG_k)}{\mathrm{d}r^2} + k^2 rG_k = 0, \quad r \neq 0. \tag{11.4.7}$$

易知,方程(11.4.7)的通解为

$$G_k(r) = A\frac{\mathrm{e}^{\mathrm{i}kr}}{r} + B\frac{\mathrm{e}^{-\mathrm{i}kr}}{r}, \tag{11.4.8}$$

其中 A,B 是任意常数. 注意到 δ 函数在原点的奇异性,并且当 $r \to 0$ 时,$kr \to 0$,$\mathrm{e}^{\pm\mathrm{i}kr}/r \sim 1/r$,在 $r=0$ 附近,方程(11.4.6)左端的第二项将远小于第一项的奇异性,可以忽略,在此极限下方程(11.4.6)可约化为泊松方程. 因此,由无界空间中泊松方程的格林函数,可知

$$A + B = -\frac{1}{4\pi}. \tag{11.4.9}$$

于是 $G_k(r)$ 为

$$G_k(r) = -C\frac{\mathrm{e}^{\mathrm{i}kr}}{4\pi r} - (1-C)\frac{\mathrm{e}^{-\mathrm{i}kr}}{4\pi r}$$

$$= CG_k^+(r) + (1-C)G_k^-(r), \tag{11.4.10}$$

其中 C 为常数,而 $G_k^+(r)$ 和 $G_k^-(r)$ 分别为

$$G_k^+(r) = -\frac{\mathrm{e}^{\mathrm{i}kr}}{4\pi r}, \quad G_k^-(r) = -\frac{\mathrm{e}^{-\mathrm{i}kr}}{4\pi r}. \tag{11.4.11}$$

利用高斯定理把包含奇点的体积分转化为面积分也可以推得式(11.4.10).
以原点为球心作一半径为 ε 的小球,将 $G_k^+(r)$ 代入式(11.4.5) 的左端并在小球
区域 V 内计算如下积分:

$$I = \iiint\limits_V \left(-\nabla \cdot \nabla \frac{\mathrm{e}^{\mathrm{i}kr}}{4\pi r} - k^2 \frac{\mathrm{e}^{\mathrm{i}kr}}{4\pi r} \right) \mathrm{d}V. \tag{11.4.12}$$

为避免奇点导致的歧义,可用等式

$$\nabla \cdot \frac{\mathrm{e}^{\mathrm{i}kr}\boldsymbol{r}}{r} = 2\frac{\mathrm{e}^{\mathrm{i}kr}}{r} + \mathrm{i}k\,\mathrm{e}^{\mathrm{i}kr} \tag{11.4.13}$$

将式(11.4.12) 中积分的第二项进行如下替换:

$$-k^2 \frac{\mathrm{e}^{\mathrm{i}kr}}{4\pi r} = \frac{\mathrm{i}}{8\pi}k^3\mathrm{e}^{\mathrm{i}kr} - \frac{1}{8\pi}k^2\,\nabla \cdot \frac{\mathrm{e}^{\mathrm{i}kr}\boldsymbol{r}}{r}. \tag{11.4.14}$$

将式(11.4.14) 代入式(11.4.12) 并利用高斯定理,则有

$$\begin{aligned}
I &= \iiint\limits_V \left(\frac{\mathrm{i}}{8\pi}k^3\mathrm{e}^{\mathrm{i}kr} - \frac{1}{8\pi}k^2\,\nabla \cdot \frac{\mathrm{e}^{\mathrm{i}kr}\boldsymbol{r}}{r} - \nabla \cdot \nabla \frac{\mathrm{e}^{\mathrm{i}kr}}{4\pi r} \right) \mathrm{d}V \\
&= \iiint\limits_V \frac{\mathrm{i}}{8\pi}k^3\mathrm{e}^{\mathrm{i}kr}\,\mathrm{d}V - \oiint \left(\frac{k^2}{8\pi}\cdot\frac{\mathrm{e}^{\mathrm{i}kr}\boldsymbol{r}}{r} + \nabla \frac{\mathrm{e}^{\mathrm{i}kr}}{4\pi r} \right) \cdot \mathrm{d}\boldsymbol{S} \\
&= I_1 + I_2. \tag{11.4.15}
\end{aligned}$$

其中体积分 I_1 不含奇点,可以直接计算,而包含奇点的积分项已经转换为正
常的面积分 I_2. 分部积分 I_1,可得

$$\begin{aligned}
I_1 &= \int_0^\varepsilon \frac{\mathrm{i}}{8\pi}k^3\mathrm{e}^{\mathrm{i}kr}r^2\,\mathrm{d}r \int_0^\pi \sin\theta\,\mathrm{d}\theta \int_0^{2\pi}\mathrm{d}\varphi \\
&= \frac{1}{2}\,k^2 r^2\mathrm{e}^{\mathrm{i}kr}\,\big|_0^\varepsilon - k^2 \int_0^\varepsilon r\,\mathrm{e}^{\mathrm{i}kr}\,\mathrm{d}r \\
&= \frac{1}{2}k^2\varepsilon^2\mathrm{e}^{\mathrm{i}k\varepsilon} + \mathrm{i}k\varepsilon\,\mathrm{e}^{\mathrm{i}k\varepsilon} - \mathrm{e}^{\mathrm{i}k\varepsilon} + 1. \tag{11.4.16}
\end{aligned}$$

对于球面上的积分 I_2,令 $\boldsymbol{n}$ 为球面的径向单位向量,则

$$\begin{aligned}
I_2 &= -\oiint \left(\frac{k^2}{8\pi}\frac{\mathrm{e}^{\mathrm{i}kr}\boldsymbol{r}}{r} + \nabla\frac{\mathrm{e}^{\mathrm{i}kr}}{4\pi r} \right) \cdot \mathrm{d}\boldsymbol{S} \\
&= -\oiint \left(\frac{k^2\mathrm{e}^{\mathrm{i}k\varepsilon}}{8\pi}\boldsymbol{n} - \frac{\mathrm{e}^{\mathrm{i}k\varepsilon}}{4\pi\varepsilon^2}\boldsymbol{n} + \frac{\mathrm{i}k\,\mathrm{e}^{\mathrm{i}k\varepsilon}}{4\pi\varepsilon}\boldsymbol{n} \right) \cdot \boldsymbol{n}\,\mathrm{d}S \\
&= -\frac{1}{2}k^2\varepsilon^2\mathrm{e}^{\mathrm{i}k\varepsilon} - \mathrm{i}k\varepsilon\,\mathrm{e}^{\mathrm{i}k\varepsilon} + \mathrm{e}^{\mathrm{i}k\varepsilon}. \tag{11.4.17}
\end{aligned}$$

因此,积分 I 等于 1,即

$$I = I_1 + I_2 = 1. \tag{11.4.18}$$

令小球的半径 $\varepsilon \to 0$，则式(11.4.18)仍然成立. 于是对于任一区域 V，作形如式(11.4.12)的积分，只要 V 包含原点，积分值就为1；当积分区域不包含原点时，则由式(11.4.7)易知，积分的结果为0. 同理可得，$G_k^-(r)$ 拥有同样的性质. 因此，表示式(11.4.10)是无界空间中亥姆霍兹方程的格林函数.

$G_k^+(r)$ 代表位于原点的波源出射的发散球面波，而 $G_k^-(r)$ 表示汇聚球面波. 一般情况下，在波源开始工作之后的时间内，用到的是 $G_k^+(r)$. 但是在适当的时间条件设置下，就会用到 $G_k^-(r)$，如后文所述. 对于任意 r_0 的情形，将原点恢复为任意一点即可得到格林函数 $G_k(r, r_0)$ 的一般表达式为

$$G_k(r, r_0) = G_k(|r - r_0|) = CG_k^+(|r - r_0|) + (1 - C)G_k^-(|r - r_0|). \tag{11.4.19}$$

其中，C 为常数，$G_k^+(|r - r_0|)$ 和 $G_k^-(|r - r_0|)$ 分别为

$$G_k^+(|r - r_0|) = -\frac{e^{ik|r-r_0|}}{4\pi |r - r_0|}, \quad G_k^-(|r - r_0|) = -\frac{e^{-ik|r-r_0|}}{4\pi |r - r_0|}, \tag{11.4.20}$$

且

$$\Delta G_k^{\pm}(|r - r_0|) + k^2 G_k^{\pm}(|r - r_0|) = \delta(r - r_0). \tag{11.4.21}$$

11.4.2　波动方程与格林函数

与式(11.4.1)相关的波动方程的格林函数 $G_k^{\pm}(r, t; r_0, t_0)$ 满足方程

$$\Delta G_k^{\pm}(r, t; r_0, t_0) - \frac{1}{c^2} \frac{\partial^2 G_k^{\pm}(r, t; r_0, t_0)}{\partial t^2} = \delta(r - r_0)\delta(t - t_0). \tag{11.4.22}$$

将式(11.4.22)两边同时对时间 t 作傅里叶变换，由式(11.4.2)、式(11.4.4)和式(11.4.21)，可知

$$\Delta G_k^{\pm}(|r - r_0|)e^{i\omega t_0} + k^2 G_k^{\pm}(|r - r_0|)e^{i\omega t_0} = \delta(r - r_0)e^{i\omega t_0}, \tag{11.4.23}$$

即 $G_k^{\pm}(r, t; r_0, t_0)$ 对时间的傅里叶变换为 $G_k^{\pm}(|r - r_0|)e^{i\omega t_0}$. 由逆变换(11.4.3)可得

$$G_k^{\pm}(r, t; r_0, t_0) = G_k^{\pm}(|r - r_0|, t - t_0)$$

$$= -\frac{1}{4\pi |r - r_0|} \frac{1}{2\pi} \int_{-\infty}^{+\infty} e^{\pm ik|r-r_0|} e^{-i\omega(t-t_0)} d\omega$$

$$= -\frac{1}{4\pi |r - r_0|} \delta\left(t_0 - t \pm \frac{|r - r_0|}{c}\right)$$

$$= -\frac{1}{4\pi \mid \boldsymbol{r} - \boldsymbol{r}_0 \mid} \delta \left(t - t_0 \mp \frac{\mid \boldsymbol{r} - \boldsymbol{r}_0 \mid}{c} \right). \tag{11.4.24}$$

为理解格林函数 $G_k^{\pm}(\boldsymbol{r}, t; \boldsymbol{r}_0, t_0)$ 的物理意义，将其写作

$$G_k^{\pm}(\boldsymbol{r}, t; \boldsymbol{r}_0, t_0) = -\frac{1}{4\pi \mid \boldsymbol{r} - \boldsymbol{r}_0 \mid} \delta \left[t_0 - \left(t \mp \frac{\mid \boldsymbol{r} - \boldsymbol{r}_0 \mid}{c} \right) \right], \tag{11.4.25}$$

其中，$\mid \boldsymbol{r} - \boldsymbol{r}_0 \mid / c$ 为电磁波从源点传播到场点所花费的时间；$G_k^{+}(\boldsymbol{r}, t; \boldsymbol{r}_0, t_0)$ 表示 $\boldsymbol{r}$ 处在时刻 t 的波动效应源自 $\boldsymbol{r}_0$ 处波源在更早时刻 $t_0 = t - \mid \boldsymbol{r} - \boldsymbol{r}_0 \mid / c$ 的作用，因此 $G_k^{+}(\boldsymbol{r}, t; \boldsymbol{r}_0, t_0)$ 称为**推迟格林函数**；而 $G_k^{-}(\boldsymbol{r}, t; \boldsymbol{r}_0, t_0)$ 表示 $\boldsymbol{r}$ 处在时刻 t 的行为与 $\boldsymbol{r}_0$ 处在其后时刻 $t_0 = t + \mid \boldsymbol{r} - \boldsymbol{r}_0 \mid / c$ 的作用相关联，因此 $G_k^{-}(\boldsymbol{r}, t; \boldsymbol{r}_0, t_0)$ 称为**超前格林函数**，对应于 $G_k^{+}(\boldsymbol{r}, t; \boldsymbol{r}_0, t_0)$ 的时间反演.

利用 $G_k^{\pm}(\boldsymbol{r}, t; \boldsymbol{r}_0, t_0)$，可以给出方程 (11.4.1) 的特解为

$$\psi^{\pm}(\boldsymbol{r}, t) = \iiiint G_k^{\pm}(\boldsymbol{r}, t; \boldsymbol{r}_0, t_0) f(\boldsymbol{r}_0, t_0) \mathrm{d}x_0 \mathrm{d}y_0 \mathrm{d}z_0 \mathrm{d}t_0. \tag{11.4.26}$$

在物理学中经常遇到"入射""出射"的问题，在这种情形下，场源 $f(\boldsymbol{r}_0, t_0)$ 只在有限的时间和空间内不为零，因此规定了相应的 $\psi_入(\boldsymbol{r}, t)$ 和 $\psi_出(\boldsymbol{r}, t)$. 这里，$\psi_入(\boldsymbol{r}, t)$ 和 $\psi_出(\boldsymbol{r}, t)$ 分别表示来自久远的过去和未来的波，因此满足齐次波动方程.

在入射问题中，假设在 $t \to -\infty$ 时就存在已知的入射波 $\psi_入(\boldsymbol{r}, t)$，给定上述有限时空内的波源 $f(\boldsymbol{r}_0, t_0)$ 后，用推迟格林函数 $G_k^{+}(\boldsymbol{r}, t; \boldsymbol{r}_0, t_0)$ 可将波动方程 (11.4.1) 的解表示为

$$\psi(\boldsymbol{r}, t) = \psi_入(\boldsymbol{r}, t) + \iiiint G_k^{+}(\boldsymbol{r}, t; \boldsymbol{r}_0, t_0) f(\boldsymbol{r}_0, t_0) \mathrm{d}x_0 \mathrm{d}y_0 \mathrm{d}z_0 \mathrm{d}t_0. \tag{11.4.27}$$

由波源 $f(\boldsymbol{r}_0, t_0)$ 和 G_k^{+} 的性质可知，在足够早的过去，式 (11.4.27) 中只有 $\psi_入(\boldsymbol{r}, t)$. 在出射问题中，预见了当 $t \to +\infty$ 时，在遥远的将来波的形式为 $\psi_出(\boldsymbol{r}, t)$，即

$$\psi(\boldsymbol{r}, t) = \psi_出(\boldsymbol{r}, t) + \iiiint G_k^{-}(\boldsymbol{r}, t; \boldsymbol{r}_0, t_0) f(\boldsymbol{r}_0, t_0) \mathrm{d}x_0 \mathrm{d}y_0 \mathrm{d}z_0 \mathrm{d}t_0. \tag{11.4.28}$$

比较常见的物理应用是 $\psi_入(\boldsymbol{r}, t) = 0$ 时的推迟势，并且在推迟势表示中已经将含时间的 δ 函数积分掉，即

$$\psi(\boldsymbol{r}, t) = -\iiint \frac{1}{4\pi \mid \boldsymbol{r} - \boldsymbol{r}_0 \mid} f\left(\boldsymbol{r}_0, t - \frac{\mid \boldsymbol{r} - \boldsymbol{r}_0 \mid}{c} \right) \mathrm{d}x_0 \mathrm{d}y_0 \mathrm{d}z_0. \tag{11.4.29}$$

§11.5　无界空间的热传导方程与格林函数

本节将讨论无界空间热传导方程的格林函数. 以一维情形为例, 格林函数 $G(x,t;x_0,t_0)$ 满足方程

$$G_t(x,t;x_0,t_0) - a^2 G_{xx}(x,t;x_0,t_0) = \delta(x-x_0)\delta(t-t_0). \tag{11.5.1}$$

对方程(11.5.1)两边关于变量 x 作傅里叶变换, 可得

$$\frac{\mathrm{d}F[G]}{\mathrm{d}t} + a^2\lambda^2 F[G] = \mathrm{e}^{\mathrm{i}\lambda x_0}\delta(t-t_0), \tag{11.5.2}$$

其中 $F[G]$ 为

$$F[G] = \int_{-\infty}^{+\infty} G(x,t;x_0,t_0)\mathrm{e}^{\mathrm{i}\lambda x}\,\mathrm{d}x. \tag{11.5.3}$$

由式(11.1.26), 易见方程(11.5.2) 的解 $F[G]$ 为

$$F[G] = \mathrm{e}^{\mathrm{i}\lambda x_0 - a^2\lambda^2(t-t_0)} \mathrm{H}(t-t_0), \tag{11.5.4}$$

其中 $\mathrm{H}(t-t_0)$ 为阶跃函数. 通常在热传导方程中求解 $t>0$ 时的解, 在当前情形下即为 $t>t_0$, 因此我们不考虑方程(11.5.2) 的形如 $-\mathrm{e}^{\mathrm{i}\lambda x_0 - a^2\lambda^2(t-t_0)}\mathrm{H}(t_0-t)$ 的解. 对式(11.5.4) 作逆变换即得

$$\begin{aligned}
G(x,t;x_0,t_0) &= \frac{1}{2\pi}\mathrm{H}(t-t_0)\int_{-\infty}^{+\infty} \mathrm{e}^{\mathrm{i}\lambda x_0 - a^2\lambda^2(t-t_0)}\,\mathrm{e}^{-\mathrm{i}\lambda x}\,\mathrm{d}\lambda \\
&= \frac{1}{2\pi}\mathrm{H}(t-t_0)\mathrm{e}^{-\frac{(x-x_0)^2}{4a^2(t-t_0)}}\int_{-\infty}^{+\infty} \mathrm{e}^{-\left(a\lambda\sqrt{t-t_0}+\mathrm{i}\frac{x-x_0}{2a\sqrt{t-t_0}}\right)^2}\,\mathrm{d}\lambda \\
&= \frac{1}{2a\sqrt{\pi(t-t_0)}}\mathrm{e}^{-\frac{(x-x_0)^2}{4a^2(t-t_0)}}\mathrm{H}(t-t_0). \tag{11.5.5}
\end{aligned}$$

注意到

$$\lim_{t-t_0\to 0^+} G(x,t;x_0,t_0) = \delta(x-x_0), \tag{11.5.6}$$

可知 $G(x,t;x_0,t_0)$ 表示初始时刻拥有单位热量的一个点对温度演化的影响, 即在 $t=t_0$ 时刻点 $x=x_0$ 处有一热源, 热量值为1, 在 t_0 时刻之后各点的温度为 $G(x,t;x_0,t_0)$. 因此, 定解问题

$$\begin{cases} u_t(x,t) - a^2 u_{xx}(x,t) = f(x,t), & -\infty < x < +\infty, t>0, \\ u(x,0) = 0 \end{cases} \tag{11.5.7}$$

的解为

$$u(x,t) = \int_0^t \int_{-\infty}^{+\infty} G(x,t;x_0,t_0)f(x_0,t_0)\,\mathrm{d}x_0\,\mathrm{d}t_0, \tag{11.5.8}$$

并且由式(11.5.6)可得,定解问题

$$\begin{cases} u_t(x,t) - a^2 u_{xx}(x,t) = f(x,t), & -\infty < x < +\infty, t > 0, \\ u(x,0) = \varphi(x) \end{cases} \quad (11.5.9)$$

的解为

$$u(x,t) = \int_{-\infty}^{+\infty} G(x,t;x_0,0)\varphi(x_0)\mathrm{d}x_0$$

$$+ \int_0^t \int_{-\infty}^{+\infty} G(x,t;x_0,t_0)f(x_0,t_0)\mathrm{d}x_0\mathrm{d}t_0. \quad (11.5.10)$$

应当指出的是,对 $G(x,t;x_0,t_0)$ 的解释中允许了热传导过程中超光速的行为,这是没有物理意义的.产生这一悖论的原因在于经过理想化假设得到的热传导方程,其中已经包含了非物理因素,比如"无限长的细杆"这一概念.所以,方程及其解都是对实际物理过程的近似.

上述方法不难推广到高维情形.例如,三维无界空间热传导方程的格林函数 $G(r,t;r_0,t_0)$ 满足方程

$$G_t(r,t;r_0,t_0) - a^2 \Delta_3 G(r,t;r_0,t_0) = \delta(r-r_0)\delta(t-t_0), \quad (11.5.11)$$

其解为

$$G(r,t;r_0,t_0) = \frac{1}{2a\sqrt{\pi(t-t_0)}} \mathrm{e}^{-\frac{(x-x_0)^2+(y-y_0)^2+(z-z_0)^2}{4a^2(t-t_0)}} \mathrm{H}(t-t_0). \quad (11.5.12)$$

习题十一

1.已知 $G(0,\xi) = 0$, $\dfrac{\mathrm{d}G(x,\xi)}{\mathrm{d}x}\bigg|_{x=1} = 0$, $G(x,\xi)$ 满足方程

$$\frac{\mathrm{d}^2 G(x,\xi)}{\mathrm{d}x^2} = \delta(x-\xi), \quad 0 \leqslant x \leqslant 1,$$

求格林函数 $G(x,\xi)$.

2.已知 $G(0,\xi) = G(\pi/2,\xi) = 0$, $G(x,\xi)$ 满足方程

$$\frac{\mathrm{d}^2 G(x,\xi)}{\mathrm{d}x^2} + G(x,\xi) = \delta(x-\xi), \quad 0 \leqslant x \leqslant \frac{\pi}{2},$$

求格林函数 $G(x,\xi)$.

3.用傅里叶变换的方法求三维无界空间中泊松方程

$$\Delta_3 G_0(x,y,z) = \delta(x)\delta(y)\delta(z)$$

的格林函数.

4.已知电势 $\Phi(r)$ 在区域 V 的边界面 S 上取第三类边界条件

$$\alpha\Phi(r)+\beta\left.\frac{\partial\Phi(r)}{\partial n}\right|_{S}=h, \quad \alpha\beta\neq 0;$$

在体积 V 内,$\Phi(r)$ 满足泊松方程

$$\Delta\Phi(r)=-\frac{\rho(r)}{\varepsilon_0}.$$

求相应的格林函数 $G_L(r,r_0)$ 应满足的条件,并用 $G_L(r,r_0)$ 表示 $\Phi(r)$.

5.取平面内半径为 R 的圆周电势为 0,圆心为原点,已知在 x 轴上距离圆心为 $r_1(r_1<R)$ 处有一点电荷 $-\varepsilon_0$,求圆域上的格林函数 $G_D(x,y;r_1,0)$.

6.已知一半径为 R 的球在初始时刻 $t=0$ 充满浓度为 u_0 的气体,球外气体浓度为 0,求 $t>0$ 时全空间中气体的浓度.

第十二章　　变分法简介

§12.1　变分法的提出

变分法是 17 世纪末发展起来的数学分析的一大分支. 它不仅能用来解决数学上许多不同的问题, 也能以非常简洁的形式来表达数学物理中的基本原理.

这里用几个典型问题来引入变分法. 如图 12.1 所示, 连接平面上给定两

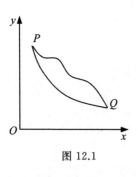

图 12.1

点 P, Q 的曲线可以有无数条. 如果问其中哪条曲线最短, 凭借直观给出的回答一定是直线. 若要问哪条曲线绕 x 轴旋转后得到的旋转曲面的面积最小, 则答案就不那么明显了. 倘若曲线表示竖直平面内的一根光滑无摩擦的细丝, 其上串有一颗小珠, 什么形状的曲线能使串珠从 P 滑到 Q 所需的时间最短呢? 这是约翰·伯努利 (Johann Bernoulli) 提出的著名的最速降线问题. 这类问题往往不能靠直观给出正确答案, 而变分法则提供了一种处理这类问题的通用分析方法.

在以上几个问题中, 变分法处理的是依赖于整条曲线的某个量 (弧长、曲面面积、下落时间), 所求的是使其取极小值的那条曲线. 变分法也可用来处理依赖于曲面的极小值问题. 例如, 若把一段铁丝弯成任意形状的一圈, 浸入肥皂水中然后取出, 在表面张力的作用下, 附着在铁丝上的肥皂膜的面积将是极小的. 在数学上, 这一问题可表示为在给定的边界条件下求面积最小的曲面.

　　此外,变分法在分析力学、量子场论、工程力学以及用数学解释许多物理现象方面都起着重要的作用.例如,若一组质点的运动状态由彼此间的引力决定,则它们的实际运动路线将是使该系统的动能与势能之差对于时间的积分取极小值的那条曲线.经典力学中将这一影响深远的命题,以其发现者的名字命名为**哈密顿原理**.

　　变分法中有几个古老的问题,早就被古希腊人考察过并得到了部分解决.牛顿和莱布尼茨发明微积分后,曾激发了人们对一些变分法问题的研究兴趣,其中有些问题已通过巧妙的方法得到了解决.然而,在欧拉发现极小曲线的基本微分方程之后,这门学科才开始成为数学分析中的一个自成体系的分支.

　　上面提出的几个问题,可以统一用下述较一般的问题来表述:设 P,Q 的坐标分别为 $(x_1,y_1),(x_2,y_2)$,我们考察满足边界条件 $y(x_1)=y_1$ 和 $y(x_2)=y_2$ 的函数族

$$y=y(x). \tag{12.1.1}$$

也就是说,式(12.1.1)表示的曲线图形必须连接 P 和 Q.然后,找出这个函数族里能使下列积分取极小值的那个函数 $y(x)$:

$$I(y)=\int_{x_1}^{x_2} f(x,y,y')\mathrm{d}x. \tag{12.1.2}$$

这一表述方法涵盖了上述几个问题,其中对于最短曲线,积分 $I(y)$ 即为式(12.1.1)表示的曲线弧长,大小为

$$\int_{x_1}^{x_2} \sqrt{1+(y')^2}\,\mathrm{d}x; \tag{12.1.3}$$

对于曲线绕 x 轴旋转而成的最小曲面面积,$I(y)$ 为

$$\int_{x_1}^{x_2} 2\pi y\sqrt{1+(y')^2}\,\mathrm{d}x. \tag{12.1.4}$$

而对最速降线问题,较为方便的做法是取点 P 为坐标原点并使 y 轴竖直向下(见图12.2),从而速度 $v=\mathrm{d}s/\mathrm{d}t$ 由 $v=\sqrt{2gy}$ 给出.由于下降时间是 $\mathrm{d}s/v$ 的积分,故 $I(y)$ 为

$$\int_{x_1}^{x_2} \sqrt{\frac{1+(y')^2}{2gy}}\,\mathrm{d}x. \tag{12.1.5}$$

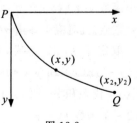

图 12.2

　　于是,前述三个具体问题就可以分别表示为求形如式(12.1.3)至式(12.1.5)的 $I(y)$ 的极小值.

　　为了清楚地表达积分(12.1.2)取极小值的问题,我们进一步提出一些条件.第一,我们总

假定函数 $f(x,y,y')$ 具有对于 x,y 和 y' 的二阶连续偏导数. 第二, 明确式 (12.1.1) 中函数的范围. 由于积分 (12.1.2) 在被积函数为 x 的一个连续函数时总是一个确定的实数, 为此, 只要假定 $y'(x)$ 连续就行了. 然而, 为保证之后要进行的运算合法, 不妨在这里一劳永逸地将 $y(x)$ 限制为具有连续二阶导数且满足边界条件 $y(x_1)=y_1$ 和 $y(x_2)=y_2$ 的函数. 这样的函数称为**容许函数**. 于是, 问题变为从这类容许函数族中挑选出能使 $I(y)$ 取得极小值的某一个或某几个函数.

虽然提出了这些条件, 但是我们并不打算太注重数学的严格性问题, 而是准备从实用的角度出发, 使读者尽快地熟悉变分法的具体应用.

§12.2　欧拉方程

假定存在一个容许函数 $y(x)$, 使积分

$$I=\int_{x_1}^{x_2} f(x,y,y')\mathrm{d}x \tag{12.2.1}$$

取得极小值, 现在设法求出这个函数. 我们将会发现, 对 $y(x)$ 的相邻容许函数的 I 值进行比较, 可以得到 $y(x)$ 的一个微分方程. 由于 $y(x)$ 使 I 取极小值, 因而若使 $y(x)$ 稍受"扰动"就会使 I 增大. 这些受扰动后的函数可由下述方法得到.

设 $\eta(x)$ 是任一具有下列性质的函数: $\eta''(x)$ 连续且

$$\eta(x_1)=\eta(x_2)=0. \tag{12.2.2}$$

若 α 是个小参量, 则

$$\bar{y}(x)=y(x)+\alpha\eta(x) \tag{12.2.3}$$

表示一个单参量容许函数族. 这个函数族中的一条曲线与极小函数 $y(x)$ 的 y 轴方向的偏离是 $\alpha\eta(x)$, 如图 12.3 所示. 对于每一个所选取的函数 $\eta(x)$, 极小函数 $y(x)$ 都属于式 (12.2.3) 表示的函数族, 且对应于参量 $\alpha=0$ 的值.

取定了 $\eta(x)$ 之后, 把 $\bar{y}(x)=y(x)+\alpha\eta(x)$ 和 $\bar{y}'(x)=y'(x)+\alpha\eta'(x)$ 代入积分 (12.2.1), 便可得出 α 的一个函数 $I(\alpha)$:

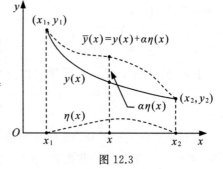

图 12.3

$$I(\alpha) = \int_{x_1}^{x_2} f(x, \bar{y}, \bar{y}') \mathrm{d}x$$

$$= \int_{x_1}^{x_2} f[x, y(x) + \alpha\eta(x), y'(x) + \alpha\eta'(x)] \mathrm{d}x. \tag{12.2.4}$$

因为 $y(x)$ 使积分取极小值,故 $I(0)$ 必为 $I(\alpha)$ 的极小值. 由微积分知识可知,其必要条件是导数 $I'(\alpha)$ 在 $\alpha = 0$ 时为 0,即 $I'(0) = 0$. 对式(12.2.4)两边求导即得 $I'(\alpha)$,即

$$I'(\alpha) = \int_{x_1}^{x_2} \frac{\partial}{\partial\alpha} f(x, \bar{y}, \bar{y}') \mathrm{d}x. \tag{12.2.5}$$

根据多元函数的链式求导法则,有

$$\frac{\partial}{\partial\alpha} f(x, \bar{y}, \bar{y}') = \frac{\partial f}{\partial x}\frac{\partial x}{\partial\alpha} + \frac{\partial f}{\partial\bar{y}}\frac{\partial\bar{y}}{\partial\alpha} + \frac{\partial f}{\partial\bar{y}'}\frac{\partial\bar{y}'}{\partial\alpha} = \frac{\partial f}{\partial\bar{y}}\eta(x) + \frac{\partial f}{\partial\bar{y}'}\eta'(x),$$

从而式(12.2.5)可写为

$$I'(\alpha) = \int_{x_1}^{x_2}\left[\frac{\partial f}{\partial\bar{y}}\eta(x) + \frac{\partial f}{\partial\bar{y}'}\eta'(x)\right]\mathrm{d}x. \tag{12.2.6}$$

由于 $I'(0) = 0$,因此在式(12.2.6)中令 $\alpha = 0$ 就有

$$\int_{x_1}^{x_2}\left[\frac{\partial f}{\partial y}\eta(x) + \frac{\partial f}{\partial y'}\eta'(x)\right]\mathrm{d}x = 0. \tag{12.2.7}$$

方程(12.2.7)中同时出现了导数 $\eta'(x)$ 与函数 $\eta(x)$. 对第二项进行分部积分消去 $\eta'(x)$,同时由边界项(12.2.2)为 0,可得到

$$\int_{x_1}^{x_2}\frac{\partial f}{\partial y'}\eta'(x)\mathrm{d}x = \left[\eta(x)\frac{\partial f}{\partial y'}\right]\Big|_{x_1}^{x_2} - \int_{x_1}^{x_2}\eta(x)\frac{\mathrm{d}}{\mathrm{d}x}\left(\frac{\partial f}{\partial y'}\right)\mathrm{d}x$$

$$= -\int_{x_1}^{x_2}\eta(x)\frac{\mathrm{d}}{\mathrm{d}x}\left(\frac{\partial f}{\partial y'}\right)\mathrm{d}x.$$

于是式(12.2.7)可写成

$$\int_{x_1}^{x_2}\eta(x)\left[\frac{\partial f}{\partial y} - \frac{\mathrm{d}}{\mathrm{d}x}\left(\frac{\partial f}{\partial y'}\right)\right]\mathrm{d}x = 0. \tag{12.2.8}$$

至此为止,上述推导中的函数 $\eta(x)$ 都是取定的. 然而由于式(12.2.8)中的积分必须对每一个取定的 $\eta(x)$ 都等于 0,故可推断出方括号中的表示式必须等于 0,即

$$\frac{\mathrm{d}}{\mathrm{d}x}\left(\frac{\partial f}{\partial y'}\right) - \frac{\partial f}{\partial y} = 0. \tag{12.2.9}$$

式(12.2.9)称为**欧拉方程**.

现在我们可以得到结论:若 $y(x)$ 是能使积分(12.2.1)取得极小值的容许函数,则 $y(x)$ 满足欧拉方程(12.2.9). 同时也引出了另一个问题:若容许函数

$y(x)$ 是微分方程(12.2.9)的一个解,$y(x)$ 是否使 I 取极小值呢? 答案是不一定. 这和微积分中的情况相似:如果函数 $g(x)$ 的导数在点 x_0 处等于 0,那么 $g(x)$ 在点 x_0 处可能取极大值、极小值或者该点是函数的拐点. 这三种情形下的函数值统称为 $g(x)$ 的**驻值**,而出现驻值处的点 x_0 叫作**驻点**. 同样地,条件 $I'(0) = 0$ 也完全可以是 $I(\alpha)$ 的极大值或拐点值而不是极小值. 因此,通常把欧拉方程的任一容许解称为**驻函数**或**驻曲线**,把积分(12.2.1)的对应值叫作这个积分的一个**驻值**,而不说明具体是哪一种情形. 另外,欧拉方程的解在未受边界条件限制前叫作**极值曲线**. 作为函数 $y(x)$ 的函数,$I(y)$ 称为**泛函**. 这种求泛函极值的方法称为**变分法**.

在微积分中,可以通过利用二阶导数给出极值的充分条件,来区别驻值中所包含的各种情形. 在变分法中也有类似的充分条件,但因这些条件相当复杂,故这里暂不考虑. 根据实际所讨论问题中的几何或物理情况,往往就能确定一个特定的驻函数,使得积分取得极大值或极小值(或者都不是).

欧拉方程(12.2.9)目前的形式还比较抽象,下面将说明它的意义并把它变成一种有用的工具. 需要特别强调的是,在计算偏导数 $\partial f / \partial y$ 和 $\partial f / \partial y'$ 时,我们把 x,y 和 y' 都当作自变量来看待. 然而在一般情形下,$\partial f / \partial y'$ 既是 x 的显函数,也是 x 的隐函数,故式(12.2.9)中的第一项可写成展开的形式:

$$\frac{\partial}{\partial x}\left(\frac{\partial f}{\partial y'}\right) + \frac{\partial}{\partial y}\left(\frac{\partial f}{\partial y'}\right)\frac{\mathrm{d}y}{\mathrm{d}x} + \frac{\partial}{\partial y'}\left(\frac{\partial f}{\partial y'}\right)\frac{\mathrm{d}y'}{\mathrm{d}x}.$$

于是欧拉方程为

$$f_{y'y'}\frac{\mathrm{d}^2 y}{\mathrm{d}x^2} + f_{yy'}\frac{\mathrm{d}y}{\mathrm{d}x} + (f_{y'x} - f_y) = 0. \tag{12.2.10}$$

当 $f_{y'y'} \neq 0$ 时,该方程是一个二阶方程,故其极值曲线一般是双参量曲线族;而驻函数由适合所给边界条件的参量值确定. 一般情形下,方程(12.2.10)是一个二阶非线性方程,难以求解. 但幸运的是,许多重要的应用问题会给出一些可以求解的特殊情形.

情形 A:若函数 f 不显含 x 和 y,则欧拉方程变为

$$f_{y'y'}\frac{\mathrm{d}^2 y}{\mathrm{d}x^2} = 0. \tag{12.2.11}$$

若 $f_{y'y'} \neq 0$,便有 $\mathrm{d}^2 y / \mathrm{d}x^2 = 0$,于是 $y = c_1 x + c_2$(c_1,c_2 为任意常数),故所有直线都是极值曲线.

情形 B:若函数 f 不显含 y,则欧拉方程变为

$$\frac{\mathrm{d}}{\mathrm{d}x}\left(\frac{\partial f}{\partial y'}\right) = 0, \tag{12.2.12}$$

对式(12.2.12)积分可得表示极值曲线的一阶方程

$$\frac{\partial f}{\partial y'} = c_1.$$ (12.2.13)

情形 C：若函数 f 不显含 x，则欧拉方程积分后为

$$\frac{\partial f}{\partial y'} y' - f = c_1,$$ (12.2.14)

其中利用了下述恒等式：

$$\frac{\mathrm{d}}{\mathrm{d}x}\left(\frac{\partial f}{\partial y'} y' - f\right) = y'\left[\frac{\mathrm{d}}{\mathrm{d}x}\left(\frac{\partial f}{\partial y'}\right) - \frac{\partial f}{\partial y}\right] - \frac{\partial f}{\partial x}.$$ (12.2.15)

式(12.2.15)右边等于 0，因为 $\partial f/\partial x = 0$，而方括号中的式子根据欧拉方程也等于 0.

现在我们应用这套方法来解上一节所列出的三个问题.

【例 12.1】　求连接两点 (x_1, y_1) 和 (x_2, y_2) 的最短曲线.

解　连接两点 (x_1, y_1) 和 (x_2, y_2) 的最短曲线使弧长积分

$$I = \int_{x_1}^{x_2} \sqrt{1 + (y')^2}\, \mathrm{d}x$$

取极小值. 因为 $f(y') = \sqrt{1 + (y')^2}$ 里不显含变量 x 和 y，所以属于情形 A. 因

$$f_{y'y'} = \frac{\partial^2 f}{\partial y'^2} = \frac{1}{[1 + (y')^2]^{3/2}} \neq 0,$$

故由情形 A 可知，极值曲线是双参量直线族 $y = c_1 x + c_2$. 利用边界条件，可得驻曲线为

$$y - y_1 = \frac{y_2 - y_1}{x_2 - x_1}(x - x_1).$$ (12.2.16)

此即连接两点的直线. 这里通过解析方法得到了这个显然的结论. 应当指出的是，上述分析仅仅说明：若 I 有一驻值，则相应的驻曲线必为直线(12.2.16). 然而，由几何关系易见，不存在使 I 取极大值的曲线，但确实存在使它取极小值的曲线，由此可知式(12.2.16)即为连接给定两点的最短曲线.

【例 12.2】　求连接点 (x_1, y_1) 和 (x_2, y_2) 的一条曲线，使得它绕 x 轴旋转而成的曲面有极小面积.

解　为使旋转曲面有极小面积，需要取

$$I = \int_{x_1}^{x_2} 2\pi y \sqrt{1 + (y')^2}\, \mathrm{d}x$$ (12.2.17)

的极小值. 由于在 $f(y, y') = 2\pi y \sqrt{1 + (y')^2}$ 中不显含 x，故该问题属于情形

C，则欧拉方程变为

$$\frac{y\,(y')^2}{\sqrt{1+(y')^2}} - y\sqrt{1+(y')^2} = c_1, \tag{12.2.18}$$

化简式(12.2.18)可得

$$c_1 y' = \sqrt{y^2 - c_1^2}.$$

分离变量并积分可得

$$x = c_1 \int \frac{\mathrm{d}y}{\sqrt{y^2 - c_1^2}} = c_1 \ln \frac{y + \sqrt{y^2 - c_1^2}}{c_1} + c_2. \tag{12.2.19}$$

由式(12.2.19)可得

$$y = c_1 \cosh \frac{x - c_2}{c_1}. \tag{12.2.20}$$

因此极值曲线是悬链线，则所要求的极小曲面（如果存在的话）必由悬链线旋转而成.

这里还需要考察解的存在性，即是否能通过对常量 c_1 和 c_2 的选取，使曲线(12.2.20)连接点 (x_1, y_1) 和 (x_2, y_2). 结果发现，不一定存在这样的解. 分析如下：若使曲线(12.2.20)通过点 (x_1, y_1)，则给出的方程确定了两个参量之间的函数关系，则还剩下一个参量. 图 12.4 画出了这个单参量曲线族中的两条曲线. 可以证明，所有这样的曲线都同用虚线画出的 L 相切，故这个曲线族中没有一条曲线是穿过 L 的. 因此，当第二个点 (x_2, y_2) 位于 L 之下时，就不存在通过两点的悬链线，因而也就不存在驻函数. 在这一情形下，我们发现，当曲线愈来愈接近于 $(x_1, y_1) \to (x_1, 0) \to (x_2, 0) \to (x_2, y_2)$ 这个用虚线画出的折线时，它所旋转出的曲面就愈来愈小，因而没有一条容许曲线能旋转出极小曲面. 当第二个点也位于 L 之上时，则有两条悬链线通过这两个点，从而有两个驻函数，但只有上面那条悬链线能旋转出极小曲面. 最后，当第二个点恰好位于 L 上时，只有一个驻函数，但并不能旋转出极小曲面.

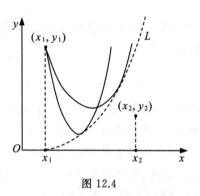

图 12.4

【例 12.3】 求图 12.2 所示的最速降线.

解 为求图 12.2 所示的最速降线，必须使

$$I = \int_{x_1}^{x_2} \frac{\sqrt{1 + (y')^2}}{\sqrt{2gy}} \mathrm{d}x \qquad (12.2.21)$$

取极小值. 这里函数 $f(y, y') = \sqrt{1 + (y')^2} / \sqrt{2gy}$ 不显含 x, 故由情形 C 知欧拉方程变为

$$\frac{(y')^2}{\sqrt{y}\sqrt{1 + (y')^2}} - \frac{\sqrt{1 + (y')^2}}{\sqrt{y}} = c_1. \qquad (12.2.22)$$

式(12.2.22) 可化简为

$$y[1 + (y')^2] = c, \qquad (12.2.23)$$

所得驻曲线是摆线, 解可用参数方程表示为

$$x = a(\theta - \sin\theta), \quad y = a(1 - \cos\theta). \qquad (12.2.24)$$

这是由半径为 a 的圆在 x 轴下滚动产生的, 其中所取的 a 应使第一个倒拱弧通过图 12.2 中的点 (x_2, y_2). 与之前相同, 这个论证仅仅说明, 若 I 有一极小值, 则相应的驻曲线必为摆线(12.2.24). 然而, 从物理角度考虑, 则显然不可能有使 I 取极大值的曲线, 但确实有使它取极小值的曲线. 因此, 这条摆线就是使下降时间取极小值的曲线.

　　下面我们对式(12.2.1) 作一个重要的推广. 积分(12.2.1) 代表的是最简单的一类变分问题, 因为它只含一个未知函数. 但是实际遇到的一些问题往往是关于两个或更多个未知函数的积分.

　　下面我们来考察涉及两个未知函数 $y(x)$ 和 $z(x)$ 的变分问题: 求使积分

$$I = \int_{x_1}^{x_2} f(x, y, z, y', z') \mathrm{d}x \qquad (12.2.25)$$

取驻值的必要条件, 其中给定了边界值 $y(x_1), z(x_1)$ 和 $y(x_2), z(x_2)$. 仍按照以前的方法引入函数 $\eta_1(x)$ 和 $\eta_2(x)$, 使它们具有连续的二阶偏导数且在端点处等于 0. 由此作出邻近函数 $\bar{y}(x) = y(x) + \alpha\eta_1(x)$, $\bar{z}(x) = z(x) + \alpha\eta_2(x)$, 然后考虑由下式所定义的关于 α 的函数:

$$I(\alpha) = \int_{x_1}^{x_2} f(x, y + \alpha\eta_1, z + \alpha\eta_2, y' + \alpha\eta_1', z' + \alpha\eta_2') \mathrm{d}x. \qquad (12.2.26)$$

若 $y(x)$ 和 $z(x)$ 是驻函数, 则仍必须有 $I'(0) = 0$, 于是通过计算式(12.2.26) 的导数并令 $\alpha = 0$, 可得

$$\int_{x_1}^{x_2} \left(\frac{\partial f}{\partial y}\eta_1 + \frac{\partial f}{\partial z}\eta_2 + \frac{\partial f}{\partial y'}\eta_1' + \frac{\partial f}{\partial z'}\eta_2' \right) \mathrm{d}x = 0.$$

若将含 η_1' 和 η_2' 的积分进行分部积分, 则上式变为

$$\int_{x_1}^{x_2} \left\{ \eta_1 \left[\frac{\partial f}{\partial y} - \frac{\mathrm{d}}{\mathrm{d}x} \left(\frac{\partial f}{\partial y'} \right) \right] + \eta_2 \left[\frac{\partial f}{\partial z} - \frac{\mathrm{d}}{\mathrm{d}x} \left(\frac{\partial f}{\partial z'} \right) \right] \right\} \mathrm{d}x = 0. \qquad (12.2.27)$$

最后,由于式(12.2.27)必须对所选取的一切函数 $\eta_1(x)$ 和 $\eta_2(x)$ 都成立,故可立即推出欧拉公式

$$
\begin{cases}
\dfrac{\mathrm{d}}{\mathrm{d}x}\left(\dfrac{\partial f}{\partial y'}\right) - \dfrac{\partial f}{\partial y} = 0, \\[3mm]
\dfrac{\mathrm{d}}{\mathrm{d}x}\left(\dfrac{\partial f}{\partial z'}\right) - \dfrac{\partial f}{\partial z} = 0.
\end{cases}
\tag{12.2.28}
$$

所以,为求出这个问题的极值曲线,就必须解微分方程组(12.2.28).不规则的方程组自然比方程难解,但若能解出方程组(12.2.28),就可通过给定的边界条件来确定驻函数.对于含有两个以上未知函数的变分问题,也可用类似的方式进行处理.

§12.3　条件极值

12.3.1　拉格朗日乘子法

等周问题是条件极值的一个典型例子,它是求由给定长度的闭曲线所包围的最大面积的问题.该问题最早由古希腊人提出,他们还能以多少带点严格性的方式证明该曲线为圆周.若曲线可用参量表示为 $x = x(t)$ 及 $y = y(t)$,且当 t 从 t_1 增大到 t_2 时曲线按逆时针方向回到初始点,则所围成的面积为

$$
A = \frac{1}{2}\int_{t_1}^{t_2}\left(x\,\frac{\mathrm{d}y}{\mathrm{d}t} - y\,\frac{\mathrm{d}x}{\mathrm{d}t}\right)\mathrm{d}t.
\tag{12.3.1}
$$

这是一个依赖于两个未知函数的积分.由于曲线长度为

$$
L = \int_{t_1}^{t_2}\sqrt{\left(\frac{\mathrm{d}x}{\mathrm{d}t}\right)^2 + \left(\frac{\mathrm{d}y}{\mathrm{d}t}\right)^2}\,\mathrm{d}t,
\tag{12.3.2}
$$

所以问题就变为在式(12.3.2)取常数的条件下,使式(12.3.1)取极大值.

将等周问题扩展为更一般的问题,可表述为:求一个积分的极值曲线,该积分以另一个积分取定值为附加条件.此外,我们还将考察有限形式的附加条件,也就是不含积分或导数的附加条件.例如,若

$$
G(x, y, z) = 0
\tag{12.3.3}
$$

是给定的曲面,则此曲面上的一条曲线可由用参量表示的满足式(12.3.3)的三个函数 $x = x(t), y = y(t)$ 和 $z = z(t)$ 来确定;而求测地线的问题就相当于在附加条件(12.3.3)下,使弧长积分

$$\int_{t_1}^{t_2} \sqrt{\left(\frac{\mathrm{d}x}{\mathrm{d}t}\right)^2 + \left(\frac{\mathrm{d}y}{\mathrm{d}t}\right)^2 + \left(\frac{\mathrm{d}z}{\mathrm{d}t}\right)^2} \, \mathrm{d}t \qquad (12.3.4)$$

取极小值的问题,即求位于曲面(12.3.3)内且通过曲面上两定点的距离最短的曲线.

为了求解上述在附加条件下的极值问题,首先回顾一下微积分中类似问题的处理方法. 例如,要求出使函数 $z = f(x,y)$ 取驻值的点 (x,y),但其中 x 与 y 不是彼此独立的变量,而是受制于一个附加条件

$$g(x,y) = 0, \qquad (12.3.5)$$

通常的做法是指定式(12.3.5)中的任意一个变量 x 或 y 为自变量,比如,以 x 作为自变量,而以 y 作为因变量. 因而 $\mathrm{d}y/\mathrm{d}x$ 可由

$$\frac{\partial g}{\partial x} + \frac{\partial g}{\partial y}\frac{\mathrm{d}y}{\mathrm{d}x} = 0$$

得出. 由于 z 现在可以视为 x 的函数,故 $\mathrm{d}z/\mathrm{d}x = 0$ 是 z 具有驻值的必要条件,故

$$\frac{\mathrm{d}z}{\mathrm{d}x} = \frac{\partial f}{\partial x} + \frac{\partial f}{\partial y}\frac{\mathrm{d}y}{\mathrm{d}x} = 0 \quad 或 \quad \frac{\partial f}{\partial x} - \frac{\partial f}{\partial y}\frac{\partial g/\partial x}{\partial g/\partial y} = 0. \quad (12.3.6)$$

把式(12.3.5)和式(12.3.6)联立求解,便可得出所要求的点 (x,y).

这种做法的一个缺点是:问题中的变量本来是对称出现的,但在处理过程中它们的地位并不对称. 我们不妨用另一种更一般的方法来处理,该方法在实际应用中有许多优点. 首先我们作出函数

$$F(x,y,\lambda) = f(x,y) + \lambda g(x,y),$$

并利用下面的必要条件来考虑它的无附加条件的驻值:

$$\begin{cases} \dfrac{\partial F}{\partial x} = \dfrac{\partial f}{\partial x} + \lambda\,\dfrac{\partial g}{\partial x} = 0, \\[2mm] \dfrac{\partial F}{\partial y} = \dfrac{\partial f}{\partial y} + \lambda\,\dfrac{\partial g}{\partial y} = 0, \\[2mm] \dfrac{\partial F}{\partial \lambda} = g(x,y) = 0. \end{cases} \qquad (12.3.7)$$

若通过前两个方程消去 λ,则式(12.3.7)可化为

$$\begin{cases} \dfrac{\partial f}{\partial x} - \dfrac{\partial f}{\partial y}\dfrac{\partial g/\partial x}{\partial g/\partial y} = 0, \\[2mm] g(x,y) = 0. \end{cases}$$

这样就重新得到了式(12.3.5)和式(12.3.6).用此方法解给定的问题,在理论上有两大特点:第一,无须任意选定自变量而扰动原来问题中的对称性;第二,

仅仅付出引入新变量 λ 这个较小的代价就可以去掉附加条件. 其中参量 λ 叫作**拉格朗日乘子**. 该方法称为**拉格朗日乘子法**. 这一方法可直接被应用到当前所讨论的问题中.

12.3.2 积分形式的附加条件

现在我们利用拉格朗日乘子法来考虑积分形式的附加条件下的极值问题. 首先考察函数 $y(x)$ 必须满足什么样的微分方程, 才能使积分

$$I = \int_{x_1}^{x_2} f(x, y, y') \mathrm{d}x \tag{12.3.8}$$

取驻值, 同时其中的 y 要满足附加条件

$$J = \int_{x_1}^{x_2} g(x, y, y') \mathrm{d}x = c, \tag{12.3.9}$$

以及在端点处取预先指定的值 $y(x_1) = y_1$ 和 $y(x_2) = y_2$. 与之前的思路一样, 假定 $y(x)$ 确实是一个驻函数, 给它一个小的扰动, 从而得出所需要的解析条件. 但是这时我们不能简单地通过考虑形如 $\bar{y}(x) = y(x) + \alpha \eta(x)$ 的邻近函数的方法来处理, 因为一般来说, 这些邻近函数不会都使第二个积分 J 保持原来的常数值 c. 我们尝试考虑一个双参量的邻近函数族

$$\bar{y}(x) = y(x) + \alpha_1 \eta_1(x) + \alpha_2 \eta_2(x), \tag{12.3.10}$$

其中, $\eta_1(x)$ 和 $\eta_2(x)$ 具有连续二阶导数且在端点处为 0; 参量 α_1 和 α_2 并不彼此独立, 而是通过如下条件相联系:

$$J(\alpha_1, \alpha_2) = \int_{x_1}^{x_2} g(x, \bar{y}, \bar{y}') \mathrm{d}x = c. \tag{12.3.11}$$

这样就把问题转化为了求使函数

$$I(\alpha_1, \alpha_2) = \int_{x_1}^{x_2} f(x, \bar{y}, \bar{y}') \mathrm{d}x \tag{12.3.12}$$

在 $\alpha_1 = \alpha_2 = 0$ 处有驻值的必要条件, 且 α_1 和 α_2 需满足式(12.3.11). 目前, 这种情况正好适合采用拉格朗日乘子法, 于是我们引入函数

$$K(\alpha_1, \alpha_2, \lambda) = I(\alpha_1, \alpha_2) + \lambda J(\alpha_1, \alpha_2) = \int_{x_1}^{x_2} F(x, \bar{y}, \bar{y}') \mathrm{d}x, \tag{12.3.13}$$

其中 $F = f + \lambda g$. 然后利用必要条件

$$\frac{\partial K}{\partial \alpha_1} = \frac{\partial K}{\partial \alpha_2} = 0, \quad \alpha_1 = \alpha_2 = 0 \tag{12.3.14}$$

来考察 K 在 $\alpha_1 = \alpha_2 = 0$ 处的无附加条件的驻值. 对式(12.3.13)进行求导并利用式(12.3.10), 可得

$$\frac{\partial K}{\partial \alpha_i} = \int_{x_1}^{x_2} \left[\frac{\partial F}{\partial y} \eta_i(x) + \frac{\partial F}{\partial y'} \eta_i'(x) \right] \mathrm{d}x, \quad i = 1,2.$$

令 $\alpha_1 = \alpha_2 = 0$,则由式(12.3.14)可得

$$\int_{x_1}^{x_2} \left[\frac{\partial F}{\partial y} \eta_i(x) + \frac{\partial F}{\partial y'} \eta_i'(x) \right] \mathrm{d}x = 0.$$

对第二项进行分部积分之后,上式变为

$$\int_{x_1}^{x_2} \eta_i(x) \left[\frac{\partial F}{\partial y} - \frac{\mathrm{d}}{\mathrm{d}x} \left(\frac{\partial F}{\partial y'} \right) \right] \mathrm{d}x = 0. \tag{12.3.15}$$

由于 $\eta_1(x)$ 和 $\eta_2(x)$ 都是任意函数,故式(12.3.15)中所含的两个条件实际上只相当于一个条件,于是我们仍然可以断定驻函数 $y(x)$ 必须满足欧拉方程

$$\frac{\mathrm{d}}{\mathrm{d}x} \left(\frac{\partial F}{\partial y'} \right) - \frac{\partial F}{\partial y} = 0. \tag{12.3.16}$$

这个方程的解(所讨论问题的极值曲线)中含有三个待定参量:两个积分常数和拉格朗日乘子 λ. 然后我们给这些极值曲线加上两个边界条件并使积分 J 取指定的值 c,以便从极值曲线中选取驻函数.

在积分依赖于两个或更多个函数的情形下,这个结果也可以按照上节的方法进行推广. 例如,若

$$I = \int_{x_1}^{x_2} f(x, y, z, y', z') \mathrm{d}x$$

具有满足附加条件

$$J = \int_{x_1}^{x_2} g(x, y, z, y', z') \mathrm{d}x = c$$

的驻值,则驻函数 $y(x)$ 和 $z(x)$ 必须满足方程组

$$\begin{cases} \dfrac{\mathrm{d}}{\mathrm{d}x} \left(\dfrac{\partial F}{\partial y'} \right) - \dfrac{\partial F}{\partial y} = 0, \\[2mm] \dfrac{\mathrm{d}}{\mathrm{d}x} \left(\dfrac{\partial F}{\partial z'} \right) - \dfrac{\partial F}{\partial z} = 0, \end{cases} \tag{12.3.17}$$

其中 $F = f + \lambda g$. 推导过程同上,此处不再赘述.

【例 12.4】 求连接点 $(0,0)$ 和 $(1,0)$,且有固定的长度 $L(L > 1)$,并位于 x 轴之上的一条曲线,使得曲线与 x 轴之间包围的面积极大.

解 这是一个带附加条件的等周问题,其中包围极大面积的一部分曲线是长度为 1 的直线段. 于是所求问题可归结为求 $\int_0^1 y \mathrm{d}x$ 的极大值,但需满足附加条件

$$\int_0^1 \sqrt{1 + (y')^2} \, \mathrm{d}x = L$$

及边界条件 $y(0)=0$ 与 $y(1)=0$. 这里我们有 $F = y + \lambda\sqrt{1+(y')^2}$,故欧拉方程为

$$\frac{\mathrm{d}}{\mathrm{d}x}\left[\frac{\lambda y'}{\sqrt{1+(y')^2}}\right] - 1 = 0. \tag{12.3.18}$$

进行求导运算后,可得

$$\frac{y''}{[1+(y')^2]^{3/2}} = \frac{1}{\lambda}. \tag{12.3.19}$$

这里我们无须进行积分,因为式(12.3.19)表明曲率是常数,等于 $1/\lambda$. 由此可知,所围面积取极大值的曲线,是半径为 λ 的圆上的弧. 若换一种方法来求解,则可把式(12.3.18)积分,得出

$$\frac{y'}{\sqrt{1+(y')^2}} = \frac{x-c_1}{\lambda},$$

解出 y' 并积分,可得

$$(x-c_1)^2 + (y-c_2)^2 = \lambda^2. \tag{12.3.20}$$

这当然就是半径为 λ 的圆的方程.

【例 12.5】 例 12.4 中若 $L > \pi/2$,则式(12.3.20)所确定的圆弧将不再是 x 的单值函数. 试规避这一不确定性.

解 我们只要采用曲线的参数方程 $x = x(t)$ 和 $y = y(t)$,就可以避免这样的问题,即

$$\frac{1}{2}\int_{t_1}^{t_2}(x\dot{y} - y\dot{x})\mathrm{d}t$$

在附加条件

$$\int_{t_1}^{t_2}\sqrt{\dot{x}^2 + \dot{y}^2}\,\mathrm{d}t = L$$

下取极大值的问题,其中 $\dot{x} = \mathrm{d}x/\mathrm{d}t$, $\dot{y} = \mathrm{d}y/\mathrm{d}t$. 此时

$$F = \frac{1}{2}(x\dot{y} - y\dot{x}) + \lambda\sqrt{\dot{x}^2 + \dot{y}^2}.$$

于是欧拉方程(12.3.17)变为

$$\frac{\mathrm{d}}{\mathrm{d}t}\left(-\frac{1}{2}y + \frac{\lambda\dot{x}}{\sqrt{\dot{x}^2 + \dot{y}^2}}\right) - \frac{1}{2}\dot{y} = 0,$$

$$\frac{\mathrm{d}}{\mathrm{d}t}\left(\frac{1}{2}x + \frac{\lambda\dot{y}}{\sqrt{\dot{x}^2 + \dot{y}^2}}\right) - \frac{1}{2}\dot{x} = 0.$$

将这两个方程直接积分,可得

$$-y+\frac{\lambda\dot x}{\sqrt{\dot x^2+\dot y^2}}=-c_1,\quad x+\frac{\lambda\dot y}{\sqrt{\dot x^2+\dot y^2}}=c_2.$$

由上式解出 $x-c_2$ 和 $y-c_1$,然后平方相加,可得

$$(x-c_2)^2+(y-c_1)^2=\lambda^2,$$

故使积分取极大值的曲线是一个圆. 这个结果可表述为:若包围面积 A 的闭平面曲线的长度是 L,则 $A\leqslant L^2/4\pi$,当且仅当曲线为圆时等号成立. 这样的一个关系式叫作**等周不等式**.

12.3.3 有限形式的附加条件

对于有限形式的附加条件,前面已经举例说明,即在给定曲面

$$G(x,y,z)=0 \tag{12.3.21}$$

上求测地线的问题. 现在我们考察一个更一般的问题,即求曲面(12.3.21)上的一条空间曲线

$$x=x(t),\quad y=y(t),\quad z=z(t),$$

使积分

$$\int_{t_1}^{t_2}f(\dot x,\dot y,\dot z)\mathrm{d}t \tag{12.3.22}$$

取驻值.

与之前一样,我们的目的还是要把附加条件(12.3.21)去掉,为此可以采取如下步骤进行. 不失一般性,可假定所求曲线位于 $G_z\neq0$ 的那部分曲面上. 于是我们可从式(12.3.21)中解出 $z=g(x,y)$,从而

$$\dot z=\frac{\partial g}{\partial x}\dot x+\frac{\partial g}{\partial y}\dot y. \tag{12.3.23}$$

把式(12.3.23)代入式(12.3.22)后,问题就化成求积分

$$\int_{t_1}^{t_2}f\left(\dot x,\dot y,\frac{\partial g}{\partial x}\dot x+\frac{\partial g}{\partial y}\dot y\right)\mathrm{d}t$$

不带附加条件的驻函数. 对于这个问题,欧拉方程(12.2.28)为

$$\begin{cases}\dfrac{\mathrm{d}}{\mathrm{d}t}\left(\dfrac{\partial f}{\partial\dot x}+\dfrac{\partial f}{\partial\dot z}\dfrac{\partial g}{\partial x}\right)-\dfrac{\partial f}{\partial\dot z}\dfrac{\partial\dot z}{\partial x}=0,\\[2mm]\dfrac{\mathrm{d}}{\mathrm{d}t}\left(\dfrac{\partial f}{\partial\dot y}+\dfrac{\partial f}{\partial\dot z}\dfrac{\partial g}{\partial y}\right)-\dfrac{\partial f}{\partial\dot z}\dfrac{\partial\dot z}{\partial y}=0.\end{cases}$$

由式(12.3.23),知

$$\frac{\partial \dot{z}}{\partial x} = \frac{\mathrm{d}}{\mathrm{d}t}\left(\frac{\partial g}{\partial x}\right), \qquad \frac{\partial \dot{z}}{\partial y} = \frac{\mathrm{d}}{\mathrm{d}t}\left(\frac{\partial g}{\partial y}\right),$$

故可把欧拉方程写为

$$\begin{cases} \dfrac{\mathrm{d}}{\mathrm{d}t}\left(\dfrac{\partial f}{\partial \dot{x}}\right) + \dfrac{\partial g}{\partial x}\dfrac{\mathrm{d}}{\mathrm{d}t}\left(\dfrac{\partial f}{\partial \dot{z}}\right) = 0, \\[3mm] \dfrac{\mathrm{d}}{\mathrm{d}t}\left(\dfrac{\partial f}{\partial \dot{y}}\right) + \dfrac{\partial g}{\partial y}\dfrac{\mathrm{d}}{\mathrm{d}t}\left(\dfrac{\partial f}{\partial \dot{z}}\right) = 0. \end{cases}$$

现若定义一函数 $\lambda(t)$ 为

$$\frac{\mathrm{d}}{\mathrm{d}t}\left(\frac{\partial f}{\partial \dot{z}}\right) = \lambda(t)G_z, \tag{12.3.24}$$

并利用关系式 $\partial g/\partial x = -G_x/G_z$ 和 $\partial g/\partial y = -G_y/G_z$，则欧拉方程变为

$$\frac{\mathrm{d}}{\mathrm{d}t}\left(\frac{\partial f}{\partial \dot{x}}\right) = \lambda(t)G_x, \tag{12.3.25}$$

$$\frac{\mathrm{d}}{\mathrm{d}t}\left(\frac{\partial f}{\partial \dot{y}}\right) = \lambda(t)G_y. \tag{12.3.26}$$

于是使积分有驻值的一个必要条件是存在一个函数 $\lambda(t)$ 满足式 (12.3.24) 至式 (12.3.26). 消去 $\lambda(t)$ 后，可得出对称方程

$$\frac{(\mathrm{d}/\mathrm{d}t)(\partial f/\partial \dot{x})}{G_x} = \frac{(\mathrm{d}/\mathrm{d}t)(\partial f/\partial \dot{y})}{G_y} = \frac{(\mathrm{d}/\mathrm{d}t)(\partial f/\partial \dot{z})}{G_z}. \tag{12.3.27}$$

我们可通过式 (12.3.27) 和式 (12.3.21) 一起确定这个问题中的极值曲线. 需要指出的是，式 (12.3.24) 至式 (12.3.26) 可以看作求积分

$$\int_{t_1}^{t_2}\left[f(\dot{x}, \dot{y}, \dot{z}) + \lambda(t)G(x, y, z)\right]\mathrm{d}t$$

不带附加条件的驻函数时的欧拉方程. 这同附加条件为一积分时的结论非常相似，只不过这里的乘子是 t 的一个待定函数而不是一个待定常数.

若把上述结果用来求曲面 (12.3.21) 上的测地线，则有

$$f = \sqrt{\dot{x}^2 + \dot{y}^2 + \dot{z}^2},$$

方程 (12.3.27) 变为

$$\frac{(\mathrm{d}/\mathrm{d}t)(\dot{x}/f)}{G_x} = \frac{(\mathrm{d}/\mathrm{d}t)(\dot{y}/f)}{G_y} = \frac{(\mathrm{d}/\mathrm{d}t)(\dot{z}/f)}{G_z}. \tag{12.3.28}$$

我们的问题是要从这个方程组中解出所需要的结果.

【例 12.6】 求球面 $x^2 + y^2 + z^2 = a^2$ 上的测地线.

解 设 $G(x, y, z) = x^2 + y^2 + z^2 - a^2$，则方程 (12.3.28) 为

$$\frac{f\ddot{x} - \dot{x}\dot{f}}{2xf^2} = \frac{f\ddot{y} - \dot{y}\dot{f}}{2yf^2} = \frac{f\ddot{z} - \dot{z}\dot{f}}{2zf^2}.$$

还可以将其改写为

$$\frac{x\ddot{y}-y\ddot{x}}{x\dot{y}-y\dot{x}}=\frac{\dot{f}}{f}=\frac{y\ddot{z}-z\ddot{y}}{y\dot{z}-z\dot{y}}.$$

如果不管中间的一项,则上式变为

$$\frac{(\mathrm{d}/\mathrm{d}t)(x\dot{y}-y\dot{x})}{x\dot{y}-y\dot{x}}=\frac{(\mathrm{d}/\mathrm{d}t)(y\dot{z}-z\dot{y})}{y\dot{z}-z\dot{y}}.$$

积分一次,可得

$$x\dot{y}-y\dot{x}=c_1(y\dot{z}-z\dot{y})\quad \text{或}\quad \frac{\dot{x}+c_1\dot{z}}{x+c_1z}=\frac{\dot{y}}{y}.$$

再积分一次,可得

$$x+c_1z=c_2y.$$

这是通过原点的平面方程,故球面上的测地线是大圆弧.

在这个例题中,我们很容易地解出了方程(12.3.28),但一般情况下这一步是很难做到的. 方程(12.3.28)的主要意义在于,它与数学物理中的下述重要结论有关:若一质点不受任何外力作用而在一曲面上滑动,则其轨迹为一测地线. 取这条曲线上的弧长 s 作为参量 t,于是 $f=1$,而方程(12.3.28)则变为

$$\frac{\mathrm{d}^2x/\mathrm{d}s^2}{G_x}=\frac{\mathrm{d}^2y/\mathrm{d}s^2}{G_y}=\frac{\mathrm{d}^2z/\mathrm{d}s^2}{G_z}. \tag{12.3.29}$$

习题十二

1.求积分

$$I(y)=\int_{x_1}^{x_2}f(x,y,y')\mathrm{d}x$$

的极值曲线. 其中 $f(x,y,y')$ 如下:

(1) $f(x,y,y')=\dfrac{\sqrt{1+(y')^2}}{y}$;

(2) $f(x,y,y')=y^2-(y')^2$.

2.求

$$I(y)=\int_0^4[xy'-(y')^2]\mathrm{d}x$$

由边界条件 $y(0)=0$ 及 $y(4)=3$ 确定的驻函数.

3.若 P,Q 为平面上的两点,则从 P 到 Q 的一段曲线的弧长可用极坐标表示为

$$\int_P^Q \mathrm{d}s = \int_P^Q \sqrt{\mathrm{d}r^2 + r^2 \mathrm{d}\theta^2}.$$

试求下述情况下一条曲线的极坐标方程,使得弧长的积分取极小值:

(1)取 θ 为自变量;

(2)取 r 为自变量.

4.取 (θ,φ) 为球面 $x^2 + y^2 + z^2 = a^2$ 上点的坐标,即 $x = a\cos\varphi\sin\theta$,$y = a\sin\varphi\sin\theta$,$z = a\cos\theta$. $\varphi = F(\theta)$ 为位于球面上且连接球面上两点 P 和 Q 的最短的曲线(测地线).试证明曲线 $\varphi = F(\theta)$ 是大圆上的一段弧,即曲线 $\varphi = F(\theta)$ 位于通过球心的平面上.

提示:把曲线的长度写为

$$\int_P^Q \mathrm{d}s = \int_P^Q \sqrt{\mathrm{d}x^2 + \mathrm{d}y^2 + \mathrm{d}z^2} = a\int_P^Q \sqrt{1 + \left(\frac{\mathrm{d}\varphi}{\mathrm{d}\theta}\right)^2 \sin^2\theta}\,\mathrm{d}\theta,$$

由相应的欧拉方程解出 φ,再把所得结果化成直角坐标的形式.

5.试证明正圆锥面 $z^2 = a^2(x^2 + y^2)$ $(z \geqslant 0)$ 上的任一条测地线均具有下列性质:若把锥面沿一条母线剖开后展平,则测地线变成一条直线.

提示:用参数方程表示锥面为

$$x = \frac{r\cos(\theta\sqrt{1+a^2})}{\sqrt{1+a^2}}, \quad y = \frac{r\sin(\theta\sqrt{1+a^2})}{\sqrt{1+a^2}}, \quad z = \frac{ar}{\sqrt{1+a^2}}.$$

先证明 (r,θ) 代表将锥面展平后的普通极坐标,再证明任一条测地线 $r = r(\theta)$ 都是用这些极坐标表示的直线.

6.若把曲线 $y = g(z)$ 绕 z 轴旋转,则所得旋转曲面的方程为 $x^2 + y^2 = g^2(z)$. 该曲面的参数表示式为

$$x = g(z)\cos\theta, \quad y = g(z)\sin\theta, \quad z = z,$$

其中 θ 是 xy 平面的极角.证明:曲面上的测地线 $\theta = \theta(z)$ 的方程为

$$\theta = c_1 \int \frac{\sqrt{1 + [g'(z)]^2}}{g(z)\sqrt{g^2(z) - c_1^2}}\mathrm{d}z + c_2.$$

7.用拉格朗日乘子法解决下列各题:

(1)求平面 $ax + by + cz = d$ 上最靠近原点的点.

提示:在附加条件 $ax + by + cz - d = 0$ 下使 $l = x^2 + y^2 + z^2$ 取极小值.

(2)给定三角形的周长,证明:面积最大的三角形是等边三角形.

提示:若三角形的三条边长分别为 x,y 和 z,则其面积为

$$A = \sqrt{s(s-x)(s-y)(s-z)},$$

其中 $s = (x+y+z)/2$.

(3) 若 n 个正数 $x_1, x_2, \cdots, x_n$ 之和为定值 s，证明：其乘积的极大值为 s^n/n^2，并由此推断 n 个正数的几何平均值不大于其算术平均值，即

$$\sqrt[n]{x_1 x_2 \cdots x_n} \leqslant \frac{x_1 + x_2 + \cdots + x_n}{n}.$$

8. 若第一象限内连接点 $(0,0)$ 和 $(1,0)$ 的曲线下含给定面积，证明：最短的这种曲线是一条圆弧.

9. 设有一根长度固定且匀质的软链挂在两点之间，若其悬挂形状使得势能取极小值，试求它的形状.

10. 用极坐标解等周问题：

$$L = \int_{t_1}^{t_2} \sqrt{\left(\frac{\mathrm{d}x}{\mathrm{d}t}\right)^2 + \left(\frac{\mathrm{d}y}{\mathrm{d}t}\right)^2} \, \mathrm{d}t.$$

提示：取曲线上的任一点为原点并以该点处的切线为极轴，使

$$A = \frac{1}{2} \int_0^\pi r^2 \, \mathrm{d}\theta$$

在

$$L = \int_0^\pi \sqrt{\left(\frac{\mathrm{d}r}{\mathrm{d}\theta}\right)^2 + r^2} \, \mathrm{d}\theta = c$$

为常数的附加条件下取极大值.

11. 证明：在形如 $f(x, z) = 0$ 的任一柱面上，测地线与 y 轴成固定角度.

参考文献

[1]钟玉泉. 复变函数论[M]. 北京：高等教育出版社,2013.

[2]刘建亚,吴臻. 复变函数与积分变换[M]. 3 版. 北京：高等教育出版社,2019.

[3]李叶舟,刘文君. 复变函数及其应用[M]. 北京：北京邮电大学出版社,2020.

[4]张媛,伍君芬,程云龙. 复变函数与积分变换[M]. 北京：清华大学出版社,2017.

[5]宋叔尼,张国伟,孙涛. 复变函数与积分变换[M]. 北京：科学出版社,2017.

[6]贾君霞. 复变函数与积分变换[M]. 西安：西安电子科技大学出版社,2017.

[7]上海交通大学数学系. 数学物理方法[M]. 上海：上海交通大学出版社,2016.

[8]R. 柯朗,D. 希尔伯特. 数学物理方法 I [M].钱敏,郭敦仁,译.北京：科学出版社,2011.

[9]胡嗣柱,倪光炯. 数学物理方法[M]. 北京：高等教育出版社,2002.

[10]吴崇试. 数学物理方法[M]. 北京：北京大学出版社,2003.

[11]吴崇试. 数学物理方法专题——数理方程与特殊函数[M]. 北京：北京大学出版社,2012.

[12]梁昆淼. 数学物理方法[M]. 北京：高等教育出版社,2010.

[13]季孝达,薛兴恒,陆英,等. 数学物理方程[M]. 北京：科学出版社,2009.

[14]谷超豪,李大潜,陈恕行,等. 数学物理方程[M]. 北京：高等教育出

版社,2012.

[15]严镇军. 数学物理方程[M]. 合肥:中国科学技术大学出版社,2010.

[16]刘式适,刘式达. 特殊函数[M]. 北京:高等教育出版社,1988.

[17]王竹溪,郭敦仁. 特殊函数概论[M]. 北京:科学出版社,1979.

[18]G. F. 塞蒙斯. 微分方程[M]. 张理京,译. 北京:人民教育出版社,1981.

[19]E. 卡姆克. 常微分方程手册[M]. 张鸿林,译. 北京:科学出版社,1977.

[20]丁同仁,李承治. 常微分方程教程[M]. 北京:高等教育出版社,2004.

[21]常晋德. 几何背景下的数学物理方法[M]. 北京:高等教育出版社,2017.

[22]李大潜,秦铁虎. 物理学与偏微分方程[M]. 北京:高等教育出版社,2005.

[23]F. W. 拜伦,R. W. 富勒. 物理学中的数学方法Ⅰ-Ⅱ[M]. 蔡纬,译. 北京:科学出版社,1982.

[24]HASSANI S. Mathematical physics:A modern introduction to its foundations [M]. New York:Springer Science+Business Media LLC,2013.

[25]KING A C, BILLINGHAM J,OTTO S R. Differential equations:Linear,nonlinear, ordinary, partial [M]. New York:Cambridge University Press,2003.

[26]AMREIN W O, HINZ A M, PEARSON D B. Sturm-Liouville theory past and present [M]. Basel:Birkhäuser Press,2005.

[27]MYINT-U T,DEBNATH L. Linear partial differential equations for scientists and engineers [M]. Boston:Birkhäuser Press,2007.

[28]CODDINGTON E A, LEVINSON N. Theory of ordinary differential equations [M]. New York:McGraw-Hill Publishing Company Limited,1987.

[29]KELLEY W G, PETERSON A C. The theory of differential equations [M]. New York: Springer Science+Business Media LLC,2010.

[30]JAKSON J D . Classical electrodynamics [M]. New Jersey:Jhon Wiley & Sons Inc.,1998.